EUL VERLAG

FGF ENTREPRENEURSHIP-RESEARCH MONOGRAPHIEN

Herausgegeben von Prof. Dr. Heinz Klandt, Oestrich-Winkel, Prof. Dr. Dr. h. c. Norbert Szyperski, Köln, Prof. Dr. Michael Frese, Gießen, Prof. Dr. Josef Brüderl, Mannheim, Prof. Dr. Rolf Sternberg, Köln, Prof. Dr. Ulrich Braukmann, Wuppertal, und Prof. Dr. Lambert T. Koch, Wuppertal

Band 36
Heinz Klandt and Ahmad Zaki Abu Bakar (Eds.)
IntEnt2002 – Internationalizing Entrepreneurship Education and Training – Proceedings of the IntEnt-Conference Johore Bahru, Malaysia, July 8-10, 2002
Lohmar – Köln 2003 • 384 S. • € 54,- (D) • ISBN 3-89936-133-4

Band 37
Gideon Joffe
Entstehung und Entwicklung des Unternehmertums in der VR China – und sein Einfluß auf Transformation und Demokratisierung
Lohmar – Köln 2003 • 230 S. • € 45,- (D) • ISBN 3-89936-175-X

Band 38
Christian Ege
Unterstützungsnetzwerke für forschungsnahe Unternehmensgründungen
Lohmar – Köln 2004 • 288 S. • € 48,- (D) • ISBN 3-89936-187-3

Band 39
Christian E. Schmitz
Zur Entwicklung des Unternehmerbegriffs
Lohmar – Köln 2004 • 106 S. • € 33,- (D) • ISBN 3-89936-195-4

Band 40
Enrico Purle
Management von Komplexität in jungen Wachstumsunternehmen – Eine fallstudiengestützte Analyse
Lohmar – Köln 2004 • 388 S. • € 55,- (D) • ISBN 3-89936-196-2

JOSEF EUL VERLAG

Reihe: FGF Entrepreneurship-Research Monographien · Band 40

Herausgegeben von Prof. Dr. Heinz Klandt, Oestrich-Winkel, Prof. Dr. Dr. h. c. Norbert Szyperski, Köln, Prof. Dr. Michael Frese, Gießen, Prof. Dr. Josef Brüderl, Mannheim, Prof. Dr. Rolf Sternberg, Köln, Prof. Dr. Ulrich Braukmann, Wuppertal, und Prof. Dr. Lambert T. Koch, Wuppertal

Dr. Enrico Purle

Management von Komplexität in jungen Wachstumsunternehmen

Eine fallstudiengestützte Analyse

Mit einem Geleitwort von Prof. Dr. Michael Dowling,
Universität Regensburg

In Zusammenarbeit mit:

netzwerk|nordbayern
> Planung > Finanzierung > Ausbildung > Networking

EUL VERLAG

Bibliographische Information der Deutschen Bibliothek

Die Deutsche Bibliothek verzeichnet diese Publikation in der Deutschen Nationalbibliographie; detaillierte bibliographische Daten sind im Internet über <http://dnb.ddb.de> abrufbar.

Dissertation, Universität Regensburg, 2003, u. d. T.: Management von Komplexität in jungen Wachstumsunternehmen – Fallstudiengestützte Analyse von Wachstums- und Veränderungsprozessen

ISBN 3-89936-196-2
1. Auflage Januar 2004

Printed in Germany
Druck: RSP Köln

JOSEF EUL VERLAG GmbH
Brandsberg 6
53797 Lohmar
Tel.: 0 22 05 / 90 10 6-6
Fax: 0 22 05 / 90 10 6-88
E-Mail: info@eul-verlag.de
http://www.eul-verlag.de

Bei der Herstellung unserer Bücher möchten wir die Umwelt schonen. Dieses Buch ist daher auf säurefreiem, 100% chlorfrei gebleichtem, alterungsbeständigem Papier nach DIN 6738 gedruckt.

Geleitwort

Obwohl die Neugründungen während der „Dotcom" Phase in den letzten Jahren nachgelassen haben, ist das Thema von Wachstum von jungen technologieorientierten Unternehmen nach wie vor ein wichtiges Thema in der Praxis und Forschung. Im Jahr 2001 wurde in Deutschland noch über 1 Milliarde Euro in Wagniskapital in über 800 jungen Wachstumsunternehmen investiert. Schon am Ende der 90iger Jahre wurde die Bedeutung von Wachstums- und Veränderungsprozesse in der Gründungsforschung deutlich sichtbar. Insbesondere das Thema Prozesse von Wachstum in jungen Unternehmen ist ein Gebiet mit Forschungsbedarf. Enrico Purle hat mit seiner Dissertation genau diese Lücke erforscht. Er entwickelt einen neuen theoretischen Bezugsrahmen, der Wachstums- und Veränderungsprozesse in jungen Unternehmen besser erklärt als die bisherigen Ansätze und versucht dadurch Handlungsoptionen für die Gestaltung von wachstumsinduzierten Veränderungen zu entwickeln. Diese Dissertation basiert auf fünf detaillierten Fallstudien. Nach dem methodischen Ansatz von Yin liefern Theorien, die auf Fallstudien basieren eine reiche und vielseitige Basis für neue theoretische Erkenntnisse, die man dann empirisch weiter untersuchen kann.

Enrico Purle ist besonders geeignet, sich diesem Thema zu widmen. Nach sehr erfolgreichem Studium der Wirtschaftswissenschaft an der Universität Bremen arbeitete er zunächst bei einer der führenden internationalen Unternehmensberatungen. Danach widmete er sich als Unternehmensberater über mehrere Jahre intensiv dem Management neu gegründeter Wachstumsunternehmen und konnte dabei sehr spezifische Kenntnisse erwerben.

Es ist Herrn Purle gelungen für ein hochaktuelles und interessantes Thema, unter Berücksichtigung von bestehenden Theorien ein neues Konzept zu erarbeiten und dieses dann auch in der Praxis zu überprüfen, kritisch zu reflektieren und zu ergänzen. Die darauf aufbauenden Thesen können als Basis für andere Forscher auf diesem Gebiet dienen. Ich bin davon überzeugt, dass diese Arbeit in Wissenschaft und Praxis, gerade in technologieorientierten Branchen, in denen Neugründungen und Wachstumsmanagement eine wichtige Rolle spielen, viel positives Aufsehen erregen wird. Ich wünsche dieser Arbeit deshalb eine möglichst weite Verbreitung.

Prof. Dr. Michael Dowling

Vorwort

Die vorliegende Dissertation ist das Ergebnis der mehrjährigen Begleitung neu gegründeter, innovativer Unternehmen als Forscher und Unternehmensberater. Während dieser Zeit wurde dem Autor bewusst, dass dem Management-Team nach den Schwierigkeiten bei der Gründung und Finanzierung eines solchen Unternehmens die große Herausforderung eigentlich noch bevorsteht, nämlich das erfolgreiche Wachstumsmanagement. Bei dem Versuch, die Veränderungsprozesse in diesen jungen Unternehmen zu verstehen, zeigte sich, dass die bestehenden Theorieansätze und Modelle die wachstumsinduzierten Veränderungen nur unzureichend erklären konnten. Insbesondere boten die vorliegenden Erklärungsansätze dem Management-Team nur wenige Anhaltspunkte und Gestaltungsempfehlungen für das Wachstumsmanagement. Aus diesem Grund war das erklärte Ziel dieser Arbeit, ein wissenschaftlich fundiertes Modell zu entwickeln, das die Wachstums- und Veränderungsprozesse in jungen Wachstumsunternehmen realitätsbezogener als die bisherigen Ansätze erklärt und dem Management-Team zugleich Handlungsoptionen für die Gestaltung dieser wachstumsinduzierten Veränderungen bietet. Anhand mehrerer Fallstudien wurden die entwickelten Zusammenhänge in der Praxis in „Echtzeit" evaluiert und weiterentwickelt. Insgesamt bildet die Arbeit damit eine logische Fortsetzung der akademischen und beruflichen Laufbahn des Autors, die nach Anwendung der wissenschaftlichen Erkenntnisse in der betrieblichen Praxis strebte.

Für die fortwährende Unterstützung meines Promotionsvorhabens und die große Gestaltungsfreiheit bin ich meinem *Doktorvater Prof. Dr. Michael Dowling* zu besonderem Dank verpflichtet. Für Ratschläge und die Übernahme der Zweitkorrektur danke ich *Prof. Dr. Dr. h.c. Sebastian Dworatschek* vom IPMI Institut für Projektmanagement und Innovation der Universität Bremen.

Ein besonderes „Dankeschön" geht an die *Interviewpartner in den Fallstudien-Unternehmen*, ohne deren Unterstützung diese Arbeit kaum möglich gewesen wäre. Sie haben erhebliche Zeit investiert und mir vertrauensvoll einen tiefen Einblick in die Entwicklung der jeweiligen Unternehmen ermöglicht.

Weiterhin gilt mein Dank den *Verantwortlichen und dem Team des **netzwerk**|nordbayern* für ihre Unterstützung dieser Arbeit. Auch den *Mitwirkenden im **netzwerk**|nordbayern (Coaches und Teams)* möchte ich für viele anregende Gespräche und Diskussionen danken. Insbesondere denke ich dabei an die Personen, die sich für *Experten-Interviews* zur Verfügung gestellt haben. Aus all diesen Gesprächen konnte ich praktische und wissenschaftliche Anregungen und vor allem konstruktives Feedback auf meine Ideen ziehen. Für ihre kritischen Hinweise zu früheren Versionen des Manuskripts danke ich Rouven Westphal, Christian King und Michael Schumacher.

Außerdem möchte ich meinen *Doktoranden-Kollegen* am Lehrstuhl von Prof. Dowling und im EXIST-HighTEPP-Programm danken, mit denen ich wertvolle wissenschaftliche Diskussionen führen konnte.

Ein besonders herzlicher Dank gilt abschließend meiner Familie, insbesondere meiner Freundin Heike, ohne deren mentale Unterstützung und ihr Verständnis für meine zahllosen Abende am Schreibtisch die Erstellung dieser Arbeit sicherlich länger gedauert hätte.

Gewidmet ist diese Arbeit meinen Eltern, die mich immer bei der Erreichung meiner Ziele unterstützt haben.

Enrico Purle

Inhaltsübersicht

1 **PROBLEMBEGRÜNDUNG UND ARBEITSWEISE** **1**

1.1 Relevanz des Themas 3

1.2 Zielsetzung der vorliegenden Arbeit und Forschungsfragen 4

1.3 Forschungsdesign 8

1.4 Aufbau der Arbeit und Gang der Untersuchung 10

2 **THEORETISCHE GRUNDKOMPONENTEN** **13**

2.1 Definition und Abgrenzung des Untersuchungsgegenstandes 13

2.2 Stand der Forschung 31

2.3 Ansätze des Wachstumsmanagements 54

2.4 Ressourcen-basierender Ansatz 66

2.5 Kontingenzansatz 72

2.6 Ansätze der Komplexitätstheorie 80

2.7 Zwischenfazit 96

3 **BEZUGSRAHMEN FÜR DAS MANAGEMENT VON KOMPLEXITÄT IN JUNGEN WACHSTUMSUNTERNEHMEN** **99**

3.1 Annahmen und Ziel des Bezugsrahmens 100

3.2 Darstellung des Bezugsrahmens 101

4 **FALLSTUDIEN** **143**

4.1 Vorgehen bei Auswahl und Durchführung der Fallstudien 144

4.2 Wirtschaftliche Rahmenbedingungen bei der Durchführung der longitudinalen Echtzeit-Fallstudien 149

4.3 Evaluierung des Bezugsrahmens anhand der Fallstudien 154

5 **PRÄZISIERTER BEZUGSRAHMEN** **281**

5.1 Fallübergreifende Analyse und Diskussion der Ergebnisse 281

5.2 Darstellung des präzisierten Bezugsrahmens 299

5.3 Bewertung des präzisierten Bezugsrahmens 310

6 **ERGEBNISSE UND THESEN** **313**

6.1 Forschungsfrage 1: Erklärung des Wachstums- und Veränderungsprozesses 314

6.2 Forschungsfrage 2: Einfluss von Wachstum auf Komplexität und Ressourcen.. 317

6.3 Praktische Implikationen 324

7 **ZUSAMMENFASSUNG UND AUSBLICK** **329**

7.1 Reflexion der Arbeit 329

7.2 Weiterführende Forschungsfragen 332

7.3 Fazit 335

Inhaltsverzeichnis

GELEITWORT ... **V**

VORWORT ... **VII**

ABBILDUNGSVERZEICHNIS ... **XIV**

TABELLENVERZEICHNIS ... **XVII**

ABKÜRZUNGSVERZEICHNIS ... **XVIII**

1 PROBLEMBEGRÜNDUNG UND ARBEITSWEISE ... **1**

1.1 Relevanz des Themas ... 3

1.2 Zielsetzung der vorliegenden Arbeit und Forschungsfragen ... 4

1.3 Forschungsdesign ... 8

1.4 Aufbau der Arbeit und Gang der Untersuchung ... 10

2 THEORETISCHE GRUNDKOMPONENTEN ... **13**

2.1 Definition und Abgrenzung des Untersuchungsgegenstandes ... 13

2.1.1 Untersuchungsgegenstand „Junges Wachstumsunternehmen“ ... 13

2.1.1.1 Unternehmen ... 14

2.1.1.2 Wachstum ... 16

2.1.1.3 Junges Wachstumsunternehmen ... 19

2.1.2 Untersuchungsgegenstand „Komplexität“ ... 24

2.1.3 Untersuchungsgegenstand „Management“ ... 28

2.2 Stand der Forschung ... 31

2.2.1 Wachstumsmodelle ... 31

2.2.1.1 Beschreibung der Wachstumsmodelle ... 35

2.2.1.2 Bewertung der Wachstumsmodelle ... 39

2.2.1.3 Relevanz der Wachstumsmodelle und Beitrag zum Bezugsrahmen ... 42

2.2.2 Empirische Erhebungen ... 43

2.2.2.1 Erkenntnisse aus den empirischen Studien ... 45

2.2.2.2 Bewertung der Studien ... 48

2.2.2.3 Relevanz der empirischen Studien und Beitrag zum Bezugsrahmen ... 52

2.2.3 Erkenntnisse und Defizite der bestehenden Ansätze ... 53

2.3 Ansätze des Wachstumsmanagements ... 54

2.3.1 Wachstumswunsch und Wachstumsziele: Warum soll ein Unternehmen eigentlich wachsen? ... 55

2.3.2 Optimale Wachstumsgeschwindigkeit ... 58

2.3.3 Wachstumsstrategie ... 63

2.4 Ressourcen-basierender Ansatz ... 66

2.4.1 Ergebnisse des Ressourcen-basierenden Ansatzes ... 69

2.4.2 Bewertung des Ressourcen-basierenden Ansatzes ... 70

2.4.3 Relevanz des Ansatzes und Beitrag zum Bezugsrahmen ... 71
2.5 Kontingenzansatz ... 72
2.5.1 Ergebnisse des Kontingenzansatzes ... 77
2.5.2 Bewertung des Kontingenzansatzes ... 78
2.5.3 Relevanz des Kontingenzansatzes und Beitrag zum Bezugsrahmen ... 79
2.6 Ansätze der Komplexitätstheorie ... 80
2.6.1 Ergebnisse der komplexitätstheoretischen Ansätze ... 88
2.6.2 Bewertung der komplexitätstheoretischen Ansätze ... 92
2.6.3 Relevanz der Ansätze und Beitrag zum Bezugsrahmen ... 95
2.7 Zwischenfazit ... 96
3 BEZUGSRAHMEN FÜR DAS MANAGEMENT VON KOMPLEXITÄT IN JUNGEN WACHSTUMSUNTERNEHMEN ... 99
3.1 Annahmen und Ziel des Bezugsrahmens ... 100
3.2 Darstellung des Bezugsrahmens ... 101
3.2.1 Gesamtzusammenhang ... 102
3.2.2 Komponenten des Bezugsrahmens ... 106
3.2.2.1 Modul A: Voraussetzungen für das Wachstum ... 106
3.2.2.2 Modul B: Wachstum führt zu steigender Komplexität ... 108
Element 1: Umsatz- und Mitarbeiterwachstum ... 108
Element 2: Unternehmensinterne Komplexität ... 109
Element 3: Unternehmensexterne Komplexität ... 114
Element 4: Unternehmenskomplexität ... 117
Element 5: Komplexitätsanforderungen der Umwelt ... 119
Elemente 6-8: Ressourcen (Komplexitäts-Fähigkeiten) ... 122
3.2.2.3 Modul C: Komplexitäts-Missverhältnisse führen zu erhöhter Management-Komplexität ... 127
Element 9: Komplexitäts-Umwelt-Fit ... 128
Element 10: Komplexitäts-Fähigkeits-Fit ... 130
Element 11: Management-Komplexität ... 131
3.2.2.4 Modul D: Management-Komplexität löst Veränderungsprozess aus ... 135
Element 12: Veränderungsbestrebungen ... 136
Element 13: „transition“ / Phasenübergang ... 137
Auswirkung der „transition“ auf die Unternehmens-Performance und Ressourcen ... 141
4 FALLSTUDIEN ... 143
4.1 Vorgehen bei Auswahl und Durchführung der Fallstudien ... 144
4.1.1 Auswahl der Fallstudienunternehmen und Vorgehen bei den longitudinalen Echtzeit-Fallstudien ... 144
4.1.2 Auswahl der Fallstudienunternehmen und Vorgehen bei den Ex-post-Fallstudien ... 147
4.2 Wirtschaftliche Rahmenbedingungen bei der Durchführung der longitudinalen Echtzeit-Fallstudien ... 149

4.3 Evaluierung des Bezugsrahmens anhand der Fallstudien ... 154

4.3.1 Fallstudie 1: IT AG ... 154
4.3.1.1 Historische Unternehmensentwicklung (1998 bis 2001) ... 155
4.3.1.2 Geplante Unternehmensentwicklung (2002 und 2003) ... 159
4.3.1.3 Realisierte Unternehmensentwicklung (2002) und neue Planung für 2003 ... 160
4.3.1.4 Beschreibung des Wachstumsprozesses anhand des Bezugsrahmens ... 167
4.3.1.5 Beurteilung des Wachstumsprozesses ... 187
4.3.1.6 Analyse der Fallstudienergebnisse ... 188

4.3.2 Fallstudie 2: BIOTECH AG ... 189
4.3.2.1 Historische Unternehmensentwicklung (1999 bis 2001) ... 189
4.3.2.2 Geplante Unternehmensentwicklung (2002 und 2003) ... 192
4.3.2.3 Realisierte Unternehmensentwicklung (2002) und neue Planung für 2003 ... 193
4.3.2.4 Beschreibung des Wachstumsprozesses anhand des Bezugsrahmens ... 198
4.3.2.5 Beurteilung des Wachstumsprozesses ... 214
4.3.2.6 Analyse der Fallstudienergebnisse ... 214

4.3.3 Fallstudie 3: HIGHTECH AG ... 215
4.3.3.1 Historische Unternehmensentwicklung (1999 bis 2001) ... 215
4.3.3.2 Geplante Unternehmensentwicklung (2002 und 2003) ... 217
4.3.3.3 Realisierte Unternehmensentwicklung (2002) und neue Planung für 2003 ... 219
4.3.3.4 Beschreibung des Wachstumsprozesses anhand des Bezugsrahmens ... 224
4.3.3.5 Beurteilung des Wachstumsprozesses ... 237
4.3.3.6 Analyse der Fallstudienergebnisse ... 237

4.3.4 Fallstudie 4: E-SERVICES AG ... 237
4.3.4.1 Überblick über die Unternehmensentwicklung ... 238
4.3.4.2 Beschreibung des Wachstumsprozesses anhand des Bezugsrahmens ... 241
4.3.4.3 Beurteilung des Wachstumsprozesses ... 257
4.3.4.4 Analyse der Fallstudienergebnisse ... 259

4.3.5 Fallstudie 5: LOWTECH GmbH ... 259
4.3.5.1 Überblick über die Unternehmensentwicklung ... 260
4.3.5.2 Beschreibung des Wachstumsprozesses anhand des Bezugsrahmens ... 263
4.3.5.3 Beurteilung des Wachstumsprozesses ... 278
4.3.5.4 Analyse der Fallstudienergebnisse ... 279

5 PRÄZISIERTER BEZUGSRAHMEN ... 281

5.1 Fallübergreifende Analyse und Diskussion der Ergebnisse ... 281

5.1.1 Vergleich der Wachstumsentwicklung ... 282

5.1.2 Validierung des Bezugsrahmens ... 284

5.1.3 Bewertung der fallübergreifenden Ergebnisse ... 297

5.2 Darstellung des präzisierten Bezugsrahmens ... 299

5.3 Bewertung des präzisierten Bezugsrahmens ... 310

6 ERGEBNISSE UND THESEN ... 313

6.1 Forschungsfrage 1: Erklärung des Wachstums- und Veränderungsprozesses ... 314

6.2 Forschungsfrage 2: Einfluss von Wachstum auf Komplexität und Ressourcen ... 317

6.3 Praktische Implikationen ... 324

7 ZUSAMMENFASSUNG UND AUSBLICK ... 329

7.1 Reflexion der Arbeit ... 329

7.2 Weiterführende Forschungsfragen ... 332

7.3 Fazit ... 335

LITERATURVERZEICHNIS ... 337

Abbildungsverzeichnis

Abbildung 1: Theoretische Grundkomponenten der Arbeit ... 7

Abbildung 2: Vorgehensweise der Fallstudien-Methodik nach Yin ... 8

Abbildung 3: Aufbau der Arbeit ... 11

Abbildung 4: Schematische Darstellung der potenziellen Untersuchungsebenen und Komplexitätstreiber ... 27

Abbildung 5: Aufgabenbereiche der Unternehmensführung ... 29

Abbildung 6: Die häufigsten Wachstumsprobleme auf Basis von 20 empirischen Studien ... 47

Abbildung 7: Idealtypische Wachstumsverläufe: Hockey-Stick- versus Stufen-Wachstum ... 62

Abbildung 8: Wachstumsquellen: Penetration, Expansion, Diversifikation ... 65

Abbildung 9: Elemente und Beschreibungsdimensionen der Umwelt ... 75

Abbildung 10: Übersicht unterschiedlicher Ansätze der Komplexitätstheorie ... 82

Abbildung 11: Covin/Slevin's Komplexitätsmanagement-Modell für Unternehmenswachstum ... 83

Abbildung 12: Lichtensteins „Complex Adaptive Systems Change"-Modell ... 86

Abbildung 13: Sechs Grundsätze der Komplexitätsbewältigung nach Grossmann ... 88

Abbildung 14: Ausgangs-Bezugsrahmen „Wachstum und Komplexitätsmanagement" ... 102

Abbildung 15: Beziehungen zwischen Komplexität und Umwelt sowie zwischen Komplexität und Ressourcen im Bezugsrahmen ... 105

Abbildung 16: Voraussetzungen für das Wachstum (Modul A des Bezugsrahmens) ... 106

Abbildung 17: Kriterien zur Beschreibung der Komplexität und Ressourcen (Modul B des Bezugsrahmens) ... 108

Abbildung 18: Operationalisierung der Unternehmensinternen Komplexität (Element 2) ... 110

Abbildung 19: Operationalisierung der Unternehmensexternen Komplexität (Element 3) ... 115

Abbildung 20: Operationalisierung der Unternehmenskomplexität (Element 4) ... 117

Abbildung 21: Komplexitäts-Missverhältnisse führen zu erhöhter Management-Komplexität (Modul C des Bezugsrahmens) ... 128

Abbildung 22: Auswirkungen und Handlungsoptionen von Komplexitäts-Missverhältnissen ... 132

Abbildung 23: Einflussfaktoren der Management-Komplexität ... 134

Abbildung 24: Management-Komplexität löst Veränderungsprozess aus (Modul D des Bezugsrahmens) ... 136

Abbildung 25: Kategorisierung von Phasenübergängen ... 139

Abbildung 26: Ablauf der longitudinalen Echtzeit-Fallstudien ... 146

Abbildung 27: Entwicklung der Marktkapitalisierung des Neuen Marktes von 1999 – 2002 ... 150

Abbildung 28: Entwicklung der VC-Seed-Investitionen in Deutschland ... 152

Abbildung 29: Historische Mitarbeiter- und Umsatzentwicklung der IT AG (Stand: 01.01.2002) ... 156

Abbildung 30: Geplante Mitarbeiter- und Umsatzentwicklung der IT AG in den Jahren 2002 und 2003 (Stand: 01.01.2002) ... 159

Abbildung 31: Realisierte Mitarbeiter- und Umsatzentwicklung der IT AG im Jahr 2002 und Planung für 2003 ... 161

Abbildung 32: Vergleich der geplanten und realisierten Mitarbeiter- und Umsatzentwicklung der IT AG ... 166

Abbildung 33: Entwicklung der Unternehmensinternen und -externen Komplexität der IT AG ... 172

Abbildung 34: Entwicklung der Unternehmenskomplexität der IT AG ... 175

Abbildung 35: Entwicklung des Komplexitätsgrads der IT AG in den Jahren 2001 und 2002 ... 176

Abbildung 36: Erklärung wesentlicher Veränderungsprozesse in der Unternehmensentwicklung der IT AG ... 185

Abbildung 37: Historische Mitarbeiter- und Umsatzentwicklung der BIOTECH AG (Stand: 01.01.2002) ... 190

Abbildung 38: Geplante Mitarbeiter- und Umsatzentwicklung der BIOTECH AG in den Jahren 2002 und 2003 (Stand: 01.01.2002) ... 192

Abbildung 39: Realisierte Mitarbeiter- und Umsatzentwicklung der BIOTECH AG im Jahr 2002 und Planung für 2003 ... 194

Abbildung 40: Vergleich der geplanten und realisierten Mitarbeiter- und Umsatzentwicklung der BIOTECH AG ... 197

Abbildung 41: Entwicklung der Unternehmensinternen und -externen Komplexität der BIOTECH AG ... 201

Abbildung 42: Entwicklung der Unternehmenskomplexität der BIOTECH AG ... 203

Abbildung 43: Entwicklung des Komplexitätsgrads der BIOTECH AG in den Jahren 2001 und 2002 ... 204

Abbildung 44: Erklärung wesentlicher Veränderungsprozesse in der Unternehmensentwicklung der BIOTECH AG ... 212

Abbildung 45: Historische Mitarbeiter- und Umsatzentwicklung der HIGHTECH AG (Stand: 01.01.2002) ... 216

Abbildung 46: Geplante Mitarbeiter- und Umsatzentwicklung der HIGHTECH AG in den Jahren 2002 und 2003 (Stand: 01.01.2002) ... 218

Abbildung 47: Realisierte Mitarbeiter- und Umsatzentwicklung der HIGHTECH AG im Jahr 2002 und Planung für 2003 ... 220

Abbildung 48: Vergleich der geplanten und realisierten Mitarbeiter- und Umsatzentwicklung der HIGHTECH AG ... 223

Abbildung 49: Entwicklung der Unternehmensinternen und -externen Komplexität der HIGHTECH AG ... 227

Abbildung 50: Entwicklung der Unternehmenskomplexität der HIGHTECH AG ... 229

Abbildung 51: Entwicklung des Komplexitätsgrads der HIGHTECH AG in den Jahren 2001 und 2002 ... 230

Abbildung 52: Erklärung wesentlicher Veränderungsprozesse in der Unternehmensentwicklung der HIGHTECH AG ... 236

Abbildung 53: Mitarbeiter- und Umsatzentwicklung der E-SERVICES AG (Stand: 01.06.2002) ... 238

Abbildung 54: Entwicklung der Unternehmensinternen und -externen Komplexität der E-SERVICES AG ... 246

Abbildung 55: Entwicklung der Unternehmenskomplexität der E-SERVICES AG ... 249

Abbildung 56: Entwicklung des Komplexitätsgrads der E-SERVICES AG in den Jahren 2000 und 2001 ... 250

Abbildung 57: Erklärung wesentlicher Veränderungsprozesse in der Unternehmensentwicklung der E-SERVICES AG ... 256

Abbildung 58: Mitarbeiter- und Umsatzentwicklung der LOWTECH GmbH (Stand: 01.05.2002) ... 261

Abbildung 59: Entwicklung der Unternehmensinternen und -externen Komplexität der LOWTECH GmbH ... 268

Abbildung 60: Entwicklung der Unternehmenskomplexität der LOWTECH GmbH ... 270

Abbildung 61: Entwicklung des Komplexitätsgrads der LOWTECH GmbH zwischen 1987 und 1996 ... 271

Abbildung 62: Erklärung wesentlicher Veränderungsprozesse in der Unternehmensentwicklung der LOWTECH GmbH ... 276

Abbildung 63: Vergleich der Komplexitätsentwicklung der fünf Fallstudienunternehmen ... 286

Abbildung 64: Vergleich der Veränderungsprozesse der fünf Fallstudienunternehmen ... 288

Abbildung 65: Präzisierter Bezugsrahmen „Wachstum und Komplexitätsmanagement“ ... 300

Abbildung 66: Ausgangs-Bezugsrahmen „Wachstum und Komplexitätsmanagement“ ... 301

Abbildung 67: Einflussfaktoren auf Umweltanforderungen, Unternehmenskomplexität und Komplexitäts-Fähigkeiten ... 305

Abbildung 68: Zentrale Thesen zu Wachstum und Komplexitätsmanagement ... 314

Abbildung 69: Kernelemente des Bezugsrahmens und deren Zusammenhang bei Geschäftsplanung und Unternehmensanalyse ... 325

Tabellenverzeichnis

Tabelle 1: Übersicht der untersuchten Phasenmodelle 34
Tabelle 2: Übersicht über die empirischen Studien zu Wachstumsfaktoren 44
Tabelle 3: Kategorien von Phasenübergängen und Problemlösungsansätze des Komplexitätsmanagements 94
Tabelle 4: Detailentwicklung der Komplexität der IT AG 169
Tabelle 5: Detailentwicklung der Komplexität der BIOTECH AG 199
Tabelle 6: Detailentwicklung der Komplexität der HIGHTECH AG 225
Tabelle 7: Detailentwicklung der Komplexität der E-SERVICES AG 243
Tabelle 8: Detailentwicklung der Komplexität der LOWTECH GmbH 265
Tabelle 9: Vergleich der Entwicklung der fünf Fallstudienunternehmen 282
Tabelle 10: Vergleich der Phaseninhalte der fünf Fallstudienunternehmen 283
Tabelle 11: Vergleich der identifizierten Missverhältnisse und dadurch ausgelöster Veränderungen 290
Tabelle 12: Vergleich der identifizierten Phasenübergänge 296

Abkürzungsverzeichnis

AG	Aktiengesellschaft
allg.	allgemein
B2B	Business-to-Business (Geschäftsmodell, in dem zwei Unternehmen miteinander Geschäfte machen)
B2C	Business-to-Consumer (Geschäftsmodell, in dem ein Unternehmen mit Konsumenten Geschäfte macht)
BA	Business Angel
BIP	Bruttoinlandsprodukt
bspw.	beispielsweise
BVK e.V.	Bundesverband Deutscher Kapitalbeteiligungsgesellschaften e.V.
BWL	Betriebswirtschaftslehre
bzw.	beziehungsweise
C2C	Consumer-to-Consumer (Geschäftsmodell, in dem Konsumenten miteinander Geschäfte machen und ein Unternehmen den Marktplatz dafür bereitstellt; Bsp.: E-bay)
CEO	Chief Executive Officer (ähnlich wie Geschäftsführer bzw. Vorstandsvorsitzender)
CFO	Chief Financial Officer (Leiter Finanzen)
COO	Chief Operating Officer (Leiter Organisation)
d. Verf.	der Verfasser
d.h.	das heißt
DAX	Deutsche Aktien Index
Def.	Definition
DIN	Deutsches Institut für Normung e.V.
div.	diverse
EN	Europäische Norm
etc.	et cetera
F&E	Forschung und Entwicklung
f.	folgende
ff.	fortfolgende
ggf.	gegebenenfalls
GmbH	Gesellschaft mit beschränkter Haftung
HJ	Halbjahr
Hrsg.	Herausgeber
i.d.R.	in der Regel

i.S.d.	im Sinne des
i.S.v.	im Sinne von
inkl.	inklusive
insb.	insbesondere
ISO	International Organization for Standardization
IT	Informationstechnologie
Kap.	Kapitel
M&A	Mergers & Acquisitions
MA	Mitarbeiter
o.g.	oben genannte(r)
OEM	Original Equipment Manufacturer
ROI	Return on Investment
S.	Seite
sog.	sogenannte(r)
TBNF	**t**echnology-**b**ased **n**ew **f**irm
u.a.	unter anderem
u.g.	unten genannte(r)
usw.	und so weiter
VC	Venture Capital
VCG	Venture Capital Gesellschaft(en)
vgl.	vergleiche
z.B.	zum Beispiel
z.T.	zum Teil
zugl.	zugleich

1 Problembegründung und Arbeitsweise

"Managing any company is a tough job.
Managing a rapidly growing enterprise, however, presents a particular challenge
because the essential nature of manager's job changes with growth."[1]

Junge, stark wachsende Unternehmen führen nachgewiesenermaßen zum größten Beschäftigungswachstum (im Vergleich zu etablierten Großunternehmen) und sind daher **aus volkswirtschaftlicher und regionalpolitischer Sicht besonders wünschenswert.**[2] Sie forcieren den Strukturwandel und schwächen gleichzeitig die Probleme in Regionen mit großem Strukturwandel ab (z.B. Massen-Arbeitslosigkeit).

Im Jahr 2001 wurden in Deutschland über 1,1 Mrd. € Wagniskapital (Venture Capital) in über 830 „junge Wachstumsunternehmen" investiert, die ein großes Wachstumspotenzial besitzen und sich in der Phase des Unternehmensaufbaus (Start-up-Phase) befinden.[3] Allen diesen Unternehmen ist gemeinsam, dass sie ambitionierte Wachstumsziele verfolgen, da dies eine unabdingbare Voraussetzung für eine Finanzierung mit Eigenkapital durch Venture Capital Gesellschaften (VCG) oder Business Angels ist.

Um die oben genannten volkswirtschaftlichen und regionalpolitischen Effekte zu erzielen und zu stabilisieren, ist es jedoch entscheidend, dass die Unternehmen nachhaltig wachsen und die ersten Jahre des schnellen Wachstums überleben. In den Hochzeiten der so genannten „New Economy" in den Jahren 1999 bis 2001 sah der Wachstumspfad vieler junger Wachstumsunternehmen jedoch so aus, dass sie versucht haben, so schnell wie möglich zu wachsen. Schnelles Wachstum (im Sinne von Umsatzwachstum) war das oberste Ziel.[4] Dabei wurde das Ziel Profitabilität häufig völlig aus den Augen verloren. D.h. es wurde nicht versucht, das

---

[1] Roberts (1993a): Challenge of Growth, S. 361.

[2] Vgl. Dowling/Drumm (2002): Wachstumsstrategien für Neugründungen, S. 316; Daniels (1998): Gründungshemmnisse, S. 1; Mulzer (1999): Critical Success Factors, S. 2ff.; Niederöcker (2000): Business Angels, S. 1; Arbaugh/Camp (2000a): Growth Transitions, S. 310.

[3] Vgl. Bundesverband Deutscher Kapitalbeteiligungsgesellschaften e.V. (2002): STATISTIK 2001 und Deloitte & Touche (2002): Private-Equity-Studie, S. 2 und S. 7. Berücksichtigt sind hier nur die Mitglieder des BVK e.V.. Von den ca. 4,4 Mrd. Venture Capital wurden hier nur die Investments in die „Seed"- und „Start-up"-Phase berücksichtigt, die – laut diesen beiden Studien – ca. 26% der gesamten VC-Investitionen ausmachen.

[4] Die Gründe für die überzogenen und – im Nachhinein betrachtet – viel zu optimistischen Wachstumsplanungen waren zahlreich: hohe/überzogene Erwartungen der Kapitalgeber, zu positiven Einschätzung der Marktentwicklung, zu positive Einschätzung der Produktentwicklungsdauer und des Markteinführungszeitpunktes, zu positive Einschätzung der Entscheidungszeiträume beim Kunden, zu positive Einschätzung des tatsächlichen Absatzpotenzials eines Produktes und zu positive Einschätzung des möglichen Aufbaus des eigenen Unternehmens.

operative Kerngeschäft profitabel zu betreiben. Von einem aus eigenen Gewinnen selbstfinanzierten Wachstum, was als profitables Wachstum im eigentlichen Sinne verstanden werden kann, war bei diesen Unternehmen ohnehin keine Rede. Das Resultat war, dass im Jahr 2003 ein großer Teil dieser hoffnungsvoll gestarteten jungen Wachstumsunternehmen trotz der initialen VC-Finanzierung nicht mehr existierte.[5] Geht man davon aus, dass die Manager eines Unternehmens Einfluss auf die Unternehmensentwicklung haben und Wachstum steuern können, scheint es also, dass das Wachstumsmanagement in den ersten Jahren entscheidend für das Überleben des jungen Wachstumsunternehmens ist.

Diese Arbeit beschäftigt sich daher mit der Frage, wie aus potenzialträchtigen Geschäftsideen erfolgreich Unternehmen aufgebaut werden, die die Start-up-Phase überleben. Dabei interessiert insbesondere, wie der Wachstumsprozess aus Sicht des Managements erfolgreich gestaltet werden kann und welche Hürden oder Wachstumsschwellen beim Aufbau eines solchen Unternehmens zu überwinden sind.

Mittels einer neuartigen Verknüpfung bestehender Ansätze zu einem Bezugsrahmen können wachstumsinduzierte Veränderungen realitätsnäher modelliert werden. Der in dieser Arbeit vorgestellte Bezugsrahmen für das Management von Komplexität in jungen Wachstumsunternehmen basiert auf der Grundlage des Ressourcen-basierenden Ansatzes, des Kontingenzansatzes und von Ansätzen aus der Komplexitätstheorie. Dieser wird anhand von Fallstudien evaluiert und verfeinert. Im Rahmen von drei ausführlichen longitudinalen Echtzeit-Fallstudien[6] wird die wachstumsinduzierte Veränderung der Unternehmenskomplexität im Vergleich einerseits zum Ressourceneinsatz und der Ressourcenkonfiguration und andererseits zu den Anforderungen der Umwelt über zwölf Monate hinweg untersucht. Als zusätzliche empirische Quelle für das entwickelte Modell dienen zwei Ex-post-Fallstudien und eine Reihe von Experten-Interviews.

In diesem Kapitel wird zunächst die Relevanz der behandelten Thematik herausgestellt (Abschnitt 1.1) und gegenüber anderen, ähnlich gelagerten Themengebieten abgegrenzt. Der zweite Abschnitt spezifiziert die Ziele der vorliegenden Forschungsarbeit und ordnet den ei-

---

[5] Im Jahr 2002 mussten laut Schätzung der Creditreform über 40.000 Unternehmen Insolvenz anmelden (25% höher als in 2001), wobei ein Teil dieser Insolvenzen auf die „New-Economy"-Blase der 90er Jahre zurückzuführen sei. Vgl. Gugau (2002): Ende der Pleitewelle nicht in Sicht.

[6] „Longitudinale Echtzeit-Fallstudie" bedeutet hier, dass die drei Unternehmen über mehr als ein Jahr lang begleitet worden sind. Die Fallstudien können damit als longitudinale Studien (Längsschnittstudien) bezeichnet werden. Die Wachstums- und Veränderungsprozesse konnten dabei quasi in Echtzeit beobachtet werden.

genen Ansatz in die Forschungslandschaft ein. Anschließend werden das zugrunde liegende Forschungsdesign (Abschnitt 1.3) und der Aufbau der Arbeit vorgestellt (Abschnitt 1.4).

1.1 Relevanz des Themas

Über den Prozess und die Zusammenhänge der Entstehung neu gegründeter Unternehmen wird seit vielen Jahren intensiv geforscht.[7] Seit Mitte der 90er Jahre gewinnt in der Entrepreneurship-Forschung auch die Frage nach dem **Wachstum junger Unternehmen** zunehmend an Bedeutung. Ein Indiz dafür ist, dass in den beiden aktuellen (1997 und 2000), von Donald Sexton herausgegebenen Sammelbänden zum State-of-the-Art der Entrepreneurship-Forschung dieses Thema (im Vergleich zu den beiden ersten Ausgaben von 1986 und 1992) einen immer breiteren Raum einnimmt.[8] Bereits im Januar 1995 wurde das Thema „Verstehen und Managen von Veränderungsprozessen in stark wachsenden Unternehmen“ bei der „Entrepreneurial Leadership Research Conference” von Wissenschaftlern und Praktikern gleichermaßen als einer der wichtigsten Forschungsschwerpunkte für die nächsten Jahre definiert.[9]

Die Ende der 90er Jahre weiter steigende Bedeutung der **Untersuchung von Wachstums- und Veränderungsprozessen** als aktuellem Forschungsgebiet wird außerdem dadurch unterstrichen, dass die „Academy of Management“-Jahreskonferenz 1999 unter dem Generalthema „Change and Development Journeys Into a Pluralistic World“ stand und explizit zu Beiträgen aufrief, die sich u.a. mit der Untersuchung von komplexen, nicht-linearen und dynamischen Veränderungsprozessen beschäftigen.[10]

Diese Verschiebung des Entrepreneurship-Forschungsinteresses von der reinen Gründungsforschung hin zu wachstumsorientierten Themen trägt der Tatsache Rechnung, dass erst das erfolgreiche Wachstum und langfristige Überleben junger Unternehmen letztendlich darüber

[7] Einen guten Einstieg und Überblick in den aktuellen Stand der Entrepreneurshipforschung bieten die folgenden Sammelbänder, die von Donald Sexton herausgegeben werden: Sexton/Landström (Hrsg.) (2000): Blackwell Handbook of Entrepreneurship; Sexton/Smilor (Hrsg.) (1997): Entrepreneurship 2000; Sexton/Kasarda (Hrsg.) (1992): The State of the Art of Entrepreneurship und Sexton/Smilor (Hrsg.) (1986): The Art and Science of Entrepreneurship.

[8] Vgl. Sexton/Landström (Hrsg.) (2000): Blackwell Handbook of Entrepreneurship; Sexton/Smilor (Hrsg.) (1997): Entrepreneurship 2000; Sexton/Kasarda (Hrsg.) (1992): The State of the Art of Entrepreneurship und Sexton/Smilor (Hrsg.) (1986): The Art and Science of Entrepreneurship.

[9] Die “Entrepreneurial Leadership Research Conference” fand im Januar 1995 in San Diego statt; zitiert nach: Covin/Slevin (1997): High growth transitions, S. 112.

[10] Stein zitiert die offizielle Einladung und das Konferenzprogramm nach Van de Ven (Hrsg.) (1998). Vgl. Stein (2000): Organisationswachstum, S. 7.

bestimmen, ob eine potenzialträchtige Geschäftsidee einen positiven Einfluss auf Beschäftigungswachstum und Strukturwandel hat. Deswegen ist es besonders wichtig, zu verstehen, wie man Wachstum und die damit verbundenen Veränderungsprozesse gestalten kann. In diesem Zusammenhang ist zunächst von Interesse, welche Probleme beim starken Wachstum von jungen Unternehmen häufig auftreten und wie diese möglichst frühzeitig erkannt und gelöst werden können. So stellen zum Beispiel Covin/Slevin fest, dass viele hoch potenzialträchtige und wachstumsstarke junge Unternehmen „gestorben" sind, weil sie nicht in der Lage waren, die Komplexität, die mit dem Wachstumsprozess und einer größeren Unternehmensgröße einhergeht, erfolgreich zu handhaben.[11]

In ihrem Artikel zum State-of-the-Art der Wachstumsforschung konstatieren Arbaugh/Camp, dass es bis zum Jahr 2000 nicht viele Forschungsarbeiten zum Thema Wachstumsprozesse in stark wachsenden jungen Unternehmen gab, die zu erklären versuchen, wie Manager Wachstumsprozesse und die Komplexität effektiv handhaben können, die mit häufigen Phasenübergängen einhergeht.[12] Dies ist laut Arbaugh/Camp überraschend und bedauerlich, da die Bedeutung von jungen Wachstumsunternehmen für das Wohlergehen einer Volkswirtschaft unbestritten ist und die Anzahl an Unternehmen immer noch sehr klein ist, die erfolgreich wachsen und substanziellen Wert schaffen.[13]

Die erwähnten volkswirtschaftlichen Effekte stark wachsender Unternehmen werden in dieser Arbeit im Übrigen nicht weiter untersucht. Hier sei auf die einschlägige Literatur verwiesen.[14]

1.2 Zielsetzung der vorliegenden Arbeit und Forschungsfragen

An den dargestellten Defiziten und bisher noch offenen Fragen der Entrepreneurship-Forschung setzt die vorliegende Arbeit an und formuliert folgende Zielsetzung:

---

[11] Vgl. Covin/Slevin (1997): High growth transitions, S. 106, S. 99-126. Wie viele kleine Unternehmen aufgrund von starkem Wachstum scheitern, ist schwer zu sagen, da in dieser Hinsicht bisher wenig geforscht wurde. Eine Studie aus den USA zu kleinen Unternehmen (unabhängig von deren Wachstumsgeschwindigkeit) kam zu dem Ergebnis, dass 55% der Unternehmen innerhalb von 5 Jahren scheitern, und insgesamt 81% innerhalb von 10 Jahren. Vgl. Dawitt (1983); zitiert nach: Dodge/Robbins (1992): Organizational life cycle model, S. 27.

[12] Vgl. Arbaugh/Camp (2000a): Growth Transitions, S. 322.

[13] Vgl. Arbaugh/Camp (2000a): Growth Transitions, S. 322.

[14] Vgl. Unterkofler (1989): Erfolgsfaktoren innovativer Unternehmensgründungen, S. 19ff; Manstedten (1996): Organisationsstrukturen, S. 3ff; Albach/Bock/Warnke (1985): Wachstumsschwellen, S. 1ff.; Dowling/Drumm (2002): Wachstumsstrategien für Neugründungen, S. 316; Daniels (1998): Gründungshemmnisse, S. 1; Mulzer (1999): Critical Success Factors, S. 2ff.; Niederöcker (2000): Business Angels, S. 1; Arbaugh/Camp (2000a): Growth Transitions, S. 310 und die dort zitierte Literatur.

Ziel dieser Arbeit ist es, einen wissenschaftlich fundierten Bezugsrahmen[15] zu entwickeln, der Wachstums- und Veränderungsprozesse in jungen Wachstumsunternehmen besser erklärt als die bisherigen Ansätze und dem Management-Team zugleich Ansatzpunkte und Handlungsoptionen für die Gestaltung dieser wachstumsinduzierten Veränderungen bietet.

Den innovativen Kern der Überlegungen bildet die Erkenntnis, dass es sich bei Unternehmen um komplexe, adaptive Systeme handelt, die – neben der Beschreibung aus kontingenztheoretischer und ressourcen-basierender Sicht – auch mit Hilfe des Konstruktes „Komplexität“ charakterisiert werden können. Mit der Beobachtung der Komplexität, der Ressourcen und der Umweltanforderungen und deren Integration im Bezugsrahmen wird angestrebt, neue Ansatzpunkte zur Früherkennung von wachstumsinduzierten Veränderungen zu finden. Auf Basis dieser verbesserten Früherkennung sollen bevorstehende Phasenübergänge früher erkannt und Handlungsoptionen für deren Management entwickelt werden.

Die folgenden Forschungsfragen sollen den Leser erkenntnisleitend durch diese Arbeit führen.

Generelle Forschungsfrage:
Wie lässt sich der Wachstums- und Veränderungsprozess eines jungen Wachstumsunternehmens im Zusammenhang mit der Entwicklung der Komplexität, dem Aufbau von Ressourcen und dem Eintreten von Phasenübergängen erklären?

[15] Ein Bezugsrahmen ist ein theoretisches Rahmenkonzept zur begrifflichen Einordnung und Beschreibung aller als relevant erachteten Inhalte eines Themenkomplexes. Aus unternehmenspraktischer Sicht dient er als Betrachtung, Diagnose und Lösung von Managementproblemen. Methodisch eignet sich ein derartiger Bezugsrahmen zur Moderation oder auch Provokation eines strukturierten Dialoges sowie zur Selbstreflexion. Siehe auch Einleitung zu Kap. 3.

Detaillierungsfrage / Forschungsfrage 1:

Wie lässt sich der Wachstums- und Veränderungsprozess junger Wachstumsunternehmen erklären?

1.1 Welche Rahmenbedingungen beeinflussen das Wachstum und die Veränderungsprozesse?

1.2 Welches sind in diesem Zusammenhang die adäquaten Parameter zur Messung des Wachstums?

Detaillierungsfrage / Forschungsfrage 2:

Welchen Einfluss hat Wachstum auf die Komplexität und die benötigten Ressourcen eines Unternehmens?

2.1 Wie könnte ein Komplexitätsmaß definiert werden, das für das Management junger Wachstumsunternehmen die wichtigsten Faktoren zur Beobachtung der Komplexität enthält?

2.2 In welchem Verhältnis stehen Ressourcen und Komplexität? Lässt sich ein aussagekräftiges Vergleichsmaß zwischen der Komplexität und den Ressourcen eines Unternehmens entwickeln?

2.3 In welchem Verhältnis stehen die Anforderungen der Umwelt an die Komplexität eines Unternehmens und dessen tatsächlich realisierte Komplexität? Lässt sich aus diesem Zusammenhang auf das Auftreten von Problemen schließen?

2.4 In welchem Zusammenhang stehen die Veränderung der Komplexität, die Entwicklung der Ressourcen und das Auftreten von Problemen?

2.5 Wann führen die identifizierten Probleme zu Phasenübergängen und wie lassen sich diese beschreiben?

Auf Basis der Untersuchung der vorgenannten Forschungsfragen sollen praktische Implikationen für das Management der Phasenübergänge abgeleitet werden. Insbesondere soll dabei die Frage im Vordergrund stehen, ob aufgrund der Veränderung der Komplexität Probleme im Wachstum und Phasenübergänge frühzeitiger erkannt werden können. Wenn dies der Fall ist, soll weiterhin analysiert werden, ob auf Basis der Veränderung der Komplexität Handlungsoptionen identifiziert werden können, die ein frühzeitiges, pro-aktives Management von Phasenübergängen ermöglichen.

Die vorliegende Untersuchung lässt sich auf Basis dieser Zielsetzung und Forschungsfragen in den Ansatz der „organisationsintern orientierten Wachstumsforschung" einordnen, „der die durch die Organisation selbst beeinflussbare Entwicklungslogik und Entwicklungsdynamik von Wachstumsprozessen beschreibt und diese auf einer breiten theoretischen und empirischen Basis mit Anleihen aus Nachbardisziplinen fundiert."[16]

Um die soeben formulierten Fragen analysieren zu können, muss ein Bezugsrahmen entwickelt werden, der die zu betrachtenden Zusammenhänge abbildet. Die folgende Abbildung 1 zeigt, dass der Bezugsrahmen auf den Ergebnissen des Kontingenzansatzes, des Ressourcenbasierenden Ansatzes und Ansätzen aus der Komplexitätstheorie aufbaut. Bevor die drei theoretischen Ansätze vorgestellt und deren Relevanz für den Bezugsrahmen erläutert werden, wird dafür das Fundament gelegt: zunächst wird der Untersuchungsgegenstand abgegrenzt und definiert. Darauf aufbauend wird der Stand der Forschung vorgestellt und ein Überblick über die grundlegenden Aspekte des Wachstumsmanagements gegeben, die für das Gesamtverständnis der hier betrachteten Thematik wichtig sind.

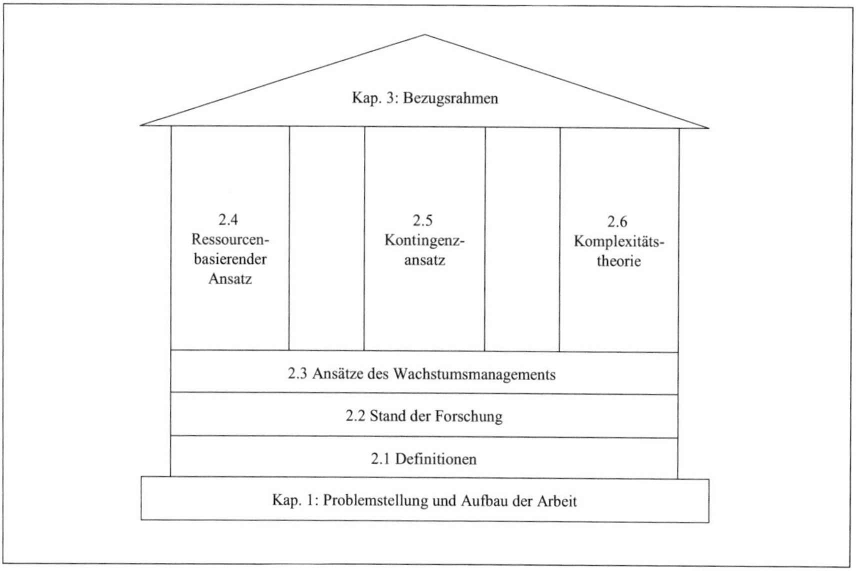

Abbildung 1: Theoretische Grundkomponenten der Arbeit[17]

[16] Stein (2000): Organisationswachstum, S. 5.
[17] Eigene Darstellung.

1.3 Forschungsdesign

Um die o.g. Forschungsfragen beantworten zu können, muss zunächst ein neuartiges theoretisches Rahmenkonzept entwickelt und auf Basis detaillierter, idealerweise longitudinaler Fallstudien evaluiert und präzisiert werden. Das Forschungsdesign folgt damit einem deskriptiv-explorativen Forschungstyp, der auf die Erkundung oder Entdeckung neuer Strukturen und Zusammenhänge ausgerichtet ist. Es sollen vorwiegend beschreibende und erklärende Aussagen zu Phänomenen generiert werden, über die noch keine ausreichenden Erkenntnisse vorliegen.

Das Forschungsdesign folgt insgesamt der Fallstudienmethodik nach Yin und Eisenhardt.[18] Abbildung 2 veranschaulicht die Vorgehensweise.

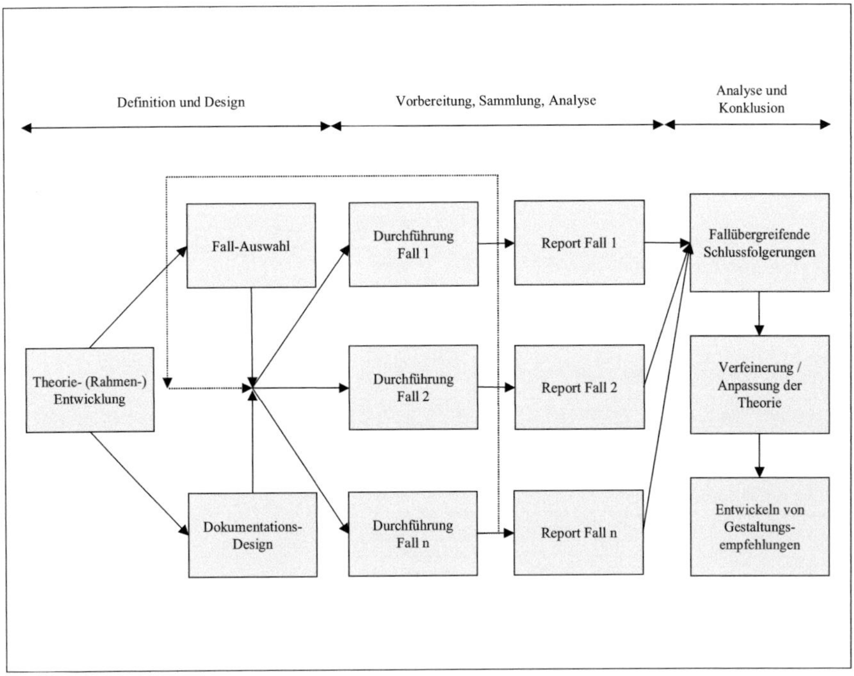

Abbildung 2: Vorgehensweise der Fallstudien-Methodik nach Yin[19]

[18] Vgl. Yin (1996): Case Study Research und Eisenhardt (1989): Building theories from case study research.
[19] In Anlehnung an Yin (1996): Case Study Research.

Das methodische Vorgehen beginnt mit der Konstruktion eines geeigneten theoretischen Rahmenkonzeptes zur Beschreibung und Erklärung der „Wachstums- und Veränderungsprozesse eines jungen Wachstumsunternehmens im Zusammenhang mit der Entwicklung der Komplexität, dem Aufbau von Ressourcen und dem Eintreten von Phasenübergängen“[20]. Der Bezugsrahmen dient auch zur Präzisierung der zwei Detaillierungsforschungsfragen.

Es folgen empirische Fallstudien zur Präzisierung des Konzeptes.[21] Dabei handelt es sich zum einen um drei longitudinale Echtzeit-Fallstudien, die zur detaillierten Analyse der Wachstums- und Veränderungsprozesse „in Echtzeit“ dienen. Erst die „hautnahe“ Begleitung der Unternehmen in den longitudinalen Echtzeit-Fallstudien bot die Möglichkeit zu beobachten, was in den jungen Wachstumsunternehmen im Detail (unter der allgemein sichtbaren Oberfläche) passiert. So konnte analysiert werden, wie sich die Ressourcenkonfiguration und die Komplexität im Zeitablauf verändern und welche Konsequenzen diese Veränderungen nach sich ziehen. Das gewählte Forschungsdesign mit den longitudinalen Echtzeit-Fallstudien war also zwingend notwendig, um die Forschungsfragen beantworten zu können. Zum anderen betrachten zwei Ex-post-Fallstudien die Wachstums- und Veränderungsprozesse über einen längeren Zeitraum und dienen zur Ergänzung der Erkenntnisse aus den longitudinalen Echtzeit-Fallstudien. Anhand dieser fünf konkreten Beispiele sollen die Forschungsfragen aus der Unternehmensperspektive beantwortet werden. Die Objektivität und Reliabilität der Analyse wurden während der Fallstudienerstellung über die Diskussion mit informierten Branchenkennern (in sogenannten „Experten-Interviews“) erhöht.

Aus den Fallstudien werden dann thesenartige Rückschlüsse abgeleitet, die zur Präzisierung des Bezugsrahmens dienen. Das präzisierte Rahmenkonzept ermöglicht es Thesen zu erarbeiten, die zur weiterführenden Untersuchung der Themenstellung auf Basis des hier entwickelten Bezugsrahmens genutzt werden können. Danach gilt es, aus den Erkenntnissen praktische Handlungsoptionen für das Wachstums- und Komplexitätsmanagement abzuleiten.

Den ersten Erkenntnisfortschritt der vorliegenden Arbeit liefert der entwickelte Bezugsrahmen, in dem für den Untersuchungsgegenstand relevante Theorien und Ansätze neuartig kombiniert werden. Die integrierte Betrachtung traditionell isoliert behandelter Ansätze bietet

---

[20] Siehe die generelle Forschungsfrage in Abschnitt 1.2.

[21] Die Definition der Analyseeinheiten und die Fallauswahl wurden entsprechend sorgfältig vorgenommen. Siehe Abschnitt 2.1 für die Definitionen und Abschnitt 4.1 für das Vorgehen bezüglich der Auswahl der Fallstudienunternehmen.

eine neue Perspektive der Veränderungs- und Wachstumsprozesse, die neue Impulse zur Beantwortung der o.g. Forschungsfragen liefert. Die Beantwortung der Forschungsfragen auf Basis der Erkenntnisse aus den Fallstudien stellen den zweiten wesentlichen Erkenntnisfortschritt in Bezug auf Wachstums- und Veränderungsprozesse dar. Die abgeleiteten praktischen Handlungsoptionen können als Erweiterung des vorhandenen praktischen Management-Wissens interpretiert werden.

1.4 Aufbau der Arbeit und Gang der Untersuchung

Die folgende Abbildung zeigt den Aufbau der Dissertation.

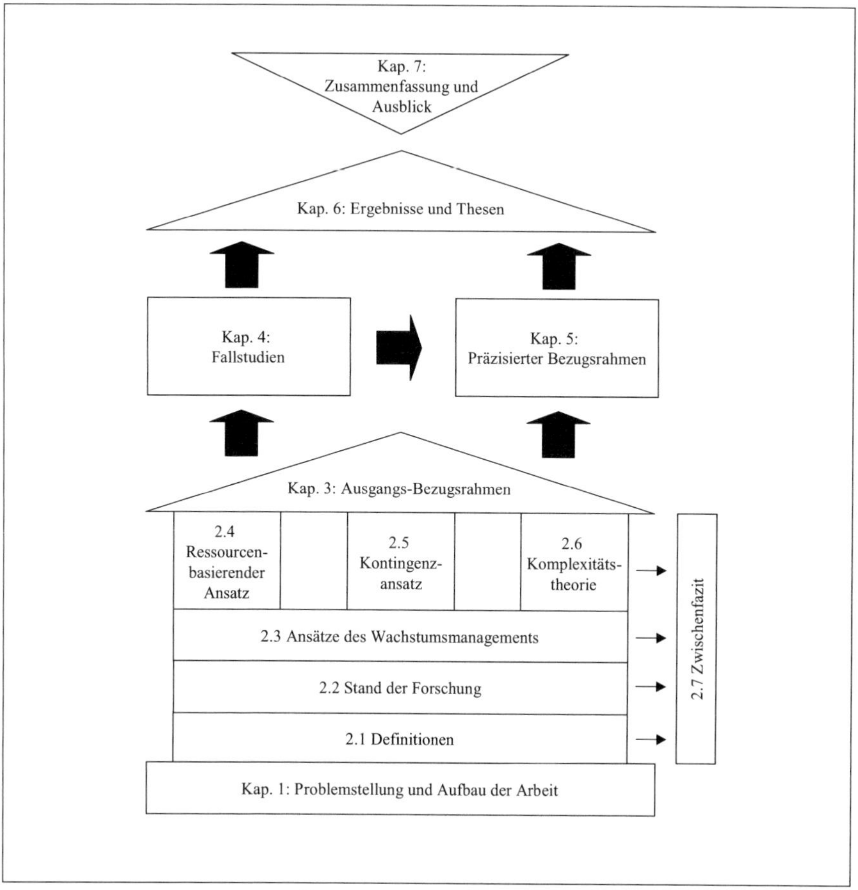

Abbildung 3: Aufbau der Arbeit[22]

Im folgenden zweiten Kapitel wird die Themenstellung präzisiert, indem der Untersuchungsgegenstand genauer abgegrenzt und definiert wird (Abschnitt 2.1). In zweiten Abschnitt wird der Stand der Forschung im Bereich der klassischen Wachstumsmodelle und den darauf aufbauenden empirischen Studien zusammengefasst. Danach werden einige grundlegende Fragen des Wachstumsmanagements diskutiert, die für das Gesamtverständnis der Problematik wichtig sind (Abschnitt 2.3). Dann werden die drei zentralen theoretischen Grundkomponenten des Bezugsrahmens vorgestellt und hinsichtlich ihrer Relevanz bezüglich der Themenstellung bewertet. Die Grundkomponenten sind der Ressourcen-basierende Ansatz (Abschnitt 2.4), der

[22] Eigene Darstellung.

Kontingenzansatz (Abschnitt 2.5) und Ansätze der Komplexitätstheorie (Abschnitt 2.6). Ein kurzes Zwischenfazit schließt dieses Kapitel ab (Abschnitt 2.7).

In Kapitel 3 wird der Bezugsrahmen entwickelt. Dazu werden zunächst die Annahmen und Ziele des Bezugsrahmens erläutert, bevor dieser im Einzelnen dargestellt und begründet wird.

Das Kapitel 4 widmet sich den Fallstudien. Im ersten Abschnitt wird das Vorgehen bei der Auswahl und Durchführung der Fallstudien beschrieben. Anschließend werden die herrschenden Rahmenbedingungen bei der Durchführung der longitudinalen Echtzeit-Fallstudien skizziert, da diese z.T. einen moderierenden Einfluss auf die Ergebnisse der Untersuchung hatten (Abschnitt 4.2). Abschnitt 4.3 beschreibt dann die Wachstums- und Veränderungsprozesse in den fünf Fallstudien anhand des Bezugsrahmens.

Auf Basis der zuvor gewonnenen Erkenntnisse wird der Bezugsrahmen im fünften Kapitel modifiziert und präzisiert. In Abschnitt 5.1 erfolgt zunächst die fallübergreifende Analyse und Diskussion der Ergebnisse. Im zweiten Abschnitt wird der präzisierte Bezugsrahmen vorgestellt. Abschnitt 5.3 bewertet den modifizierten Bezugsrahmen vor dem Hintergrund der Literaturanalyse und den Erkenntnissen aus den Fallstudien.

Kapitel 6 fasst zunächst alle zentralen Ergebnisse dieser Arbeit zusammen. Darauf aufbauend werden Thesen für alle wesentlichen Zusammenhänge im Bezugsrahmen entwickelt, die als Basis für weiterführende Untersuchungen dienen können (Abschnitte 6.1 und 6.2). Im dritten Abschnitt werden auf Basis aller Erkenntnisse praktische Implikationen und Handlungsoptionen für das Management junger Wachstumsunternehmen abgeleitet.

Den Abschluss dieser Arbeit bilden eine Reflexion der Ergebnisse und ein Ausblick auf weiterführende Forschungsfragen (Kapitel 7).

2 Theoretische Grundkomponenten

„Der traditionelle Ausgangspunkt zur Beurteilung von Systemen und letztlich unserer Welt besteht in einem Bild der Ordnung, in dem Chaos 'stört'. Man könnte jedoch auch spiegelbildlich ein Chaos mit Inseln der Ordnung annehmen.“[23]

Im Folgenden werden die theoretischen Grundlagen für das Management der Komplexität in jungen Wachstumsunternehmen skizziert. Abschnitt 2.1 liefert eine Abgrenzung und Definition des Untersuchungsgegenstandes. Darauf aufbauend gibt der Abschnitt 2.2 einen Überblick über die Erkenntnisse und Defizite der bisherigen Forschungsansätze (Wachstumsmodelle und darauf aufbauende empirische Untersuchungen). Im dritten Abschnitt („Ansätze des Wachstumsmanagements“) werden einige zentrale Gedanken bezüglich eines sinnvollen Wachstumsmanagements formuliert, die einen wichtigen Baustein für die Entwicklung des Bezugsrahmens und dessen spätere Untersuchung im Rahmen der Fallstudien darstellen. Anschließend werden die Grundkomponenten des Bezugsrahmens vorgestellt: der Ressourcenbasierende Ansatz (Abschnitt 2.4), der Kontingenzansatz (Abschnitt 2.5) und Ansätze der Komplexitätstheorie (Abschnitt 2.6). In Abschnitt 2.7 werden die wesentlichen Ergebnisse in einem kurzen Zwischenfazit zusammengefasst.

2.1 Definition und Abgrenzung des Untersuchungsgegenstandes

Um den Untersuchungsgegenstand besser verstehen zu können und abzugrenzen, werden zunächst die zentralen Begriffe („Junges Wachstumsunternehmen“, „Komplexität“ und „Management“) definiert. Dabei werden auch die zentralen Annahmen erläutert, die dieser Arbeit zugrunde liegen.

2.1.1 Untersuchungsgegenstand „Junges Wachstumsunternehmen“

Um den Begriff „Junges Wachstumsunternehmen“ umfassend definieren zu können (Abschnitt 2.1.1.3), muss zunächst das vorliegende Verständnis des Unternehmens als komplexes System verdeutlicht (Abschnitt 2.1.1.1) und „Wachstum“ definiert werden (Abschnitt 2.1.1.2).

---

[23] Stein (2000): Organisationswachstum, S. 26.

2.1.1.1 Unternehmen

Unternehmen gehören zur Gruppe der Organisationen (wie auch Schulen, Universitäten und Parteien).[24] Wissenschaftlich werden Unternehmen als hochkomplexe soziale Gebilde[25] angesehen. Aldrich definiert sie darüber hinaus als zielgerichtete, grenzenbewahrende Aktionssysteme.[26] In dieser Charakterisierung findet sich auch die rechtliche Definition des Unternehmens wieder, die das Unternehmen als eine selbstständige, planmäßige, dauerhafte, nach außen erkennbare und auf Gewinnerzielung ausgerichtete Tätigkeit beschreibt.

Über die folgenden Eigenheiten von Unternehmen herrscht weitgehende Einigkeit:[27]

- *Offenes System*: Es kommt zu Austauschbeziehungen mit der Umwelt.
- *Dynamisches System:* Bedingt durch die Austauschbeziehungen mit einer dynamischen Umwelt werden im Unternehmen Änderungen induziert, die die bisherige Konstellation betreffen.
- *Ökonomisches System*: Es verfolgt ökonomische Zielvorstellungen.
- *Sozio-technisches System:* Es bildet ein aktives Leistungspotenzial in Form von Personen und Sachmitteln.

Penrose definiert das Unternehmen aus einer Ressourcen-basierenden Sicht, welche insbesondere in Kapitel 3 noch eine wichtige Rolle einnehmen wird. Demnach ist das Unternehmen eine administrative Einheit mit Grenzen, in der bestimmte interne Aktivitäten stattfinden. Die Mitglieder arbeiten zusammen und über die spezielle Kombination von Ressourcen wird unternehmensspezifische Kompetenz aufgebaut.[28] Hutzschenreuter definiert „Unternehmen“ auf dieser Basis folgendermaßen: „Das Unternehmen wird in der Ressourcentheorie als eine spezifische Kombination produktiver Ressourcen angesehen, die sowohl materieller als auch immaterieller Art sein können. Der wirtschaftliche Vorteil eines Unternehmens geht auf seine Ausstattung mit Ressourcen sowie vor allem auf die Spezifik und Einzigartigkeit der Kombination der Ressourcen zurück, die zu einzigartigen Leistungen führt und durch das Management des Unternehmens hergestellt wird.“[29]

---

[24] Vgl. Gabler Wirtschafts-Lexikon (2000), S. 2897.
[25] Vgl. Kieser (Hrsg.) (1995): Organisationstheorien, S. 1.
[26] Vgl. Aldrich (1979): Environments, S. 4 (eigene Übersetzung).
[27] Vgl. Manstedten (1996): Organisationsstrukturen, S. 28f..
[28] Vgl. Penrose (1959): Growth of the Firm; zitiert nach: Garnsey (1998): Early growth of the firm, S. 526.
[29] Hutzschenreuter (2001): Managementkapazitäten, S. 6.

Davidsson/Wiklund[30] weisen darauf hin, dass bei der Verwendung des Unternehmens als Untersuchungsgegenstand insbesondere in longitudinalen Studien noch genauer spezifiziert werden muss, welche Einheit innerhalb des Unternehmens genau untersucht bzw. über die Zeit hinweg verfolgt werden soll:

1. Individuum oder Gruppe von Individuen (der Entrepreneur bzw. das Management-Team ist die Einheit, die über die Zeit verfolgt werden müsste),
2. Geschäftsaktivität (Untersuchungsgegenstand ist ein Produkt, eine Produktlinie oder ein Geschäftskonzept) und
3. „governance structure" (rechtliche Einheit, in der kohärent Entscheidungen getroffen werden; kann eine rechtliche Einheit sein, wie ein Unternehmen, ein Geschäftsbereich oder eine Holding).

Je länger die Zeitspanne der Untersuchung ist, desto größer ist die Wahrscheinlichkeit, dass die komplette Übereinstimmung der drei Definitionen beim Untersuchungsgegenstand nicht mehr gegeben ist: „The paradox is that if we try to follow the unit thus defined over time in order to study its growth, the definition will no longer hold. Over time, the firm is likely to change its activities, its assets, its ownership and its legal form, and if something has grown, it is *not* the firm as originally defined."[31]

Eine der zentralen Fragen dieser Arbeit, nämlich wie sich die Komplexität eines Unternehmens entwickelt, würde über die Zeit also ganz unterschiedlich beantwortet, je nachdem welche der vorgenannten Einheiten man beobachtet. Wenn man sich z.B. auf die Verfolgung des Gründerteams konzentriert, dieses aber nach zwei Jahren aus dem Unternehmen ausscheidet, würde man ab diesem Zeitpunkt keine adäquaten oder auswertbaren Untersuchungsergebnisse mehr bekommen. Umgekehrt kann es auch sein, dass ein Gründerteam auf Basis des ursprünglichen Geschäftskonzeptes ganz neue Produkte oder Dienstleitungen entwickelt, die womöglich in rechtlich eigenständige Einheiten ausgegliedert werden. Dann würde die Verfolgung der ursprünglichen „governance structure" oder (zu) eng gefassten „Geschäftseinheit" ebenfalls zu nicht adäquaten Ergebnissen führen. In Bezug auf die Untersuchung des Wachstums und der wachstumsinduzierten Entwicklung der Komplexität ist daher eine parallele Verfolgung der unterschiedlichen Subeinheiten zu empfehlen, um sicherzustellen, dass alle relevanten Entwicklungen berücksichtigt werden. Im Rahmen von Fallstudien (wie in dieser

[30] Vgl. Davidsson/Wiklund (2000a): Firm Growth, S. 31.
[31] Davidsson/Wiklund (2000a): Firm Growth, S. 29, Hervorhebung im Original

Untersuchung) lässt sich diese lückenlose Verfolgung aller Aktivitäten sicherstellen.[32] In einer großzahligen empirischen Untersuchung auf Basis der Ergebnisse dieser Arbeit müsste diese Problematik beim Design der Datenerhebung jedoch berücksichtigt werden.[33]

Wie in Abschnitt 2.1.2 gezeigt wird, können Unternehmen als komplexe adaptive Systeme charakterisiert werden. Daraus leiten sich für das Management weitere Implikationen ab, die später erörtert werden.

2.1.1.2 Wachstum

Um den Begriff „Wachstumsunternehmen" definieren zu können, muss zunächst geklärt werden, was Wachstum bedeutet und wie Wachstum in dieser Arbeit operationalisiert wird.

Im Allgemeinen wird organisationales Wachstum mit Größenwachstum gleichgesetzt: Unternehmenswachstum ist dann die „positive Veränderung der Unternehmensgröße" und das Resultat des innerhalb einer Organisation ablaufenden Wachstumsprozesses. Dabei erstreckt sich der Wachstumsprozess über einen bestimmten Zeitraum, in dem das positive Wachstum – abgesehen von kurzfristigen Wachstumsschwankungen – nicht durch negatives neutralisiert wird. Ein negativer oder kontraktiver Wachstumsprozess wird als Schrumpfung bezeichnet, Nullwachstum als Stagnation. Zur Bestimmung des Ausmaßes organisationalen Wachstums dient die Wachstumsrate als Veränderung des Wachstumsmaßstabs bezogen auf seine Größe im Vergleichszeitpunkt.[34]

Klemm definiert Unternehmenswachstum folgendermaßen: „Unternehmenswachstum ist eine relative Vergrößerung einer oder mehrerer, das jeweilige Anspruchsniveau des Unternehmens

[32] In der Tat kam es während des Beobachtungszeitraums (1999 bis 2002) bei den longitudinalen Echtzeit-Fallstudien zu keiner gravierenden Verschiebung der Untersuchungseinheit „Unternehmen" und den drei Subeinheiten, die eine Interpretation nötig gemacht hätte. Lediglich bei einem der beiden Ex-post-Fallstudien, der „E-SERVICES AG" kam es zu solch einer gravierenden Verschiebung: hier wurde die ursprüngliche Geschäftsidee im Laufe der Unternehmensentwicklung komplett aufgegeben. Das Unternehmen beschäftigt sich inzwischen in einem gänzlich anderen Geschäftsumfeld, das nichts mehr mit dem ursprünglichen Businessplan zu tun hat. In dem Fall ist das Team und die „governance structure" gleich geblieben und die Geschäftseinheit hat sich geändert. Im Rahmen dieser Fallstudie wurde das Unternehmen auf Basis des unveränderten Management-Teams und der „governance structure" verfolgt.

[33] Vgl. Davidsson/Wiklund (2000a): Firm Growth, S. 26-44. In Kapitel 6 sind – auf Basis der Ergebnisse dieser Arbeit – Thesen formuliert, die als Ausgangspunkt genutzt werden können, um den hier vorgestellten Bezugsrahmen in einer großzahligen empirischen Untersuchung zu evaluieren.

[34] Vgl. Stein (2000): Organisationswachstum, S. 31

repräsentierender Maßzahlen über einen längeren Zeitraum“[35]. Zur Operationalisierung des Wachstums werden in der Literatur unterschiedliche Maßzahlen verwendet. Diese lassen sich klassifizieren in:[36]

- marktbezogene Messgrößen (z.B. Umsatz, Absatz, Marktanteil),
- leistungsbezogene Messgrößen (z.B. Sortimentsbreite, Fertigungstiefe, Zahl der Patentanmeldungen),
- faktorbezogene Messgrößen (z.B. Beschäftigtenzahl, Anlagevermögen) und
- ergebnisbezogene Messgrößen (z.B. Gewinn, Bilanzsumme, Cash-flow[37]).

Die gebräuchlichsten Kriterien zur Messung von Wachstum sind dabei Umsatz und Mitarbeiter.[38] Die Gründe hierfür liegen in der einfachen Erhebbarkeit sowie der weitgehend objektiven Messbarkeit und Vergleichbarkeit dieser beiden Kriterien.

Die nächste Frage in diesem Zusammenhang ist, ob in einer bestimmten Untersuchung die Verwendung einer der o.g. Maßzahlen ausreichend ist oder verschiedene Indikatoren nebeneinander genutzt werden sollten. Eine Reihe von Autoren befürwortet die Verwendung multipler Indikatoren, wobei sich deren Aussagen dahingehend unterscheiden, welche Kriterien in welcher Kombination zu verwenden sind.[39] Die jeweils favorisierte bzw. gewählte Operationalisierung hängt natürlich im Wesentlichen vom Untersuchungsgegenstand ab.

Wachstum wird in dieser Arbeit als der quantitativ messbare Teil der *Unternehmensentwicklung*[40] verstanden. Die Unternehmensentwicklung umfasst implizit eine Reihe qualitativer

---

[35] Klemm (1985): Wachstum, S.11. Klemm bietet einen breiten Überblick über die unterschiedlichen Definitionsversuche und klassifiziert diese. Vgl. Klemm (1985): Wachstum, S.7ff.

[36] Vgl. Witt (2002): Wachstumsschmerzen, S. 11.

[37] Cash-flow ist der erfolgswirksame Zahlungsüberschuss oder das erfolgswirksame Zahlungsdefizit einer Periode. Wöhe bezeichnet den „Netto-Cash-flow“ als „eine Näherungsgröße zur Bestimmung des Innenfinanzierungsvolumens.“, Wöhe (2002): Allgemeine Betriebswirtschaftslehre, S. 670. Es gibt keine allgemeingültige Berechnung des Cash-flows. Die folgende Berechnung stellt laut Wöhe das einfachste Modell dar: Brutto-Cash-flow = Gewinn + Abschreibungen + Zuführungen zu langfristigen Rückstellungen. Netto-Cash-flow = Brutto-Cash-flow – Gewinnsteuerzahlung – Gewinnausschüttungen. Vgl. Wöhe (2002): Allgemeine Betriebswirtschaftslehre, S. 671.

[38] Ein Großteil der in Abschnitt 2.2 vorgestellten Wachstumsmodelle und Studien verwendet diese Kriterien. Siehe Abschnitt 2.2.

[39] Vgl. u.a. Birley/Westhead (1990): Growth; Weinzimmer/Nystrom/Freeman (1998): Organizational growth; Wiklund (1998): Growth; Davidsson/Wiklund (2000a): Firm Growth, S. 38 und Witt (2002): Wachstumsschmerzen, S. 11.

[40] Unternehmensentwicklung wird in dieser Arbeit nach Bleicher definiert: „Unter der Entwicklung eines Unternehmens wird hierbei unter Rückgriff auf einen systemtheoretischen Unternehmensbegriff die Veränderung der Elemente des Unternehmens und die Veränderung der Beziehungen zwischen diesen Elementen sowie die Veränderung der Beziehungen zwischen dem Unternehmen und seiner Umwelt im Zeitablauf verstanden.“, Bleicher (1970): Entwicklung, S. 3ff.; zitiert nach: Hutzschenreuter (2001): Managementkapazitäten, S. 2.

Komponenten: dies sind nicht-monetäre, immaterielle Größen, wie die Stabilität des Werte- und Sinnsystems, Serviceintensität, Produktqualität, Unternehmenskomplexität oder Veränderung von Potenzialgrößen wie Kapazitäten, Fähigkeiten oder Kernkompetenzen.[41] Auf Basis des **Ressourcen-basierenden Ansatzes**[42] lässt sich die Definition von Wachstum erweitern, wobei dann die Entwicklung der Ressourcen in den Vordergrund tritt: “Under the resource-based framework, what actually grows in organizational growth is the size, complexity and value of the resource bundle over time, where value is measured by the ability of the resources to generate economic rents”[43].

Diese wachstumsinduzierten Veränderungen, insbesondere der Potenzialgrößen bzw. Ressourcen und der Komplexität, werden später bei der Entwicklung des Bezugsrahmens und dessen Test im Rahmen der Fallstudien näher beleuchtet. Dabei werden speziell die Zusammenhänge zwischen diesen qualitativen Veränderungen im Unternehmen und deren Auswirkungen auf radikale Veränderungen in diesen Wachstumsunternehmen untersucht.[44]

Bei der Charakterisierung und Beurteilung von Wachstum muss man weiterhin zwischen organischem und akquiriertem Wachstum (z.B. durch Fusionen oder Übernahmen) unterscheiden. „Akquiriertes Wachstum“ ist im Rahmen von Untersuchungen über Wachstum, Wachstumsverläufe und Wachstumsprobleme ein Spezialproblem, das ausgeschlossen oder mittels einer Variable überwacht werden sollte, da das dabei auftretende plötzliche, noch sprunghaftere Wachstum vermutlich andere Probleme hervorruft als internes Wachstum.[45] Folgende Arten von Wachstum sind generell zu unterscheiden: internes Wachstum (durch neue Produkte oder neue Märkte), Wachstum durch Fusionen und Zukäufe (M&A), Wachstum durch Joint Ventures und Wachstum durch Leveraging (z.B. durch Lizenzvergabe oder Aufbau eines Franchisesystems). Hinter diesen unterschiedlichen Arten, durch die Wachstum realisiert werden kann, verbergen sich auch unterschiedliche Aufgabenschwerpunkte im Rahmen des Wachstumsmanagements. So sind z.B. beim Aufbau eines landesweiten Franchise-Systems ganz andere Aufgaben zu bewältigen, als wenn die Geschäftsidee selbst (d.h. im Rahmen des

[41] Vgl. Manstedten (1996): Organisationsstrukturen, S. 39f. und Stein (2000): Organisationswachstum, S. 31.

[42] Die Kerngedanken und Zusammenhänge des Ressourcen-basierenden Ansatzes werden in Abschnitt 2.4 vorgestellt. Die Arbeiten von Penrose (1959), Barney (1991) und Garnsey (1998) haben den Ressourcen-basierenden Ansatz insbesondere im Zusammenhang mit dem Thema Wachstum geprägt. Vgl. Penrose (1959): Growth of the Firm; Barney (1991): Firm Resources und Garnsey (1998): Early growth of the firm.

[43] Arbaugh/Camp (2000a): Growth Transitions, S. 312, (auf Basis von: Barney (1991), Garnsey 1998 und Penrose (1959)). Vgl. auch Penrose (1959): Growth of the Firm; Barney (1991): Firm Resources und Garnsey (1998): Early growth of the firm.

[44] Siehe Kapitel 3 und 4.

[45] Vgl. Kazanjian (1988): Relation of Dominant Problems, S. 281.

eigenen Unternehmens) landesweit umgesetzt wird.[46] Wenn in empirischen Studien keine Unterscheidung zwischen diesen Wachstumsarten gemacht wird, bedeutet das wahrscheinlich eine nicht unerhebliche Verschiebung der tatsächlichen Ergebnisse. Die Interpretation der Ergebnisse ist dann möglicherweise verfälscht.[47]

Aufgrund der oben beschriebenen Vorteile werden **im Rahmen dieser Untersuchung Umsatz und Mitarbeiter als primäre Wachstumsparameter verwendet.** Es werden dabei jeweils parallel sowohl die relative jährliche Steigerung[48] als auch die absoluten Veränderungen erhoben.[49] Wie später zu zeigen sein wird, haben diese beiden primären Wachstumsparameter i.d.R. einen direkten Einfluss auf eine Reihe weiterer Wachstumsparameter, wie die Anzahl unterschiedlicher Kundengruppen, die Anzahl Organisationseinheiten und die Anzahl an Produktvarianten.[50]

2.1.1.3 Junges Wachstumsunternehmen

In der Entrepreneurship-Literatur gibt es verschiedene Ansätze zur Definition bzw. Charakterisierung von jungen Wachstumsunternehmen: die in diesem Zusammenhang am häufigsten verwendeten Begriffe sind **„schnell wachsende Unternehmen“**, **„technologiebasierende, neue Firmen“** (im englischen: technology-based new firms, häufig auch abgekürzt TBNFs)[51],

---

[46] Vgl. Recklies (2000b): Wachstumsmanagement II.

[47] Vgl. Davidsson/Wiklund (2000a): Firm Growth, S. 41. Die Relevanz von Wachstum durch Mergers & Acquisitions insbesondere für kleine Unternehmen ist jedoch beschränkt: eine Studie aus Schweden kam zu dem Ergebnis, dass 90% des Wachstums von Unternehmen mit weniger als 10 Mitarbeitern durch organisches Wachstum (im Gegensatz zu Wachstum durch Akquisitionen) zu Stande kam. Erst bei größeren Unternehmen mit über 250 Mitarbeitern ging dieser Prozentsatz auf 50% zurück. Vgl. Delmar/Davidsson (1998): Taxonomy und Autio (2000): Growth, S. 340. Bezüglich der Relevanz von Wachstum durch Fusionen oder Übernahmen vgl. Shrader/Shelton (2001): Growth via acquisition.

[48] Dem Autor ist bewusst, dass dieses einfache relative Maß ((Endwert der Messperiode – Anfangswert der Messperiode) / Anfangswert der Messperiode) bei kleineren Unternehmen zu höheren Wachstumsraten führt. Es gibt zwar Meßmethoden, die dieses Defizit umgehen wie der Birch-Index. Diese nach dem US- Unternehmensforscher David Birch benannte Formel berechnet auf Basis der Beschäftigten das Wachstum folgendermaßen: Birch-Index = (Mitarbeiter Endperiode (EP) – Mitarbeiter Anfangsperiode (AP)) x (Mitarbeiter EP / Mitarbeiter AP). Anhand des Birch-Indizes werden z.B. die Gewinner der Wettbewerbe „Entrepreneur des Jahres“ oder „Europe’s Top 500 Job Creating Entrepreneurs“ ermittelt. Allerdings kritisieren Davidsson/Wiklund zu Recht, dass die Messgröße ‚konzeptionell leer’ sei, weil die Messgröße keine reale Dimension (wie Dollar oder Prozent) besitze. Vgl. Davidsson/Wiklund (2000a): Firm Growth, S. 39.

[49] Damit wird der Empfehlung von Davidsson/Wiklund gefolgt. Vgl. Davidsson/Wiklund (2000a): Firm Growth, S. 39.

[50] Siehe Kapitel 3 und 4. Davidsson/Wiklund beschreiben diesen Gedanken anhand der Untersuchung der Veränderung der „governance structure“ und des Entwicklungszwangs vom „entrepreneurial management“ zum „professional management“. Sie zeigen, dass die primären Wachstumsparameter direkten Einfluss auf verschiedene sekundäre Wachstumsparameter haben. Vgl. Davidsson/Wiklund (2000a): Firm Growth, S. 38.

[51] Der Begriff „technology-based new firm“ (TBNF) wird hauptsächlich in der anglo-amerikanischen Literatur verwendet. Vgl. z.B. Autio (2000): Growth; Kazanjian (1988): Relation of Dominant Problems; Zahra/Kirchhoff (2001): Impact of maturity.

„technologieorientierte, innovative Unternehmensgründungen“[52] und **„junge Technologieunternehmen“**[53]. Im Folgenden sollen die leicht divergierenden Begriffsabgrenzungen vorgestellt werden.[54] Daraufhin wird begründet, warum in dieser Arbeit ein etwas weiter gefasstes Begriffsverständnis zugrunde gelegt wird.

Unter **„schnell wachsenden Unternehmen“**[55] werden im Allgemeinen Organisationen verstanden, die überdurchschnittliche Wachstumsraten bei den Mitarbeiter- und Umsatzzahlen aufweisen. Ab welcher Wachstumsrate von überdurchschnittlichem Wachstum gesprochen wird, ist unterschiedlich. Beispielsweise definiert das Kauffman Center for Entrepreneurial Leadership (KCfEL) in seinen empirischen Untersuchungen „kleine, stark wachsende Unternehmen“ folgendermaßen: um sich zu qualifizieren, mussten die Entrepreneure[56] ein Umsatzwachstum von mehr als 30 Prozent und/oder einen Beschäftigungszuwachs von mehr als 20 Prozent in jedem der letzten drei Jahren vorweisen. Diese Vorgaben gewährleisteten angeblich, dass sich die Entrepreneure unter dem Top 1 Prozent der am schnellsten wachsenden Firmen der USA befanden.[57] In aktuellen Wettbewerben der am schnellsten wachsenden Unternehmen zeigt sich jedoch, dass das Unternehmenswachstum auch in Abhängigkeit des wirtschaftlichen Umfeldes und relativ zum Wettbewerbsumfeld betrachtet werden muss.[58] So

[52] Vgl. z.B. Sabisch (Hrsg.) (1999): Management technologieorientierter Unternehmensgründungen; Kahmann (2000): Schöpferische Zerstörung.

[53] Vgl. z.B. Baier/Pleschak (1996): Marketing; Kulicke (1993): Chancen und Risiken junger Technologieunternehmen.

[54] Weitere Definitionen bzw. verwendete Begriffe sind z.B. technovative Unternehmensgründung, technologiebasierte junge Unternehmen, High-Tech-Gründung oder junges innovatives Unternehmen.

[55] Synonyme für „schnell wachsende Unternehmen“ sind auch „wachstumsstarke Unternehmen“ oder „stark wachsende Unternehmen“.

[56] Das Gabler Wirtschafts-Lexikon setzt den Entrepreneur dem Unternehmer gleich. Es definiert ihn als „Persönlichkeit, die eine Unternehmung plant, mit Erfolg gründet und/oder selbständig und verantwortlich mit Initiative leitet, wobei sie persönliches Risiko oder Kapitalrisiko übernimmt“. Gabler Wirtschafts-Lexikon (2000), S. 3179. Sexton/Bowman-Upton sehen den Unterschied vom Entrepreneur zu anderen Managern in großen wie kleinen Firmen zusätzlich in der Eigenschaft, dass er ein Wachstumsbedürfnis hat. Vgl. Sexton/Bowman-Upton (1991): Entrepreneurship, S. 60.

[57] Vgl. Arbaugh/Camp (2000a): Growth Transitions, S. 315. Zu einer ähnlichen Größenordnung gelangten Siegel/Siegel/MacMillan, die starkes Wachstum mit mehr als 25% Umsatzwachstum pro Jahr über drei Jahre definierten. Vgl. Siegel/Siegel/MacMillan (1993): Characteristics, S. 172. Woywode spricht davon, dass sich "ein Schwellenwert von größer 30% Wachstum (in Europa) herauskristallisiert“ (Woywode (Hrsg.) (2000): Management, S. 15) hat, wobei er nicht genau spezifiziert, ob er damit Mitarbeiter- oder/und Umsatzwachstum meint. Es bleibt festzuhalten, dass es keine einheitliche Definition von schnellem Wachstum gibt, jedoch im Allgemeinen sehr ähnliche Grenzwerte vorgeschlagen werden.

[58] Wolff plädiert für ein Wachstumsmaß, das auch die Entwicklung des konjunkturellen und Branchenumfeldes mit einbezieht, da „das Wachstum einer Unternehmung durch das durchschnittliche Wachstum der Gesamtwirtschaft oder des betrachteten Wirtschaftssektors relativiert wird“, Wolff (1993): Liquiditätsorientierte Steuerung, S. 45. Bezüglich der Beurteilung des Wachstums einzelner Unternehmen wird dieser Argumentation gefolgt. Allerdings soll dieses makro-ökonomische Maß hier nicht im Rahmen der Operationalisierung von Wachstum einbezogen werden, da dies eine Reihe von Problemen – z.B. der Vergleichbarkeit der Wachstumsraten von Unternehmen aus verschiedenen Branchen – aufwirft. Für eine tiefergehende Diskussion vgl. Wolff (1993): Liquiditätsorientierte Steuerung, S. 14-38.

definiert die Organisation „GrowthPlus.org“ (unterstützt durch die Unternehmensberatung BCG) im Rahmen des Wettbewerbes „Europe's Top 500 Job Creating Entrepreneurs“ die Teilnahmekriterien im Jahr 2002 nur noch folgendermaßen: mindestens 50 Prozent Umsatzwachstum von 1996 bis 2001 und mindestens 30 Prozent Mitarbeiterwachstum im gleichen Zeitraum. Die Gewinner des Wettbewerbes weisen auch bereits geringere Wachstumsraten auf als in den letzten Jahren.[59] Wenn man davon ausgeht, dass viele dieser Unternehmen im Jahre 2002 im Durchschnitt eher konsolidierten als wuchsen, kann man vermuten, dass die Wachstumsraten im kommenden Wettbewerbsreport noch niedriger sind.[60] Damit lässt sich konstatieren, dass die Wachstumsraten in Zeiten einer schwachen Konjunktur generell niedriger sind als während eines konjunkturellen Hochs.

Neben den **„schnell wachsenden Unternehmen“** werden – wie zuvor dargestellt – zahlreiche ähnliche Begriffsabgrenzungen verwendet. Die exakte Definition und Operationalisierung der einzelnen Begriffe weicht bei den unterschiedlichen Autoren von einander ab. Beispielhaft sei hier die Definition von **„jungen Technologieunternehmen“** von Pleschak/Wupperfeld zitiert: "Junge Technologieunternehmen (JTU) sind neugegründete oder am Anfang ihres Lebenszyklus befindliche Unternehmen, deren Geschäftsfelder vor allem durch neue Produkte, neue Verfahren oder innovative Dienstleistungen gekennzeichnet sind. Ihr Leistungsangebot weist gegenüber vergleichbaren Lösungen ein höheres Innovationsniveau auf, erfordert den Aufbau einer entsprechenden Fertigung und verlangt umfangreiche Marketingaktivitäten. Für diese Unternehmen ist ein hoher Anteil von Forschung und Entwicklung (FuE) bis zum Erreichen der Fertigungs- und der Marktreife der neuen Produkte charakteristisch."[61]

Im Rahmen dieser Arbeit wird im Gegensatz zu den vorherigen Definitionen der Begriff **„junges Wachstumsunternehmen“** verwendet. Unter „jungen Wachstumsunternehmen“ werden im Rahmen dieser Arbeit Unternehmen verstanden, die ein großes Wachstumspotenzial besitzen und sich in der Phase des Unternehmensaufbaus (Start-up-Phase) befinden. Eine Venture-Capital-Finanzierung wird in dieser Arbeit als ein hinreichendes Indiz für das – zum Zeitpunkt der Finanzierung – vorhandene Wachstumspotenzial angesehen. In der Phase nach Gründung des Unternehmens vollzieht sich der Entwicklungsprozess vom Gründerunternehmen (entrepreneurial venture) zum etablierten Unternehmen (professional company). Im

[59] Vgl. http://www.growthplus.org, Stand: 26.10.2002.

[60] Wobei angemerkt werden muss, dass die Wachstumsraten und der Beschäftigungszuwachs in diesen Unternehmen im Vergleich zum Durchschnitt aller Unternehmen natürlich immer noch außergewöhnlich gut sind.

[61] Pleschak/Wupperfeld (1995): Entwicklungsprobleme junger technologieorientierter Unternehmen, S. 3.

Rahmen dieses Entwicklungsprozesses lassen sich das Wachstum und dessen Auswirkungen auf das Unternehmen besonders gut beobachten.[62]

Im Folgenden werden zunächst die Charakteristika junger Wachstumsunternehmen vorgestellt und anschließend die Verwendung dieser Begriffsabgrenzung begründet.

Charakteristika junger Wachstumsunternehmen sind:

- **Jung**: genau quantifizierbare Grenzen für das Kriterium „jung" sind schwierig zu setzen, da sich der Literatur keine allgemeingültigen Definitionen entnehmen lassen. Das liegt vor allem daran, dass die Grenzen immer sehr stark dem Charakter der jeweiligen Untersuchung angepasst werden. In dieser Arbeit soll „jung" den Fokus auf junge, neu gegründete Unternehmen deutlich machen. Jung heißt in dieser Arbeit, dass das Unternehmen nicht älter als fünf Jahre ist.
- **Wachstumswunsch** liegt vor: die Anteilseigner des Unternehmens und das Management-Team verfolgen das Ziel „Wachstum".[63]
- **Innovative Geschäftsidee** ist gegeben (zumindest aus subjektiver Sicht der Stakeholder).
- **Potenzialträchtiger Markt** ist gegeben (zumindest aus subjektiver Sicht der Stakeholder).
- **Wachstumspotenzial der Geschäftsidee/des Unternehmens** ist gegeben (zumindest aus subjektiver Sicht der Stakeholder).
- **Verfügbarkeit der Ressourcen**: für das Wachstum benötigte Ressourcen sind bereits verfügbar bzw. zukünftig akquirierbar, wenn sie benötigt werden (zumindest aus subjektiver Sicht der Stakeholder).[64]
- **Venture-Capital-finanziert** (VC-finanziert): dies umfasst eine Finanzierung durch Venture Capital Gesellschaften (VCG)[65] als auch durch Business Angels[66]. Die VC-

[62] Laut Flamholtz/Randle ist in dieser Phase das Auftreten von Phasenübergängen besonders häufig zu beobachten. Vgl. Flamholtz/Randle (2000): Growing pains, S. 8. Im Rahmen des Bezugsrahmens wird später gezeigt, wie der Zusammenhang zwischen Wachstum, Komplexität und Phasenübergängen gesehen wird.

[63] Welche Gründe zum Wachstumswunsch führen können und wie das Kriterium „Wachstum" in die Zielhierarchie eines Unternehmens passt, wird in Abschnitt 2.3.1 diskutiert. Bei VC-finanzierten Unternehmen muss zwangsläufig ein Wachstumswunsch vorhanden sein, da dies eine Voraussetzung für eine VC-Finanzierung ist.

[64] Hier sind alle Ressourcen gemeint, die zum erfolgreichen Aufbau eines Unternehmens benötigt werden, d.h. finanzielle, personelle und physikalische Ressourcen. Auf diesen Aspekt wird im Rahmen der Vorstellung des Ressourcen-basierenden Ansatzes in Abschnitt 2.4 näher eingegangen.

Finanzierung ist das messbare Kriterium für den Wachstumswunsch, die Innovationskraft der Geschäftsidee, das hohe Marktpotenzial, das Wachstumspotenzial der Geschäftsidee/des Unternehmens und die Verfügbarkeit der Ressourcen. Bei einer erfolgten VC-Finanzierung waren alle diese Kriterien (zumindest zum Zeitpunkt der Finanzierung) aus subjektiver Sicht des Kapitalgebers und der anderen Stakeholder erfüllt.[67]

Der Grund, warum in dieser Arbeit der Begriff „junges Wachstumsunternehmen" und nicht eine der vorgenannten Definitionen verwendet wird, liegt in den schwierige konjunkturellen Rahmenbedingungen während des Untersuchungszeitraums. In Bezug auf **„schnell wachsende Unternehmen"** lässt sich festhalten, dass die konjunkturelle Talfahrt im Untersuchungszeitraum von 2000 bis 2002 stark negativen Einfluss auf das Wachstum der betrachteten „jungen Wachstumsunternehmen" hatte. In Kap. 4 wird im Rahmen der Fallstudien gezeigt, dass die Investitions- bzw. Konsumzurückhaltung der Geschäfts- und Privatkunden in konjunkturell schwachen Phasen junge Unternehmen mit innovativen Produkten besonders schwer trifft.[68] Das tatsächlich realisierte Wachstum der Fallstudien-Unternehmen lag daher weit hinter den Planungen zurück. Trotzdem wurden z.T. die vorgenannten Kriterien für starkes Wachstum erfüllt.[69]

Die spezifischen Charakteristika von **TBNFs** (und gleichermaßen auch von **„technologieorientierten, innovativen Unternehmensgründungen"** und **„jungen Technologieunternehmen"**), insbesondere die hohe F&E-Intensität, ist für diese Untersuchung nicht direkt relevant. Das Kriterium der Technologieorientierung ist auf der anderen Seite aber auch nicht abträglich für die Untersuchung: Technologie kann eine wichtige Wachstumsressource sein und wird in diesem Zusammenhang auch im Bezugsrahmen berücksichtigt.[70] Zahlreiche Studien, die sich mit der Erforschung des Firmenwachstums und von Wachstumsfaktoren be-

---

[65] „Venture Capital ist haftendes Risikokapital, welches über einen bestimmten Zeitraum, verbunden mit unternehmerischer Beratung des kapitalnehmenden Unternehmens, zur Verfügung gestellt wird. Die Bereitstellung des Kapitals wird im Gegensatz zur Kreditvergabe nicht vom Vorhandensein beleihungsfähiger Kreditsicherheiten abhängig gemacht, sondern allein von den geschätzten Ertragschancen des zu finanzierenden Objekts.", Gabler Wirtschafts-Lexikon (2000), S. 3214.

[66] „Business Angels sind vermögende Privatleute, die sich mit eigenem Kapital und beruflich erworbenen Erfahrungswissen bei jungen Unternehmen (Start-up Unternehmen) engagieren und damit an den Risiken und Chancen des Unternehmenswachstums teilhaben.", Gabler Wirtschafts-Lexikon (2000), S. 598.

[67] Vgl. auch Arbaugh/Camp (2000a): Growth Transitions, S. 315, die die gleiche Argumentation zur Abgrenzung des Untersuchungsgegenstandes verwenden.

[68] Siehe Abschnitt 4.2.

[69] Siehe Abschnitt 4.3.

[70] Vgl. Penrose (1959): Growth of the Firm, S. 109 f..

schäftigen, konzentrieren sich ausschließlich auf TBNFs.[71] In Bezug auf diese Studie kann festgehalten werden, dass der Untersuchungsgegenstand keine Technologiebasiertheit voraussetzt. Dies wird auch im Rahmen des Fallbeispiels „LOWTECH GmbH“ gezeigt werden.[72]

Diese hier verwendete Begriffsabgrenzung von „jungen Wachstumsunternehmen“ hat die Schwäche, dass sie im Vergleich zu Studien „schnell wachsender Unternehmen“ der Definition nach nicht zwangsläufig wachsende Unternehmen untersucht, sondern Unternehmen mit Wachstumswunsch und -potenzial. Durch das Kriterium der VC-Finanzierung wurde die Definition der Unternehmen aber wiederum so eng gefasst, dass die beiden unterschiedlichen Untersuchungsgruppen eine sehr große Schnittmenge aufweisen dürften. Aufgrund der großen Schnittmenge und Ähnlichkeit der Unternehmen wird davon ausgegangen, dass die Ergebnisse der vorliegenden Untersuchung ebenso für einen sehr großen Teil der schnell wachsenden Unternehmen als auch TBNFs gelten.

2.1.2 Untersuchungsgegenstand „Komplexität“

Der lateinische Begriff „complexus“ bedeutet so viel wie „zusammengeknüpft“, „verwoben“ oder „vernetzt“. In seiner umgangssprachlichen Verwendung beschreibt der Komplexitätsbegriff eine Planungs-, Entscheidungs- oder Handlungssituation, die von den Handelnden als „kompliziert“, „unverständlich“ oder „undurchschaubar“ empfunden wird.[73] Der Begriff „Komplexität“ und das Phänomen der „komplexen Systeme“ wurden zunächst in verschiedenen naturwissenschaftlichen Disziplinen untersucht, bevor auch medizinische und geisteswissenschaftliche Forschungen Ansätze der Komplexitätstheorie auf ihre Fachgebiete übertragen haben.[74]

Obwohl in vielen aktuellen wirtschaftswissenschaftlichen Arbeiten das Phänomen der steigenden Komplexität genannt wird, versäumen es die meisten Autoren, den Begriff zu definie-

[71] Vgl. u.a. Autio (2000): Growth, S. 329 ff.; Hanks et al. (1993): Life-cycle construct, S. 5 ff.; Kazanjian (1988): Relation of Dominant Problems, S. 257 ff.; McCarthy/Spital/Lauenstein (1987): Managing growth, S. 313 ff..

[72] Siehe Abschnitt 4.3.5

[73] Vgl. Reither (1997): Komplexitätsmanagement, S. 13-18 und Malik (1989): Management komplexer Systeme, S. 185. Dies entspricht auch der ursprünglichen Bedeutung des lateinischen Begriffs „complexus“: verschlungen, verflochten, umfassend und zusammengebunden. Vgl. Gell-Mann (1994): Das Quark und der Jaguar, S. 66.

[74] Für einen Überblick über die Entwicklung der Komplexitätsforschung in den Bereichen Physik, Chemie, Biologie, Ökologie, Informatik, Gehirnforschung, Neuroinformatik, Medizin, Psychologie, Soziologie, Ökonomie und Wissenschaftstheorie vgl. Mainzer (Hrsg.) (1999): Komplexe Systeme, S. 3-29 und die verschiedenen Aufsätze zum Status der Komplexitätsforschung in den jeweiligen Disziplinen.

ren oder das Phänomen umfassend zu untersuchen.[75] Weiterhin muss festgestellt werden, dass es keine einheitliche Definition gibt: "Perhaps specifically because the field has attracted researchers from a wide diversity of home disciplines, there is no consensus as to how to define, measure, describe, or interpret 'complexity'"[76].

In jüngerer Zeit haben sich aber durchaus verschiedene Autoren mit der Anwendung der Komplexitätstheorie auf wirtschaftswissenschaftliche Themen beschäftigt. Lichtenstein bietet einen breiten Überblick über die unterschiedlichen Ansätze: er erklärt sowohl die Ursprünge der adaptierten Modelle als auch deren Erklärungsgehalt für „komplexe Systeme" in den Wirtschaftswissenschaften.[77] Im Folgenden soll die Begrifflichkeit definiert und die für diese Arbeit zentralen Aspekte der Komplexität kurz vorgestellt werden.

Nach Covin/Slevin kann **Komplexität** folgendermaßen definiert werden:
„...complexity can be defined as the number of different heterogeneous elements in the system. Complexity increases when the number of elements increases, the differences between those elements increase, the interdependencies between those elements increase, and the uncertainty of those elements increases."[78]

Bezieht man die Definition von Covin/Slevin auf die unterschiedlichen wirtschaftswissenschaftlichen Untersuchungsebenen können beispielhaft die folgenden Faktoren bzw. Ursachen für eine steigende Komplexität identifiziert werden:

Makroökonomische Ebene:

- Steigende Anzahl an Unternehmen *(Steigende Anzahl der unterschiedlichen Elemente)*
- Steigende Unterschiedlichkeit der „Rollen", die im Markt vertreten sind *(Steigende Unterschiedlichkeit der Elemente)*
- Steigende Konvergenz der Märkte *(Steigende Interdependenz der Elemente)*
- Steigende Unsicherheit der Märkte (z.B. durch Internationalisierung der Absatzmärkte) *(Steigende Unsicherheit der Elemente)*

---

[75] Vgl. Covin/Slevin (1997): High growth transitions, S. 101. Eine detaillierte Analyse des Begriffs Komplexität findet sich dagegen z.B. bei Bliss (2000): Management von Komplexität, S. 3 ff. und Grossmann (1992): Komplexitätsbewältigung, S. 18 ff..

[76] Maguire/McKelvey (1999): Complexity and Management, S. 27. Vgl. auch Farias/Black (2000): Requisite Variety, S. 5.

[77] Vgl. Lichtenstein (2000b): Self-organization. Siehe auch Abschnitt 2.6.

[78] Covin/Slevin (1997): High growth transitions, S. 103. Der Vorteil dieser Definition ist laut Lowendahl/Revang, dass Umwelt- und Organisationskomplexität (also: interne und externe Komplexität) zusammen betrachtet werden (anstatt diese zu separieren). Vgl. Lowendahl/Revang (1998): Challenges; zitiert nach: Arbaugh/Camp (2000b): Organizational Complexity, S. 3.

Unternehmensebene:

- Anzahl Abteilungen *(Steigende Anzahl der unterschiedlichen Elemente)*
- Unterschiedlichkeit Abteilungen *(Steigende Unterschiedlichkeit der Elemente)*
- Interdependenz zwischen Abteilungen (mehr Koordination nötig) *(Steigende Interdependenz der Elemente)*
- Unsicherheit über künftige Beziehungen zu anderen Unternehmensexternen (z.B. Kooperationspartnern) *(Steigende Unsicherheit der Elemente)*

Managementebene:

- Anzahl Aufgaben *(Steigende Anzahl der unterschiedlichen Elemente)*
- Unterschiedlichkeit Aufgaben *(Steigende Unterschiedlichkeit der Elemente)*
- Interdependenz zwischen Aufgaben (sowohl den eigenen als auch fremden) *(Steigende Interdependenz der Elemente)*
- Unsicherheit über zukünftige Aufgaben *(Steigende Unsicherheit der Elemente)*

Im Rahmen dieser Arbeit wird die Komplexität auf der makroökonomischen Ebene nicht weiter betrachtet. Im Vordergrund steht die Komplexität auf Unternehmensebene. Im Bezugsrahmen wird später auch auf die Auswirkungen der Komplexität auf der Unternehmensebene auf das Management eingegangen.[79]

In der vorliegenden Arbeit werden Unternehmen als komplexe Systeme verstanden.[80] Bedeutung und Auswirkungen dieser Sichtweise werden im Folgenden erläutert. Abbildung 4 zeigt beispielhaft und schematisch die drei potenziellen Untersuchungsebenen mit einer Auswahl an Komplexitätstreibern.[81]

[79] Siehe Abschnitt 3.2.2.3 (Modul 3 des Bezugsrahmens).

[80] Vgl. dazu z.B. Bliss (1998): Komplexitätsreduktion; Brown, Brown/Eisenhardt (1998): Competing on the Edge und Grossmann (1992): Komplexitätsbewältigung.

[81] Die reale Komplexität würde in der Abbildung deutlich, wenn alle Zeichnungselemente ein unterschiedliches Erscheinungsbild (z.B. unterschiedliche Farben, Formen, Größen und Linienarten) hätten und zwischen den „Elementen" zahlreiche, unterschiedlich ausgeprägte Beziehungen eingezeichnet wären. Diese Beziehungen bewirken, dass sich die Elemente (auch über die verschiedenen Ebenen hinweg) gegenseitig beeinflussen: wenn sich ein Element ändert, hat das Auswirkungen auf eine Reihe anderer Elemente. Und deren Veränderung hätte wiederum Auswirkungen auf die gleichen oder andere Elemente. Veränderungen setzen sich also in diesem komplexen System fort und können z.B. zu sich selbst verstärkenden Prozessen führen.

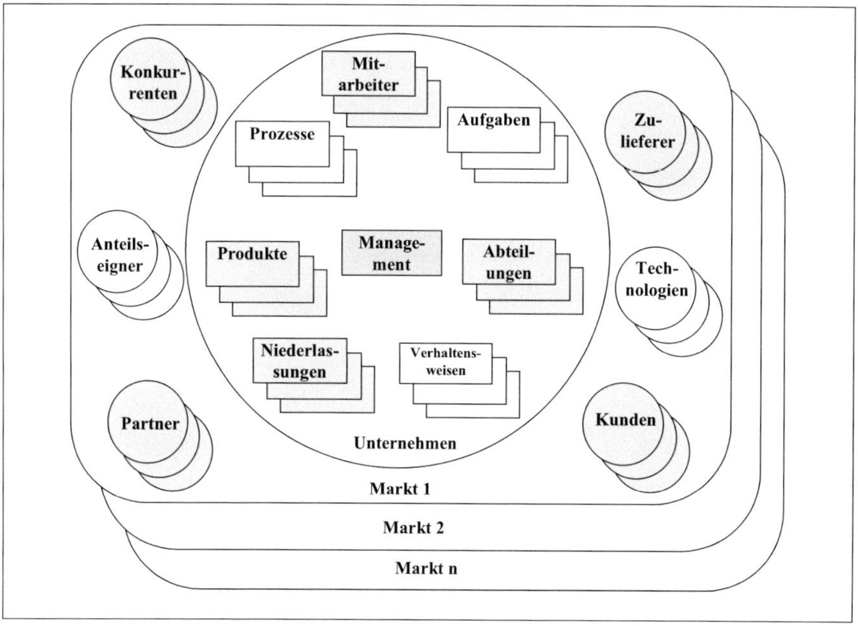

Abbildung 4: Schematische Darstellung der potenziellen Untersuchungsebenen und Komplexitätstreiber[82]

Wenn Unternehmen als komplexe Systeme verstanden werden, gelten die folgenden, grundlegenden Eigenschaften komplexer Systeme somit auch für diese:[83]

- **Nichtlinearität:**

  Es liegen keine eindimensionalen, linearen Ursache-Wirkungs-Beziehungen vor, d.h. ein Ereignis oder eine Aktivität kann mehr als ein Ergebnis oder nichtproportionale Ergebnisse hervorbringen (der sogenannte „Schmetterlingseffekt“[84]).

- **Rückkoppelnde Verhaltensweisen:**

  Rückkopplungseffekte führen zu weiteren Auswirkungen eines Inputs in einem System, d.h. in einem komplexen System wird „der Output [...] durch den Input und die dem System immanente Eigendynamik bestimmt“[85].

---

[82] Eigene Darstellung.

[83] Vgl. Bliss (2000): Management von Komplexität, S. 24ff..

[84] Mit dem „Schmetterlingseffekt“ hat der Meteorologe und Chaosforscher Lorenz den Effekt bezeichnet, dass der Flügelschlag eines Schmetterlings über dem Regenwald des Amazonasgebietes zu einem Sturm über Chicago führen könnte. Vgl. Bliss (1998): Komplexitätsreduktion, S. 24 und Lewin (1993): Komplexitätstheorie, S. 23.

[85] Grossmann (1992): Komplexitätsbewältigung, S. 21.

- **Emergenz:**
  Lokale Regeln erzeugen globale Ordnungen (aufstrebende Verhaltensmuster), d.h. aus einfachen Regeln entstehen Verhaltensmuster oder Eigenschaften höherer Ordnung, die sich nicht aus den Mustern oder Eigenschaften der Systemelemente oder Subsysteme ableiten lassen.
- **Irreversibilität:**
  Komplexe Systeme können nicht in ihren ursprünglichen Zustand zurückgeführt werden. D.h., dass „eine einfache oder lineare Umkehrung der Wirkungszusammenhänge, die das komplexe System in eine bestimmte Systemkonfiguration versetzt haben, dieses nicht in seinen ursprünglichen Zustand zurückführen können“[86].

Nachdem eine Vorstellung von der Bedeutung des Begriffs und der Eigenschaften der Komplexität in dieser Arbeit vermittelt worden ist, soll im nächsten Abschnitt näher auf den Begriff und die Bedeutung von Management eingegangen werden. Auf die weitergehenden Zusammenhänge bspw. zwischen Wachstum und Komplexität und die Operationalisierung von Komplexität auf Unternehmensebene wird in späteren Abschnitten eingegangen.[87]

2.1.3 Untersuchungsgegenstand „Management“

In diesem Abschnitt sollen die Begriffe Management und Management-Team definiert werden.

Der Begriff Management kann unterschiedlich interpretiert werden. In der funktionalen Begriffsabgrenzung geht es in erster Linie um die Aufgaben: „Das Management des Unternehmens in seiner funktionalen Abgrenzung kann als die durch die Manager des Unternehmens vorgenommene zielorientierte Auswahl der Elemente (Ressourcen) eines Unternehmens und die Gestaltung der Beziehungen zwischen diesen Elementen sowie die Festlegung und Veranlassung der angestrebten Leistungen, die die Elemente des Unternehmens zur Verwertung auf Märkten erbringen sollen, verstanden werden.“[88]

---

[86] Bliss (1998): Komplexitätsreduktion, S. 26.
[87] Siehe Abschnitt 2.6, in dem die für diese Arbeit relevanten komplexitätstheoretische Ideen und Zusammenhänge beschrieben werden und Kapitel 3 für den Bezugsrahmen, der auf die speziellen Zusammenhänge in jungen Wachstumsunternehmen eingeht.
[88] Hutzschenreuter (2001): Managementkapazitäten, S. 9.

Die Aufgaben im Rahmen des Managements lassen sich hierbei idealtypisch in Planungs-, Steuerungs- und Kontrollaufgaben unterscheiden.[89] Etwas konkreter ausgedrückt bedeutet dies z.B.

- Ziele und Strategien definieren und verfolgen,
- Entscheidungen treffen,
- Informationsflüsse bestimmen und beeinflussen,
- soziale Beziehungen herstellen und gestalten und
- auf Partner einwirken, um getroffene Entscheidungen zu realisieren.[90]

Abbildung 5 gibt einen guten Überblick über die Aufgabenbereiche der Unternehmensführung mit ihren Steuerungsgrößen und den jeweiligen Orientierungsgrundlagen.

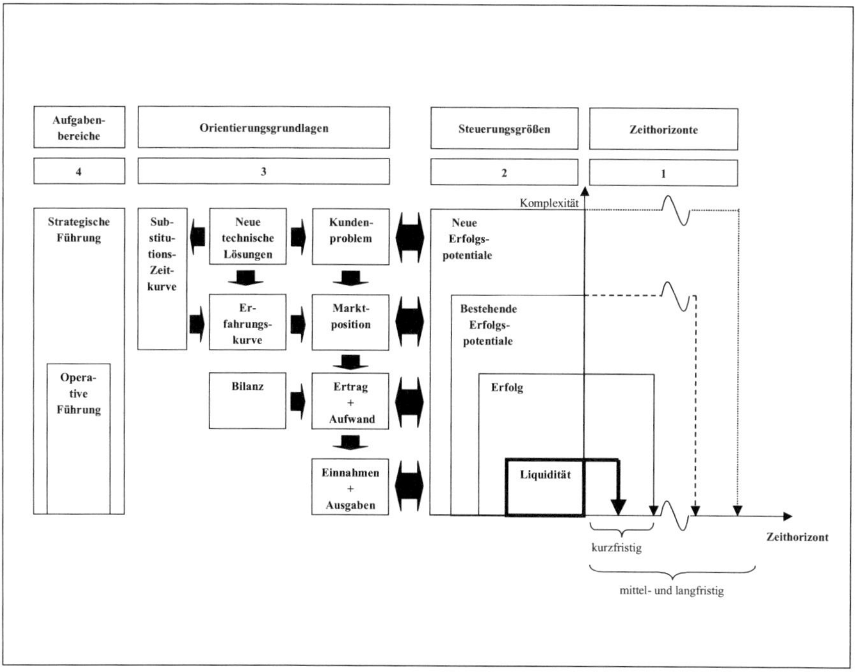

Abbildung 5: Aufgabenbereiche der Unternehmensführung[91]

[89] Vgl. Hutzschenreuter (2001): Managementkapazitäten, S. 9.
[90] Vgl. Woywode (Hrsg.) (2000): Management, S. 15.
[91] Quelle: Gälweiler (1990): Strategische Unternehmensführung, S. 34.

In Zusammenhang mit Komplexität ist der Begriff des Managements dabei eher in seinem ursprünglichen englischen Sprachgebrauch (to manage = handhaben) zu verstehen.[92] Komplexitätsmanagement oder „Management von Komplexität“ könnte daher auch mit „Handhabung von Komplexität“ übersetzt werden.

Im institutionellen Sinne wird Management in dieser Arbeit als „Management-Team“ bezeichnet und nach Hutzschenreuter folgendermaßen charakterisiert: „Zum Management in der institutionellen Begriffsfassung gehören all jene Personen, die dazu legitimiert sind, über die Art der Unternehmenstätigkeit zu entscheiden und diese Entscheidungen gegenüber anderen Personen durchzusetzen.“[93] Das Top-Management-Team ist i.d.R. die erste Führungsebene, wobei das unternehmensspezifisch unterschiedlich ist, welche formalen Positionen dazu gezählt werden.[94]

Diese Arbeit folgt der These von Hutzschenreuter, dass das Management-Team beim Wachstumsmanagement eine zentrale Rolle einnimmt und Managementkapazitäten die wichtigste Ressource des Unternehmens darstellen.[95] Im Rahmen dieser Arbeit wird davon ausgegangen, dass allein das Management-Team über die Ziele eines Unternehmens entscheidet. Dies ist eine vereinfachende Annahme wie der koalitionstheoretische Ansatz von Cyert/March zeigt.[96] Jedoch wird dem Management-Team im Allgemeinen zugebilligt, den Zielbildungsprozess zu koordinieren und letztendlich durch die Auswahl bestimmter Zielrichtungen das Handeln zu steuern.[97]

Nachdem die grundlegenden Begriffe bezüglich des „Managements“ der „Komplexität“ in „jungen Wachstumsunternehmen“ definiert worden sind, folgt nun ein Überblick über den Stand der Forschung (Abschnitt 2.2) gefolgt von den wichtigsten Ansätzen des Wachstumsmanagements, die von hoher Relevanz für das Gesamtverständnis der Thematik sind (Abschnitt 2.3).

[92] Vgl. Puhl (1999): Komplexitätsmanagement, S. 23.
[93] Hutzschenreuter (2001): Managementkapazitäten, S. 8.
[94] Dies wird sich im Rahmen der Fallstudien in Kapitel 4 bestätigen.
[95] Vgl. Hutzschenreuter (2001): Managementkapazitäten, S. 1 und S. 11. Auf diesen Gedanken wird später im Rahmen der Vorstellung des Ressourcen-basierenden Ansatzes eingegangen. Siehe Abschnitt 2.4.
[96] Cyert/March zeigen im koalitionstheoretischen Ansatz, dass Zielbildungsprozesse im Unternehmen wesentlich komplexer verlaufen. Vgl. Cyert, R.M.; March, J.G. (1992): A Behavioral Theory of the Firm, zitiert nach Hutzschenreuter/Wulf (2001): Ansatzpunkte, S. 10-11.
[97] Vgl. Hutzschenreuter/Wulf (2001): Ansatzpunkte, S. 11.

2.2 Stand der Forschung

Im diesem Abschnitt soll ein Überblick über den Stand der Forschung gegeben werden. Dazu werden zunächst die klassischen Wachstumsmodelle vorgestellt (Abschnitt 2.2.1). Dabei handelt es sich um konzeptionelle Modelle mit unterschiedlichen Schwerpunkten, denen jedoch gemein ist, dass sie versuchen, den Wachstumsprozess zu beschreiben. Darauf aufbauend wird in Abschnitt 2.2.2 eine Übersicht über die wesentlichen empirischen Studien gegeben, die die von Managern erlebten bzw. empfundenen Wachstumsprobleme und Erfolgs- bzw. Misserfolgsursachen von Wachstumsunternehmen untersuchen. Abschnitt 2.2.3 fasst dann die wichtigsten Erkenntnisse und Defizite der bestehenden Modelle und Studien zusammen.

2.2.1 Wachstumsmodelle

„With an understanding of stage developmental perspectives, models such as this one might be used to anticipate when organizational changes would be needed and the appropriate response."[98]

Die Modelle zur Erklärung von Wachstum in jungen Wachstumsunternehmen sind dem Forschungszweig „Entrepreneurship" zuzuordnen. Die zentrale Frage, die durch die Wachstumsmodelle beantwortet werden soll, ist, ob es im Wachstumsprozess junger Wachstumsunternehmen Regel- oder Gesetzmäßigkeiten gibt.

Es gibt inzwischen eine Fülle von Wachstumsmodellen, die eine große Bandbreite an Untersuchungsgegenständen und Sichtweisen beinhalten. Der Versuch, diese Modelle zu kategorisieren, gestaltet sich jedoch schwierig, da es (bisher) keinen übergreifenden Bezugsrahmen zur Beschreibung von Wachstum in jungen Wachstumsunternehmen gibt, in den sich die Modelle einordnen ließen.[99]

Dies wird auch an den unterschiedlichen Typologien deutlich, wie sie z.B. bei Davidsson (1989), Jäger (1997), Kaiser/Gläser (1999), Manstedten (1996), Mohr (1992), Pümpin/Prange (1991) und Wiklund (1998) zu finden sind.[100] Daher sind die Studien auch schwierig zu ver-

[98] Kazanjian/Drazin (1990): A Stage-Contingent Model, S. 138.
[99] Vgl. Dowling/Drumm (2002): Grundprobleme, S. 2 und Wiklund (1998): Growth, S. 19.
[100] Vgl. Davidsson (1989): Continued Entrepreneurship, S. 49ff.; Jäger (1997): Erhebungskonzepte, S. 41ff.; Kaiser/Gläser (1999): Entwicklungsphasen, S. 8ff.; Manstedten (1996): Organisationsstrukturen, S. 125ff.; Mohr (1992): Präsituatives Management, S. 21ff.; Pümpin/Prange (1991): Management der Unternehmensentwicklung, S. 45ff. und Wiklund (1998): Growth, S. 19ff..

gleichen. Auch ist die Einordnung mancher Modelle nicht eindeutig möglich, da die Autoren in ihrem Modell verschiedene Perspektiven integrieren. Dies führte teilweise dazu, dass ein Modell von verschiedenen Autoren in unterschiedliche Gruppen eingeteilt wurde. So wurde z.B. das Modell von Churchill/Lewis[101] von Sexton/Bowman-Upton als Metamorphosemodell eingeordnet, während Pümpin/Prange es als Strukturänderungsmodell einordnen, obwohl sie auch die Gruppe der Metamorphosemodelle identifizieren.[102] Ein weiteres Beispiel ist das Modell von Bleicher[103], das von Pümpin/Prange als Metamorphosemodell eingeordnet wird, während Manstedten es als Strukturänderungsmodell auffasst.[104] Bei den vorgenannten Autoren finden sich z.T. umfangreiche Vergleiche der unterschiedlichen Wachstumsmodelle.[105]

Neben den im Folgenden dargestellten Wachstumsmodellen gibt es noch *mathematisch-formale Modelle* und *ökonomische Modelle*:

- Die Gruppe der *mathematisch-formalen Modelle* versuchen das Zusammenspiel zwischen wachstumsfördernden und wachstumshemmenden Faktoren mittels mathematischer Funktionen abzubilden. Vertreter dieser Modellgruppe sind z.B. Baumol (1962) und Ludwig (1978). Die Modelle berücksichtigen aber nur sehr wenige Faktoren und werden damit der Komplexität realer Unternehmen nicht gerecht.[106]
- Die bekanntesten *ökonomischen Modelle* sind die „Evolutionary Theory of Economic Growth", vgl. Nelson/Winter (1982): Evolutionary Theory; die „Agency Theory", vgl. Jensen/Meckling (1976): Can the Corporation survive?; und die „Contingency Organization Theory", vgl. Lawrence/Lorsch (1967a): Differentiation and Integration. Die aufgeführten Modelle sind aus makroökonomischer Perspektive entwickelt und stützen sich mit wenigen Ausnahmen auf große Unternehmen und beanspruchen nicht die Gültigkeit für kleine Unternehmen. [107] Brown/Eisenhardt weisen außerdem zurecht darauf hin, dass diese Theorien das Unternehmen als nahezu statisch ansehen und nur langsames (evolutorisches) Wachstum betrachten, was gerade vor dem Hintergrund von starkem Wachstum als nicht adäquat erscheint. Die Begründung der statischen

[101] Vgl. Churchill/Lewis (1983): Five Stages.
[102] Vgl. Sexton/Bowman-Upton (1991): Entrepreneurship, S.63 und Pümpin/Prange (1991): Management der Unternehmensentwicklung, S. 47.
[103] Vgl. Bleicher (1991): Integriertes Management.
[104] Vgl. Pümpin/Prange (1991): Management der Unternehmensentwicklung, S. 47 und Manstedten (1996): Organisationsstrukturen, S. 125ff..
[105] Wiklund gibt eine sehr breite Übersicht über knapp 70 Studien und Modelle und zeigt auf, welche unterschiedlichen Faktoren und Zusammenhänge untersucht werden. Vgl. Wiklund (1998): Growth, S. 19ff.. Für eine sehr detaillierte Darstellung von insgesamt 44 Wachstumsmodellen sei hier auch auf Jäger verwiesen. Vgl. Jäger (1997): Erhebungskonzepte, S. 41ff..
[106] Vgl. Hutzschenreuter/Wulf (2001): Ansatzpunkte, S. 3.
[107] Vgl. Davidsson (1989): Continued Entrepreneurship, S. 20f..

Sicht liegt demnach darin, dass diese Modelle zum größten Teil aus den 70ern und 80ern stammen, als Geschwindigkeit und Flexibilität für den Erfolg eines Unternehmens noch nicht als so wichtig eingeschätzt wurden wie heute.[108]

Diese mathematisch-formalen und die ökonomischen Modell werden im Weiteren nicht mehr betrachtet.

Die **Phasenmodelle**[109] stellen die dominanteste Gruppe unter den betriebswirtschaftlichen Wachstumsmodellen dar, was sich schon alleine an der großen Anzahl unterschiedlicher Modelle erahnen lässt. Die Phasenmodelle gehen grob charakterisiert davon aus, dass die Entwicklung der Unternehmen in idealtypischen Phasen verläuft.[110] Die Phasenmodelle können in Untergruppen unterteilt werden, z.B. in *Marktentwicklungs-*, *Krisen-*, *Strukturänderungs-*, *Verhaltensänderungs-*, *Strategieänderungs-* und *Metamorphosemodelle.*[111]

Diese Arbeit untersuchte 20 Phasenmodelle näher, die in Bezug auf die Problemstellung dieser Arbeit am relevantesten sind (siehe Tabelle 1).

[108] Vgl. Brown/Eisenhardt (1997): Continuous change, S. 3f..

[109] Der Begriff der Phasenmodelle wird hier auch als Sammelbegriff für Modelle der angelsächsischen Literatur, die sich auf „life-cycle stages", „growth stages" oder „developmental stages" beziehen, verwendet. Die verschiedenen Begriffe weisen aber nach Hanks et al. keine konzeptionellen Unterschiede aus, und können somit synonym verwendet werden. Vgl. Hanks et al. (1993): Life-cycle construct, S. 7.

[110] Vgl. Kaiser/Gläser (1999): Entwicklungsphasen, S. 11.

[111] Vgl. Davidsson (1989): Continued Entrepreneurship, S. 49ff.; Manstedten (1996): Organisationsstrukturen, S. 125ff.; Mohr (1992): Präsituatives Management, S. 21ff.; Pümpin/Prange (1991): Management der Unternehmensentwicklung, S. 45ff. und Wiklund (1998): Growth, S. 19ff.. Jäger wiederum untergliedert die Modelle weiterhin nach funktionalen Gesichtspunkten in *absatzwirtschaftliche*, *finanzwirtschaftliche* und *funktionsübergreifende* Modelle. Vgl. Jäger (1997): Erhebungskonzepte, S. 41ff..

lfd. Nr.	Autoren	Jahr	Überein-stimmung	Anz. Phasen	Darstellung der Phasen					
					Errichtung	Bewährung	Wachstum	Konsolidierung	2. Wachstum	Abschwung
1	**Filley/House**	**1969**	überwiegend	**3**	Craft Organization	Promotion Organization		Administrative Organization		
2	**Steinmetz**	**1969**	überwiegend	**4**		Direct Supervision	Supervised Supervision	Indirect Control	Divisional Integration	
3	**Greiner**	**1972**	überwiegend	**5**	Creativity	Direction	Delegation	Coordination	Collaboration	
4	**Cooper**	**1979**	stimmt überein	**3**	Start-up Stage	Early- Growth stage	Later- Growth stage			
5	**Mintzberg**	**1979**	überwiegend	**5**	Handwerker-Struktur	Unternehmer-Struktur		Bürokratische Struktur; Divisionale Struktur Matrixstruktur		
6	**Tichy**	**1980**	zu 50%/ ungewiss	**4**	Start-up	Systems Development		Stabilization and Consolidation	Self-Renewal	
7	**Galbraith**	**1982**	stimmt überein	**5**	Proof of Principle / Prototype; Model Shop	Start-Up; Volume Production	Natural Growth	Strategic Maneuvering		
8	**Churchhill/ Lewis**	**1983**	überwiegend	**5**		Existence; Survival	Success; Take Off	Resource Maturity		
9	**Quinn/ Cameron**	**1983**	überwiegend	**4**		Entrepreneu-rial Phase	Collectivity Stage	Formalization and Control Stage	Elaboration of Structure Stage	
10	**Miller/ Friesen**	**1984**	zu 50%/ ungewiss	**5**	Birth Phase		Growth Phase	Maturity Phase	Revival Phase	Decline Phase
11	**Smith/ Mitchell/ Summer**	**1985**	überwiegend	**3**		Entrepreneu-rial / Inception	High-Growth	Maturity		
12	**Scott/Bruce**	**1987**	stimmt überein	**5**	Inception	Survival	Growth; Expansion	Maturity		
13	**Kazanjian**	**1988**	stimmt überein	**4**	Conception and Development	Commerc-ialization	Growth	Stability		
14	**Adizes**	**1989**	zu 50%/ ungewiss	**10**	Courtship	Infancy; GoGo; Adolescence; Prime		Stable; Aristocracy; Early Bureaucracy; Bureaucracy		Death
15	**Kazanjian/ Drazin**	**1990**	stimmt überein	**4**	Conception and Development	Commerc-ialization	Growth	Stability		
16	**Pümpin/ Prange**	**1991**	zu 50%/ ungewiss	**4**		Pionier-Unternehmen	Wachstums-Unternehmen	Reife-Unternehmen		Wende-Unternehmen
17	**Dodge/ Robbins**	**1992**	überwiegend	**4**	Formation	Early Growth	Later Growth	Stability		
18	**Hanks et al.**	**1993**	stimmt überein	**4**		Start-up Stage	Expansion Stage	Consolidation Stage	Diversifi-cation stage	Decline Stage
19	**Mount/ Zinger/ Forsyth**	**1993**	überwiegend	**5**		Owner-operator => Transition	Owner-manager => Transition	Emerging Functional Management		
20	**Flamholtz**	**1995**	zu 50%/ ungewiss	**7**	New Venture	Expansion		Profession-alization; Consolidation	Diversi-fication	Integration; Decline + Revitalization

Tabelle 1: Übersicht der untersuchten Phasenmodelle[112]

[112] Eigene Darstellung. Die Übereinstimmung misst, inwieweit die den Studien zugrunde liegende Stichprobe an Unternehmen den Vorgaben dieser Arbeit entsprechen, d.h. als junge Wachstumsunternehmen bezeichnet werden können. Siehe die Begriffsabgrenzungen in Abschnitt 2.1.1. Vgl. Filley/House (1969): Managerial Process; Steinmetz (1969): Critical stages; Greiner (1972): Evolution and revolution; Cooper (1979): Strategic Management; Mintzberg (1979): The Structuring of Organizations; Tichy (1980): Problem Cycles; Galbraith (1982): Stages of Growth; Churchill/Lewis (1983): Five Stages; Quinn/Cameron (1983): Organizational Life Cycles; Smith/Mitchell/Summer (1985): Top level management priorities; Scott/Bruce (1987):

In der chronologischen Übersicht wird deutlich, dass die Autoren eine unterschiedliche Anzahl an Phasen (zwischen drei und zehn) identifizieren und dass es für die einzelnen Phasen keine einheitliche Bezeichnung oder Abgrenzung gibt. Deshalb wurden in der Tabelle die Phasenbezeichnungen der einzelnen Autoren aufbauend auf den Darstellungen von Kaiser/Gläser[113] und Hanks et al.[114] in die folgenden sechs idealtypischen Phasen eingeordnet:

(1) Errichtung,

(2) Bewährung,

(3) Wachstum,

(4) Konsolidierung,

(5) 2. Wachstum und

(6) Abschwung/Neuausrichtung.

In der Übersicht zeigt sich, dass der Großteil der Phasenmodelle aus den 80er und den frühen 90er Jahren stammt. Außerdem ist zu erkennen, dass die meisten Modelle nicht explizit für junge Wachstumsunternehmen entwickelt wurden (siehe Spalte „Übereinstimmung“). Da sie aber zum einen eine vorherrschende Theorie in der Beschreibung der Unternehmensentwicklung darstellen und zum anderen eine Phase des (starken) Wachstums charakterisieren, wie sie der Problemstellung dieser Arbeit entspricht, haben sie eine Relevanz für die Thematik dieser Arbeit.

2.2.1.1 Beschreibung der Wachstumsmodelle

Die Hauptaussage der Wachstumsmodelle ist, dass Unternehmen in verschiedenen Phasen unterschiedliche Fähigkeiten benötigen. Dabei wird die Entwicklung in Form von zumeist zeitlich aufeinanderfolgenden Phasen dargestellt. Das Ziel der Wachstumsmodelle ist es, klar voneinander abgrenzbare Phasen mit eigenen Charakteristika herauszuarbeiten.[115] Sie gehen von der Annahme aus, dass es bestimmte Regelmäßigkeiten in der Unternehmensentwicklung gibt und diese so auftreten, dass der Entwicklungsprozess automatisch zu einer Sequentialisierung in Phasen führt.[116] Es wird somit eine natürliche Tendenz hin zu einzelnen Phasen unter-

---

Five Stages of Growth; Kazanjian (1988): Relation of Dominant Problems; Adizes (1988): Corporate lifecycles; Kazanjian/Drazin (1990): A Stage-Contingent Model; Pümpin/Prange (1991): Management der Unternehmensentwicklung; Dodge/Robbins (1992): Organizational life cycle model; Hanks et al. (1993): Life-cycle construct; Mount/Zinger/Forsyth (1993): Organizing for development Flamholtz (1995): Managing organizational transitions.

[113] Vgl. Kaiser/Gläser (1999): Entwicklungsphasen, S. 12.

[114] Vgl. Hanks et al. (1993): Life-cycle construct, S. 12.

[115] Vgl. Kaiser/Gläser (1999): Entwicklungsphasen, S. 11.

[116] Vgl. Smith/Mitchell/Summer (1985): Top level management priorities, S. 801.

stellt.[117] Die Phasen werden dabei als einzigartige Konfigurationen von verschiedenen Variablen gesehen, die in Zusammenhang mit der Organisation und der Struktur des Unternehmens stehen.[118] Kazanjian stimmt damit überein und sieht sie zudem als Antwort auf die jeweils dominanten Probleme in der Unternehmensentwicklung.[119]

Beim Übergang von einer Phase zur nächsten ändert sich die Variablenkonfiguration, also das innere Gefüge des Unternehmens. Damit ein Unternehmen die nächste Entwicklungsstufe erreichen kann, müssen bestimmte Voraussetzungen (z.B. ausreichende finanzielle Mittel für einen Expansion zu Beginn der Wachstumsphase) im Unternehmen erfüllt sein.[120]

Im Folgenden sollen die wesentlichen Charakteristika der verschiedenen Untergruppen der Wachstumsmodelle kurz aufgezeigt werden:

- Die Untergruppe der *Marktentwicklungsmodelle* basiert auf dem biologischen Konzept des Lebenszyklus.[121] Sie sehen somit die Entwicklung des Unternehmens in Analogie zu dem Konzept, das bereits erfolgreich auf den Produktlebenszyklus[122] und den Branchenlebenszyklus[123] angewendet wurde. Die Untersuchungen beschränken sich damit auf Einproduktunternehmen und identifizieren je nach Modell vier bis fünf Phasen: 1) Gründung, 2) Wachstumsphase, 3) Reifephase, 4) Revitalisierungsphase, 5) Niedergang.[124] Diese Modelle identifizieren somit (im Gegensatz zu den anderen Phasenmodellen) eine Phase des Niedergangs bzw. des Sterbens, wie sie biologischen Systemen zueigen ist.[125]
- *Krisenmodelle* identifizieren ebenfalls einzelne Phasen der Unternehmensentwicklung, konzentrieren sich aber in ihrer Betrachtung auf die Bereiche zwischen den Phasen. Diese sehen sie als Krisen bzw. revolutionäre Phasen, deren erfolgreiche Bewältigung in die nächste Phase (die evolutionären Phasen) führt. Charakteristisch ist bei diesen

117 Vgl. Churchill/Lewis (1983): Five Stages, S. 30f..
118 Vgl. Hanks et al. (1993): Life-cycle construct, S. 7.
119 Vgl. Kazanjian (1988): Relation of Dominant Problems, S. 257.
120 Vgl. Kaiser/Gläser (1999): Entwicklungsphasen, S. 11.
121 Vgl. z.B. Adizes (1988): Corporate lifecycles.
122 Der klassische Produktlebenszyklus beschäftigt sich mit der Entwicklung von Produkten am Markt und besteht aus vier Phasen: Entwicklungsphase, Wachstumsphase, Reifephase und Degenerationsphase; für eine ausführliche Darstellung vgl. z.B. Wöhe (2002): Allgemeine Betriebswirtschaftslehre, S. 511f..
123 Der Lebenszyklus der Wirtschaftsbranchen besteht aus fünf Phasen: Basisinnovation, Expansion, Reife, Ende, neue Basisinnovation; für eine ausführliche Darstellung vgl. Pümpin/Prange (1991): Management der Unternehmensentwicklung, S. 33ff..
124 Vgl. Mohr (1992): Präsituatives Management, S. 21ff..
125 Eine ausführliche Darstellung des Lebenszykluskonzepts in Bezug auf Unternehmen liefern Pümpin/Prange. Vgl. Pümpin/Prange (1991): Management der Unternehmensentwicklung, S. 24ff..

Modellen, dass die Phasen zwischen den einzelnen Krisen von geringerem Interesse sind, und sich die Aufmerksamkeit auf die Ursachen und die Entstehung von Krisen sowie Maßnahmen zu deren Bewältigung konzentriert.[126] Das bekannteste Modell stammt von Greiner, welches den Ansatz der Evolution und Revolution begründet hat und auf welches sehr häufig in der Literatur Bezug genommen wird.[127]

- *Strukturänderungsmodelle* beschreiben die Unternehmensentwicklung schwerpunktmäßig anhand der im Zuge des Wachstums auftretenden Änderungen in den Bereichen Organisationsstruktur und Managementsysteme. Dabei zeigt sich, dass bestimmte Organisationsformen (z.B. Funktional-, Divisional-, Matrixstruktur) in speziellen Entwicklungsphasen sehr geeignet sind, während dies für vorhergehende und nachfolgende Stadien weniger zutrifft.[128] Ein wichtiges und häufig betrachtetes Strukturänderungsmodell ist das von Churchill/Lewis.[129]
- Die *Verhaltensänderungsmodelle* bestimmen den Entwicklungsstand eines Unternehmens über phasentypische Verhaltensweisen und Einstellungen. Eine wesentliche Forderung aus den Verhaltensänderungsmodellen ist die Zuordnung bestimmter Typen von Führungskräften zu spezifischen Entwicklungsstadien.[130] Die wichtigsten Indikatoren sind die Grundausrichtung des Managements, der Führungsstil, sowie das Innovationsverhalten im Unternehmen.[131]
- Die *Strategieänderungsmodelle*[132] beschäftigen sich im Wesentlichen mit dem Einfluss von strategischen Entscheidungen auf den Erfolg junger Wachstumsunternehmen. Dabei wird zum einen der Einfluss der Umwelt auf die Strategie und zum anderen die erfolgreiche Strategiewahl in jungen Wachstumsunternehmen untersucht.[133] Ein Großteil dieser Modelle basiert dabei auf Phasenmodellen.[134] Das einflussreichste Modell stammt dabei von Miller/Friesen: auf Basis eines fünf-stufigen Lebenszyklusmodells identifizieren sie phasenspezifische Konfigurationen der Elemente „Umwelt",

[126] Vgl. Mohr (1992): Präsituatives Management, S. 25.
[127] Vgl. Greiner (1972): Evolution and revolution. Ein anderes, hier betrachtetes Krisenmodell stammt von Scott/Bruce. Vgl. Scott/Bruce (1987): Five Stages of Growth.
[128] Vgl. Pümpin/Prange (1991): Management der Unternehmensentwicklung, S. 46.
[129] Vgl. Churchill/Lewis (1983): Five Stages, S. 30ff..
[130] Mount/Zinger/Forsyth sprechen so z.B. von der ersten Phase des „owner-operators", dann folgt die Phase des „owner-managers" und schließlich die des „emerging functional managements". Vgl. Mount/Zinger/Forsyth (1993): Organizing for development, S. 111ff..
[131] Vgl. Pümpin/Prange (1991): Management der Unternehmensentwicklung, S. 75ff..
[132] Die Begriffe „Strategieänderungsmodelle", „Strategiemodelle" und „Modelle des strategischen Wandels" werden häufig synonym gebraucht. Schreyögg nennt diese Modellgruppe bzw. Ansätze übrigens „Transformationsmanagement". Vgl. Schreyögg (1998): Organisation, S. 529.
[133] Vgl. Wiklund (1998): Growth, S. 34ff..
[134] Vgl. Miller/Friesen (1984): Corporate Life Cycle; Merz/Weber/Laetz (1994): Linking small business management; Lumpkin/Dess (1995): Simplicity; Brown (1996): Resource orientation.

„Strategie“, „Struktur“ und „Entscheidungsverhalten“. Im Rahmen von Fallstudien rekonstruierten die Autoren die Entwicklungsverläufe von Unternehmen über längere Zeiträume hinweg. Dabei stellten sie – ähnlich wie zuvor Greiner – fest, dass die Unternehmensentwicklung als ein fortlaufender Veränderungsprozess abgebildet werden kann, der typisch durch ein Alternieren der Prozesstypen „Konvergenz“ („convergence“) und „Umsturz“ („upheaval“, „frame-breaking change“) gekennzeichnet ist.[135] „Organisatorische Konvergenzphasen stehen in diesem Zusammenhang für stetig ablaufende, begrenzte Wandelprozesse. Organisatorische Veränderungen beziehen sich dabei auf Detailabstimmungen, auf ein ‚Fine-Tuning' organisationsinterner Gegebenheiten mit dem generellen Ziel höherer Effizienz (die sog. 10%-Veränderungen). Es werden überschaubare und planbare Reorientierungen der Organisation als Antwort auf begrenzte Veränderungen bestimmter Umweltfaktoren vorgenommen. [...] Anders in Prozessen diskontinuierlicher Veränderungen (‚Revolution' bzw. ‚upheaval'), in denen der organisatorische Bezugsrahmen zur Disposition steht (‚frame-breaking change'). In derartigen Situationen findet eine grundlegende Transformation der gesamten Organisation statt, die häufig systemweite Umstrukturierungen, die Um- bzw. Neudefinition der Unternehmensmission oder auch die Neubesetzung entscheidender Schlüsselpositionen im Unternehmen als Reaktion auf tiefgreifende Umweltveränderungen, interne Entwicklungsbrüche etc. beinhalten kann.“[136]

- Die *„Punctuated Equilibrium“-Modelle*[137] stellen einen Sonderfall im Rahmen der Wachstumsmodelle dar, da sie sich von der idealtypischen Phasendarstellung lösen.[138] Diese Untergruppe geht von längeren stabilen Zeiträumen mit geringem Ausmaß an Veränderung (Evolution) und kürzeren, unruhigen Zeiträumen mit sehr starkem Wandel und Veränderung aus (Revolution), ohne jedoch einen festgelegten Phasenablauf vorzugeben. Die stabilen Phasen sind durch eine relativ feste *strategische Orientierung*[139] charakterisiert, die nur eine Entwicklung in kleinen Schritten zulässt.[140] Kommt es zu einer grundlegenden Veränderung in den Anforderungen der Umwelt oder den Voraussetzungen innerhalb des Unternehmens, ist die Entwicklungs- und

---

[135] Vgl. Miller/Friesen (1984): Corporate Life Cycle.

[136] Schreyögg (1998): Organisation, S. 529-530.

[137] Im Deutschen auch „Modelle des unterbrochenen Gleichgewichts“.

[138] Vgl. Tushman/Romanelli (1985): Organizational Evolution; Tushman/Anderson (1986): Technological Discontinuities; Tushman/O'Reilly (1996): Ambidextrous Organizations.

[139] Die strategische Orientierung umfasst die wichtigsten Charakteristika, die dem Unternehmen in ihrer derzeitigen Phase Stabilität verleihen. Sie beinhaltet Elemente wie die Mission des Unternehmens, ihre Grundwerte, Macht- und Statusverhältnisse, die Organisationsstruktur, sowie die Führungskräfte. Vgl. Mohr (1992): Präsituatives Management, S. 55.

[140] Vgl. Tushman/Romanelli (1985): Organizational Evolution, S. 171ff..

Überlebensfähigkeit gefährdet,[141] da das Unternehmen mit der derzeitigen strategischen Orientierung wie bereits erwähnt nur zu inkrementeller Anpassung fähig ist. Die strategische Orientierung wird dabei so erschüttert, dass ihre stabilitätsfördernde Wirkung verloren geht. Von dieser zerstörten strategischen Orientierung aus beginnt der Neuaufbau, in dem viele ihrer Elemente einer Veränderung unterzogen werden.[142]

- Metamorphosemodelle: Ausgehend von der Betrachtung, dass das Unternehmen ein biologischer Organismus sei,[143] unterstellen sie eine „naturgegebene“ und durch „Umweltbedingungen“ vorherbestimmte Entwicklung.[144] Sie beschreiben „eine mehr oder weniger zwingende Abfolge von typischen Unternehmenszuständen bzw. zu durchlaufenden Entwicklungsphasen.“[145]

In den Untergruppen werden also z.T. sehr unterschiedliche Aspekte der Unternehmensentwicklung betont. Die Tatsache, dass viele Modelle auf einer Zusammenfassung älterer Modelle basieren, zeigt jedoch, dass die Modelle so unterschiedlich nicht sind.[146]

2.2.1.2 Bewertung der Wachstumsmodelle

"Der größte Vorteil der Phasenmodelle ist, dass sie es schaffen, die hohe Komplexität des Untersuchungsobjektes aufzulösen und so den Wachstumsprozess von Unternehmen anschaulich darzustellen."[147]

Hinsichtlich des Ziels, den Wachstumsprozess in kleinen Unternehmen zu verstehen, lassen sich aus den Phasenmodellen zwei wesentliche **Stärken** ableiten:

- Die Phasenmodelle erkennen, dass es in verschiedenen Phasen zu unterschiedlichen Problemen kommt,[148] bzw. spezielle Probleme in bestimmten Phasen dominanter sind

---

[141] Vgl. Dworatschek/Wiebusch (2003): Discontinuities in Projects, S. 1ff..
[142] Vgl. Mohr (1992): Präsituatives Management, S. 55.
[143] Vgl. Sexton/Bowman-Upton (1991): Entrepreneurship, 1991, S. 63.
[144] Vgl. Kaiser/Gläser (1999): Entwicklungsphasen, S. 10.
[145] Pümpin/Prange (1991): Management der Unternehmensentwicklung, S. 45.
[146] Vgl. z.B. Pümpin/Prange (1991): Management der Unternehmensentwicklung,; Miller/Friesen (1984): Corporate Life Cycle; Quinn/Cameron (1983): Organizational Life Cycles. Hanks et al. fassen in ihrer Studie z.B. zehn Modelle zusammen, die allesamt auch für diese Arbeit untersucht wurden. Sie kamen dabei zu einer einheitlichen Phasencharakterisierung und zeigen damit, dass sich die verschiedenen Sichtweisen, wie sie z.B. Mohr dargestellt hat, durchaus in einem Modell darstellen lassen. Einschränkend muss gesagt werden, dass in dieser Übersicht die von Hanks et al. identifizierte Abschwungphase nicht allen Modellen zueigen ist. Tatsächlich sehen auch nur drei der zehn von ihnen betrachteten Modelle diese Phase vor. Vgl. Hanks et al. (1993): Life-cycle construct, S. 12 und Mohr (1992): Präsituatives Management, S. 27ff..
[147] Kaiser/Gläser (1999): Entwicklungsphasen, S. 11.
[148] Vgl. Kazanjian/Drazin (1990): A Stage-Contingent Model, S. 141.

als in anderen. Ergebnis aller Modelle ist, dass erst eine erfolgreiche Bewältigung der Probleme einer Phase die nächste Phase ermöglicht. Daraus folgt, dass es über die Phasen unterschiedlich wichtige Managementprioritäten gibt.[149]

- Phasenmodelle werden als eine sehr konstruktive Grundlage angesehen, die neue Fragen in der Unternehmensentwicklung aufwirft.[150] Sie helfen, das sehr umfangreiche und unübersichtliche Phänomen des Wachstums und seiner Folgen besser zu verstehen und zu erklären und so Ansätze für neue Forschungen zu schaffen.[151]

Aus der großen Fülle an Phasenmodellen hat sich nie eine grundlegende Theorie herausgebildet, und sie haben es mangels konzeptioneller Grundlage nie geschafft, sich in die Theorie der Unternehmens zu integrieren.[152] Daran zeigt sich, dass das Konzept der Phasenmodelle nie ganz überzeugen konnte. **Kritik** wurde vor allem in den folgenden Punkten geübt:

- Phasenmodelle betrachten das Unternehmen eher als biologisches und nicht als soziales System.[153] Sie setzen implizit voraus, dass es Kräfte gibt, die Unternehmen in Form von Stufen treiben während sie altern, wachsen und ihre Strukturen entwickeln.[154] Wachstum kommt jedoch nicht automatisch, man kann es (in weiten Teilen) planen, initiieren und managen.[155]
- Was zwischen den einzelnen Phasen passiert bzw. wann die revolutionären Phasenübergänge erreicht werden, kann ein Großteil der Phasenmodelle nicht beantworten. Eine der zentralen Fragen im Wachstum von jungen Wachstumsunternehmen ist aber, wie sie den Übergang von einer zur nächsten Entwicklungsstufe bewältigen.[156] Die Phasenmodelle erkennen zwar zum größten Teil, dass die Bewältigung der Probleme einer Phase zur nächsten Phase führt, sie geben aber keine Anhaltspunkte, wie und warum dies geschieht. Die Faktoren, die ein Unternehmen von einer Stufe in die nächste Stufe bringen, sind bestenfalls unterstellt.[157]

---

[149] Vgl. Smith/Mitchell/Summer (1985): Top level management priorities, S. 818.
[150] Vgl. z.B. Kimberly (1980): Organizational Life-cycle, S. 13.
[151] Vgl. Kazanjian (1988): Relation of Dominant Problems, S. 258.
[152] Vgl. Dowling/Drumm (2002): Grundprobleme, S. 2 und Garnsey (1998): Early growth of the firm, S. 529.
[153] Vgl. Arbaugh/Camp (2000a): Growth Transitions, S. 308ff.; Sexton/Bowman-Upton (1991): Entrepreneurship, S. 63.
[154] Vgl. Manstedten (1996): Organisationsstrukturen, S. 125.
[155] Vgl. Sexton/Bowman-Upton (1991): Entrepreneurship, S. 63.
[156] Vgl. Covin/Slevin (1997): High growth transitions, S. 99ff.; Churchill/ Lewis, 1983, S. 30ff.
[157] Vgl. Kazanjian (1988): Relation of Dominant Problems, S. 258. Die Untergruppen der Krisenmodelle und der „Punctuated Equilibrium"-Modelle sind von dieser Kritik ausgenommen. Allerdings vermögen auch diese – jedenfalls bisher – nicht, explizit zu sagen, wodurch und wann die revolutionären Phasen ausgelöst werden. Weiterhin geben diese auch nur sehr begrenzt Auskunft, wie eine revolutionäre Phase am effizientesten zu handhaben ist, damit schnell eine möglichst optimale neue strategische Orientierung erreicht werden kann.

- Die Mehrheit der Modelle sind konzeptioneller Natur und empirisch unbestätigt. Die empirischen Untersuchungen, deren Anzahl in den 80er Jahren zugenommen hat, stützen sich hauptsächlich auf die Verschiedenheit der unternehmerischen Aufgaben und Probleme während der einzelnen Phasen. Die Existenz von Phasen wird dabei nicht in Frage gestellt, vielmehr werden sie als gegeben vorausgesetzt.[158] Des Weiteren konzentrieren sie sich auf die Beschreibung der unterschiedlichen strukturellen Charakteristika während der Entwicklung des Unternehmens, und nicht darauf, wie diese Charakteristika entwickelt werden.[159]
- Die Phasenmodelle unterstellen eine idealtypische, sequentielle Unternehmensentwicklung und beziehen dabei zumeist das Marktumfeld, die Technologie und andere situative Variablen nicht mit ein.[160] Diese Ansicht lässt dabei außer Acht, dass die Unternehmensentwicklung in der Regel nicht kontinuierlich verläuft, sondern vielmehr durch Entwicklungsschübe, Entwicklungspausen und Entwicklungseinbrüche gekennzeichnet ist.[161] Es scheint sogar so, dass einige Unternehmen so schnell wachsen, dass sie mehrere Phasen auf einmal durchlaufen. Andere wachsen wiederum stark und scheitern anschließend, und die Reife- oder Abschwungphase scheint vielfach durch Produktinnovation oder geographische Expansion abgewendet werden zu können.[162] Die „Punctuated Equilibrium"-Modelle sind von dieser Kritik ausgenommen, da sie keine idealtypischen Phasenverläufe beschreiben, sondern der Tatsache Rechnung tragen, dass das Unternehmen situativen Einflüssen unterliegt, und so der Verlauf der Unternehmensentwicklung nicht detailliert voraussagbar ist.[163]
- Die „Punctuated Equilibrium"-Modelle gehen wie auch die übrigen Phasenmodelle davon aus, dass Ordnung und organisatorische Stabilität die Regel sei, Veränderung ein System in den Zustand der Unordnung versetze, der schnell und meist schmerzhaft vollzogen werden müsse, um wieder in den natürlichen Zustand der Ordnung zurück-

[158] Vgl. Kazanjian (1988): Relation of Dominant Problems, S. 258. Ausnahmen sind dabei die Untersuchungen von Kazanjian/Drazin und Hanks et al., die erst durch ihre empirischen Untersuchungen Rückschlüsse auf die Existenz von Phasen geschlossen haben. Vgl. Kazanjian/Drazin (1990): A Stage-Contingent Model, S. 137ff.; Hanks et al. (1993): Life-cycle construct, S. 5ff..

[159] Vgl. Arbaugh/Camp (2000a): Growth Transitions, S. 308ff.. Kazanjian/Drazin weisen in diesem Zusammenhang darauf hin, dass es wichtig ist, zwischen Phasen und Strukturen zu unterscheiden. Sie definieren Phasen als problem-basierte Phänomene, während Strukturen organisatorische Mechanismen zum Lösen der dominanten Probleme sind. Vgl. Kazanjian/Drazin (1990): A Stage-Contingent Model, S. 139.

[160] Vgl. Kazanjian (1988): Relation of Dominant Problems, S. 258.

[161] Vgl. Manstedten (1996): Organisationsstrukturen,, S. 43.

[162] Vgl. Sexton/Bowman-Upton (1991): Entrepreneurship, S. 65.

[163] Vgl. Kazanjian (1988): Relation of Dominant Problems, S. 258.

kehren zu können.[164] Das konzeptionelle Primat liegt also auf der Stabilität, wobei im Sinne einer komparativ-statischen Betrachtungsweise die jeweiligen Gleichgewichtszustände durchaus unterschiedlicher Art sein können.[165] Dieses zugrunde liegende „Gleichgewichts-Paradigma" wird von neueren Modellen in Frage gestellt: „Organisationen [sind, *der Verf.*] dynamisch und eben nicht gleichgewichtsbezogen zu denken"[166], fordert z.B. Schreyögg und verweist darauf, dass Wandel mehr und mehr zu einer permanenten Anforderung für die Steuerung und Entwicklung eines Unternehmens wird.[167] Konzepte wie das der Lernenden Organisation oder auf der Komplexitätstheorie basierende Modelle gehen im Gegensatz zum Gleichgewichts-Paradigma davon aus, dass Wandel und Veränderung den Normalzustand kennzeichnen, Stabilität jedoch die Ausnahme ist. Diese Sichtweise scheint insbesondere für junge Wachstumsunternehmen in dynamischen Märkten die passendere Annahme zu sein.[168] Wie später gezeigt wird, entstehen vor dem Hintergrund dieser diametral unterschiedlichen Grundannahmen interessante Forschungsfragen und Ansätze, um diese zu beantworten.[169]

2.2.1.3 Relevanz der Wachstumsmodelle und Beitrag zum Bezugsrahmen

Trotz der genannten Schwächen liefern Wachstumsmodelle auch gute Ansatzpunkte für ein Verständnis der Unternehmensentwicklung: insbesondere die Annahme, dass Entwicklung in Phasen verläuft, scheint plausibel und für Analysezwecke hilfreich. Sie erkennen zudem, dass sich im Laufe des Unternehmenswachstums verschiedene grundlegende Strukturen und Unternehmenscharakteristika ändern. So scheinen sich Unternehmen bspw. von einfacher funktionaler zu divisionaler Organisationsstruktur zu entwickeln, die Entscheidungen werden zunehmend dezentral getroffen, und das wachsende Unternehmen benötigt zunehmend Spezialisten.[170]

---

164 Vgl. Romanelli/Tushman (1994): Organizational transformation; Brown/Eisenhardt (1997): Continuous change.

165 Vgl. Schreyögg (1998): Organisation, S. 531.

166 Schreyögg (1998): Organisation, S. 532.

167 Vgl. Schreyögg (1998): Organisation, S. 532.

168 Diese Idee der „chronically unfrozen" Organisation geht auf Weick (1977) zurück. Gemeint ist damit eine Organisation, die den „Auftauzustand" als Regel und Stabilität als Ausnahme begreift. Vgl. Schreyögg (1998): Organisation, S. 532.

169 Lichtenstein formuliert diesen Gedanken folgendermaßen: „In the mechanistic paradigm systems are assumed to be stable, thus the question of organization theory is: "why and how do organizations and their structures change?" (e.g. Van de Ven and Poole, 1995). In contrast, the thermodynamic paradigm is based on the assumption that change is the norm, so the key question of organization science is reversed: "Why does order emerge, and how does it maintain its existence over time?", Lichtenstein (2000b): Self-organization, S. 10.

170 Vgl. Arbaugh/Camp (2000a): Growth Transitions, S. 311.

Sie sind für den Vergleich mit anderen Unternehmen und der darauf aufbauenden Konfiguration des Unternehmens nützlich: „Using such models as standards for comparison, managers may be able to configure elements of their organizations' systems in ways that reflect what theory (i.e., the theoretical models) would suggest are high-performing gestalts.“[171]

Eine wesentliche neue Erkenntnis insbesondere der „Punctuated Equilibrium“-Modelle ist der Zusammenhang zwischen der stabilitätsfördernden Konfiguration in den evolutionären Phasen und eben dessen Aufbrechen als Voraussetzung für ein erfolgreiches Management der revolutionären Phasenübergänge. Dieser Gedanke fließt in die Entwicklung des eigenen Bezugsrahmens mit ein und wird durch die kombinierte Betrachtung der Ressourcen- und Komplexitätsentwicklung ergänzt. Der den Strategiemodellen zugrunde liegende Kontingenzansatz wird in Abschnitt 2.5 näher erläutert und fließt ebenfalls in den Bezugsrahmen ein.

2.2.2 Empirische Erhebungen

Nachdem nun ein Überblick über die klassischen konzeptionellen Modelle gegeben worden ist, sollen im Folgenden empirische Erhebungen zur Entwicklung und speziell dem Wachstum von jungen Wachstumsunternehmen vorgestellt werden. Diese bauen zum Großteil auf den soeben vorgestellten Wachstumsmodellen auf und sind ebenfalls dem Forschungsbereich „Entrepreneurship“ zuzuordnen.

Die beiden zentralen Fragen in diesen Untersuchungen sind:

- An welchen Problemen scheitern junge Wachstumsunternehmen?
- Was sind die kritischen Erfolgsfaktoren für die Überwindung der Wachstumsprobleme und damit für erfolgreiches Wachstum?

Die Tabelle 2 gibt eine Übersicht über eine Auswahl von 20 relevanten Studien. Darüber hinaus gibt es eine Reihe weiterer empirischer Studien, die hier nicht weiter analysiert werden.[172] Die zentralen Ergebnisse und Aussagen dieser Studien entsprechen jedoch denen der folgenden Analyse.

---

[171] Slevin/Covin (1997): Time, growth, complexity, and transitions, S. 65.

[172] Vgl. u.a. Albach/Bock/Warnke (1985): Wachstumsschwellen; Barber/Metcalf/Porteus (Hrsg.) (1989): Barriers to growth; Daniels (1998): Gründungshemmnisse; Flamholtz (1994): Von der Gründer-Firma zum Profi-Unternehmen; Flamholtz/Randle (2000): Growing pains; Kurfess (1999): Profitable Wachstumsstrategien; Naman/Slevin (1993): Concept of fit; Recklies (2000b): Wachstumsmanagement II; Slevin/Covin (1997): Time, growth, complexity, and transitions, S. 54ff.; Storey (1985): Problems; Wieselhuber (1989): Wachstumsschwellen; Witt (2002): Wachstumsschmerzen.

lfd. Nr.	Autor	Jahr	Übereinstimmung	Management	Finanzierung	Planung/ Kontrolle	Human Resources	Marketing/ Vertrieb	Produktion/ Produkte	Markt-/ Industrieumgebung	Organisation/ Unternehmung	Kunden/ Lieferanten / Wettbewerb	Professionelle Beratung	Unternehmenskultur
1	Arbaugh/ Camp	2000a	stimmt überein	x	x	x	x		x	x		x		
2	Bruno/ Leidecker/Harder	1987	stimmt überein	x	x	x	x	x	x			x		
3	Flamholtz	1995	stimmt überein	x	x	x	x	x	x	x	x			
4	Hambrick/ Crozier	1985	stimmt überein	x	x	x	x				x			x
5	Kauffman Center	1998	stimmt überein	x	x	x	x			x	x		x	
6	Kazanjian	1988	stimmt überein	x	x	x	x	x	x		x		x	
7	Mulzer	1999	stimmt überein	x	x			x		x		x		x
8	Wupperfeld/ Kulicke	1993	stimmt überein	x	x			x	x					
	Zusammenfassung			**8**	**8**	**6**	**6**	**5**	**5**	**4**	**4**	**3**	**2**	**2**
9	Churchill/ Lewis	1983	überwiegend	x	x	x	x	x	x	x	x	x		
10	Pratten	1991	überwiegend	x	x	x	x	x	x	x		x		
11	Scott/ Bruce	1987	überwiegend	x	x	x	x	x	x	x	x			
12	Sexton/ Seale	1997	überwiegend	x	x	x		x			x		x	
	Zusammenfassung			**4**	**4**	**4**	**3**	**4**	**3**	**3**	**3**	**2**	**1**	**0**
13	Balu	2000	zu 50%/ ungewiss	x	x	x	x	x				x	x	x
14	Dodge/ Fullerton/ Robbins	1994	zu 50%/ ungewiss	x	x	x	x		x	x	x	x	x	
15	Dodge/ Robbins	1992	zu 50%/ ungewiss	x	x	x		x	x	x	x	x		
16	FfH- Berlin	1986	zu 50%/ ungewiss	x	x	x		x	x			x		
17	Fraunhofer-Institut	1997	zu 50%/ ungewiss	x	x	x		x	x	x	x	x		
18	Lussier	1995a	zu 50%/ ungewiss	x	x	x	x						x	
19	Lussier	1995b	zu 50%/ ungewiss	x	x					x				
20	Meyer	1999	zu 50%/ ungewiss	x	x	x	x		x	x			x	
	Zusammenfassung			**8**	**8**	**7**	**4**	**4**	**5**	**5**	**3**	**5**	**4**	**1**
	Zusammenfassung aller STUDIEN			**20**	**20**	**17**	**13**	**13**	**13**	**12**	**10**	**10**	**7**	**3**

Tabelle 2: Übersicht über die empirischen Studien zu Wachstumsfaktoren[173]

[173] Eigene Darstellung. Die Studien sind nach dem Grad der „Übereinstimmung" des Untersuchungsgegenstan-

Bevor die Ergebnisse dieser Studien zusammengefasst werden, muss erwähnt werden, dass die Studien z.T. sehr unterschiedlich sind. Die wesentlichen Unterschiede zwischen den Studien ergeben sich aus den folgenden Punkten:

- unterschiedliche Definition des Untersuchungsgegenstandes[174],
- unterschiedliche Zielsetzungen und Forschungsfragen[175] und
- unterschiedliche Untersuchungsmethoden (entsprechend den verfolgten Zielen).

2.2.2.1 Erkenntnisse aus den empirischen Studien

Aus vorgenannten Gründen sind die Ergebnisse nur bedingt vergleichbar. Trotzdem lassen sich einige Gemeinsamkeiten erkennen, die folgend skizziert werden sollen:

- Die Beeinflussung von Wachstumsproblemen – im Positiven wie im Negativen – wird übereinstimmend zu weiten Teilen dem Management-Team zugeschrieben.
- Erfolgs- und Misserfolgsfaktoren werden in vielen Unternehmensbereichen identifiziert, wobei Probleme im Bereich des Managements und der Finanzierung in jeder dieser Studien genannt werden.
- Probleme des Wachstums basieren aus Sicht des Unternehmens sowohl auf internen Quellen (z.B. Mitarbeitern), als auch auf externen Quellen (z.B. Kunden oder Marktentwicklung).

---

des mit der hier verwendeten Definition von „junges Wachstumsunternehmen“ gegliedert. Die Übereinstimmung misst, inwieweit die den Studien zugrunde liegende Stichprobe an Unternehmen mit den Kriterien für junge Wachstumsunternehmen übereinstimmen, wie sie in Abschnitt 2.1 dargestellt werden. Die genannten Wachstumsfaktoren wurden in den jeweiligen Studien als Einflussfaktoren auf das Wachstum identifiziert. Vgl. Bruno/Leidecker/Harder (1987): Why Firms Fail, S. 50ff.; Arbaugh/Camp (2000a): Growth Transitions, S. 316ff.; Flamholtz (1995): Managing organizational transitions, S. 39ff.; Hambrick/Crozier (1985): Stumblers and stars, S. 31ff.; Kauffman Center for Entrepreneurial Research (Hrsg.) (1998): Tapping in; Kazanjian (1988): Relation of Dominant Problems, S. 267ff.; Mulzer (1999): Critical Success Factors, S. 191ff.; Wupperfeld/Kulicke (1993); zitiert nach: Posluschny/von Schorlemer, 1999, S. 18f.; Churchill/Lewis (1983): Five Stages, S. 40; Pratten (1991), S. 105ff.; Scott/Bruce (1987): Five Stages of Growth, S. 45ff.; Sexton/Seale (1997): Leading practices, S. 1ff.; Balu (2000), S. 1ff.; Dodge/Fullerton/Robbins (1994): Organizational Life Cycle, S. 128; Dodge/Robbins (1992): Organizational life cycle model, S. 30ff.; FfH-Berlin (1986); zitiert nach: Posluschny/von Schorlemer (1999), S. 20ff.; Fraunhofer Institut (1997); zitiert nach: Posluschny/von Schorlemer (1999), S. 16ff.; Lussier (1995): Reasons, S. 3-4; Meyer (1999), S. 141ff..

174 Vgl. Weinzimmer/Nystrom/Freeman (1998): Organizational growth, S. 236. In der Tabelle 2 gibt die Spalte „Übereinstimmung” eine Information darüber, inwieweit der Untersuchungsgegenstand der jeweiligen Studie mit dem in der vorliegenden Arbeit übereinstimmt.

175 Ein Teil der Studien hat das Ziel ein Modell zu evaluieren. Diese formulieren Fragestellungen, um die auf dem Modell basierenden Hypothesen zu testen (deduktiver Ansatz). Andere Studien wählen einen offeneren, induktiven Ansatz und befragen Unternehmer oder Manager nach den von Ihnen empfundenen Problemen oder Erfolgsfaktoren. Wieder andere Forscher beobachten junge Wachstumsunternehmen im Rahmen von Fallstudien und beschreiben die Probleme und Erfolgsfaktoren aus Ihrer Sicht.

- Insbesondere die Untersuchungen auf der Basis von Wachstumsmodellen (meist Phasenmodellen) stellen heraus, dass ein Unternehmen in verschiedenen Phasen der Entwicklung mit unterschiedlichen Problemen konfrontiert ist.[176]

Die Studien wurden allesamt auf die in ihnen genannten Wachstumsprobleme hin untersucht, welche in elf Kategorien, so genannten Wachstumsfaktoren zusammengefasst wurden (siehe Tabelle 2). Diese ergaben sich aus dem Gesamtüberblick der 20 Studien und werden in der folgenden Abbildung 6 anhand von Beispielen in ihrer Bandbreite dargestellt. Dabei sind die Kategorien in der Reihenfolge der Häufigkeit der Nennung in den 20 Studien aufgelistet.[177]

[176] Siehe Abschnitt 2.2.1.
[177] Die Zahl in Klammern bezieht sich auf die Anzahl der Nennungen dieser Kategorie; Maximalwert ist 20.

hoch ↑ Wichtigkeit ↓ niedrig

Management (20):
z.B. Hierarchieebenen; Proaktives Handeln; Strategische Positionierung; Managementinformationssysteme; Business- und Management-Know-how; Verantwortung delegieren

Finanzierung (20):
z.B. Unterkapitalisierung; Liquiditätsprobleme; Buchhaltung; Finanzierungs-Know-how; generelle Ressourcenknappheit

Planung/Kontrolle (17):
z.B. ausgereifte Planungs- und Kontrollsysteme; Informationssysteme; Erstellung von Businessplänen, Risikovermeidung

Human Resources (13):
z.B. neue, fähige Mitarbeiter; Mitarbeitermotivation; finanzielle Beteiligung der Mitarbeiter; Managementtiefe

Marketing/Vertrieb (13):
z.B. Anpassung der Distributionswege; Marketing-Know-how; neue Märkte; Erfüllung der Umsatzerwartungen

Produktion/Produkte (13):
z.B. Produktionsprozess; neue Produkte (Innovation); Übereinstimmung von Angebot und Nachfrage; Forschung und Entwicklung; Technologiestandard

Markt-/Industrieumgebung (12):
z.B. Wirtschafts- und Industrieklima; Marktanteil

Organisation/Unternehmung (10):
z.B. Verteilung Verantwortlichkeiten; Organisationsstruktur; Firmenpolitik

Kunden/Lieferanten/Wettbewerb (10):
z.B. intensiverer Wettbewerb; Kunden- und Lieferantenbeziehungen

Professionelle Beratung (7):
z.B. Beratung durch externe Experten; Besetzung des Aufsichtsrats mit externen und internen Personen

Unternehmenskultur (3):
z.B. Unternehmerbewusstsein; Mission.

Abbildung 6: Die häufigsten Wachstumsprobleme auf Basis von 20 empirischen Studien[178]

Es wird deutlich, dass die ersten drei Problemkategorien (Management, Finanzierung, Planung/Kontrolle) mit Abstand am häufigsten genannt worden sind und damit den offensichtlichsten Einfluss auf das Wachstum zu haben scheinen. Die folgenden sechs Kategorien wurden zumindest bei der Hälfte aller Untersuchungen als Wachstumshemmnis genannt und haben damit auch eine hohe Bedeutung. Dagegen scheinen „Professionelle Beratung“ und „Unternehmenskultur“ insgesamt einen weniger starken Einfluss auf das Wachstum zu haben.

[178] Eigene Darstellung als Zusammenfassung der folgenden empirischen Studien: Bruno/Leidecker/Harder (1987): Why Firms Fail, S. 50ff.; Arbaugh/Camp (2000a): Growth Transitions, S. 316ff.; Flamholtz (1995): Managing organizational transitions, S. 39ff.; Hambrick/Crozier (1985): Stumblers and stars, S. 31ff.; Kauffman Center for Entrepreneurial Research (Hrsg.) (1998): Tapping in; Kazanjian (1988): Relation of Dominant Problems, S. 267ff.; Mulzer (1999): Critical Success Factors, S. 191ff.; Wupperfeld/Kulicke (1993); zitiert nach: Posluschny/von Schorlemer, 1999, S. 18f.; Churchill/Lewis (1983): Five Stages, S. 40; Pratten (1991), S. 105ff.; Scott/Bruce (1987): Five Stages of Growth, S. 45ff.; Sexton/Seale (1997): Leading practices, S. 1ff.; Balu (2000), S. 1ff.; Dodge/Fullerton/Robbins (1994): Organizational Life Cycle, S. 128; Dodge/Robbins (1992): Organizational life cycle model, S. 30ff.; FfH-Berlin (1986); zitiert nach: Posluschny/von Schorlemer (1999), S. 20ff.; Fraunhofer Institut (1997); zitiert nach: Posluschny/von Schorlemer (1999), S. 16ff.; Lussier (1995): Reasons, S. 3-4; Meyer (1999), S. 141ff..

2.2.2.2 Bewertung der Studien

Bei Betrachtung der Übersicht der 20 Untersuchungen ist offensichtlich, dass es *das* Problem des schnellen Wachstums nicht gibt. Es gibt aber zumindest Problemkategorien, die häufiger auftreten als andere.

Die zuvor dargestellten Ergebnisse lassen sich mit den Ergebnissen von Covin/Slevin zur gleichen Fragestellung gut belegen.[179] Auf der Basis einer Reihe von empirischen Studien[180] zogen sie Rückschlüsse auf die Natur von Problemen, welche durch Wachstum und gestiegene Komplexität[181] entstehen. Demnach sind wachstumsbezogene Probleme in jungen Wachstumsunternehmen folgendermaßen gekennzeichnet:[182]

- Sie treten in allen funktionalen Bereichen eines Unternehmens auf.
- Sie entstehen entweder aus Mängeln innerhalb bestimmter Organisationseinheiten oder aus einer Inkompatibilität zwischen einzelnen Unternehmenselementen.
- Wachstumsbezogene Probleme können sowohl auf organisatorische Mängel als auch auf Management-Defizite zurückzuführen sein.
- Der Mangel an und die Mangelhaftigkeit von Ressourcen (breit definiert) scheinen die Wurzel vieler wachstumsbezogener Probleme zu sein.
- Sie können auf externen sowie internen Ursachen basieren.
- Einige wachstumsbezogene Probleme treten besonders häufig bei Unternehmen einer bestimmten Größe auf, während andere über die gesamte Dauer des Wachstums eines Unternehmens unverändert in Bezug auf die Höhe der Wichtigkeit zu bestehen scheinen.[183]
- Die meisten wachstumsbezogenen Probleme sind wenigstens teilweise durch aktive und angemessene Managementeingriffe zu lösen.[184]

---

[179] Vgl. Covin/Slevin (1997): High growth transitions, S. 113-116.

[180] Vgl. Churchill/Lewis (1983): Five Stages; Scott/Bruce (1987): Five Stages of Growth; Kazanjian (1988): Relation of Dominant Problems; Dodge/Fullerton/Robbins (1994): Organizational Life Cycle; Hambrick/Crozier (1985): Stumblers and stars; Mount/Zinger/Forsyth (1993): Organizing for development; Hanks (1990): Organization Life Cycle.

[181] Der Zusammenhang zwischen Wachstum, Komplexität und den oben genannten, wachstumsinduzierten Problemen wird in Kapitel 3 im Rahmen der Erklärung des Bezugsrahmens vertieft.

[182] Vgl. Covin/Slevin (1997): High growth transitions, S. 113-116.

[183] Churchill/Lewis, Kazanjian und Mulzer kamen zu dem Ergebnis, dass unterschiedliche Probleme in verschiedenen Phasen wichtiger als in anderen sind. Dodge/Fullerton/Robbins erkannten darüber hinaus die Existenz von phasengebundenen, situativen, und von Kernproblemen, welche immer auftreten können. Vgl. Churchill/Lewis (1983): Five Stages; Scott/Bruce (1987): Five Stages of Growth; Kazanjian (1988): Relation of Dominant Problems und Mulzer (1999): Critical Success Factors und Dodge/Fullerton/Robbins (1994): Organizational Life Cycle.

[184] Vgl. Covin/Slevin (1997): High growth transitions, S. 116.

Zusätzlich zu den schon zuvor dargestellten Erkenntnissen können aus der Gesamtbetrachtung übergreifende Schlüsse gezogen werden. Diese werden hier mit den Unterpunkten „Allgemeingültigkeit“, „interne vs. externe Faktoren“, „Rolle des Managements“, sowie „Ressourcennöte“ vorgestellt.

Allgemeingültigkeit

Wie bereits deutlich gemacht wurde, erfüllen die Studien die Definition von jungen Wachstumsunternehmen nicht alle vollständig. Aus der Zusammenfassung in Tabelle 2 ist jedoch ersichtlich, dass bezüglich der Häufigkeit der Probleme in allen drei Gruppen nahezu die gleiche Reihenfolge festzustellen ist. In der ersten Gruppe („stimmt überein“) befinden sich nur Untersuchungen, die explizit „junge Wachstumsunternehmen“ (oder eine der Untergruppen, z.B. stark wachsende Unternehmen oder High-Tech-Unternehmen) als Untersuchungsgegenstand definiert haben. In der dritten Gruppe („zu 50%/ungewiss“) dagegen beinhaltet keine der Untersuchungen die explizite Vorgabe „starkes Wachstum“. Dies führt zu der Vermutung, dass die Stärke des Wachstums bei der Art der Probleme nicht entscheidend ist.

Es scheint vielmehr so, dass die Probleme bei verschiedenen Unternehmen (insb. kleinen Unternehmen unterschiedlichen Wachstums) nur verschieden stark auftreten. Zu diesem Ergebnis kommt auch Davidsson[185] bei seiner Gegenüberstellung von kleinen Unternehmen im Generellen mit kleinen High-Tech-Unternehmen: „Except perhaps for the results concerning economic motivation, the factors found to distinguish high-tech firms from other small firms hardly come as a surprise. In fact, the similarities are more surprising. The differences appear to be a matter of degree.“[186]

Interne versus Externe Faktoren

Es wird deutlich, dass in fast allen Studien neben den internen Faktoren auch externe genannt werden („*Markt-/Industrieumgebung*“ und/oder „*Kunden/Lieferanten/Wettbewerb*“). Zu diesem Ergebnis kam auch die Auswertung der Studie des „Kauffman Center for Entrepreneurial Research“ aus dem Jahre 1997/1998.[187] Hier wurden insgesamt 173 CEOs junger Wachstumsunternehmen befragt, mit u.a. folgendem Ergebnis: „When asked to describe defining transitions that significantly shaped the firm’s development, the participating entrepreneurs quickly

[185] Vgl. Davidsson (1989): Continued Entrepreneurship, S. 203ff.
[186] Davidsson (1989): Continued Entrepreneurship, S. 203.
[187] Vgl. Arbaugh/Camp (2000a): Growth Transitions, S. 316.

categorized the transitional moments[188] into internal (i.e., events within the firm and within the entrepreneur) or external (i.e., events in the marketplace)."[189] Somit kann hier festgehalten werden, dass „die Umgebung [also die externen Faktoren, d. Verf.] ohne Zweifel Überleben und Wachstum von jungen Wachstumsunternehmen beeinflusst."[190] Einige andere Studien kamen ferner zu dem Ergebnis, dass Firmen in attraktiven Märkten[191] dazu tendieren, schneller zu wachsen.[192]

Es herrscht die Meinung, dass die externen Faktoren eher am Anfang der Unternehmensentwicklung wichtig sind.[193] Dodge/Robbins erkannten, dass interne Probleme kritischer werden, wenn die kleine Firma wächst und sich entwickelt.[194] Außerdem sehen sie diese Feststellung als konsistent mit anderen Studien und Lebenszyklusmodellen an.[195] Clifford erklärt den größeren Einfluss externer Faktoren am Anfang der Unternehmensentwicklung damit, dass wirtschaftliche Abschwünge kleine Firmen stärker treffen als ihre größeren „Kollegen", da sie in allen Bereichen weniger Spielraum haben, z.B. in Bezug auf Kapital.[196]

Rolle des Managements

„Generally speaking, there is substantial consensus among 'venture experts' – venture capitalists, professional service providers, and the like – that one should 'bet on the jockey and not the horse' to identify young companies with the brightest future."[197]

Es herrscht Einigkeit darüber, dass der Manager selbst, bzw. das Management-Team, einer der wichtigsten, wenn nicht der wichtigste Faktor für ein starkes und erfolgreiches Wachstum ist. Hambrick/Crozier bringen dies am deutlichsten zum Ausdruck, indem sie bei den Proble-

188 "Transitional Moments" sind hierbei definiert als Probleme, die, wenn sie nicht richtig gehandhabt werden, den Unterschied zwischen Überleben und Scheitern eines Unternehmens ausmachen könnten. Vgl. Arbaugh/Camp (2000a): Growth Transitions, S. 321.

189 Arbaugh/Camp (2000a): Growth Transitions, S. 316.

190 Chandler/Hanks (1994): Market attractiveness, S. 332 (eigene Übersetzung).

191 Nach Porter ist die Markt- bzw. Branchenattraktivität eine wesentliche, notwendige Bestimmungsgröße für die Rentabilität des Unternehmens. Die Branchenattraktivität wird durch fünf Kräfte maßgeblich bestimmt: Rivalität der Wettbewerber in der Branche; Verhandlungsstärke der Lieferanten; Verhandlungsstärke der Abnehmer; Bedrohung durch potenzielle neue Konkurrenten; Bedrohung durch Ersatzprodukte oder -dienste. Vgl. Porter (1999): Wettbewerbsvorteile, S. 28f..

192 Vgl. z.B. Sandberg (1986); Kunkel (1991); zitiert nach Chandler/Hanks (1994): Market attractiveness, S. 343.

193 Vgl. Anderson/Zeithaml (1984); Churchill/Lewis (1983): Five Stages; Quinn/Cameron (1983); Moore/Tushman (1982); zitiert nach: Dodge/Fullerton/Robbins (1994): Organizational Life Cycle, S. 33.

194 Vgl. Dodge/Robbins (1992): Organizational life cycle model, S. 33.

195 Vgl. Anderson/Zeithaml (1984); Churchill/Lewis (1983): Five Stages; Quinn/Cameron (1983); Moore/Tushman (1982); zitiert nach: Dodge/Fullerton/Robbins (1994): Organizational Life Cycle, S. 33.

196 Vgl. Clifford (1975): Floundering Founder, S. 25.

197 Siegel/Siegel/MacMillan (1993): Characteristics, S. 170.

men von vier fundamentalen Managementherausforderungen sprechen.[198] Aber auch in allen anderen betrachteten Studien spielt das Management eine entscheidende Rolle (siehe Kategorie „*Management*"). Das Management-Team entscheidet letztendlich über Erfolg oder Misserfolg des Unternehmens. Die Erklärung dafür ist, dass zumindest alle internen Faktoren theoretisch in der Kontrolle des Managements liegen. Nach Sommers/Koc muss das Management-Team lernen, während das Unternehmen wächst mit zusätzlichen Bereichen umzugehen, z.B. mit steigender Wirtschaftskomplexität, größeren Investments und dem dazugehörigen höheren Risiko sowie längeren Delegations- und Kommunikationswegen.[199] Bruno/Leidecker/Harder unterstützen diese Aussagen, indem sie in ihrer Studie zu dem Ergebnis kamen, dass 89 Prozent der Ursachen für das Scheitern kleiner Unternehmen auf ein inkompetentes Management zurückzuführen sind.[200]

Siegel/Siegel/MacMillan geben jedoch zu bedenken, dass ein hoher Grad an Managementfähigkeiten zwar nötig ist, aber dieses Talent allein nicht ausreicht,[201] wie dies in der Gesamtübersicht der Studien mit der Bandbreite der jeweiligen Kategorien auch zum Ausdruck kommt.[202] Generell scheint bei kleinen Firmen das Management einen größeren Einfluss auf den Erfolg oder Misserfolg zu haben. Clifford kam zu dem Ergebnis, dass junge Wachstumsunternehmen gegenüber großen Unternehmen stärker „management-sensitive"[203] sind.[204]

Mangel an Ressourcen

Fasst man die elf Kategorien aus der Gesamtübersicht der Studien weiter zusammen, kommt man ferner zu dem Ergebnis, dass Ressourcen,[205] bzw. deren Knappheit, eine besondere Rolle spielen. Dieses Ergebnis wird auch in der Studie von Chandler/Hanks widergespiegelt, die einen starken Zusammenhang zwischen der Reichhaltigkeit an Ressourcen und der Firmen-

[198] Vgl. Hambrick/Crozier (1985): Stumblers and stars, S. 1ff..
[199] Vgl. Sommers/Koc (1987): Why most new ventures fail, S. 3.
[200] Vgl. Bruno/Leidecker/Harder (1987): Why Firms Fail, S. 52. "Inkompentententes Management" ist bei Bruno/Leidecker/Harder jedoch sehr breit gefaßt und schließt im Sinne der zuvor dargestellten Problemkategorien auch die Kategorien *„Planung/Kontrolle"* und *„Organisation/Unternehmung"* sowie einige der unterhalb der anderen Kategorien genannten Problembereiche ein.
[201] Vgl. Maidique (1986); Cooper/Bruno (1977); Van de Ven/Hudson/Schroeder (1987); zitiert nach: Siegel/Siegel/MacMillan (1993): Characteristics, S. 170.
[202] Siehe Tabelle 2.
[203] Clifford (1975): Floundering Founder, S. 23. Åstebro/Chen bestätigen Cliffords Aussage, dass das Humankapital in den ersten vier Jahren einen besonders starken Einfluss auf das Überleben hat. Vgl. Åstebro/Chen (2000): Founder's human capital.
[204] Vgl. Clifford (1975): Floundering Founder, S. 23.
[205] Ressourcen, die zum Geschäftserfolg beitragen, wurden von Hofer/Schendel folgendermaßen eingeteilt: Finanzielle Ressourcen; Technologische Ressourcen; Physische Ressourcen; Humane Ressourcen; Reputation und Organisations-Ressourcen. Vgl. Hofer/Schendel (1978): Strategy Formulation; zitiert nach Chandler/Hanks (1994): Market attractiveness, S. 337.

Performance feststellen konnten.[206] Die zwei wichtigsten Ressourcen scheinen dabei Kapital (siehe Kategorie „*Finanzierung*") und Mitarbeiter (siehe Kategorie „*Human Resources*") zu sein. Diesen Zusammenhang sehen auch Arbaugh/Camp: „It is common to hear causes for venture failure, such as lack of adequate supply of capital or not enough good labour or talent."[207] Zudem wird auch die immaterielle Ressource Know-how bzw. Erfahrung (siehe Kategorien „*Management*", „*Human Resources*" und „*professionelle Beratung*") in vielen Studien als sehr wichtiger Faktor angesehen.[208]

Das Ergebnis, dass bestimmte Ressourcen ein kritisches Problem im Wachstum von jungen Wachstumsunternehmen darstellen, wird unterstützt durch die Entwicklung des Ressourcenbasierenden Ansatzes zur Erklärung des Wachstums und dessen Managements. Dieser wird in Abschnitt 2.4 ausführlicher dargestellt.

2.2.2.3 Relevanz der empirischen Studien und Beitrag zum Bezugsrahmen

Abschließend soll die Relevanz der empirischen Studien in Bezug auf die Forschungsfragen beleuchtet werden und eine Aussage dazu getroffen werden, inwieweit die Ergebnisse hinsichtlich des in dieser Arbeit entwickelten Bezugsrahmens wichtig sind.

Untersuchungsgegenstände dieser Arbeit sind der Wachstumsprozess und die dynamischen Zusammenhänge im Rahmen dieses Prozesses. Die Ergebnisse der vorgestellten Studien beziehen sich dagegen in erster Linie auf die auftretenden Probleme und Erfolgsfaktoren beim Management junger Wachstumsunternehmen. Dies ist eine im Wesentlichen zeitpunktbezogene, statische Sichtweise, die die Dynamik der Veränderungsprozesse nicht abbilden kann.

Im Rahmen eines für die Erklärung des Wachstums geeigneten Bezugsrahmens spielen die vorgenannten Probleme jedoch eine wichtige Rolle als Zwischenergebnis des Wachstumsprozesses. Vereinfacht liegt dem in dieser Arbeit entwickelten Bezugsrahmen folgende Argumentation zugrunde: Wenn bestimmte Wachstumsvoraussetzungen (Wachstumswunsch, Markt, Ressourcen, Unternehmerfähigkeiten) erfüllt sind, kommt es in jungen Wachstumsunternehmen zum Wachstum (Mitarbeiter und/oder Umsatz). Diese so genannten primären Wachstumsdeterminanten führen dann zu einer Erhöhung der Komplexität und zu einer Ent-

[206] Vgl. Chandler/Hanks (1994): Market attractiveness, S. 331.
[207] Arbaugh/Camp (2000a): Growth Transitions, S. 314.
[208] Siehe Tabelle 2.

wicklung der Ressourcen (als Übergriff für Ressourcen und Fähigkeiten im Unternehmen). Entwickeln sich die so genannten sekundären Wachstumsparameter Komplexität und Ressourcen nicht im Gleichklang, führt dies zu Wachstumsproblemen. Das Management-Team muss dann rechtzeitig Veränderungsprozesse anstoßen, um die Probleme zu überwinden. Der erfolgreiche Übergang zu einer neuen Wachstumsphase hängt dann in erster Linie von den Management-Fähigkeiten ab. Dieser Zusammenhang wird im Kapitel 3 näher erläutert. Die Modellierung des Bezugsrahmens wird daher auf die Ergebnisse der o.g. Studien aufbauen. Ferner werden die o.g. empirischen Befunde auch bei der Darstellung der Fallstudien als Referenz dienen, um zu vergleichen, ob es sich bei den Herausforderungen der Fallstudien-Unternehmen um typische Probleme handelt.

2.2.3 Erkenntnisse und Defizite der bestehenden Ansätze

Wie gezeigt, identifizieren nahezu alle Wachstumsmodelle explizit oder implizit bestimmte Wachstumsphasen. Zwischen den als relativ stabil beschriebenen Phasen gibt es Phasenübergänge (im Englischen: „transitions“), in denen Veränderungen im Unternehmen stattfinden müssen, damit es in der nächsten Phase erfolgreich wachsen kann. Die kurzen Phasenübergänge werden meist als turbulent dargestellt.[209]

Alle Modelle argumentieren dabei, dass Wachstum Veränderungen im Unternehmen auslöst. Auf diese Veränderungen muss das Management mit entsprechenden Anpassungen z.B. bei der internen Organisation, den Prozessen oder den Verhaltensmustern reagieren, da es ansonsten in diesem Unternehmen früher oder später zu Problemen kommt.[210] Ein großer Teil der empirischen Arbeiten widmet sich diesen wachstumsinduzierten Problemen. Sie argumentieren genau wie ein Großteil der Wachstumsmodelle, dass es für das Überleben und den langfristigen Erfolg von jungen Wachstumsunternehmen von entscheidender Wichtigkeit ist, wie das Unternehmen auf diese wachstumsinduzierten Veränderungen vorbereitet ist und welche Management-Fähigkeiten zur Anpassung des Unternehmens an die veränderten Rahmenbedingungen vorhanden sind. So fordern Aldrich und Covin/Slevin, dass die Manager stark wachsender Unternehmen die Fähigkeit haben müssen,

- Ineffizienzen im Unternehmen und deren Ursachen zu erkennen,
- alle schlecht funktionierenden Praktiken oder veraltete Bestandteile des organisatorischen Systems zu verändern bzw. umzustrukturieren und

[209] Vgl. dazu auch Dworatschek/Wiebusch (2003): Discontinuities in Projects, S. 1ff.
[210] Vgl. Covin/Slevin (1997): High growth transitions, S. 110.

- die in Abhängigkeit zueinander stehenden Komponenten im System so zu gestalten, dass wieder eine in sich abgestimmte Organisation entsteht, die einen langfristigen Geschäftserfolg unterstützt.[211]

In dieser Arbeit wird der soeben beschriebenen Argumentation gefolgt. Allerdings können die zuvor vorgestellten Wachstumsmodelle bisher nicht erklären, warum und wann es zu den Phasenübergängen kommt und wie das Management diese erfolgreich gestalten kann.

Weiterhin vermochten die o.g. Ansätze die folgenden Aspekte nicht zu erklären:[212]

- Welche Veränderungen bewirkt Wachstum im Unternehmen?
- Wie kann das Management-Team wachstumsinduzierte Veränderungen, das Auftreten von Ineffizienzen und notwendige Anpassungsmaßnahmen frühzeitig erkennen?
- Welche Komponenten im Unternehmen stehen in welcher Beziehung zueinander? Wie lässt sich eine „abgestimmte Organisation" gestalten?
- Was ist in einem Phasenübergang zu beachten (d.h. beim Übergang von einer organisatorischen Konfiguration zur nächsten)?

Der in Kapitel 3 entwickelte Bezugsrahmen setzt an den oben dargestellten Defiziten bzw. bisher noch offenen Fragen an.

2.3 Ansätze des Wachstumsmanagements

Bevor anschließend auf die dem Bezugsrahmen zugrunde liegenden theoretischen Ansätze eingegangen wird, sollen hier die für diese Arbeit relevanten Ansätze des Wachstumsmanagements vorgestellt werden. Das Wachstumsmanagement und die im Folgenden angesprochenen Zusammenhänge stellen wichtige Nebenbedingungen der behandelten Thematik dar. So ist der Bezugsrahmen in die grundlegenden Gedanken des Wachstumsmanagements eingebettet. Beispielsweise ist der im weiteren Verlauf dargestellte Gedanke des nachhaltigen Wachstums und der dazugehörigen Wachstumsstrategie wichtig, um die in dieser Arbeit behandelte Thematik verstehen zu können.

[211] Vgl. Aldrich (1979): Environments und Covin/Slevin (1997): High growth transitions, S. 110.

[212] Vgl. u.a. Covin/Slevin (1997): High growth transitions, S. 111 und für weitere Kritik an anderen Forschungsansätzen zum Thema Unternehmenswachstum vgl. Stein (2000): Organisationswachstum, S. 5ff..

2.3.1 Wachstumswunsch und Wachstumsziele: Warum soll ein Unternehmen eigentlich wachsen?

Bevor auf das Management des Wachstums im eigentlichen Sinne eingegangen wird, sollen hier zunächst die Gründe für Wachstum hinterfragt werden:

- Warum möchten Unternehmen eigentlich wachsen?
- Welcher Zusammenhang existiert zwischen den übergeordneten Unternehmenszielen, der Strategie und der Rolle von Wachstum?
- Und: welche Wachstumsstrategie ist sinnvoll, welche Wachstumsgeschwindigkeit ist anzustreben?

Diese Fragen liegen zwar nicht unmittelbar im Fokus der Arbeit. Dem Verfasser erscheint es jedoch für das Gesamtverständnis überaus wichtig, sich damit zu beschäftigen, da der Wachstumswunsch und die Wachstumsplanung eine wesentliche Voraussetzung für das spätere tatsächliche Wachstum und dessen Management ist.

In der Literatur finden sich eine Reihe unterschiedlicher Motive, die Unternehmen möglicherweise dazu bewegen können, wachsen zu wollen:[213]

1. **Überlebenswahrscheinlichkeit steigt**
   Die Überlebenswahrscheinlichkeit steigt mit zunehmender Unternehmensgröße, da kleinere Firmen verwundbarer gegenüber externen Schocks sind (z.B. Konzentrationsprozessen oder M&A-Aktivitäten). So hat Timmons nachgewiesen, dass die Überlebenswahrscheinlichkeit von Unternehmen mit jährlichem Umsatzwachstum über 10% sehr viel höher ist als bei Unternehmen mit einem Wachstum unter 10%: im sechsten Jahr nach Gründung waren 78% der Unternehmen mit einem Umsatzwachstum größer als 10% noch existent, wohingegen von den Unternehmen mit einem Umsatzwachstum kleiner 10% (oder schrumpfenden Umsätzen) nach sechs Jahren nur 27,5 % überlebt hatten.[214]
2. **Shareholder Value-Orientierung**
   Die Shareholder Value-Orientierung ist ein Argument für Wachstum unter der An-

[213] Vgl. Starbuck (1965): Organizational Growth, S. 453ff.; zu Knyphausen-Aufseß (2001): Strukturen und Grenzen der Organisation, S. 121ff. und Witt (2002): Wachstumsschmerzen, S. 15.

[214] Vgl. Timmons (1998): New Venture Creation, S. 14; zitiert nach Von Krogh/Cusumano (2001a): Das Unternehmen soll wachsen.

nahme, dass Wachstum den Unternehmenswert steigert. Dieser Zusammenhang wird im Anschluss an diese Aufzählung noch eingehender diskutiert.

3. **Motivation der Mitarbeiter**
   Die Motivation der Mitarbeiter wird durch Wachstum möglicherweise erhöht, da mehr und höhere Aufstiegschancen bestehen, dadurch deren Aufgabenbereiche vielfältiger werden und den Mitarbeitern die Mitwirkung an etwas Neuem und Wachsenden ermöglicht wird.
4. **Stabilisierung der Beschäftigung**
   Wachstum stabilisiert die Beschäftigung, wenn man davon ausgeht, dass ein Unternehmen mit der gleichen oder höheren Geschwindigkeit wächst als Produktivitätsfortschritte realisiert werden können.
5. **Economies of Scale / Erfahrungskurveneffekte**
   Die Idee der „Economies of Scale" geht davon aus, dass sich bei einer erhöhten Ausbringung der Leistungen des Unternehmens Kostenvorteile realisieren lassen (z.B. in den Bereichen Beschaffung, Forschung & Entwicklung, Produktion, Absatz, Finanzierung und Unternehmensorganisation). Erfahrungskurveneffekte beziehen sich dagegen auf die mit der Zeit zunehmende Erfahrung, die die Effizienz erhöht. Mit zunehmender Größe erhöhen sich auch die absoluten Erfahrungskurveneffekte. [215]
6. **Reputation**
   Es ist anzunehmen, dass der Bekanntheitsgrad eines Unternehmens mit wachsender Größe zunimmt. Ein wachsendes Unternehmen erweckt zudem einen positiven und erfolgreichen Eindruck.
7. **Verhandlungsmacht (gegenüber Kunden, Lieferanten, Staat, Gewerkschaften)**
   Mit wachsender Größe steigt die Verhandlungsmacht eines Unternehmens, was sich in positiveren Verhandlungsergebnissen manifestieren kann.
8. **Verbesserung der Innovationsfähigkeit**
   Mit wachsender Größe steigt tendenziell die Fähigkeit eines Unternehmens größere und intensivere F&E-Projekte umzusetzen, wodurch generell die Innovationsfähigkeit verbessert wird.
9. **Economies of Scope / Nutzeneffekte**
   Über eine erweiterte Geschäftstätigkeit lassen sich möglicherweise größere Synergiepotenziale und -effekte zwischen einzelnen Geschäftsbereichen, Produktlinien oder funktionalen Abteilungen erzielen.

---

[215] Vgl. zu Knyphausen-Aufseß (2001): Strukturen und Grenzen der Organisation, S. 122.

10. **Individuelle Interessen des Management-Teams**
    Individuelle Interessen, wie höheres Ansehen, größere Macht und höhere Managementgehälter, können einen starken Anreiz für Wachstum bieten.

Die beiden ersten Gründe für Wachstum sind nach Meinung der meisten Autoren die wichtigsten:

- **Wachstum und steigende Überlebenswahrscheinlichkeit:** neben der empirischen Untersuchung von Timmons begründen andere Autoren das Argument theoretisch, indem sie zeigen, dass das Risiko eines externen „lebensbedrohlichen“ Schocks mit steigender Unternehmensgröße abnimmt.[216]
- **Wachstum und Shareholder Value:** Der Grundgedanke ist, dass Wachstum den Unternehmenswert erhöht.[217] Die implizite Annahme dieser Aussage ist, dass das Wachstum profitabel ist.[218] Daher ist zu berücksichtigen, dass Wachstum (z.B. im Sinne vom Mitarbeiter- oder Umsatzwachstum) keineswegs automatisch Shareholder Value erzeugt.[219]

Es gibt aber auch einige Argumente, die gegen ein (zu schnelles bzw. zu großes) Wachstum sprechen:[220]

1. Individuelle Interessen der Führungskräfte führen zu nachteiligen Entscheidungen aus Sicht der Anteilseigner, Mitarbeiter oder des Gesamtunternehmens.[221]
2. Laut Gutenberg entstehen ab einer gewissen Absatzmenge "Widerstände des Absatzmarktes", die zu einer Erhöhung der Stückkosten führt (daher ist es nicht sinnvoll über diesen Absatzschwellen-Wert hinaus zu wachsen).

---

[216] Vgl. Fuge (2001): Financing the growth, S. 3; Flamholtz (1994): Von der Gründer-Firma zum Profi-Unternehmen, S. 89; Albach/Bock/Warnke (1985): Wachstumsschwellen und Clifford (1975): Floundering Founder, S. 25.

[217] Vgl. z.B. Doorley (2002): How Growth Wins und Kröger/Träm/Rockenhäuser/McGrath (2000): Wachstumscode.

[218] „Unternehmenswachstum im Sinne des Shareholder Value Gedanken wäre nur legitimiert, wenn das Unternehmen dadurch die abdiskontierten zukünftigen Cash-flows erhöhen würde.“, Hungenberg (2000): Strategisches Management, S. 27-28. Vgl. auch Schlick (1998): Unternehmensentwicklung, S. 117

[219] Vgl. Recklies (2000a): Wachstumsmanagement. Weiterhin sei hier angemerkt, dass der Shareholder-Value-Ansatz generell nicht unumstritten ist: so kritisiert bspw. Malik die zu starke Ausrichtung an den Interessen der Shareholder und plädiert für eine Re-Fokussierung auf den Kunden und dessen Bedürfnisse. Vgl. Malik (2001b): Wofür Wertsteigerung? Vgl. für eine ähnliche Kritik: Schlick (1998): Unternehmensentwicklung, S. 117.

[220] Vgl. zu Knyphausen-Aufseß (2001): Strukturen und Grenzen der Organisation, S. 121ff..

[221] Diese Problematik wird von der Theorie des „Managerialism“ thematisiert. Die möglicherweise divergierenden Zielsetzungen zwischen Manager und Unternehmenseigentümer ist ein typischer Principal-Agent-Konflikt. Vgl. Witt (2002): Wachstumsschmerzen, S. 16 und Hutzschenreuter (2001): Managementkapazitäten, S. 3ff..

3. Wenn ein Unternehmen eine zu große (Verhandlungs-)Macht erlangt hat, kann es möglicherweise zum Aufbau von Gegenkoalitionen kommen (so dass der positive Effekt der größeren (Verhandlungs-)Macht wieder relativiert wird).
4. Economies of scope / Nutzeneffekte werden häufig überschätzt (daher möglicherweise: Relativierung des positiven Arguments für Wachstum).
5. Starkes Wachstum mit dem Ziel der Steigerung des Shareholder Values kann möglicherweise zu zu schnellem oder zu starkem (und damit „ungesundem“) Wachstum führen, was letztendlich dann doch nicht den Wert für die Anteilseigner erhöht, sondern das Gegenteil bewirkt.

Die Gegenüberstellung der Vor- und Nachteile verdeutlicht, dass es keineswegs sinnvoll sein kann, um jeden Preis zu wachsen. Aber es ist auch klar geworden, dass „Unternehmenswachstum“ einige unbestreitbare Vorteile bietet. Daher wird geschlossen, dass die richtige Frage aus Sicht des Management-Teams nicht die nach dem Sinn von Wachstum, sondern eher nach der richtigen Geschwindigkeit und dem richtigen Weg des Wachstums sein muss.

Im folgenden Abschnitt sollen einige unternehmensintern determinierte Kriterien und situative Faktoren aufgezeigt werden, die den Wachstumswunsch bzw. das Wachstumspotenzial beeinflussen und dem Management-Team Anhaltspunkte liefern können, ob und vor allem welches Wachstum (Art und Geschwindigkeit) angestrebt werden sollte.[222]

2.3.2 Optimale Wachstumsgeschwindigkeit

Zunächst muss festgestellt werden, dass die richtige Geschwindigkeit und der richtige Weg immer abhängig von der spezifischen Situation eines Unternehmens und den gegebenen Umständen in den relevanten Märkten sind.

Die folgenden Faktoren haben sicherlich Einfluss auf die Entscheidung, wann eine Strategie des Wachsens überhaupt sinnvoll erscheint und welche Wachstumsgeschwindigkeit angestrebt werden sollte:

[222] Die Kriterien und Faktoren leiten sich z.T. direkt aus betriebswirtschaftlichen Grundlagen ab. Die folgende Sammlung von relevanten Kriterien erhebt keinen Anspruch auf Vollständigkeit. Sie ist jedoch das Ergebnis zahlreicher Interviews des Autors mit Managern schnell wachsender Unternehmen, Kapitalgebern und Branchenkennern. Diese Zusammenstellung der Aspekte und Kriterien wurde zudem von Start-up-Experten bestätigt.

- **Entwicklung des Absatzmarktes:** ein wachsender Absatzmarkt ist eine gute Voraussetzung für Wachstum. Normalerweise sollte ein Unternehmenswachstum in zumindest gleicher Höhe wie das Marktwachstum angestrebt werden, um die Wettbewerbsposition zu behaupten. Bei einer stagnierenden oder rückläufigen Marktentwicklung ist ein Unternehmenswachstum ungleich schwieriger zu realisieren, da in diesem Fall Marktanteile gewonnen werden müssen, die zuvor von Wettbewerbern besetzt worden sind.

- **Marktstruktur:** das Management-Team sollte sich fragen, wie sich die Marktstruktur des Absatzmarktes zukünftig entwickeln wird. Wird es viele kleine Anbieter geben, der Markt also sehr fragmentiert sein? Oder wird es zu einer Konzentration kommen, indem sich mittelfristig nur sehr wenige große Anbieter durchsetzen werden? Hier spricht man von einem oligopolistischen Markt. In einem fragmentierten Markt besteht für das Unternehmen kein „Wachstumszwang". In einem oligopolistischen Markt dagegen kann die Devise im Extremfall lauten: „Wachsen oder Sterben". Entweder man gehört zu den wenigen großen Anbietern oder man hat langfristig nur geringe Überlebenschancen (z.B. indem das Unternehmen sich eine profitable Nische sucht).

- **Größenvorteile oder Skaleneffekte des Geschäftsmodells[223]:** das Management-Team sollte das Geschäftsmodell hinsichtlich des Vorliegens von Größenvorteilen und/oder Skaleneffekten hinterfragen. Wenn sich z.B. durch eine gewisse (Mindest-)Größe wesentlich andere Kostenstrukturen erreichen lassen und damit die Wettbewerbsposition nachhaltig verbessert werden kann, spricht das für eine Wachstumsstrategie. Lassen sich jedoch nur geringe Skaleneffekte und Größenvorteile erzielen, spricht dies nicht für Wachstum, allerdings auch nicht dagegen.

- **Erfolgreich getestetes Geschäftsmodell:** insbesondere bei der Umsetzung einer innovativen Geschäftsidee, die in dieser Form noch nicht am Markt existiert, sollte das Management-Team das Wachstum zunächst beschränken und sich darauf konzentrieren, das Geschäftsmodell zunächst in einem begrenzten Teilmarkt zu testen und zu optimieren. Bevor die weitere Expansion erfolgt, sollte das Geschäftsmodell prinzipiell bewiesen haben, dass

---

[223] Der Begriff „Geschäftsmodell" ist dem Strategiebegriff (siehe Abschnitt 2.3.3) sehr ähnlich und wird häufig auch synonym gebraucht. Hier wird unter Geschäftsmodell schwerpunktmäßig die Art und Weise verstanden, wie mit einer Geschäftsidee Geld verdient wird. Folgende drei Aspekte sind demnach für ein Geschäftsmodell bestimmend: (1) die Produkt-/Marktkombination, (2) die Konfiguration der Wertschöpfungsaktivitäten und (3) die Ertragsmechanik. Vgl. dazu zu Knyphausen-Aufseß (2001): Strategien, S. 4 und zu Knyphausen-Aufseß/Meinhardt (2001): Business models, S. 3.

es „funktioniert", d.h. dass es einerseits profitabel zu betreiben ist und sich andererseits die notwendigen Investitionen auch auszahlen (z.B. gemessen am ROI[224]). In den Jahren 1999 bis 2001 gab es viele junge Unternehmen, die diesen Beweis der Funktionsfähigkeit des Geschäftsmodells nicht abgewartet haben, sondern versuchten, so schnell wie möglich zu expandieren.[225] Dies erwies sich bei einem Großteil dieser Unternehmen als Fehler.[226]

- **Aktuelle und zukünftige Ressourcenverfügbarkeit:** ein weiteres wichtiges Entscheidungskriterium, das zu beachten ist, stellt die Ressourcenverfügbarkeit dar. Um wachsen zu können, benötigt ein Unternehmen verschiedene Ressourcen (z.B. finanzielle, personelle und physikalische Ressourcen). Im Rahmen der Wachstumsplanung muss sich das Management-Team darüber klar werden, ob bei realistischer Einschätzung der Lage und Entwicklung alle aktuell und zukünftig benötigten Ressourcen verfügbar bzw. zu gegebener Zeit akquirierbar sind. Zu Beginn der Unternehmensentwicklung und bei starkem Wachstum wird dieser Engpass i.d.R. bei den finanziellen Ressourcen liegen. Churchill/Mullins haben ein Konzept vorgestellt, mit dem die "selbst-finanzierte Wachstumsrate" bestimmt werden kann. Das ist die Wachstumsrate, die erreicht werden kann, wenn die erwirtschafteten Cash-flows vollständig zur Finanzierung des weiteren Wachstums genutzt werden. Unter der Prämisse, dass ein Unternehmen bereits Überschüsse erwirtschaftet und aus eigener Kraft wachsen möchte, bietet dieses Modell also wertvolle Anhaltspunkte für die Wachstumsgeschwindigkeit.[227]

In Bezug auf junge Wachstumsunternehmen lassen sich die obigen Überlegungen noch weiter konkretisieren. Für Unternehmen, die ihre Geschäftsidee nur mit einer Venture-Capital-Finanzierung realisieren können, wird der mögliche Wachstums*wunsch* zu einem **Wachs-**

[224] Der ROI (Return on Investment) misst die jährliche Rentabilität des eingesetzten Kapitals (Gesamtkapitalrentabilität). Vgl. Wöhe (2002): Allgemeine Betriebswirtschaftslehre, S. 217.

[225] Dafür gab es zu der Zeit auch gute Gründe, wie die den Wachstumsplanungen zugrunde liegenden positiven konjunkturellen Rahmenbedingungen, die hohen Wachstumserwartungen der Kapitalgeber und Verfolgung von First-Mover-Strategien in hoch-kompetitiven Märkten. Vgl. hierzu auch Abschnitt 4.2, in dem die im Beobachtungszeitraum dieser Arbeit vorherrschenden Rahmenbindungen skizziert werden.

[226] So hat bspw. auch das Fallstudienunternehmen E-SERVICES AG bereits sehr früh international expandiert, ohne dass zu diesem Zeitpunkt bereits die Funktionsfähigkeit des damaligen Geschäftsmodells gezeigt worden war. Wie sich später herausstellte, funktionierte das Geschäftsmodell nicht und musste geändert werden. Durch die bereits erfolgte Internationalisierung war die Anpassung der Strategie und des Geschäftsmodells ungleich schwieriger und aufwendiger. Ein nicht unerheblicher Teil der finanziellen und Ressourcen-mäßigen Anstrengungen der Expansion auf Basis des nicht funktionierenden ursprünglichen Geschäftsmodells musste ohne messbaren Erfolg abgeschrieben werden. Da das jetzt verfolgte Geschäftsmodell eine Reihe von Berührungspunkten mit dem ursprünglichen aufweist, waren die (zu früh getätigten) (Expansions-) Aufwendungen jedoch nicht vollständig verloren. Siehe Abschnitt 4.3.4.

[227] Vgl. Churchill/Mullins (2001): Wachsen aus eigener Kraft.

tumszwang, da die Wertentwicklung des Unternehmens aus Sicht der Investoren nur auf Basis eines starken Umsatzwachstums gepaart mit der zukünftigen Realisierung hoher positiver Cash-flows interessant wird. Um eine Finanzierung zu bekommen, ist Wachstum also Pflicht. Bezüglich der Geschwindigkeit ist dann zunächst einmal festzuhalten, dass aus Sicht des VC-Gebers das Ziel sein sollte, so schnell wie möglich zu wachsen.

Vom höchsten Ziel „schnelles Wachstum" hin zum „**profitablen Wachstum**":
Ein großer Teil der sogenannten New-Economy-Unternehmen ist am ungebremsten Wachstum gescheitert:[228] im Nachhinein wird das Vorgehen (z.T. auch vom damaligen Management selbst) als „strategieloser Expansionsdrang" kritisiert, der sich zu stark auf die Interessen der Investoren und die Organisation des Geldflusses konzentrierte. Der Produktabsatz und die Rentabilität des Unternehmens wurden dabei vernachlässigt.[229] Häufig wurde jedoch zugleich auch die Schwierigkeit des Wachstumsmanagements unterschätzt, was aufgrund der Unerfahrenheit vieler junger Entrepreneure auch nicht verwunderlich ist.[230]
Abbildung 7 zeigt, wie ein idealtypischer Stufen-Wachstumsverlauf für junge Wachstumsunternehmen aussehen sollte, wenn man die aktuellen Gegebenheiten auf dem Venture-Capital-Markt und die Lehren aus den Fehlern der New Economy berücksichtigt.[231]

---

[228] Vgl. o.V. (2001): Optimizing Your Balance Sheet for Sustainable Growth und Lindenberg (2002): Albtraum Neuer Markt.

[229] So kritisiert Blettner, dass die (in Businessplänen oder vor Börsengängen formulierten) Wachstumsversprechungen dazu führten, dass im Rahmen des „strategielosen Expansionsdranges" die notwendigen Reifeprozesse in den Unternehmen ausgeblieben sind. Vgl. Blettner (2001): Bauchschmerzen und Kühl (2001a): Doppelte Wirklichkeit; Kühl (2001b): Konturen des Exit-Kapitalismus; Kühl (2001c): Ungebremstes Wachstum; Kühl (2001d): Dot.com-Erfahrungen.

[230] Vgl. Lindenberg (2002): Albtraum Neuer Markt.

[231] Venture-Capital-Geber bevorzugen – nach den schlechten Erfahrungen mit dem überzogenen Wachstum vieler New-Economy-Unternehmen – heute (also: Stand Anfang 2003) eher Wachstumsstrategien, die in einem frühen Stadium zeigen, ob ein Geschäftsmodell funktioniert.

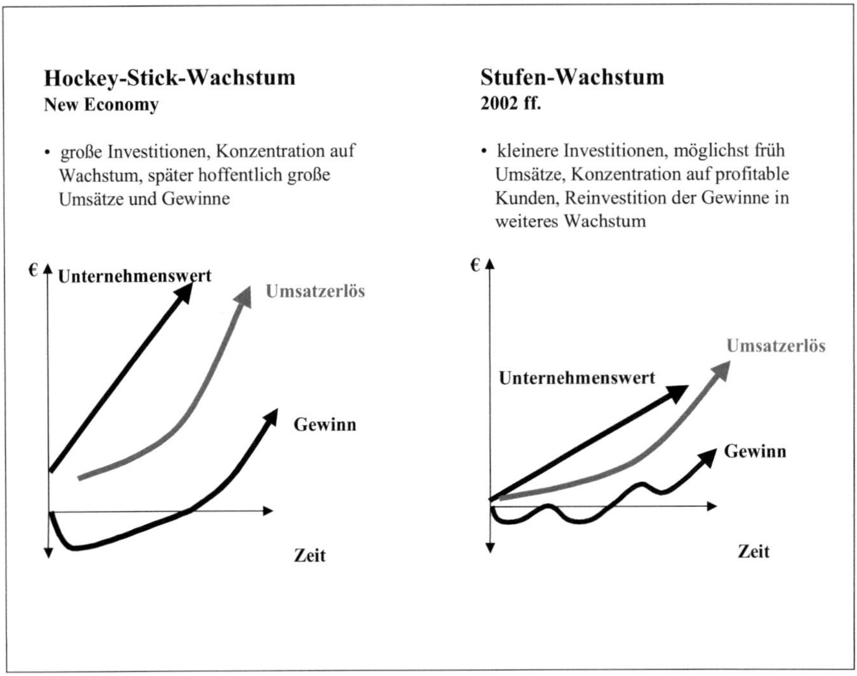

Abbildung 7: Idealtypische Wachstumsverläufe: Hockey-Stick- versus Stufen-Wachstum[232]

Das in den Jahren 2001 und 2002 immer häufiger formulierte Ziel profitabel zu wachsen,[233] wird hier folgendermaßen interpretiert: für junge Wachstumsunternehmen ist ein rein Cashflow-finanziertes Wachstum zu Beginn i.d.R. nicht realisierbar (auch wenn das wünschenswert wäre), da normalerweise die Produktentwicklung und der Markteintritt vorfinanziert werden müssen. Profitables Wachstum soll hier bedeuten, dass das Kerngeschäft profitabel sein muss. Im Vergleich zum idealtypischen New-Economy-Wachstumsverlauf sollte das Wachstum in kleineren Schritten angestrebt werden. D.h. nach kurzen und starken Wachstumsphasen sollten immer wieder Konsolidierungsphasen eingeplant werden, in denen das bis dato aufgebaute Geschäft (also die bestehende „Operations") profitabel gemacht wird. Dies geschieht, indem die Ressourcen und Fähigkeiten im Unternehmen den erhöhten Anforderun-

[232] Eigene Darstellung.

[233] Vgl. z.B. Fischer-Kablitz (2001): Ein Halleluja; o.V. (2001): Optimizing Your Balance Sheet for Sustainable Growth und Roh (2002): Fast Growth.

gen im gewachsenen Unternehmen angepasst werden.[234] Erst danach sollte die nächste Wachstumsphase angestrebt werden.

2.3.3 Wachstumsstrategie

Wenn also ein Wachstumswunsch oder gar ein Wachstumszwang besteht, ist die Frage, welche Wachstumsstrategie verfolgt werden soll. Bei der Strategieplanung und -formulierung sollten die o.g. Kriterien in jedem Fall berücksichtigt werden. Im Folgenden soll ein Überblick über einige grundlegende Aspekte bezüglich der Wachstumsstrategie gegeben werden.[235]

Strategie ist definiert als „grundsätzliche, langfristige Verhaltensweise (Maßnahmenkombination) der Unternehmung und relevanter Teilbereiche gegenüber ihrer Umwelt zur Verwirklichung der langfristigen Ziele."[236]

Kröger et al.[237] und Kurfess[238] untersuchen, welche Erfolgsfaktoren bzw. Wachstumstreiber profitable Wachstumsstrategien unterstützen. Sie kommen dabei zu ähnlichen Ergebnissen. Zunächst einmal gliedern sie die untersuchten Unternehmen in vier Gruppen, die sehr ähnliche Charakteristika besitzen:[239]

- **„Profitable Wachstumsunternehmen"** (*bei Kurfess*) bzw. „Value Builder" (*bei Kröger et al.*): Umsatzwachstum und Gewinn stehen gleichermaßen im Vordergrund, Wachstum ist profitabel.
- **„Unternehmen mit Renditefokus"** (*Kurfess*) bzw. „Profit Seeker" (*Kröger et al.*): Gewinn steht klar im Vordergrund, Wachstum eher gering.
- **„Unternehmen mit substanzgefährdendem Wachstum"** (*Kurfess*) bzw. „Simple Grower" (*Kröger et al.*): Wachstum, aber nur geringe oder negative Gewinne; viele

---

[234] Wie später gezeigt wird, lassen sich die „erhöhten Anforderungen" in Form einer erhöhten Komplexität operationalisieren.

[235] Bezüglich unterschiedlicher Wachstumsstrategien (Wachstumsmöglichkeiten durch Branchentransformationen; Wachstum durch Aufkauf anderer Unternehmen; Wachstum durch Kooperationen und Wachstum durch Innovation) sowie deren Implikationen für Neugründungen vgl. Dowling/Drumm (2002): Wachstumsstrategien für Neugründungen, S. 319ff..

[236] Gabler Wirtschafts-Lexikon (2000), S. 2949.

[237] Vgl. Kröger/Träm/Rockenhäuser/McGrath (2000): Wachstumscode.

[238] Vgl. Kurfess (1999): Profitable Wachstumsstrategien.

[239] Vgl. Kröger/Träm/Rockenhäuser/McGrath (2000): Wachstumscode und Kurfess (1999): Profitable Wachstumsstrategien, S. 78. Vgl. dazu auch Zook/Allen/Smith, die in ihrer Studie die Erfolgsfaktoren und Strategieprinzipien für langanhaltendes und nachhaltig profitables Wachstum untersuchen. Vgl. Zook/Allen/Smith (2000): Strategies.

Ideen, aber keine Strategie; fehlendes Kostenbewusstsein; fehlende Konzentration auf Kernbereiche.

- **„Nachzügler der Industrie“** (*Kurfess*) bzw. „Underperformer“ (*Kröger et al.*): geringes oder negatives Wachstum, geringe oder negative Gewinne; keine Wachstumsvisionen.

Schlick[240] und Von Krogh/Cusumano[241] nennen „Quellen für Wachstum“. Abbildung 8 zeigt das Verständnis von Schlick zum Zusammenhang der Wachstumsquellen und dem sinnvollsten Vorgehen bei der Expansion. Von Krogh/Cusumano nennen ihre Expansionsstrategien ein wenig anders, haben aber sehr große Überschneidungen zu den Aussagen von Schlick:[242]

- **Skalieren** („mehr von dem, was man kann“),
- **Duplizieren** („das, was man kann, auch in andere Regionen ausdehnen“) und
- **Granulieren** (Diversifizieren: „das was man kann, auch auf andere Geschäftsbereiche, Produkte oder Märkte übertragen“).

240 Vgl. Schlick (1998): Unternehmensentwicklung.
241 Vgl. Von Krogh/Cusumano (2001a): Das Unternehmen soll wachsen.
242 Vgl. Von Krogh/Cusumano (2001a): Das Unternehmen soll wachsen.

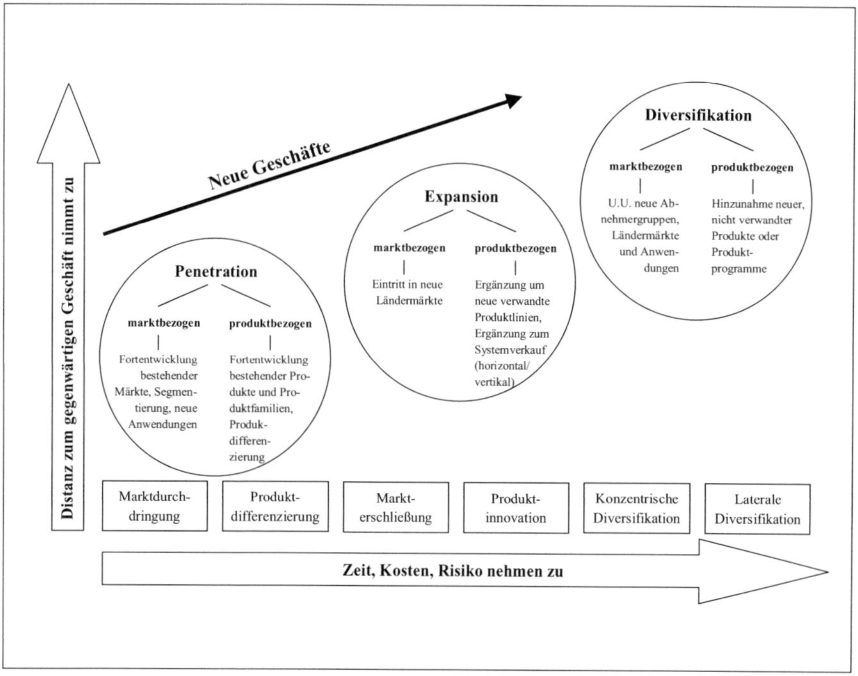

Abbildung 8: Wachstumsquellen: Penetration, Expansion, Diversifikation[243]

Stein definiert die Erfolgskriterien für die Wachstumsstrategie etwas allgemeiner:[244]

- zunächst muss die Wachstumsstrategie mit den externen Gegebenheiten stimmig sein (d.h. z.B. auf einer realistischen SWOT-Analyse basieren) und
- außerdem muss die interne Stimmigkeit der Strategie mit den intraorganisationalen Struktur- und Prozessvariablen gewährleistet sein.

Auf diese Thesen des „Fits" zwischen Strategie, Wachstumsplanung, Umwelt und internen Ressourcen sowie Komplexität wird im Rahmen der Entwicklung des Bezugsrahmens (Kapitel 3) und der Präzisierung des Bezugsrahmens (Kapitel 5) näher eingegangen.

Wolff diskutiert mit der Beschränkung der Wachstumsstrategie durch die vorhandene Liquidität einen anderen wichtigen Aspekt. Wolff schlägt vor, dass die möglichen Wachstumsprojekte in einer Art Portfolio-Strategie hinsichtlich ihres Beitrags zur Steigerung des Gewinnpoten-

[243] Quelle: Schlick (1998): Unternehmensentwicklung, S. 228.
[244] Vgl. Stein (2000): Organisationswachstum, S. 32.

zials bewertet und priorisiert werden. Entsprechend der Priorität werden dann diejenigen Investitionsprojekte umgesetzt, die unter den gegebenen Liquiditätsrestriktionen realisierbar sind.[245]

Nachdem ein guter Überblick über die wichtigsten Fragestellungen des Wachstumsmanagements gewonnen wurde, folgen nun beginnend mit dem Ressourcen-basierenden Ansatz die theoretischen Grundkomponenten des Bezugsrahmens.

2.4 Ressourcen-basierender Ansatz

Die in Abschnitt 2.2.1 dargestellten Wachstumsmodelle beschäftigen sich in weiten Teilen damit, welche strukturellen und strategischen Charakteristika sich während der Unternehmensentwicklung ändern. Für das Management von starkem Wachstum in jungen Wachstumsunternehmen ist es jedoch entscheidend, wie sich diese Charakteristika der wachsenden Unternehmen entwickeln bzw. entwickeln lassen.[246] Die in diesem Teil dargestellten Ressourcen-basierenden Modelle liefern dazu einige viel versprechende Lösungsansätze.

Der ursprüngliche Fokus des Ressourcen-basierenden Ansatzes liegt nicht auf der Unternehmensentwicklung bzw. dem Management von Wachstum in jungen Wachstumsunternehmen. Vielmehr wurden diese Theorien im Rahmen der Strategieforschung mit dem Ziel entwickelt, einen andauernden Wettbewerbsvorteil auf der Basis von Ressourcen[247] zu erklären.[248] Sie setzen somit auf das Konzept des „Fits“ zwischen Ressourcen und Wettbewerbsstrategie.[249] Das Modell von Garnsey stellt eine Ausnahme dar, indem es sich explizit mit der Entwicklung junger Wachstumsunternehmen auf Basis des Ressourcen-basierenden Ansatzes

---

[245] Vgl. Wolff (1993): Liquiditätsorientierte Steuerung, S. 256ff.

[246] Vgl. Arbaugh/Camp (2000a): Growth Transitions, S. 309.

[247] Ressourcen können nach Wernerfelt folgendermaßen definiert werden: „By a resource is meant anything which could be thought of as a strength or weakness of a given firm.“, Wernerfelt (1984): A Resource-Based View, S. 172. "Organizational Capabilities" stellen dagegen eher auf die Ausnutzung der Ressourcen ab: "Capabilities, in contrast, refer to a firm`s capacity to deploy resources, usually in combination, using organizational processes, to effect a desired end. They are information-based, tangible or intangible processes that are firm-specific and are developed over time through complex interaction among the firm`s resources. They can abstractly be thought of as ‚intermediate goods‘ generated by the firm to provide enhanced productivity of its resources, as well as strategic flexibility and protection for its final goods or service.", Amit/Schoemaker (1993): Strategic Assets, S. 35f..

[248] Der Ansatz der Bildung von Routinen, wie er im Weiteren dargestellt wird, ist dabei jedoch auch bei diesen Modellen grundlegend. Vgl. z.B. Chandler/Hanks (1994): Market attractiveness, S. 331ff.; Barney (1991): Firm Resources, S. 99ff.; Grant (1991): Resource-Based Theory, S. 114ff..

[249] Vgl. Chandler/Hanks (1994): Market attractiveness, S. 345.

beschäftigt.[250] Die wichtigsten Punkte aus diesem Modell werden anschließend zusammen mit den wichtigsten Ergebnissen der anderen Modelle dargestellt und analysiert.[251]

Schumpeter sah die Rolle der Unternehmer als Zusammensetzer und Anwender von Ressourcen in neuen Kombinationen, die die statische Natur des Marktes aufbrechen.[252] Penrose begründete 25 Jahre später die Ressourcen-basierenden Modelle, indem sie in Fortführung der Gedanken von Schumpeter den Ressourcen eine wichtige Rolle im Wachstum von Unternehmen beimaß.[253] Dieser Ansatz wurde erst in den 90er Jahren wieder aufgenommen und fokussiert.

Der Ressourcen-basierende Ansatz versteht das Unternehmen als eine spezifische Kombination produktiver Ressourcen.[254] Der (wirtschaftliche) Erfolg der Firma hängt ihrer Ansicht nach von der Einzigartigkeit der Kombination der Ressourcen und den *Ressourcen-basierenden Fähigkeiten* ab.[255] Aus der Sicht dieser Modelle wachsen dabei während des Unternehmenswachstums die Größe, die Komplexität und der Wert des Ressourcenbündels, wobei der Wert der Ressourcen der Fähigkeit entspricht, Gewinne zu erwirtschaften.[256]

Wie in Abschnitt 2.2.2 gezeigt wurde, sind unterschiedliche Wachstum beeinflussenden Faktoren voneinander abhängig,[257] und so ist es wahrscheinlich, dass sich kleine Einzelprobleme vervielfachen, wenn sie nicht frühzeitig angegangen werden. Starkes Wachstum, so wird argumentiert, hat somit die Eigenschaft, dass es neben dem positiven Effekt des Wachsens ebenfalls entgegengesetzte, wachstumsbeschränkende Faktoren verstärkt. Garnsey schließt dementsprechend in ihrer Untersuchung, dass ein junges Unternehmen ein komplexes, sensib-

---

[250] Vgl. Garnsey (1998): Early growth of the firm, S. 523ff..

[251] Zusätzlich wird noch auf die Ergebnisse von Arbaugh/Camp eingegangen, die im Rahmen ihrer Untersuchungen zum Management von starkem Wachstum und Komplexität einen sehr guten Überblick über die Ressourcen-basierende Sicht liefern. Vgl. Arbaugh/Camp (2000a): Growth Transitions, S. 308ff..

[252] Vgl. Schumpeter (1934); zitiert nach Arbaugh/Camp (2000a): Growth Transitions, S. 310.

[253] Vgl. Penrose (1959): Growth of the Firm.

[254] Bei der Definition und Abgrenzung der Begriffe „Unternehmen" und „Wachstum" in Abschnitt 2.1 wurde bereits der Ressourcen-basierende Ansatz einbezogen.

[255] Die Ressourcen-basierenden Fähigkeiten sind eine Funktion aus der Fähigkeit des Management-Teams, die Ressourcen zu generieren und strategisch zu nutzen, sowie der generellen Verfügbarkeit von Ressourcen aus der Umwelt. Die kritischen Ressourcen sind dabei nicht nur physischer Art, sondern vor allem aus dem Bereich Human Resources. Zu diesem Ergebnis kamen Chandler/Hanks in der Auswertung einer empirischen Untersuchung von 155 kleinen Unternehmen. Vgl. Chandler/Hanks (1994): Market attractiveness, S. 334 und S. 343; und Hutzschenreuter (2001): Managementkapazitäten, S. 6.

[256] Vgl. Barney (1991): Firm Resources, S. 99ff.; Garnsey (1998): Early growth of the firm, S. 540ff.; und Arbaugh/Camp (2000a): Growth Transitions, S. 312.

[257] Siehe Abschnitt 2.2.2.

les System ist, indem schon kleine, zufällige Vorfälle sehr große Auswirkungen haben können.[258]

Diese Probleme des Wachstums sind in jedem Unternehmen überwiegend einzigartig.[259] Sie können bewältigt werden, indem greifbare und vor allem nicht greifbare Ressourcen[260] wie Erfahrung und Know-how genutzt werden, um unternehmerische Routinen zu entwickeln.[261] Die Routinen sind in diesem Zusammenhang als Kompetenzaufbau zu verstehen, der gebraucht wird, um auf den externen und internen Wandel zu reagieren.[262] Diese Routinen schaffen somit unternehmensspezifisches Wissen, welches es zum einen erlaubt, weiterhin die immer umfangreicheren internen Prozesse zu managen. Zum anderen können zusätzliche greifbare und nicht greifbare Ressourcen generiert werden, die wiederum für neues Wachstum genutzt werden können.[263] Diese in Form von Unternehmensgewinnen generierten Ressourcen sind gleichzeitig ein Produkt der gegenwärtigen Ressourcenkonfiguration und neue Ressource für die Kombination mit den bestehenden Ressourcen in nachfolgenden Phasen.[264]

Je fähiger das Unternehmen und das Management-Team im Speziellen in dem Erkennen und Ausnutzen der gegebenen Möglichkeiten ist,[265] desto standardisierter wird auch der Prozess der Generierung und Anwendung der Ressourcen für weiteres Wachstum – es werden stärkere Routinen gebildet.[266] Die wichtigsten Ressourcen im Management von starkem Wachstum scheinen demnach „nicht greifbar" zu sein: Wissen[267] und die Fähigkeit des Management-Teams. Vor allem auf dieser Erkenntnis bauen die *Wissens-basierenden Modelle* auf, eine Untergruppe der *Ressourcen-basierenden Modelle.* Sie sehen das Unternehmen als Ansammlung von speziellem und universellem Wissen.[268] Gerade über das spezielle Wissen lässt sich nach Aussage dieser Modelle ein Wettbewerbsvorteil erzielen. Erfolgreiche Unternehmen

---

258 Vgl. Garnsey (1998): Early growth of the firm, S. 540ff..

259 Vgl. Garnsey (1998): Early growth of the firm, S. 537.

260 Nach Hall sind nicht greifbare ("intangible") Ressourcen z.B. Know-how, Verträge, Lizenzen und Datenbanken, während dem gegenüber greifbare („tangible") Ressourcen physisch sind, wie neue Produkte, Informationssysteme oder Kapital. Vgl. Hall (1993): Intangible Resources and Capabilities, S. 607.

261 Vgl. Nelson/Winter (1982): Evolutionary Theory; Arbaugh/Camp (2000a): Growth Transitions, S. 309.

262 Vgl. Garnsey (1998): Early growth of the firm, S. 523.

263 Vgl. Arbaugh/Camp (2000a): Growth Transitions, S. 309.

264 Vgl. Arbaugh/Camp (2000a): Growth Transitions, S. 312.

265 Die Ressourcen-basierende Modelle sehen die Anzahl der Möglichkeiten im Markt als unbegrenzt an. Vgl. Arbaugh/Camp (2000a): Growth Transitions, S. 313.

266 Vgl. Adizes (1996): The Pursuit of Prime; Arbaugh/Camp (2000a): Growth Transitions, S. 310.

267 Der Begriff Wissen wird hier und im Weiteren als Oberbegriff für Erfahrung, Know-how, etc. verwendet.

268 Spezielles Wissen ("tacit knowledge") ist das firmenspezifische Wissen, während das universelle Wissen ("intacit / explicit knowledge") allen Firmen zur Verfügung steht. Vgl. Spender (1996): Making knowledge, S. 45ff.; Nonaka (1994): Organizational Knowledge Creation, S. 14ff.; Nelson/Winter (1982): Evolutionary Theory.

können demnach ihr Wissen und andere Ressourcen so kombinieren, dass sie erfolgreiches Wachstum zulassen.[269]

Der „*Dynamic Capability"-Ansatz*[270] ist eine Weiterentwicklung des Ressourcen-basierenden Ansatzes und „sieht in einem Unternehmen ein System dynamischer Fähigkeiten, um interne und externe Kompetenzen zu entwickeln, zu integrieren und umzugestalten und damit auf die Veränderungen in einer dynamischen Umwelt zu reagieren bzw. Veränderungen hervorzubringen"[271].

2.4.1 Ergebnisse des Ressourcen-basierenden Ansatzes

„The genesis of a system such as a firm is highly sensitive to initial conditions and early resource availability, on which competence is built. But in complex systems, small "random" events can accumulate and become magnified by positive feedbacks so as to determine eventual outcomes."[272]

Die Ressourcen-basierenden Modelle besagen, dass jedes Unternehmen in weiten Teilen einzigartige Probleme[273] hat, deren Lösung zwangsläufig neue Probleme aufwerfen wird. Das Ausmaß und die Nachhaltigkeit, mit der ein Unternehmen wächst, sind von der Ressourcen-basierenden Fähigkeit des Management-Teams und des Unternehmens im Allgemeinen abhängig.[274] Diese Fähigkeit setzt sich vor allem aus der Generierung und der Kombination der „richtigen" Ressourcen zusammen. Die Schlüsselaufgabe im Management von Wachstum ist zu entscheiden,

- welche Ressourcen genutzt werden und
- wie diese Ressourcen eingesetzt werden, um das gewünschte Ergebnis zu liefern.

Diese Entscheidungen basieren auf der Einschätzung der Möglichkeiten im Markt und sind ein kontinuierlicher Prozess. Je routinierter demnach dieser Management-Prozess der Ressourcenkonfiguration gelöst wird, desto höher und anhaltender ist das Wachstum. Der stetige Kompetenzaufbau ist in dieser Hinsicht entscheidend für kontinuierliches Wachstum, welches

[269] Vgl. Arbaugh/Camp (2000a): Growth Transitions, S. 312.
[270] Vgl. Teece/Pisano/Shuen (1997): Dynamic capabilities.
[271] Hutzschenreuter (2001): Managementkapazitäten, S. 6. Vgl. auch Teece/Pisano/Shuen (1997): Dynamic capabilities, S. 516.
[272] Garnsey (1998): Early growth of the firm, S. 550.
[273] Vgl. Penrose (1959): Growth of the Firm; Garnsey (1998): Early growth of the firm, S. 537.
[274] Vgl. Arbaugh/Camp (2000a): Growth Transitions, S. 314.

durch immer umfangreichere Beziehungen innerhalb des Unternehmens und mit der Umwelt geprägt ist.

2.4.2 Bewertung des Ressourcen-basierenden Ansatzes

"Many firms may choose not to grow because of the perception that they do not have the adequate physical resources to compete with larger firms in their industry. The reality, however, may be that specialized knowledge and new organizational routines may allow them the opportunity to use the firm's larger size and more established resource base against it."[275]

Die Ressourcen-basierenden Modelle sehen Unternehmenswachstum aus einer anderen Perspektive als die zuvor dargestellten Phasen- und Strategiemodelle. Dabei sind drei Punkte besonders erwähnenswert:

- Sie stellen einen Ansatz dar, wie sich vermeintlich effiziente Organisationsstrukturen für das Management von Wachstum entwickeln lassen. Das Konzept der Bildung von Routinen bzw. von Kompetenzaufbau zur effektiven Generierung, Konfiguration und Kombination von Ressourcen spielt dabei die entscheidende Rolle.
- Mit dem Konzept der Routinen lässt sich darüber hinaus auch erklären, wie kontinuierliches Wachstum beibehalten werden kann. Dies ist vor allem vor dem Hintergrund interessant, dass, wie sich in dieser Arbeit bisher herausgestellt hat, es kein generelles „Wachstumsrezept" gibt. Des Weiteren können die Ressourcen-basierenden Modelle erklären, warum viele Firmen nur kurz bzw. gar nicht wachsen.
- Sie tragen der Tatsache Rechnung, dass es *das* Problem des Wachstums nicht gibt, indem sie die meisten Probleme eines Unternehmens als einzigartig ansehen. Die Lösung derselben ruft wiederum neue hervor. Dies stellt eine schlüssige Argumentation dar, da es wohl keine Firma gibt, die von sich behaupten kann, dass sie mit einmaliger, erfolgreicher Problemlösung nun nie wieder mit Problemen konfrontiert sein wird.

Diese Modellgruppe besitzt aber auch einige Schwächen, die auch den klassischen Wachstumsmodellen zu Eigen sind (siehe Abschnitt 2.2.1):

- Die Ressourcen-basierenden Modelle können zwar erklären, wie kontinuierliches Wachstum erreichbar ist. Es ergeben sich daraus jedoch (bisher) keine konkreten Er-

---

[275] Arbaugh/Camp (2000a): Growth Transitions, S. 325.

kenntnisse für das Management von starkem Wachstum in jungen Wachstumsunternehmen. Dafür wäre es interessant zu wissen, ob es spezielle Ressourcenkonfigurationen und -kombinationen gibt, die sich als besonders erfolgversprechend erweisen, den Problemen des Wachstums zu begegnen.[276]

- Insbesondere auf die hier verfolgte Themenstellung herrscht ein Mangel an empirischen Untersuchungen, die ihre Ergebnisse unterstützen. Dies liegt vermutlich an der überwiegend qualitativen Natur von Ressourcen.[277] Konstrukte, wie Kompetenzaufbau, Ressourcenkonfiguration, etc., lassen sich sehr schlecht quantifizieren und somit messen. So ist es auch zu erklären, dass bisher wenige Versuche unternommen worden sind, die Ergebnisse dieser Modelle auf die praktischen Implikationen bezüglich Wachstumsthemen hin zu untersuchen.[278]

Drückt man es positiv aus, so sind diese Schwächen damit zu erklären, dass die Erforschung der Ressourcen-basierenden Sicht noch relativ jung ist. Wie im folgenden Abschnitt dargestellt, wird im Rahmen dieser Arbeit an den beiden soeben dargestellten Defiziten angesetzt.

2.4.3 Relevanz des Ansatzes und Beitrag zum Bezugsrahmen

Die Ressourcen-basierenden Modelle verstehen die junge Wachstumsunternehmung als sensibles, komplexes System, in dem kleine Vorfälle eine große Wirkung haben können. Das Entwickeln der „richtigen" Variablenkonfiguration zum richtigen Zeitpunkt führen sie auf die Fähigkeit des Managements zurück, die Möglichkeiten im Markt zu erkennen und dementsprechend Ressourcen zu generieren, zu konfigurieren und zu kombinieren. Dies ist ein kontinuierlicher Prozess, der Kompetenzaufbau (= Routinen) ermöglicht. Diese Routinen schaffen wiederum neues Wissen, welches es ermöglicht, die immer umfangreicheren internen Prozesse zu bewältigen und zusätzliche Ressourcen für weiteres Wachstum zu generieren. Diese Modelle haben als Aussage, dass die Fähigkeit des Management-Teams entscheidend ist, wie die Ressourcen in den Entwicklungsphasen eines Unternehmens konfiguriert sind.[279] Dadurch wird letztendlich bestimmt, wie nachhaltig und stark ein Unternehmen wächst.

---

[276] Vgl. Arbaugh/Camp (2000a): Growth Transitions, S. 315.
[277] Vgl. Autio (2000): Growth, S. 339.
[278] Vgl. Barney (1991): Firm Resources, S. 115 und Arbaugh/Camp (2000a): Growth Transitions, S. 315.
[279] Vgl. Arbaugh/Camp (2000a): Growth Transitions, S. 314.

Bei der Entwicklung des Bezugsrahmens spielen die Ressourcen-basierenden Modelle eine wichtige Rolle. Der Prozess der Generierung, der Konfiguration bzw. der Kombination von Ressourcen ist ein zentraler Bestandteil des Modells. Im Bezugsrahmen wird der Zusammenhang zwischen Wachstum, Ressourcenkonfiguration, Entwicklung der Komplexität und Phasenübergängen im Wachstumsprozess hergestellt. Die Ressourcen werden im Vergleich zur Entwicklung der Komplexität betrachtet und die These aufgestellt, dass sich die Ressourcen idealerweise entsprechend der Komplexität entwickeln müssen, damit es nicht zu Wachstumsproblemen und einem schmerzhaften Phasenübergang kommt. Auf Basis der Argumentation von Arbaugh/Camp wird davon ausgegangen, dass ein Phasenübergang dadurch charakterisiert und analysiert werden kann, wie sich die Ressourcen verändern.[280] Die Entwicklung der Management-Fähigkeiten im Zeitablauf nimmt dabei eine entscheidende Stellung ein, da der folgenden Argumentation gefolgt wird: „Firms that successfully manage growth clearly develop resources and knowledge to simultaneously manage their present stage and transition to the next."[281].

Nach der „Inside-out-Betrachtung" des Unternehmens, in dem den Ressourcen der wesentliche Einfluss auf den Unternehmenserfolg beigemessen wird, folgt nun die gegensätzliche Perspektive der „Outside-in-Betrachtung" des Kontingenzansatzes.

2.5 Kontingenzansatz

Der Kontingenzansatz[282] stellt einen Zusammenhang zwischen den Umweltbedingungen und der organisatorischen Gestaltung des Unternehmens her.[283] Der Grundgedanke des Kontingenzansatzes ist, dass die organisatorische Gestaltung des Unternehmens in Abhängigkeit von situativen Faktoren bzw. Kontextfaktoren erfolgen sollte.[284] Drei wesentliche Prämissen liegen dem Kontingenzansatz zugrunde:[285]

1. **Prämisse 1:** Es gibt nur jeweils eine richtige (kongruente), die Lebensfähigkeit erhaltende Strukturform.

[280] Laut Arbaugh/Camp verändert sich während eines Phasenüberganges (1) welche Ressourcen genutzt werden, (2) wie die Ressourcen konfiguriert werden und (3) der Endwert oder das Produkt der Ressourcenkombination. Vgl. Arbaugh/Camp (2000a): Growth Transitions, S. 312-313.

[281] Arbaugh/Camp (2000a): Growth Transitions, S. 314.

[282] Der Begriff „Kontingenzansatz" ist die Übersetzung des englischen Begriffs „contingency approach". Im deutschen Sprachgebrauch wird häufig auch der Begriff „Situativer Ansatz" synonym gebraucht.

[283] Vgl. Lawrence/Lorsch (1967a): Differentiation and Integration und Kieser (Hrsg.) (1995): Organisationstheorien, S. 155-183.

[284] Vgl. Roters (1989): Komplexität und Dynamik, S. 6-7.

[285] Vgl. Schreyögg (1998): Organisation, S. 359.

2. **Prämisse 2:** Die Kontextfaktoren (Umwelt oder Technologie) sind von der Organisation als gegeben zu betrachten.
3. **Prämisse 3:** Für jede Organisation ist eine bestimmte Art und ein bestimmtes Maß (Niveau) ökonomischer Effizienz (Rationalität) verbindlich.

Nach Schreyögg gibt es zwei wesentliche, von einander zu unterscheidende kontingenztheoretische Ansätze:

1. „Umwelt allgemein" als wesentliche Determinante der Organisationsstruktur[286] und
2. „Technologie" als weitere wesentliche Determinante der Organisationsstruktur.[287] Dieser Ansatz mit dem sehr engen Fokus ausschließlich auf die Technologieumwelt soll hier jedoch nicht weiter beleuchtet werden, da im Rahmen dieser Untersuchung alle unterschiedlichen Elemente der Umwelt und deren Auswirkung auf die Organisation untersucht werden sollen.[288]

Die Ansätze, die die „Umwelt allgemein" als wesentliche Determinante der Organisationsstruktur sehen, vertreten folgendes argumentatives Grundmuster: „Für stabile und überschaubare Umwelten wird eine stark formalisierte und zentralisierte Organisationsstruktur für notwendig erachtet, während in turbulenten, komplexen Umwelten ein flexibles und anpassungsfähiges Strukturgefüge als Voraussetzung der Überlebensfähigkeit behauptet wird. [...] Die Umwelt wird in diesen Ansätzen somit sowohl als Quelle innerorganisatorischen *Wandels*, wie auch als Bestimmungsfaktor vorfindbarer Strukturformen behandelt."[289] Die empirische Studie von Burns/Stalker (1961) war bahnbrechend für diesen Ansatz: sie fanden heraus, dass sich manche Organisationsmodelle in bestimmten Situationen als besser geeignet erweisen als in anderen. Für turbulente Umwelten empfehlen sie ein „organisches" Managementsystem, das z.B. eine vergleichsweise geringe Formalisierung und Spezialisierung der Aufgaben aufweist.[290]

---

[286] Zu diesen zählen z.B. die Modelle und Erhebungen von Burns/Stalker (1961): The Management of Innovation; Lawrence/Lorsch (1967a): Differentiation and Integration und Lawrence/Lorsch (1967b): Organization and Environment. Für eine Zusammenfassung der Ergebnisse vgl. Schreyögg (1998): Organisation, S. 334.

[287] Hierzu zählen nach Schreyögg z.B. die Modelle von Woodward (1965) und Perrow (1967). Vgl. Schreyögg (1998): Organisation, S. 346ff..

[288] Siehe Abbildung 9 auf S. 75.

[289] Schreyögg (1998): Organisation, S. 334. Hervorhebung im Original.

[290] Vgl. Burns/Stalker (1961): The Management of Innovation. Vgl. auch die Übersicht „Managementsysteme nach Burns/Stalker" bei Schreyögg (1998): Organisation, S. 335.

Lawrence/Lorsch haben den Grundgedanken dann in ihrem Differenzierungs- und Integrationsmodell weiterentwickelt. Die neue Hypothese dieses Modells ist: „je heterogener die Gesamtumwelt eines Systems [ist, *der Verf.*], desto differenzierter ist das System, d.h. um so unterschiedlicher sind seine Subsysteme“[291]. Der Bestand des Systems Unternehmen ist demnach gesichert, wenn der Differenzierungsgrad zwischen den Subsystemen einer Organisation den Erfordernissen der Umwelt entspricht und zwischen den Subsystemen ein hoher Integrationsgrad besteht.[292]

Obwohl Lawrence/Lorsch Ashby's „law of requisite variety“[293] nicht direkt erwähnen, sind die konzeptionellen Ähnlichkeiten nicht zu verkennen.[294] Die Verbindung zwischen dem Kontingenzansatz und komplexitätstheoretischen Modellen, die auf Ashby's Law basieren, wird sich später auch im Modell von Covin/Slevin und in dem hier entwickelten Bezugsrahmen zeigen.[295]

Um den Einfluss der Umwelt auf Unternehmen weiter zu spezifizieren, können die in Abbildung 9 dargestellten Elemente und Dimensionen der Umwelt unterschieden werden.[296] Im Folgenden werden zunächst die unterschiedlichen Beschreibungsdimensionen der Umwelt vorgestellt. Auf die im Rahmen dieser Arbeit relevanten Elemente der Umwelt wird in Kapitel 3 eingegangen.

---

[291] Schreyögg (1998): Organisation, S. 342.
[292] Vgl. Schreyögg (1998): Organisation, S. 344.
[293] "Only the variety can destroy variety", Ashby (1956).
[294] "In effect then, to cope with complex environments, an organization must contain similar complexity itself. Although not citing Ashby, Lawrence and Lorsch (1969) laid much of the groundwork for the so-called contingency theories of organizational structures. In effect, they showed that industries operating in highly complex environments must exhibit a similar complexity in their organizational structures. In Lawrence and Lorsch's terms, this complexity was achieved by balancing the equally necessary, but antagonistic, demands of differentiation and integration.", Neumann Jr. (1997): Organizational structures, S. 89.
[295] Siehe Abschnitte 2.6 und 3.2.2.
[296] Vgl. Schreyögg (1998): Organisation, S. 304-316.

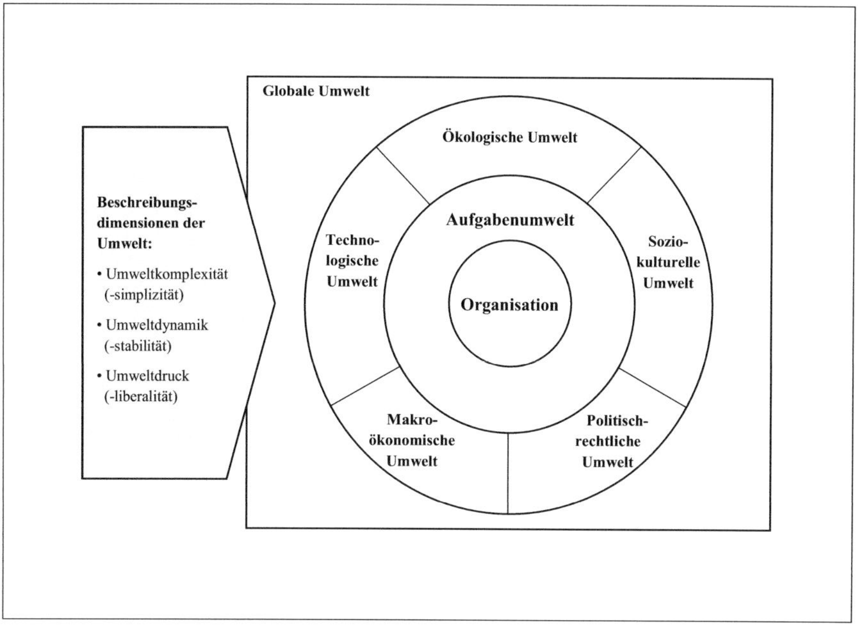

Abbildung 9: Elemente und Beschreibungsdimensionen der Umwelt[297]

Die erste Dimension der Umwelt, die laut Kontingenzansatz die Organisation eines Unternehmens wesentlich beeinflusst, ist die **„Umweltkomplexität“**. Die Umwelt ist gemäß diesem Ansatz umso komplexer, je mehr relevante Elemente in der organisatorischen Umwelt vorfindbar und je verschiedenartiger diese untereinander sind. Operationalisieren lässt sich die Komplexität nach Duncans Komplexitätsmaß "Simple-Complex-Index" (SCI).[298] Die Schwierigkeit bei diesem Maß ist zu entscheiden, welche Umweltkomponenten und Faktoren relevant sind.[299]

Lawrence/Lorsch verfolgten einen anderen Ansatz zur Bestimmung der Umweltkomplexität. Sie verwenden ein relatives Maß und beziehen dabei zwei Ebenen, die Organisations- und die Abteilungsebene ein. Komplexität (dort als Heterogenität bezeichnet) bzw. Simplizität (dort: Homogenität) bestimmt sich hier aus der Verschiedenartigkeit der Teilumwelten (dort insbe-

---

[297] Quelle: Schreyögg (1998): Organisation, S. 310ff..

[298] Dieser errechnet sich folgendermaßen: $SCI = \int_{i=1}^{n} F_i \cdot \int_{j=1}^{m} C_j^2$, mit: C_j = Umweltkomponente und F_i = Faktor $_i$ der Umweltkomponente $_j$. Vgl. Duncan (1972), zitiert nach Schreyögg (1998): Organisation, S. 311ff..

[299] Vgl. zu Knyphausen-Aufseß (2001): Strukturen und Grenzen der Organisation, S. 149.

sondere im Hinblick auf die Ungewissheit der Informationen), die den einzelnen organisatorischen Subsystemen gegenüberstehen. Je unähnlicher sich die einzelnen Subumwelten, z.B. der einzelnen Werke, des Vertriebs oder der Beschaffung, sind, umso komplexer bzw. heterogener stellt sich die Organisationsumwelt dar. Allerdings ist dieser Ansatz sehr schwierig zu operationalisieren, da es hier um eine subjektive und qualitative Bewertung der Ähnlichkeit geht.[300]

Die zweite Beschreibungsdimension ist die **„Umweltdynamik"**. Diese wird manchmal ergänzend, manchmal aber auch alternativ zur Umweltkomplexität verwendet. Hier steht die Veränderung der Umwelt im Zeitablauf im Fokus.[301] Unterschieden wird zwischen einer stabilen und einer dynamischen (turbulenten) Umwelt. Die stabile Umwelt zeichnet sich dadurch aus, dass „die kritischen Elemente weitgehend konstant bleiben und ihre Reaktionsweisen und Anschlüsse untereinander bekannt und damit vorhersagbar sind"[302]. Die dynamische (turbulente) Umwelt ist dagegen eine „Situation mit veränderlichen Elementen und schwer vorhersagbaren Bewegungsrichtungen"[303]. Dabei sind die folgenden drei Subdimensionen zu unterscheiden:

(a) Häufigkeit von Veränderungen der einzelnen Umweltelemente (Stabilität der Elemente),
(b) Ausmaß der jeweiligen Veränderungen (Intensität) und
(c) Regelhaftigkeit der Veränderungsprozesse (Vorhersehbarkeit).[304]

Die dritte Dimension ist der **„Umweltdruck"**. Hier liegt der Fokus der Betrachtung auf dem Ausmaß des Anpassungsdrucks oder Reaktionszwangs, dem die Organisation ausgesetzt ist (z.B. durch die Wettbewerbsintensität, die Knappheit von Ressourcen oder gesetzliche Regulierungen).[305]

---

300 Vgl. Schreyögg (1998): Organisation, S. 312. In dieser Arbeit wird die Unternehmensexterne Komplexität eher in Anlehnung an den „Simple-Complex-Index" operationalisiert. Siehe Abschnitt 3.2.2.2.

301 Vgl. Burns/Stalker (1961): The Management of Innovation.

302 Schreyögg (1998): Organisation, S. 313.

303 Schreyögg (1998): Organisation, S. 313.

304 Vgl. Schreyögg (1998): Organisation, S. 313.

305 Vgl. zu Knyphausen-Aufseß (2001): Strukturen und Grenzen der Organisation, S. 149 und Schreyögg (1998): Organisation, S. 316.

Der **Konfigurationsansatz** stellt eine Weiterentwicklung des Kontingenzansatzes dar.[306] Hier werden die situativen Faktoren zu konsistenten Clustern zusammengefasst.[307] Fenton/Pettigrew argumentieren auf dieser Basis, dass inkrementelle Veränderungen nicht sinnvoll sind, weil Bestandteile dann nicht mehr „komplementär“ sind: „Because piecemeal changes destroy complementarities among elements of the configuration these will be avoided, and change programmes will act either to extend existing configurations or move to a totally new one which is retained for a long time.“[308] Diese auch **„Komplementär-Ansatz“** genannte Erweiterung des Konfigurationsansatzes geht davon aus, dass manche Elemente komplementär sind, so dass eine Veränderung eines Elementes auch Veränderungen der komplementären Elemente erfordert.[309]

Dieses Argument stützt also die bereits bei den klassischen Wachstumsmodellen vorgestellte These, dass es einen Unterschied zwischen *e*volutionären und *re*volutionären Veränderungsprozessen gibt. Evolutionäre und schrittweise Veränderungsmaßnahmen sind nach dem „Komplementär-Ansatz“ nur dort sinnvoll, wo die Komplementarität der Systemelemente nicht gestört wird. Bei einer starken Abhängigkeit der Elemente kann die Veränderung einer Komponente also zur Notwendigkeit eines revolutionären Veränderungsprozesses führen.[310]

2.5.1 Ergebnisse des Kontingenzansatzes

Die zentrale Aussage der Studien ist, dass die Anpassungs- und Innovationsfähigkeit einer Organisation zu ihrer Umwelt passen müssen. Laut Kieser deuten vorliegende Studien darauf hin, dass vor allem die folgenden Ausprägungen der Organisationsstruktur die Anpassungs- und Innovationsfähigkeit der Organisation fördern:[311]

- Geringe Spezialisierung auf Stellen- und Abteilungsebene (je weniger spezialisiert Stellen oder Abteilungen sind, desto autonomer sind sie – desto weniger sind sie auf Inputs von anderen organisatorischen Einheiten angewiesen).

---

[306] Vgl. Miles/Snow (1978): Organizational Strategy; Miller/Friesen (1977); Miller/Friesen (1978); Mintzberg (1979): The Structuring of Organizations; Miller (1986).

[307] Vgl. Stein (2000): Organisationswachstum, S. 3.

[308] Fenton/Pettigrew (2000): Theoretical Perspectives, S. 18.

[309] “The basic notion of complementarity as follows: doing more of one thing increases the returns of doing more of another. Performance is therefore dependent upon a set of complementary changes within organizations. [...] These complex interaction effects develop the configurational notion that changing any variables must be in association with change in others that are complementary to it, otherwise the returns may be well negative.”, Fenton/Pettigrew (2000): Theoretical Perspectives, S. 35.

[310] Siehe auch die Diskussion zur Stimmigkeit der Systemelemente in Abschnitt 3.2.2.3, in dem dieser Gedanke wieder aufgegriffen wird.

[311] Vgl. Kieser (1993): Organisationsstruktur, S. 70-71.

- Dezentralisierung (je höher die Dezentralisierung einer Organisation ist, desto größer ist tendenziell auch ihre Flexibilität; internes Unternehmertum kann sich entfalten; die Qualität der Problemlösungen steigt).
- Flache Hierarchien (Konsequenz der geringen Spezialisierung und hohen Dezentralisierung; je autonomer die nachgeordneten Einheiten, desto weniger Koordination ist nötig, desto größer kann die Leitungsspanne und desto flacher die Hierarchie sein).
- Minimierung zentraler unterstützender Abteilungen (Stäbe) (Funktion zentraler Stäbe ist, Entscheidungskompetenzen und -kapazitäten der oberen Instanzen zu erweitern; dafür besteht bei Dezentralisierung wenig Bedarf).
- Einfache Konfiguration (permanente Struktur wird relativ einfach gehalten, dafür gibt es für Spezialaufgaben abteilungsübergreifende Gruppen).
- Verstärkter Einsatz temporärer und ständiger abteilungsübergreifender Gruppen (als Alternative zu zentralen Abteilungen).
- Verstärkter Einsatz nicht-struktureller Koordinationsmechanismen (abteilungsübergreifendes gemeinsames Wertesystem (Organisationskultur) erleichtert Kommunikation).

Insbesondere für junge Wachstumsunternehmen in einer dynamischen Umwelt scheinen diese Ausprägungen der Organisationsstruktur für das Wachstum unterstützend.[312]

2.5.2 Bewertung des Kontingenzansatzes

„Der Situative Ansatz erklärt nicht, weshalb Organisationen so sind, wie sie sind. Die Annahme, dass die Situation eine bestimmte Struktur determiniert, stimmt offensichtlich nicht.“[313]

Die oben genannte Kritik Kiesers zeigt, dass die „Outside-in-Perspektive“ nicht alleine die Struktur oder den Erfolg eines Unternehmens bestimmt.[314] Weitere kritische Aspekte bezüglich des Kontingenzansatzes sind nach Kieser:[315]

- Vorwurf der Theorielosigkeit, weil der Mechanismus zwischen Situation und Organisationsstruktur nicht dargestellt worden ist,

---

[312] Vgl. Kieser (1993): Organisationsstruktur, S. 70-71.

[313] Kieser (Hrsg.) (1995): Organisationstheorien, S. 183.

[314] Man ist sich weitgehend einig, dass in jeder Situation mehr oder minder große Spielräume der organisatorischen Gestaltung existieren, die durch Einwirkung auf die situativen Faktoren im Rahmen strategischer Maßnahmen noch vergrößert werden können. Vgl. Kieser (1993): Organisationsstruktur, S. 60.

[315] Vgl. Kieser (1993): Organisationsstruktur, S. 70-71.

- z.T. unvollständige Erfassung relevanter Situations- und Strukturmerkmale,
- z.T. Invalidität der eingesetzten empirischen Maße,[316]
- z.T. Nichtrepräsentativität der Stichproben und
- Einfluss auf Praxis der Organisationsgestaltung war immer limitiert, weil es für Praktiker wenig relevant ist, wie z.B. Organisationsgröße mit Dezentralisierung korreliert.[317]

Trotz Kiesers Kritik bietet der Kontingenzansatz auch einige höchst interessante Ansatzpunkte: er ist eine wichtige Perspektive, die das Verhältnis von Unternehmen, Umwelt und Erfolg thematisiert. So wirken sich Aspekte wie Marktwachstum, Marktanteil, Markteintrittsbarrieren, strukturelle Merkmale einer Branche und relative Positionierung eines Unternehmens wesentlich auf den Erfolg eines Unternehmens aus. Die besondere Relevanz des Kontingenzansatzes für die vorliegende Untersuchung wird im Folgenden dargelegt.

2.5.3 Relevanz des Kontingenzansatzes und Beitrag zum Bezugsrahmen

Der Kontingenzansatz liefert im Rahmen dieser Arbeit einen wichtigen Beitrag, denn die „Komplexitätsanforderungen der Umwelt“ stellen im dieser Arbeit zugrunde liegenden Bezugsrahmen ein wesentliches Kriterium dar, an dem sich die Unternehmenskomplexität ausrichten sollte. Galbraith legte dar, dass im Rahmen des Organisationsdesigns versucht werden sollte, die Komplexität der Organisationsstruktur der Komplexität der Umwelt und der Technologie anzupassen.[318] Dieser kontingenztheoretische Zusammenhang ist ein wesentliches Element des Bezugsrahmens.

Weiterhin ist der Kontingenzansatz von Relevanz, weil sich junge Wachstumsunternehmen häufig in einem wachsenden Markt mit einem dynamischen Umfeld bewegen. In der Regel verändert sich der Markt bei Etablierung eines neuen innovativen Produktes oder einer neuartigen Dienstleistung, z.B. aufgrund eines veränderten Kaufverhaltens der Kunden. Das bedeutet dann, dass sich diese Unternehmen i.d.R. in einer komplexen und schwierig vorhersag-

[316] Laut Schreyögg werden generell die Grundannahmen des Kontingenzansatzes in den empirischen Studien nicht bestätigt. „Zusammenfassend lässt sich feststellen, dass die empirischen Ergebnisse kein einheitliches Muster erkennen lassen, sondern primär durch Widersprüchlichkeit und Inkonsistenz gekennzeichnet sind.“, Schreyögg (1998): Organisation, S. 346.

[317] Was der Kontingenzansatz nicht leisten kann, ist dem Management konkrete Entscheidungshilfen für den Aufbau der Organisation zu bieten (z.B. welche Entscheidungen in welcher Weise auf welche Ebenen beim Wachstum der Organisation zu delegieren sind).

[318] Vgl. Galbraith (1982): Stages of Growth und Farias/Black (2000): Requisite Variety, S. 6-7.

baren Umwelt bewegen.[319] Eine mögliche Implikation für das Unternehmen ist dann laut Farias/Black, die Organisation so „einfach" wie möglich zu gestalten und die Komplexität auf der Team- und Individualebene abzubilden.[320]

Heute ist weitgehend akzeptiert, dass der Kontingenzansatz keine Theorie, sondern allenfalls ein Analyseraster ist. Um zu Erklärungen zu gelangen, müssen andere Theorieansätze mit Erklärungsgehalt integriert werden (z.B. der Ressourcen-basierende Ansatz oder die Komplexitätstheorie).[321] Laut zu Knyphausen-Aufseß ist die Kombination der „Outside-in-Betrachtung" mit der „Inside-out-Betrachtung" des Ressourcen-basierenden Ansatzes besonders geeignet, ein umfassendes und realitätsnahes Bild eines Unternehmens und seiner Funktionsweise entwickeln zu können.[322] Im Bezugsrahmen wird diese Kombination abgebildet und um die komplexitätstheoretische Perspektive ergänzt, die im Folgenden charakterisiert wird.

2.6 Ansätze der Komplexitätstheorie

„While the challenges of increased complexity and rapid growth have been researched somewhat extensively separately, [...], research that studies them together is somewhat limited. Previous studies have identified various management challenges, environmental conditions and organizational characteristics associated with rapid growth [...]. However, these studies tended not to look at the types of complexity or transitions that these firms encounter as they grow."[323]

Das dritte zentrale theoretische Fundament dieser Arbeit bildet die **Komplexitätstheorie**. Diese lässt sich im Forschungsgebiet der Betriebswirtschaftslehre am Besten in den Systemtheoretischen Ansatz der Organisationstheorie einordnen. Die Ursprünge der Komplexitätstheorie liegen jedoch in den Disziplinen Physik, Biologie und Chemie.[324]

Aufbauend auf den Definitionen in Abschnitt 2.1.2 soll im Folgenden auf die für die Themenstellung relevanten Ansätze der Komplexitätstheorie eingegangen werden. Zunächst sollen

319 Vgl. Farias/Black (2000): Requisite Variety, S. 17.
320 Vgl. Farias/Black (2000): Requisite Variety, S. 17.
321 Vgl. Kieser (1993): Organisationsstruktur, S. 75.
322 Vgl. zu Knyphausen-Aufseß (2002): Organisationsentwicklung und Organizational Transformation, S. 32.
323 Arbaugh/Camp (2000a): Growth Transitions, S. 308.
324 Einen guten Überblick über die Entstehung und die wesentlichen Ergebnisse der Forschungsrichtung gibt Mainzer. Vgl. Mainzer (Hrsg.) (1999): Komplexe Systeme.

kurz die Ursprünge und grundlegenden Annahmen erläutert werden. Daran anschließend werden die Modelle von Covin/Slevin[325] und Lichtenstein[326] vorgestellt, weil diese sich explizit mit dem Wachstumsprozess in jungen Wachstumsunternehmen beschäftigen und damit eine sehr hohe Relevanz für diese Arbeit besitzen. Die beiden Modelle werden um relevante Ergebnisse weiterer theoretischer Beiträge ergänzt.[327]

Die Komplexitätstheorie befasst sich mit den grundlegenden Eigenschaften nichtlinearer Feedback-Netzwerke und hier insbesondere mit komplexen, anpassungsfähigen Systemen.[328] Im Zusammenhang mit der Untersuchung von Komplexität wird auch häufig von **Chaostheorie** oder **(kybernetischer) Systemtheorie** gesprochen. Der Begriff „Chaos", worunter man in der herkömmlichen Bedeutung ein Höchstmaß an Verwirrung und Desorganisation versteht, findet sehr unterschiedliche Verwendung im Zusammenhang mit anpassungsfähigen bzw. deterministischen Systemen. Der Begriff **„Chaostheorie"** wird zuweilen auch synonym zu „Komplexitätstheorie" verwendet. Im Rahmen dieser Arbeit wird die deterministische Chaostheorie als eine Sub-Modellgruppe unterhalb der Komplexitätstheorie angesehen.[329] Die Begriffe **Kybernetik bzw. kybernetische Systemtheorie** beziehen sich ausschließlich auf soziale Systeme und werden ebenso wie der Begriff „Chaostheorie" zum Teil synonym zu „Komplexitätstheorie" verwendet. Stein gibt einen sehr breiten Überblick über die verschiedenen Untergruppen der Modellgruppe.[330] In dieser Arbeit werden die Begrifflichkeiten Komplexitätstheorie und Kybernetik synonym verwendet, da das Begriffsverständnis in dem hier verwendeten Zusammenhang sozialer Systeme nur marginal voneinander abweicht.

In Abschnitt 2.1.2 wurden bereits kurz die Eigenschaften komplexer, adaptiver Systeme (Nichtlinearität, rückkoppelnde Verhaltensweisen, Emergenz und Irreversibilität) vorgestellt.[331]

---

325 Vgl. Covin/Slevin (1997): High growth transitions.

326 Vgl. Lichtenstein (2000a): Emergence; Lichtenstein (2000b): Self-organization; und Lichtenstein (2000c): Self-organized transitions.

327 Hier sind in erster Linie Bliss, Grossmann, Reiß und Arbaugh/Camp zu nennen. Vgl. Bliss (2000): Management von Komplexität; Grossmann (1992): Komplexitätsbewältigung; Reiß (1993a): Komplexitätsmanagement (I); Reiß (1993b): Komplexitätsmanagement (II); Arbaugh/Camp (2000a): Growth Transitions; Arbaugh/Camp (2000b): Organizational Complexity.

328 Vgl. Stacey (1997): Unternehmen am Rande des Chaos, S. XVIII und Glossar. Sehr ähnliche Definitionen finden sich z.B. auch bei Anderson (1999): Complexity Theory; Lichtenstein (2000a): Emergence, S. 4; und Farias/Black (2000): Requisite Variety, S. 5.

329 Siehe auch die in diesem Abschnitt folgende Modellübersicht von Lichtenstein. Vgl. Lichtenstein (2000b): Self-organization. Vgl. Stacey (1997): Unternehmen am Rande des Chaos, S. 63.

330 Vgl. Stein (2000): Organisationswachstum, S. 17ff..

331 Vgl. Bliss (2000): Management von Komplexität, S. 24ff..

Folgende Abbildung 10 gibt eine aktuelle und umfassende Übersicht über unterschiedliche Ansätze der Komplexitätstheorie und deren Anwendung in der Betriebswirtschaftslehre (nach Lichtenstein).[332] An der Breite und Verschiedenartigkeit der Ansätze wird deutlich, dass es sich bei den Ansätzen der Komplexitätstheorie in Bezug auf die Betriebswirtschaftslehre nicht um einen fest gefügten Theorierahmen handelt, sondern eher um eine Ansammlung unterschiedlicher, z.T. auch konkurrierender Ansätze.

1. **„Fraktale":**
   Verschiedene Ebenen einer Organisation (Individuen, Abteilungen, ...) sind sich ähnlich, bspw. bezüglich der Werte und des Verhaltens.
2. **„Deterministische Chaos Theorie":**
   Attraktoren führen zu bestimmtem Systemverhalten. Auf geringfügige Veränderungen reagiert ein System hochempfindlich, so dass die Verhaltensmuster nicht mehr erkennbar sind.
3. **„Selbstorganisation"** („Self-Organized Criticality"):
   Spezifische Strategien und organisatorische Gestaltungen können zu einer dynamischen, anpassungsfähigen Struktur am Rande des Chaos führen. Diese dynamischen, innovationsfördernden Strukturen sind mittels eines hohe Maßes an Selbstorganisation möglich.
4. **„Fitness-Landschaften"** („NK Landscapes"):
   Organisationen und deren Marktumgebung entwickeln sich gemeinsam, beeinflussen sich gegenseitig in ihrer Entwicklung und sind voneinander abhängig.
5. **„Genetische Algorithmen; zellulare Automaten":**
   Mit Hilfe von Computer-basierten Simulationen werden Zusammenhänge des organisatorischen Lernens und der organisatorischen Intelligenz modelliert, um daraus neuartige theoretische Modelle zu entwickeln.
6. **„Simulation physikalischer Prozesse"** („Spin Glass; Simulated Annealing"):
   Organisatorische Veränderungsprozesse werden mittels Simulation physikalischer Prozesse (z.B. Erhitzen von Metallen) erklärt.
7. **„Synergetik"** („Synergetics"):
   Das Entstehen eines Gruppenverhaltens kann durch die Verschiebung eines Kontrollparameters erklärt werden, der nicht-lineare Effekte in der organisatorischen Struktur und Ordnung bewirkt.
8. **„Katastrophentheorie":**
   Tiefgreifende organisatorische Veränderungsprozesse können mittels nicht-linearer Katastrophenmodelle sehr viel besser als bspw. mit Regressionsmodellen erklärt werden.
9. **„System Dynamics":**
   Mit Hilfe des „System Dynamics"-Ansatzes können dynamische Interaktionen in Systemen und zwischen Systemen modelliert werden. Die Modelle erklären, wie und warum unerwartetes Verhalten entsteht. Damit können sie helfen ungewollte Effekte zu vermeiden.
10. **„Autogenese/Autopoiese":**
    Organisationsprozesse entstehen auf Grundlage der „deep structure", auf dessen Basis Regeln und sichtbare Verhaltensweisen entwickelt werden. Das Entwickeln der Regeln und der darauf aufbauenden Verhaltensweisen ist ein selbstorganisierender Prozess.
11. **„Komplexe Adaptive Systeme":**
    Emergentes Organisationsverhalten entsteht durch die Interaktion untereinander abhängiger „Agenten" (d.h. agierender Elemente). Die Interaktionen beruhen dabei auf wenigen einfachen Regeln, die jedoch im Zusammenspiel zu emergentem Verhalten führen.
12. **„Dissipative Strukturen":**
    Gruppen und organisatorische Systeme können sich in einem hohen Grad an struktureller Ordnung halten, indem sie große Mengen an Energie, Informationen und anderer Ressourcen dissipieren (d.h. verbrauchen).
13. **„Emergente Evolution":**
    Die Idee der organisatorischen Co-Evolution stellt eine Kombination der „variation-selection-retention"-Idee und nicht-linearer Anpassungsprozesse dar.

Abbildung 10: Übersicht unterschiedlicher Ansätze der Komplexitätstheorie[333]

Einen wichtigen theoretischen Ansatz für die Anwendung der Komplexitätstheorie zur Erklärung von Veränderungsprozessen in jungen Wachstumsunternehmen haben Covin/Slevin (1997) mit ihrem „Komplexitätsmanagement-Modell" entwickelt (siehe Abbildung 11).[334] Ziel von Covin/Slevin war es einen Bezugsrahmen zu entwickeln, der die

[332] Vgl. Lichtenstein (2000b): Self-organization, S. 29-30 und die dort zitierte Literatur zu den einzelnen Ansätzen.

[333] Eigene Darstellung; in Anlehnung an: Lichtenstein (2000b): Self-organization, S. 29-30. Vgl. auch die dort zitierte Literatur zu den einzelnen Ansätzen.

[334] Vgl. Covin/Slevin (1997): High growth transitions, S. 99ff..

Konstrukte Wachstum, Komplexität, Phasenübergänge[335] und Unternehmens-Performance miteinander verbindet.[336]

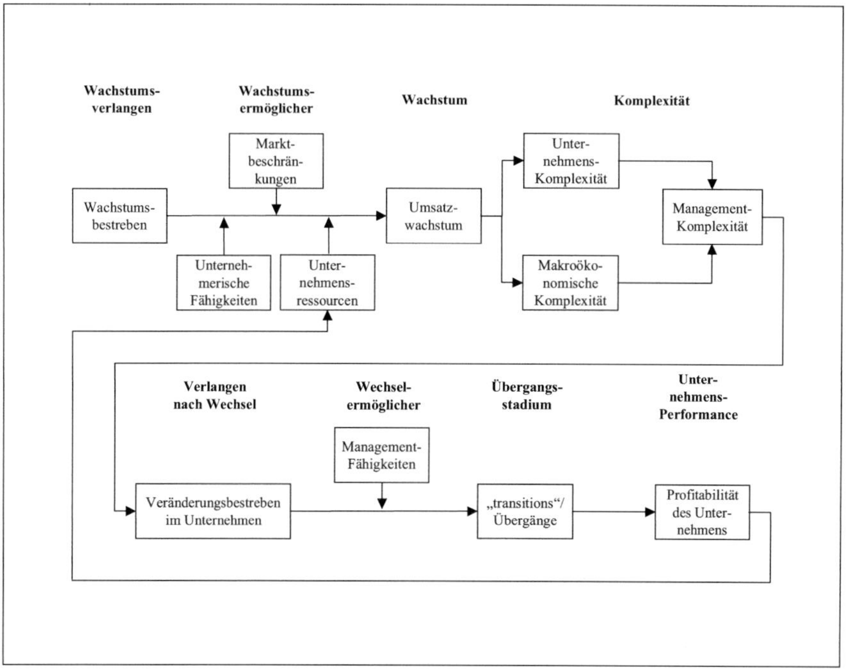

Abbildung 11: Covin/Slevin's Komplexitätsmanagement-Modell für Unternehmenswachstum[337]

Covin/Slevin argumentieren, dass am Anfang eines Wachstumsprozesses der ausdrückliche Wachstumswunsch vorhanden sein muss. Direkt abhängig vom Einfluss der Faktoren „fehlende Marktbeschränkungen", „Fähigkeiten des Unternehmers" und „Unternehmensressourcen" kann das Wachstumsbestreben dann auch tatsächlich zu einem Umsatzwachstum (als

[335] Das deutsche Wort "Phasenübergang" wird hier als Übersetzung des Begriffs "transition" gewählt, wie er in der angelsächsischen Literatur zum Management von Wachstum für das gleichzeitige Management von starkem Wachstum und Komplexität benutzt wird. Ursprünglich stammt der Begriff Phasenübergang aus der Physik, wo man damit den Übergang eines Stoffes oder Systems von einem stabilen Zustand zu einem anderen beschreibt.

[336] Vgl. Covin/Slevin (1997): High growth transitions, S. 103.

[337] Quelle: Covin/Slevin (1997): High growth transitions, S. 104. Übersetzung nach Dowling/Drumm (2002): Wachstumsstrategien für Neugründungen, S. 318.

Indikator für Wachstum) führen.[338] Wachstum (hier gemessen am Umsatzwachstum) führt dann im Modell zu erhöhter Komplexität einerseits im Unternehmen und andererseits in der Umwelt (des Unternehmens). Diese erhöhte Komplexität wiederum führt unmittelbar zu einer erhöhten Management-Komplexität. Wird diese zu groß und erreicht das Veränderungsbestreben (bei den Mitarbeitern) eine kritische Größe, erfolgt der so genannte (Phasen-)-Übergang, der unmittelbar durch die Management-Fähigkeiten beeinflusst wird. Das bedeutet, je größer die Fähigkeiten des Management-Teams in Bezug auf derartige Veränderungsprozesse sind, desto erfolgreicher wird das Übergangsstadium gestaltet. Gelingt dieser Übergang erfolgreich, ist eine gesteigerte Unternehmensprofitabilität die Folge. Diese nimmt direkt Einfluss auf den Auf- oder Abbau der Unternehmensressourcen und damit wiederum Einfluss auf das Umsatzwachstum eines Unternehmens (als Wachstumsermöglicher oder -hemmnis), womit sich der Kreislauf schließt.[339]

Die entscheidende Phase in ihrem Wachstumsmodell liegt in der Übergangsphase, welche durch (zu) hohe Management-Komplexität ausgelöst wird und dessen erfolgreiche Bewältigung von den Managementfähigkeiten abhängt. Der Schlüssel in der Bewältigung der wachstumsbedingt steigenden Management-Komplexität[340] liegt somit in der Fähigkeit des Management-Teams die Probleme eines neudefinierten unternehmerischen Kontextes zu lösen, in dem zuvor noch angemessene Verhaltensmuster und Organisationsstrukturen nun nicht mehr adäquat sind.[341] Kritisch sind somit die *Managementfähigkeiten* in Bezug auf die zielgerichtete Veränderung der verschiedenen Strukturen und Systeme des Unternehmens hin zu einem „lebensfähigeren" Zustand im Rahmen des Phasenübergangs.[342] Anders ausgedrückt ist die Fähigkeit kritisch, die Herausforderung der Management-*Komplexität* zu meistern.[343]

In einem späteren Beitrag ergänzen Slevin/Covin ihr Modell um die Dimension der Zeit.[344] In diesem Beitrag zum Zusammenhang von Zeit, Veränderungen und Komplexität entwickeln sie ein mathematisches Modell der organisatorischen Anpassung, welches zeigt, wie Zeit all-

[338] Dieser Teil der Argumentation von Covin/Slevin basiert auf Sexton/Bowman-Upton (1991): Entrepreneurship, S. 67ff..

[339] Vgl. Covin/Slevin (1997): High growth transitions, S. 99ff..

[340] Die Management-Komplexität kann somit definiert werden als Indikator für den Schwierigkeitsgrad (abhängig, gemäß der Definition der Komplexität, von der Anzahl, der Unterschiedlichkeit und der Abhängigkeit der Aufgaben untereinander), dem sich Manager bei der Aufgabe konfrontiert sehen, die Organisationseinheiten und Prozesse eines Unternehmens effektiv und effizient zu organisieren. Vgl. Covin/Slevin (1997): High growth transitions, S. 106.

[341] Vgl. Covin/Slevin (1997): High growth transitions, S. 108.

[342] Vgl. Covin/Slevin (1997): High growth transitions, S. 109.

[343] Vgl. Covin/Slevin (1997): High growth transitions, S. 110.

[344] Vgl. Slevin/Covin (1997): Time, growth, complexity, and transitions.

gemein und Schnelligkeit der Veränderungen der Umwelt im Speziellen die Management-Komplexität erhöht und Phasenübergänge im Unternehmen quasi erzwingt.[345] Dabei argumentieren sie kontingenztheoretisch, dass die Anpassung der Organisation an die dynamische Umwelt notwendig ist. Sie begründen ihre Argumentation des Auftretens von Phasenübergängen allerdings mit Hilfe der beiden Gesetze der Thermodynamik.[346] Das im Folgenden vorgestellte Modell von Lichtenstein basiert im Kern ebenfalls auf den Gesetzen der Thermodynamik.

Das zweite überaus relevante Modell auf Basis der Komplexitätstheorie stammt von Lichtenstein:[347] Er entwickelt mit Hilfe von vergleichenden longitudinalen Fallstudien sein „Complex Adaptive Systems Change"-Modell (siehe Abbildung 12), mit dem er die Veränderungen in jungen Wachstumsunternehmen erklärt. Lichtenstein formuliert seine übergreifende Hypothese folgendermaßen: "starting from the core metaphor of 'emergence' I hypothesize that the phase transition through which a disordered thermodynamic system is transformed into a highly-ordered one [...], can be mapped onto a three-stage process of complex adaptive systems change, through which high-potential entrepreneurial ventures shift from one organizational state to the next"[348].

[345] Vgl. Slevin/Covin (1997): Time, growth, complexity, and transitions, S. 56-62.

[346] Vgl. Slevin/Covin (1997): Time, growth, complexity, and transitions, S. 56. Zur Anwendung der Gesetze der Thermodynamik auf junge Wachstumsunternehmen vgl. auch Lichtenstein (2000b): Self-organization, S. 10-12.

[347] Vgl. Lichtenstein (2000a): Emergence; Lichtenstein (2000b): Self-organization; und Lichtenstein (2000c): Self-organized transitions.

[348] Lichtenstein (2000a): Emergence, S. 5.

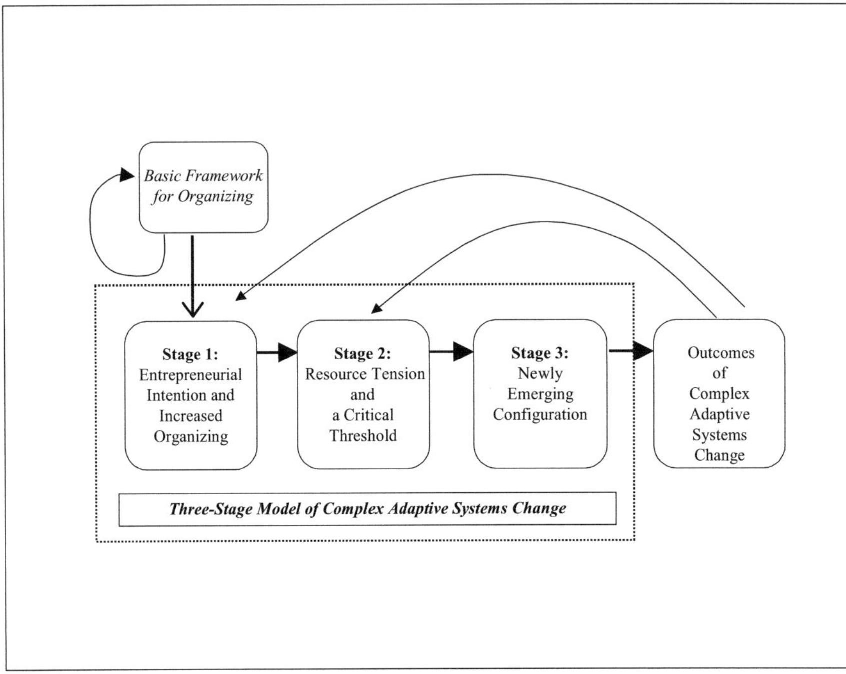

Abbildung 12: Lichtensteins „Complex Adaptive Systems Change"-Modell[349]

Lichtensteins Modell basiert auf einem dissipativen Basis-Strukturmodell[350] für dynamische Systeme (wie Organisationen), das davon ausgeht, dass komplexe Systeme aus kontinuierlichen Flüssen an geordneter Energie und Ressourcen bestehen (im Modell als „Basic Framework for Organizing") bezeichnet. In das System "Organisation" fließen z.B. humane Ressourcen, soziale Ressourcen, Information, Technologie und Cash-flow. Diesen Energie- und Ressourcenflüssen liegt die "initial dominant logic"[351] bzw. „deep structure"[352] des Unternehmens zugrunde. Aus diesen tiefen Strukturen generieren sich die Aktivitätenbereiche, Routinen und Systeme, die die spezifische organisatorische Konfiguration eines Unternehmens charakterisieren.[353] Anhand der folgenden fünf Aktivitätenbereiche kann man laut

[349] Quelle: Lichtenstein (2000a): Emergence, S. 9.

[350] Systeme oder Strukturen werden als dissipativ bezeichnet, wenn sie in Wechselwirkung zur Außenwelt stehen und Energie verbrauchen. In diesem Zustand können sie Nichtgleichgewichtsstrukturen bilden, die so lange bestehen, wie der Kontakt zur Außenwelt besteht und Energie dissipiert wird. Vgl. Prigogine (1995): Gesetze des Chaos, S. 23; Cramer (1988): Chaos und Ordnung, S. 35 und Mainzer (Hrsg.) (1999): Komplexe Systeme, S. 10.

[351] Bettis/Prahalad (1995); zitiert nach: Lichtenstein (2000a): Emergence, S. 7.

[352] Drazin/Sandelands (1992); zitiert nach: Lichtenstein (2000a): Emergence, S. 7.

[353] Vgl. Lichtenstein (2000a): Emergence, S. 7.

Lichtenstein eine Organisation und deren Veränderungen (insbesondere in den Phasenübergängen) beschreiben:[354]

- Aufbau- und Ablauforganisation,
- Strategie,
- Führung,
- Kontrollsysteme und
- Kultur.

Wenn der Entrepreneur Wachstumsambitionen verfolgt, kommt es zu erhöhten Aktivitäten im Unternehmen (Stufe 1 „Entrepreneurial Intention and Increased Organizing"). Das bedeutet, es werden zunächst die bereits vorhandenen internen Ressourcen in der bestehenden Konfiguration intensiver genutzt. Bei anhaltender Steigerung der Aktivitäten sind die verfügbaren Ressourcen und die bestehende „Gestalt" des Unternehmens nicht mehr in der Lage, diese effizient auszuführen. Dann kommt es laut Lichtenstein zum Übergang zur Stufe 2 seines Modells („Resource tension and critical threshold").[355] Auf dieser Stufe versucht das System durch „Experimente" eine Konfiguration zu finden, die besser funktioniert. Allerdings lassen die stabilitätsfördernden und strukturerhaltenden Kräfte zunächst keine tiefgreifenderen Veränderungen zu.[356] Wenn der Druck im Unternehmen (aufgrund weiterhin steigender Aktivitäten und knapper Ressourcen) weiter steigt, kann eines der Experimente zu einem „Trigger" werden, der das gesamte System über einen kritischen Schwellenwert der Stabilität befördert: "below a certain threshold level, change is unlikely and perturbations are dampened. Above the threshold value, change is imminent and perturbations are magnified"[357]. Auf Stufe 3 ("Newly Emerging Configuration") entsteht dann eine neue Konfiguration: „a rapid reorganizing of the activity domains and potentially of the entire business concept"[358]. In diesem Phasenübergang vollzieht sich schnell ein tiefgreifender Wandel, der auch die zugrunde liegenden Schemata (oder auch „deep structure") der Organisation betrifft. Auf Grundlage der veränderten Tiefenstruktur (wie dem Geschäftsmodell oder den Einstellungen des Entrepreneurs) entsteht dann laut Lichtenstein eine neue „emergente Ordnung", eine veränderte Konfiguration des Unternehmens. Wenn die neue Ordnung eine effektive Anpassung war, wird die Anspannung bzw. der Druck („tension") in der Organisation schnell nachlassen (im Modell „Outcomes of Complex Adaptive Systems Change"). Das Ergebnis des Verän-

[354] Vgl. Lichtenstein (2000a): Emergence, S. 9 und Tushman/Romanelli (1985): Organizational Evolution, S. 174-175.

[355] Vgl. Lichtenstein (2000a): Emergence, S. 10.

[356] Vgl. Lichtenstein (2000a): Emergence, S. 11, der auf das Konzept der „organizational inertia" von Hannan/Freeman verweist. Vgl. Hannan/Freeman (1984): Structural Inertia.

[357] Dooley (1997): A complex adaptive systems model, S. 87.

[358] Lichtenstein (2000a): Emergence, S. 11.

derungsprozesses wirkt sich wiederum einerseits auf die Einstellungen des Entrepreneurs und die Aktivitäten der Organisation (Stufe 1) und andererseits auf die Höhe des empfundenen Drucks (Stufe 2) aus.

2.6.1 Ergebnisse der komplexitätstheoretischen Ansätze

Dieser Abschnitt präsentiert die wesentlichen Ergebnisse der Komplexitätstheorie in Bezug auf das Management junger Wachstumsunternehmen. Abbildung 13 fasst die Eigenschaften komplexer Systeme in sechs Grundsätzen für deren Management (nach Grossmann) zusammen.

1. Komplexe Systeme
   - bestehen aus einer hohen Anzahl von Elementen, die untereinander in Beziehung stehen.
   - sind im Zeitablauf veränderlich.
   - können ihre Wirkungsverläufe verändern.
   - haben die Fähigkeit, in einer gegebenen Zeitspanne eine große Zahl von verschiedenen Zuständen annehmen zu können.
   - sind offen, synthetisch deterministisch, analytisch nicht bestimmbar und von der Vergangenheit abhängig.
   - sind nicht-triviale bzw. nicht-lineare Systeme und verfügen über interne und externe Rückkopplungen.
   - können nicht beherrscht werden.
   - sind durch die Bestimmung der Varietät bezüglich des Komplexitätsgrades messbar.
   - sind festlegbar, abgrenzbar und dienen einer bestimmten Funktion.
2. Reduktionistisches Verhalten ist im Umgang mit komplexen Systemen verfehlt; die Komplexität von Systemen muss akzeptiert werden.
3. Für die Lenkung eines komplexen Systems ist Grundbedingung, dass die Varietät des lenkenden Systems ebenso groß ist wie die des gelenkten Systems.
4. Management ist aus der kybernetischen Perspektive die Gestaltung und Anwendung von Instrumenten zur Varietätserhöhung und -verminderung.
5. Kompetenter, professioneller und verantwortungsvoller Umgang mit komplexen Systemen heißt, ihre Varietät mit derjenigen der jeweiligen Umwelt in Ausgleich zu bringen.
6. Der Ausgleich der Varietät zwischen Umwelt, operativen Einheiten und Management soll effizient und effektiv sein; Informationskanäle und -knoten müssen eine höhere Kapazität aufweisen als die Systeme für die Generierung von varietätsverändernden Informationen an Zeit benötigen.

Abbildung 13: Sechs Grundsätze der Komplexitätsbewältigung nach Grossmann[359]

[359] Eigene Darstellung nach Grossmann (1992): Komplexitätsbewältigung, S. 33. Def. Varietät: „Gesamtzahl der möglichen Zustände eines Systems oder eines Systembestandteils.“, Beer (1972): Kybernetische Führungslehre, S. 257. Der Begriff wurde geprägt durch Ashby's „law of requisite variety“, in dem er behauptet: „Only variety absorbs variety“. Vgl. Ashby (1956): An Introduction to Cybernetics. Kernaussage des Gesetzes ist, dass ein zu steuerndes System mit einer gegebenen Komplexität nur mit Hilfe eines ebenso komplexen Systems unter Kontrolle zu bringen ist. Vgl. Grossmann (1992): Komplexitätsbewältigung, S. 26. Allerdings ist die Messung der Komplexität mittels der Varietät nicht unumstritten, da die Aussagekraft der Varietät als Maßzahl für komplexe Systeme in Frage gestellt werden kann aufgrund der Tatsache, dass schon Systeme mit sehr wenigen Elementen und Beziehungen eine sehr hohe Varietät erreichen. Vgl. Schwenk-Willi (2001): Integriertes Komplexitätsmanagement, S. 18.

Im Rahmen der Entwicklung des Bezugsrahmens werden eine ganze Reihe der soeben genannten Punkte aufgegriffen und vor dem Hintergrund der Problemstellung dieser Arbeit interpretiert. Hier seien schon einmal die kontroversen Aussagen der **„Nicht-Beherrschbarkeit des Systems“** und der Negierung des **„Reduktionistischen Verhaltens“** angesprochen. Beiden Aussagen wird im Rahmen dieser Arbeit generell gefolgt. Unter der Beherrschbarkeit wird hier die vollständige Planbarkeit und Steuerbarkeit verstanden, die in komplexen Systemen sicherlich nicht gegeben ist. Trotzdem wird dem Management-Team eines Unternehmens zugestanden, dass es ein Unternehmen lenken kann, insbesondere dann umso besser, wenn es die komplexe Natur des Systems als Grundannahme und Basis aller Entscheidungen anerkennt. So ist es eben nicht erfolgversprechend die Komplexität des Systems zu negieren und durch reduktionistische Annahmen die Situation oder die Konsequenzen einer Handlung realitätsfremd zu vereinfachen. Auf der anderen Seite müssen Menschen in komplexen Entscheidungssituationen mit unvollständigen Informationen und mit einem endlichen Zeitrahmen vereinfachende Annahmen treffen, um überhaupt eine Entscheidung treffen zu können. Wichtig ist dabei jedoch, dass man die komplexe Natur des Systems als gegeben akzeptiert und z.B. auch auf nicht erwartete Konsequenzen einer Entscheidung vorbereitet ist: „first management law of the universe: Everything has both intended and unintended consequences. The intended consequences may or may not happen; the unintended consequences always do“[360].

Reiß geht in seinem Beitrag auf die Frage der optimalen Komplexität ein und entwickelt den für den hier entwickelten Bezugsrahmen wichtigen Gedanken, dass der Komplexitätsbegriff als ein relatives Konstrukt anzusehen ist.[361] Laut Reiß ist es wichtig zwischen den folgenden drei Komplexitätsdimensionen zu unterscheiden:[362]

- Komplexitäts**bedarf** (Bestimmung des optimalen Komplexitätsniveaus). Dies sind z.B. Bedarfsgrößen wie Auftragsvolumen, Häufigkeit von Sonderanfertigungen und Änderungen in der Auftragsspezifikation, Intensität des Angebots- bzw. Nachfrageverbunds zwischen Aufträgen sowie Turbulenz der Wettbewerbsumwelten.
- Komplexitäts**potenzial** (Fähigkeiten der Organisation die erforderliche Komplexität, also den Komplexitätsbedarf zu bedienen). Zum Potenzial zählen z.B. das Spektrum der Verhaltensmöglichkeiten und Qualifikationen, die Schnelligkeit von intensitäts-

360 Hock (1999): The Birth of chaordic organization, S. 3.
361 Vgl. Reiß (1993a): Komplexitätsmanagement (I), S. 57. Vgl. auch Reiß (1993b): Komplexitätsmanagement (II).
362 Vgl. Reiß (1993a): Komplexitätsmanagement (I), S. 57.

mäßigen, zeitlichen oder quantitativen Anpassungsvorgängen und die Verfügbarkeit von Reserven. Das Komplexitätspotenzial definiert das operative Leistungsvermögen eines Systems zur Deckung des Komplexitätsbedarfs.

- Komplexitäts**kompetenz** (Fähigkeiten des Management-Teams). Sie repräsentiert das dispositive Potenzial zur Komplexitätshandhabung. Hierzu zählen u.a. Fähigkeiten zum Handling von Massenphänomenen (statistisches Methoden-Know-how, Speicherfähigkeit, Geschwindigkeit der Informationsverarbeitung usw.), kybernetische Kompetenzen zur Regelung (anstatt zur bloßen Steuerung) und Koordinations- und Integrationskompetenzen. Sie können als menschliche oder maschinelle Kompetenzen auftreten.

Komplexität muss demnach auch als individualisiert und subjektiv angesehen werden, d.h. dass ein gleicher, objektiver Komplexitätsbedarf von zwei Personen unterschiedlich wahrgenommen wird. Die Messung der absoluten Komplexität ist also insgesamt wenig sinnvoll. Komplexität muss immer in Relation zu den Komplexitäts-Fähigkeiten (Reiß verwendet die Begriffe Komplexitätskompetenz und -potenzial) und den Komplexitätsanforderungen der Umwelt (was Reiß als Komplexitätsbedarf bezeichnet) betrachtet werden.[363]

Reiß schließt daraus, dass „ein kompetentes Meistern von Komplexität einen ‚Fit' (Stimmigkeit, Gleichgewicht) zwischen Komplexitätsbedarf und Komplexitätspotenzial bewerkstelligen muss. Dieses Gebot ergibt sich nicht zuletzt aus dem ‚Gesetz der erforderlichen Varietät'"[364]. In dem in Kapitel 3 entwickelten Bezugsrahmen stellt dieser Grundgedanke der relativen Beurteilung der Komplexität ein wesentliches Kernelement dar.

Covin/Slevin leiten auf Basis ihres Modells die folgenden vier Problemlösungsansätze für das Management von Komplexität in jungen Wachstumsunternehmen ab:[365]

- **Diffusion / Zerstreuung der Management-Komplexität:** Komplexität innerhalb der Organisation auf neue/andere Mitarbeiter oder Stellen verteilen, indem Aufgaben und Verantwortlichkeiten breiter verteilt werden; die Gesamt-Komplexität bleibt erhalten (Beispiele: anstatt einfacher Teamstruktur Aufbau einer funktionalen Organisation oder Einrichtung einer task force für bestimmte Probleme/Aufgaben).

---

363 Vgl. Reiß (1993a): Komplexitätsmanagement (I), S. 57.
364 Reiß (1993a): Komplexitätsmanagement (I), S. 57.
365 Vgl. Covin/Slevin (1997): High growth transitions, S. 116ff..

- **Reduktion / Verringerung der Management-Komplexität:** z.B. Vereinfachung von Prozessen, Zusammenfassung von Aufgaben in Sub-Einheiten, Outsourcing oder Fokussierungsstrategie.
- **Neu-Definition der Management-Komplexität:** Veränderung des Problems, so dass es mit den bestehenden Fähigkeiten besser gelöst werden kann (kreative Lösungsansätze, die das Problem von einer anderen Seite angehen und lösen).
- **Fähigkeitsaufbau als Reaktion auf Management-Komplexität:** Auf- und Ausbau von Ressourcen und Fähigkeiten (möglicherweise auch als präventive Maßnahme bevor Probleme auftreten), z.B. durch Weiterbildung bestehender und Einstellung neuer Mitarbeiter.

Lichtenstein prüft sein Modell mittels vier longitudinaler Fallstudien und kommt zu dem Ergebnis, dass seine Hypothesen zum Prozess der Phasenübergänge – wie in seinem Modell dargestellt – alle bestätigt worden sind. Neben der Bestätigung des Modells ist ein zentrales Ergebnis seiner Studien, dass ein höherer Grad der Selbstorganisation[366] positiv auf den Erfolg eines Phasenübergangs wirkt und daher die langfristige Überlebenswahrscheinlichkeit steigert: „The contrasts between these two cases suggest a pattern – the greater the degree of self-organization in a transition, the greater the likelihood the transition will lead to success. Success is measured primarily in terms of survival."[367]

Insgesamt lautet Lichtensteins eigene Einschätzung, dass die Komplexitätstheorie einen wichtigen Beitrag zur Erklärung organisatorischen Wachstums leisten kann: „Thus, the study acknowledges the promising value that complexity research can bring to our understanding and enactment of organizational growth, change, and evolution."[368]

---

366 Selbstorganisation kann dabei nach Puhl wie folgt charakterisiert werden: „Selbstorganisation bzw. Selbstregelung kennzeichnet die Eigenschaft komplexer Systeme sich über eine Vielzahl vernetzter Regelkreise selbst unter Kontrolle zu halten. Eine Schlüsselrolle erfüllen dabei die oben angeführten Constraints. Insbesondere in Hinblick auf die Eigendynamik in komplexen Systemen können die selbstregelnden und – organisierenden Kräfte, die Voraussetzung für das Entstehen spontaner Ordnung sind, zur Komplexitätsbewältigung einen wertvollen Beitrag leisten. Die Selbstorganisation entzieht sich dabei nicht generell jeder Beeinflussungsmöglichkeit, sondern kann über die bewusste Definition von Constraints maßgeblich gestaltet werden"; Puhl (1999): Komplexitätsmanagement, S. 35. Selbstorganisation kann laut Lichtenstein erfolgreich sein, wenn sie durch drei Faktoren charakterisiert wird: (1) Selbst-Referenz, (2) Gestiegene Kapazität und (3) Interdependente Organisation. Vgl. Lichtenstein (2000b): Self-organization, S. 12ff..

367 Lichtenstein (2000c): Self-organized transitions, S. 136.

368 Lichtenstein (2000a): Emergence, S. 28.

2.6.2 Bewertung der komplexitätstheoretischen Ansätze

Misst man das Wachstumsmodell von Covin/Slevin an den Ergebnissen und Bewertungen der zuvor dargestellten klassischen Wachstumsmodelle und empirischen Studien, so wird deutlich, dass damit fast alle Ergebnisse miteinander vereint werden. So nehmen auch Covin/Slevin davon Abstand, idealtypische Phasen vorherzusagen, sie erfassen die entscheidende Bedeutung von Übergängen von einer zur anderen Phase, und sie erkennen, dass neue Phasen durch neue und/oder anders konfigurierte Ressourcen gekennzeichnet sind. Darüber hinaus betonen sie den Einfluss von starkem Wachstum und sehen letztendlich das Kernproblem in der Fähigkeit des Management-Teams, erfolgreich die Übergänge, ausgelöst durch zu hohe Management-Komplexität, zu meistern.

Das Modell von Covin/Slevin besitzt die folgenden Stärken und Vorteile:[369]

- Es geht nicht von einer Metamorphose aus (wie viele andere Modelle).
- Es ist nicht zeitbasiert oder zeitabhängig.
- Im Zentrum steht das Konstrukt Komplexität.
- Es inkorporiert die Veränderungsphasen, die notwendig sind für eine nachhaltige Integrität von Unternehmenssystemen.
- Die theoretische Sichtweise der Komplexität ist angemessen für die heutige Welt des stetigen (manchmal auch plötzlichen) Wandels, den wachsende Firmen ausgesetzt sind.
- Als Modell der Anpassung kann es Managern hilfreiche Hinweise geben, wie und warum Spannungen im organisatorischen System entstehen (aufgrund seiner derzeitigen Gestalt und dem Bedürfnis der Veränderung des Unternehmens).
- Das Modell kann nützlich sein bei der Vermittlung des Verständnisses, warum und wie organisatorische Formen umgestaltet werden müssen.
- Das Modell beschreibt die unternehmerische Herausforderung in schnell wachsenden Unternehmen in korrekter Weise: die Manager haben es – während des Durchschreitens verschiedener essenzieller Veränderungen – mit einer erhöhten Komplexität innerhalb des Organisationssystems zu tun.

Eine weitere Stärke des Modells ist, dass die Anforderungen aus der Umwelt im Sinne des Kontingenzansatzes durch die Einbeziehung der "Umweltkomplexität" abgebildet worden

[369] Vgl. dazu auch Covin/Slevin (1997): High growth transitions, S. 111-113.

sind.[370] Wie später gezeigt wird, hat die Unternehmensumwelt einen wesentlichen Einfluss auf das Wachstum und die Unternehmensentwicklung und darf aus Sicht des Verfassers in einem Wachstumsmodell nicht außer Acht gelassen werden.

Arbaugh/Camp kritisieren am Covin/Slevin-Modell, dass die folgenden beiden wichtigen Fragen nicht beantwortet werden: "(1) How does this complexity differ from that of other types of firms; and (2) What are the tactics that these organizations use to manage this managerial, organizational, and environmental complexity?"[371]

Covin/Slevin räumen ein, dass ihr Modell lediglich theoretischer Natur ist, und rufen zu empirischen Untersuchungen auf Basis ihrer theoretischen Grundlage auf. Erste Untersuchungen auf Basis des Modells existieren inzwischen auch schon. So haben Arbaugh/Camp in einer Studie die vom Management-Team wahrgenommene Komplexität gemessen und unterschiedliche Maßnahmen des Komplexitätsmanagements identifiziert.[372] In einer weiteren empirischen Untersuchung, die z.T. auf dem Covin-Slevin-Modell basierte fokussierten Arbaugh/Camp auf den Zusammenhang zwischen den Phasenübergängen und Ressourcen.[373] Mit Hilfe der zuvor dargestellten vier Lösungsansätze des Komplexitätsmanagement von Covin/Slevin[374] wurde ermittelt, in welcher Art die Ressourcen eingesetzt wurden. Die für die jeweiligen Übergänge benutzten Lösungsansätze sowie die jeweils eingesetzten Ressourcen sind in Tabelle 3 zusammengefasst.

[370] Vgl. Lowendahl/Revang (1998): Challenges; zitiert nach: Arbaugh/Camp (2000b): Organizational Complexity, S. 3.

[371] Arbaugh/Camp (2000b): Organizational Complexity, S. 2. Diese beiden Fragen versuchen die Autoren dann in ihrer auf dem Modell aufbauenden Studie zu beantworten.

[372] Vgl. Arbaugh/Camp (2000b): Organizational Complexity.

[373] Vgl. Arbaugh/Camp (2000a): Growth Transitions, S. 315ff..

[374] Vgl. Covin/Slevin (1997): High growth transitions, S. 116ff..

Phasenübergang ...	Lösungsansatz des Komplexitätsmanagements	Art der strategisch eingesetzten Ressourcen
	Diffusion / Zerstreuung der Komplexität; Reduktion / Verringerung der Komplexität; Neu-Definition der Komplexität; Fähigkeitsaufbau	Human-Ressourcen; Soziale Ressourcen; Technologische / Physische Ressourcen; Finanzielle Ressourcen; Organisatorische Ressourcen
... im Personalbereich	Fähigkeitsaufbau	Human-, Finanzielle und Organisatorische Ressourcen
	Diffusion / Zerstreuung; Fähigkeitsaufbau	Finanzielle und Organisatorische Ressourcen
... im Geschäftsmodell	Reduktion / Verringerung; Neu-Definition	Organisatorische Ressourcen
... in der Organisation / Managementstruktur	Diffusion / Zerstreuung; Fähigkeitsaufbau	Human-, Technologische und Organisatorische Ressourcen
... in der Führungsrolle des Management-Teams	Neu-Definition	Human- und Organisatorische Ressourcen
... im Finanzmanagement	Reduktion / Verringerung	Soziale, Finanzielle und Organisatorische Ressourcen
	Diffusion / Zerstreuung; Neu-Definition	Human- und Organisatorische Ressourcen
... in der externen Umwelt	Reduktion / Verringerung	Finanzielle und Organisatorische Ressourcen
	Diffusion / Zerstreuung; Fähigkeitsaufbau	Human- und Organisatorische Ressourcen

Tabelle 3: Kategorien von Phasenübergängen und Problemlösungsansätze des Komplexitätsmanagements[375]

Es zeigt sich also, dass die von Covin/Slevin vorgeschlagenen Ansätze des Komplexitätsmanagements mit den von Arbaugh/Camp identifizierten Phasenübergängen sinnvoll kombinierbar sind.

Die Vernachlässigung der Ressourcen-basierenden Sicht ist aus Sicht des Verfassers die größte Schwäche des Modells von Covin/Slevin. Im ursprünglichen Modell finden die Ressourcen zwar Eingang als wachstumsermöglichender oder -hemmender Faktor. Allerdings wird im Zusammenhang mit den Phasenübergängen im Wesentlichen die Komplexität betrachtet. Lediglich die Management-Fähigkeiten spielen als moderierender Faktor während des Phasenüberganges eine Rolle. Im Rahmen der Entwicklung des Bezugsrahmens in Kapitel 3 wird auf den soeben dargestellten Gedanken von Arbaugh/Camp aufgebaut, dass insbeson-

[375] Eigene Darstellung nach Arbaugh/Camp (2000a): Growth Transitions, S. 315ff..

dere das Zusammenspiel von Komplexität und Ressourcen das Auftreten und den Verlauf von Phasenübergängen erklären kann.

Lichtensteins Modell und die darauf aufbauende empirische Studie sind ebenfalls fundierte und wissenschaftlich anerkannte Arbeiten.[376] Zum Modell Lichtensteins ist zunächst kritisch anzumerken, dass die empirische Prüfung bisher nur anhand einer Studie vorgenommen worden ist. Inhaltlich ist zu kritisieren, dass der Einfluss des Managements im Modell weitgehend ausgeklammert wird: laut Lichtenstein reagiert das System Unternehmen in komplexer und adaptiver Weise und verändert sich möglicherweise in diesem Prozess, wenn kritische Werte überschritten sind. Allgemein wird dieser Prozess von Lichtenstein zwar als beeinflussbar angesehen. Das Management-Team als lenkende Instanz und erfolgskritischer Faktor für den Erfolg im Übergangsprozess wird allerdings nicht explizit betrachtet. Vor dem Hintergrund, dass viele Studien das Management-Team als wichtigsten Erfolgsfaktor ansehen, lässt sich konstatieren, dass dieser Faktor in Lichtensteins Modell bisher zu stark vernachlässigt worden ist. Generell ist anzumerken, dass auch bei Lichtenstein die Betrachtung der Ressourcen zu kurz kommt.

Die Stärke des Modells liegt in der theoretisch fundierten und gleichzeitig sehr realistischen Gestaltung des Veränderungsmodells. Vor dem Hintergrund der Themenstellung dieser Arbeit haben große Teile der von Lichtenstein erarbeiteten Zusammenhänge eine hohe Relevanz. Lichtenstein hat es geschafft, auf der Grundlage konzeptioneller Bausteine der Komplexitätstheorie ein integriertes, logisch konsistentes Modell zu schaffen und dieses eindeutig zu operationalisieren. Auf Basis dieses Modells konnte er dann ganz neue Einblicke in den Wachstumsprozess gewinnen und dieses auch mittels der Fallstudien beweisen.

2.6.3 Relevanz der Ansätze und Beitrag zum Bezugsrahmen

Sowohl Covin/Slevin als auch Lichtenstein erklären in ihren Modellen auf Basis der Komplexität den Zusammenhang zwischen Wachstum und Phasenübergängen. Covin/Slevin konzentrieren sich dabei auf die Entwicklung der Komplexität. Lichtenstein dagegen rückt eher den Phasenübergang und dessen Entstehung in den Vordergrund.

---

[376] So erhielt Lichtenstein für sein Paper „Self-organized transitions: A pattern amid the chaos of transformative change", erschienen in: „The Academy of Management Executive" den „AoM Best-Paper-Award 2000". Vgl. Lichtenstein (2000c): Self-organized transitions.

Die Struktur und Logik des in Kapitel 3 entwickelten Bezugsrahmens baut auf dem Modell von Covin/Slevin auf. Der wesentliche Kerngedanke der Differenzierung der Komplexität in ein relatives Konstrukt basiert auf den Ideen von Reiß. Die Grundannahmen bezüglich des Verhaltens komplexer Systeme und der Detailzusammenhang vor und während des Phasenüberganges sind eng an Lichtenstein angelehnt. Auch das Forschungs-Design mit der Entwicklung eines Bezugsrahmens und dessen Test mittels longitudinaler, sehr detaillierter Fallstudien weist Parallelen zu Lichtenstein auf.

2.7 Zwischenfazit

Kapitel 2 zeigte die Erkenntnisse und Defizite der traditionellen Wachstumsmodelle und empirischen Studien bezüglich der Erklärung der „Wachstums- und Veränderungsprozesse eines Unternehmens im Zusammenhang mit der Entwicklung der Komplexität, dem Aufbau von Ressourcen und dem Eintreten von Phasenübergängen“[377]. Es wurde weiterhin deutlich, dass die hier vorgestellten Theorieansätze jeweils wesentliche Teilaspekte des untersuchten Phänomens erklären können, aber erst eine Integration der unterschiedlichen Sichtweisen zu einem gemeinsamen Bezugsrahmen zu weiteren Erkenntnissen führt.

Im Folgenden sollen anhand der Forschungsfragen kurz die bisherigen Ergebnisse und die im Folgenden noch zu beantwortenden Fragen skizziert werden, um den bisherigen Stand der Arbeit zu verdeutlichen:

- In Bezug auf den Wachstumsprozess (Forschungsfrage 1) bieten die vorgestellten Modelle unterschiedliche Ansätze zur Beschreibung und Operationalisierung des Wachstums. Die verschiedenen Perspektiven betonen – wie beschrieben – jeweils bestimmte Aspekte des Wachstumsprozesses. Neben den klassischen Wachstumsmodellen wurde gezeigt, dass der Ressourcen-basierende Ansatz, der Kontingenzansatz und die komplexitätstheoretischen Ansätze wichtige Erkenntnisse bezüglich des Wachstumsprozesses bieten. Im Rahmen des zu entwickelnden Bezugsrahmens werden die verschiedenen Sichtweisen integriert.
- Der hier untersuchte Zusammenhang zwischen Wachstum, Komplexität, Ressourcen und Phasenübergängen (Forschungsfrage 2) wurde teilweise bereits in den Modellen von Covin/Slevin und Lichtenstein thematisiert. Im Folgenden sollen die vorliegenden

[377] Dies entspricht dem Untersuchungsgegenstand, wie er in der generellen Forschungsfrage in Kapitel 1 formuliert ist.

Zusammenhänge um kontingenztheoretische und Ressourcen-basierende Aspekte ergänzt und im Bezugsrahmen zusammengefasst sowie operationalisiert werden. Im Rahmen der Fallstudien wird dann gezeigt, wie sich in den konkreten Beispielunternehmen die Komplexität und die Ressourcen im Wachstum verändern und wie dieses in Zusammenhang mit den beobachteten Phasenübergängen steht.

- Auf Basis der Ergebnisse aus den Fallstudien wird der Bezugsrahmen in Kapitel 5 präzisiert. Aus den Erkenntnissen über den Wachstumsprozess und den Zusammenhang mit Komplexität und Ressourcen ergeben sich Implikationen für das Management junger Wachstumsunternehmen, die in Kapitel 6 dargestellt werden.

Bevor der Bezugsrahmen vorgestellt wird, soll noch kurz auf die unterschiedlichen Grundannahmen der Grundkomponenten des Bezugsrahmens eingegangen werden. Die vorherrschende Grundannahme des Ressourcen-basierenden Ansatzes und des Kontingenzansatzes ist das Gleichgewichts-Paradigma. Dies besagt, dass Organisationen normalerweise im Gleichgewicht existieren und Veränderung einen unnormalen Prozess, d.h. eine Ausnahme darstellt. Das Ziel des Managements unter diesem Paradigma ist, die Stabilität in der Organisation durch Planung, Organisation und Kontrolle zu erhöhen.[378] Wie beschrieben, werden im Rahmen dieser Arbeit Organisationen jedoch als komplexe, adaptive Systeme verstanden, die sich keineswegs in einem stabilen Gleichgewichtszustand befinden. Einerseits agieren diese jungen Wachstumsunternehmen i.d.R. in dynamischen Umweltsituationen. Andererseits verändern sich diese Unternehmen durch ihr Wachstum selbst so stark, dass sie sich in permanenten Ungleichgewichtszuständen befinden.

Der in Kapitel 3 entwickelte Bezugsrahmen basiert daher auf dem Ungleichgewichts-Paradigma, das eine Grundannahme der Komplexitätstheorie ist. Stacey beschreibt das Ungleichgewichts-Paradigma folgendermaßen: „Durch diese Brille wird die Welt von Organisationen als ein System betrachtet, das durch die widersprüchliche Dynamik von Konkurrenz und selbstorganisierender Kooperation meilenweit von einer Gleichgewichtslage entfernt ist und sich am Rande des Chaos befindet. In dieser grundlegend paradoxen Welt geht der Wirkungszusammenhang zwischen den konkreten Aktionen und ihren langfristigen Ergebnissen im Labyrinth der komplexen Wechselbeziehungen, die zwischen den verschiedenen Systemkomponenten bestehen, verloren."[379]

---

[378] Vgl. Lichtenstein (2000c): Self-organized transitions, S. 129.
[379] Stacey (1997): Unternehmen am Rande des Chaos, S. 191.

In den Bezugsrahmen werden die zuvor identifizierten, relevanten Sichtweisen integriert, die auf dem Gleichgewichts-Paradigma basieren. Dies birgt die Gefahr des Eklektizismus[380] in sich. Hier wird jedoch der Argumentation von Neumair gefolgt, nach der die Integration verschiedener Ansätze dann akzeptabel ist, wenn mit Bedacht sichergestellt wird, dass die zugrunde liegenden Annahmen kongruent sind und die Ansätze sich nicht gegenseitig in Frage stellen, sondern miteinander harmonieren.[381] Es wird innerhalb der Darstellung des Bezugsrahmens gezeigt werden, dass die integrierten Konzepte auch unter der Annahme des Ungleichgewichts anwendbar sind und sinnvoll zusammenpassen.

---

[380] Abwertender Begriff für: „unoriginelle, unschöpferische geistige Arbeitsweise, bei der Ideen anderer übernommen oder zu einem System zusammengetragen werden", Duden (Hrsg.) (1997): Das Fremdwörterbuch, S. 215.

[381] Vgl. Neumair (1998): Corporate failure and survival, S. 52-53.

3 Bezugsrahmen für das Management von Komplexität in jungen Wachstumsunternehmen

Ziel dieses Kapitels ist die Entwicklung eines Bezugsrahmens[382] zur Erklärung der Wachstumsprozesse junger Wachstumsunternehmen auf Basis der Komplexitätstheorie. Die Grundlage dafür sind die Abgrenzungen und Ergebnisse der Studien aus Kapitel 2. Der in diesem Kapitel entwickelte „Ausgangs-Bezugsrahmen" wird dann im folgenden Kapitel 4 mittels mehrerer Fallstudien empirisch überprüft. Auf Basis der empirischen Erkenntnisse wird in Kapitel 5 ein präzisierter Bezugsrahmen präsentiert.

Die Erstellung des Bezugsrahmens beruht dabei auf den folgenden beiden Schritten:[383]

1. Modifikation und Adaption eines bestehenden Managementmodells.
2. Auswahl geeigneter Elemente und Bausteine sowie deren Verknüpfung zu einem neuen, erweiterten und in Bezug auf den Untersuchungsgegenstand anwendbaren, integrierten Konzept.

Im ersten Abschnitt dieses Kapitels werden das Ziel des Bezugsrahmens und die zugrunde liegenden Annahmen und Voraussetzungen erläutert. Darauf aufbauend werden die Bestandteile und Zusammenhänge des Bezugsrahmens dargestellt.

---

[382] Nach Bleicher ist „ein konzeptioneller Bezugsrahmen [...] eine terminologisch-deskriptive Grundordnung, in die als relevant erachtete Inhalte eingeordnet werden können. Aus unternehmenspraktischer Sicht dient er als Betrachtung, Diagnose und Lösung von Managementproblemen. Methodisch eignet sich ein derartiger Bezugsrahmen zur Moderation oder auch Provokation eines strukturierten Dialoges sowie zur Selbstreflexion", Schwenk-Willi (2001): Integriertes Komplexitätsmanagement, S. 129. Schwenk-Willi bezieht sich dabei auf Bleicher (1985), S. 80 und Bleicher (1995), S. 57.

[383] Vgl. Schwenk-Willi (2001): Integriertes Komplexitätsmanagement, S. 132.

3.1 Annahmen und Ziel des Bezugsrahmens

„Time brings change. Change brings the need for appropriate transitions. Transition management implies the management of complexity. And organisations must continuously manage complexity as time marches on."[384]

Im obigen Zitat bringen Slevin/Covin[385] das Ergebnis ihrer Überlegungen auf den Punkt und formulieren damit einen der Grundgedanken, auf den der nun zu entwickelnde Bezugsrahmen aufbaut.

Weiterhin basieren die Grundgedanken des Bezugsrahmens auf den Eigenschaften komplexer Systeme[386] und den daraus ableitbaren Prinzipien der "Complex Adaptive Systems Theory", wie Lichtenstein sie formuliert hat:[387]

- **Dynamik** (im Gegensatz zu Gleichgewicht):
  Permanente Veränderung und Transformation aller Systemelemente gehören unabdingbar zu komplexen Systemen. Die Aufgabe des Managements ist die Lernfähigkeit und die Fähigkeit der Selbstorganisation der Organisation zu stärken, um in einer sich kontinuierlich verändernden Umwelt besser bestehen zu können.
- **Nicht-lineares Verhalten** (im Gegensatz zu linearem Verhalten):
  Das Verhalten von Organisationen ist nicht-linear. Eine Handlung und deren Ergebnis können in einem nicht-proportionalen Verhältnis stehen. Es sind neue Modelle und Methoden notwendig, um Veränderung zu verstehen.
- **Interdependenz der Elemente und Zusammenhänge**
  (im Gegensatz zu Unabhängigkeit der Elemente und Zusammenhänge):
  Eingangsgrößen bewirken nicht unmittelbar Ausgangsgrößen. Die Elemente eines Systems sind untereinander abhängig und beeinflussen sich gegenseitig.
- **Verborgene Ordnung und Prinzipien**
  (im Gegensatz zu vollständiger Beschreibbarkeit und Analysierbarkeit):

[384] Slevin/Covin (1997): Time, growth, complexity, and transitions, S. 62.
[385] Vgl. Slevin/Covin (1997): Time, growth, complexity, and transitions, S. 56-62. Für die Zusammenfassung der Ergebnisse ihres Beitrags siehe Abschnitt 2.6.
[386] Vgl. die Zusammenfassung der Aussagen von Grossmann in Abschnitt 2.6.1.
[387] Vgl. Lichtenstein (2000c): Self-organized transitions, S. 129.

Eine Organisation wird zuallererst definiert durch die ihr zugrunde liegende Ordnung und Prinzipien. Diese erzeugen an der sichtbaren Oberfläche Strukturen, wie Organisationsdesign, Strategie, Führungsstrukturen, Kontrollstrukturen und Organisationskultur.

- **Offenes, kooperatives Verhalten im Veränderungsprozess**
  (im Gegensatz zu autoritärem, kontrollierendem Verhalten im Veränderungsprozess):
  Veränderung sollte gefördert werden, indem auftretender Veränderungsdruck akzeptiert, der Informationsfluss erhöht und Verantwortung delegiert wird.
- **Konzentration auf kontinuierliche Veränderung und Lernen**
  (im Gegensatz zu Maximierung der Ressourcenausnutzung und Konstanz):
  Langfristiger unternehmerischer Erfolg basiert auf der Optimierung der Ressourcenflüsse und kontinuierlichem Lernen. Die Aufgabe des Managements ist es, Strukturen zu schaffen, die diese Ziele unterstützen.

Der Anwendungsbereich des Bezugsrahmens ergibt sich aus der Abgrenzung des Untersuchungsgegenstandes in Abschnitt 2.1: er bezieht sich auf junge Wachstumsunternehmen mit den zuvor dargestellten Charakteristika.

3.2 Darstellung des Bezugsrahmens

„The companies that get into trouble are frequently those that allow product/market complexity to outstrip their managerial talent and processes. [...] To put the point another way: the need to continually reshape the way a company is managed is the primary common thread that runs through the fabric of threshold companies."[388]

Im Folgenden wird zunächst ein Überblick über alle Bestandteile des Bezugsrahmens und deren Zusammenspiel gegeben, wobei auf die Darstellung der zugrunde liegenden Theoriebausteine und Annahmen zunächst verzichtet wird, um den Gesamtzusammenhang übersichtlich darstellen zu können. Darauf aufbauend werden die Komponenten und Zusammenhänge im Detail vorgestellt, kausal-analytisch diskutiert und operationalisiert. Dabei werden auch die jeweils zugrunde liegenden theoretischen Konstrukte erklärt und auf die in Kapitel 2 vorgestellten Studien und Modelle Bezug genommen.

---

[388] Clifford (1973): Growth pains, S. 154.

3.2.1 Gesamtzusammenhang

Abbildung 14 zeigt den Ausgangs-Bezugsrahmen im Gesamtzusammenhang. Die Nummern (1 bis 13) kennzeichnen die Elemente des Modells, die im Folgenden operationalisiert und im Rahmen der Fallstudien näher untersucht werden. Vom Aufbau her ist der Ausgangs-Bezugsrahmen an das Modell von Covin/Slevin angelehnt.[389]

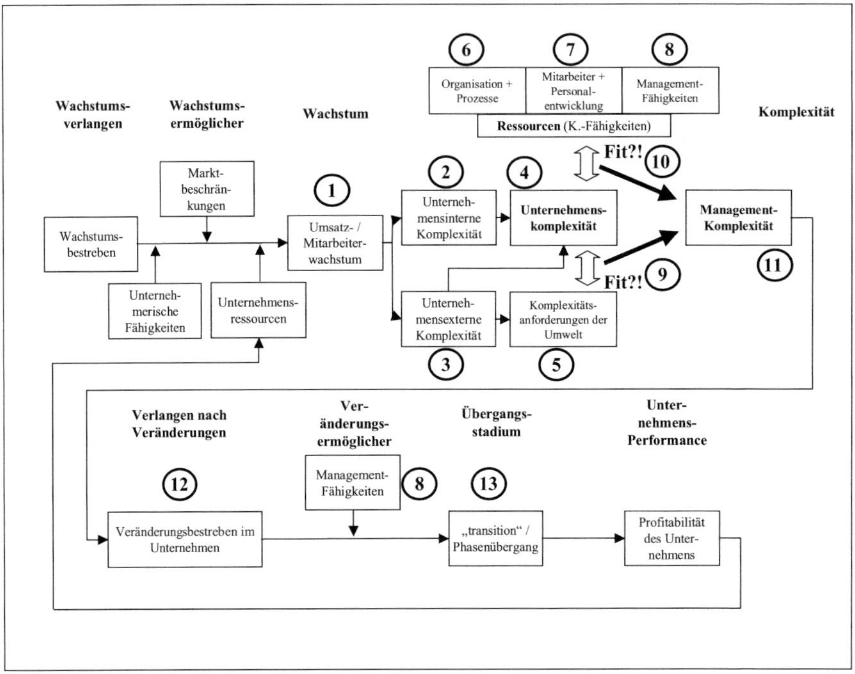

Abbildung 14: Ausgangs-Bezugsrahmen „Wachstum und Komplexitätsmanagement“[390]

Um die Beschreibung des Bezugsrahmens übersichtlicher zu gestalten, werden die Gedankenschritte folgendermaßen gegliedert:

- Modul A: Voraussetzungen für das Wachstum
- Modul B: Wachstum führt zu steigender Komplexität
- Modul C: Komplexitäts-Missverhältnisse führen zu erhöhter Management-Komplexität

[389] Vgl. Covin/Slevin (1997): High growth transitions, S. 99ff.. Siehe auch Abschnitt 2.6 dieser Arbeit.
[390] Eigene Darstellung; z.T. in Anlehnung an Covin/Slevin (1997): High growth transitions, S. 99ff..

- Modul D: Management-Komplexität löst Veränderungsprozess aus

Modul A: Voraussetzungen für das Wachstum

Der erste Teil des Bezugsrahmens wurde in seiner Struktur und Logik vollständig von Covin/Slevin übernommen:[391] zu Beginn eines Wachstumsprozesses muss bei den Entscheidungsträgern zumindest der implizite Wachstumswunsch vorhanden sein. Unter dem Einfluss der moderierenden Faktoren „Marktbeschränkungen", „Unternehmerische Fähigkeiten" und „Unternehmensressourcen" kann das Wachstumsbestreben dann auch tatsächlich zu Wachstum (gemessen mittels des Mitarbeiter- und/oder Umsatzwachstums) führen.[392]

Modul B: Wachstum führt zu steigender Komplexität

Wächst die Mitarbeiterzahl oder der Umsatz (Element 1), beeinflusst dies sowohl die Komplexität im Unternehmen („Unternehmensinterne Komplexität", Element 2) als auch die Komplexität in der Umwelt des Unternehmens („Unternehmensexterne Komplexität", Element 3), die i.d.R. steigen werden. Die interne und die externe Komplexität zusammen führen demnach zu einer Steigerung der „Unternehmenskomplexität" (Element 4). Die unternehmensexterne Komplexität bestimmt zusätzlich noch die Erwartungen und Anforderungen, die durch die Umwelt an das Unternehmen gerichtet werden („Komplexitätsanforderungen der Umwelt", Element 5). Die Ressourcen bzw. Komplexitäts-Fähigkeiten bestehen aus den Komponenten „Organisation und Prozesse" (Element 6), „Mitarbeiter und Personalentwicklung" (Element 7) und „Managementfähigkeiten" (Element 8). Die Entwicklung dieser Ressourcen bzw. Komplexitäts-Fähigkeiten hängen *nicht* ursächlich mit dem Wachstum zusammen. Abbildung 15 gibt einen ersten Überblick über die Kriterien, die die Entwicklung der einzelnen Komponenten des Bezugsrahmens (insbesondere bezüglich der Komplexität und der Ressourcen) bestimmen.[393] Dieser Teil des Modells basiert im Wesentlichen auf dem Ressourcen-basierenden Ansatz.[394]

Modul C: Komplexitäts-Missverhältnisse führen zu erhöhter Management-Komplexität

Das Ziel des Managements muss – gemäß dieses Bezugsrahmens – sein, die „Unternehmenskomplexität" jeweils im Einklang mit den „Komplexitätsanforderungen der Umwelt" und den

---

[391] Vgl. Covin/Slevin (1997): High growth transitions, S. 99ff.. Dieser Teil der Argumentation von Covin/Slevin basiert auf Sexton/Bowman-Upton (1991): Entrepreneurship, S. 67ff..

[392] Dies stellt eine erste Abweichung von Covin/Slevin dar, die Wachstum ausschließlich mit Umsatzwachstum gleichgesetzt haben. Vgl. Covin/Slevin (1997): High growth transitions, S. 99ff..

[393] In Abschnitt 3.2.2 werden alle Komponenten detailliert beschrieben und operationalisiert.

[394] Siehe Abschnitt 2.4.

„Ressourcen bzw. Komplexitäts-Fähigkeiten“ zu halten. Kommt es an der einen oder anderen Stelle zu einem Ungleichgewicht, erhöht dies je nach Stärke des Ungleichgewichts die „Management-Komplexität“ (Element 11). Das Gleichgewicht zwischen „Unternehmenskomplexität“ und „Komplexitätsanforderungen der Umwelt“ wird als „Komplexitäts-Umwelt-Fit“ (Element 9; siehe auch Abbildung 15) bezeichnet.[395] Die Passung zwischen „Unternehmenskomplexität“ und den „Ressourcen bzw. Komplexitätsfähigkeiten“ trägt die Bezeichnung „Komplexitäts-Fähigkeits-Fit“ (Element 10; siehe auch Abbildung 15).

Modul D: Management-Komplexität löst Veränderungsprozess aus

Steigt das „Missverhältnis“ zwischen den Elementen an, dann übersteigt die „Management-Komplexität“ irgendwann einen Schwellenwert. Dies bewirkt, dass auch die „Veränderungsbestrebungen“ (Element 12) eine kritische Masse erreichen. Das Ergebnis ist die Einleitung eines Veränderungsprozesses, der zu einem „Phasenübergang“ (Element 13) führt. Wie rechtzeitig der Veränderungsprozess eingeleitet wird, welche Maßnahmen ergriffen werden und wie erfolgreich der Phasenübergang letztendlich verläuft, hängt unmittelbar von den „Management-Fähigkeiten“ (Element 8) ab. Die im Phasenübergang neu geschaffene Unternehmens-Konfiguration bestimmt die zukünftige Unternehmens-Performance und damit die „Profitabilität des Unternehmens“. War der Phasenübergang erfolgreich, ist eine verbesserte Profitabilität die Folge.[396] Die Unternehmens-Performance nimmt direkt Einfluss auf den Auf- oder Abbau der „Unternehmensressourcen“ und beeinflusst damit wiederum das zukünftige Wachstum des Unternehmens (als Wachstumsermöglicher oder -hemmnis), womit sich der Kreislauf schließt.[397]

Abbildung 15 zeigt nochmals den Kern des Bezugsrahmens in einer statischen Darstellungsweise, d.h. ohne eine zeitliche Komponente. Die bereits beschriebenen Zusammenhänge zwischen Komplexität und Umwelt sowie zwischen Komplexität und Ressourcen und die Auswirkungen eines Ungleichgewichtes auf die Management-Komplexität werden hier verdeutlicht.

---

[395] Dieser Zusammenhang der Güte des Zueinanderpassens der Elemente wird mit dem englischen Begriff „Fit“ (Gegenteil: „Missverhältnis“) bezeichnet, der in diesem Zusammenhang so viel wie „passend“, „im Gleichgewicht“ oder „in einem gesunden Verhältnis zu einander stehend“ bedeutet.

[396] Je nachdem wie die Entwicklung der Profitabilität vor dem Phasenübergang verlaufen ist, kann eine „verbesserte Profitabilität“ bedeuten, (1) dass die Profitabilität überhaupt wieder erreicht wird (wenn das Unternehmen vorher Verluste gemacht hat), (2) die Profitabilität nach dem Phasenübergang *nicht* gesunken ist (wenn Profitabilität zu sinken drohte) oder (3) die Profitabilität gesteigert werden konnte.

[397] Vgl. Covin/Slevin (1997): High growth transitions, S. 99ff..

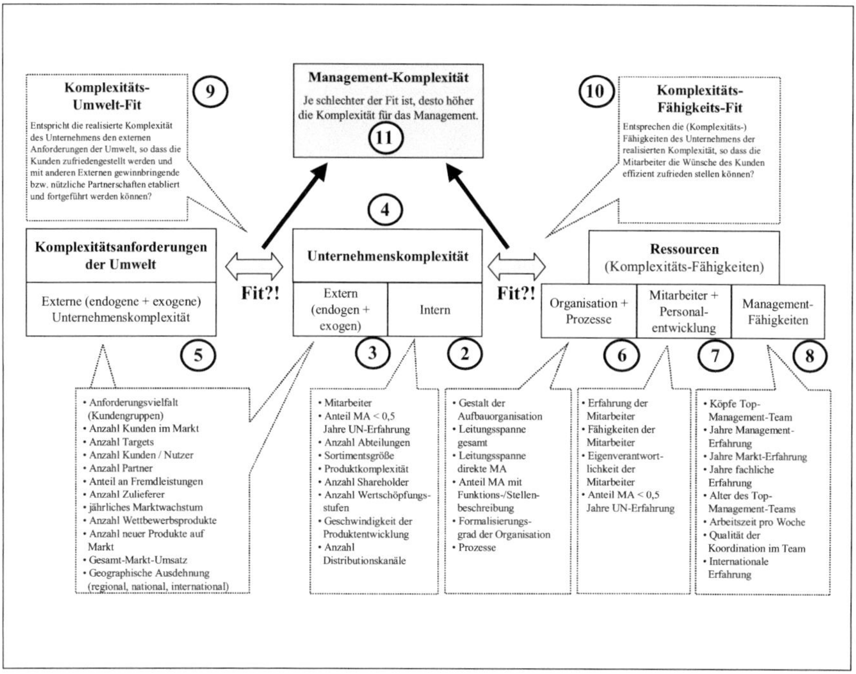

Abbildung 15: Beziehungen zwischen Komplexität und Umwelt sowie zwischen Komplexität und Ressourcen im Bezugsrahmen[398]

Es wird insgesamt davon ausgegangen, dass es neben den radikalen Veränderungen in Form der Phasenübergänge im Unternehmen permanent Anpassungsmaßnahmen gibt mit dem Ziel, die Situation (also z.B. die Organisation, Prozesse oder Personalentwicklung) unter den gegebenen Voraussetzungen (also auf Basis der grundlegenden Strategie, des Geschäftsmodells, usw.) zu optimieren.[399] Mit anderen Worten ausgedrückt: das Management versucht permanent die Komplexitätsanforderungen der Umwelt, die Komplexitäts-Fähigkeiten und die Unternehmenskomplexität zu harmonisieren.

[398] Eigene Darstellung.

[399] Derartige „Optimierungen“ (auch „inkrementelle Veränderungen“ oder „evolutionäre Veränderungen“ genannt) müssen aus Sicht des Autors permanent stattfinden, um das Unternehmen – auf Basis der gewählten Tiefenstruktur – an jedwede Veränderungen anzupassen. Lichtenstein bezeichnete dieses „normale Management“ in seinem Modell als „Basic Framework for Organizing“. Vgl. Lichtenstein (2000a): Emergence, S. 9 und Abschnitt 2.6 dieser Arbeit (insbesondere die Abbildung 12).

3.2.2 Komponenten des Bezugsrahmens

Im Folgenden sollen die einzelnen Komponenten des Bezugsrahmens und die Zusammenhänge zwischen den Komponenten detailliert dargestellt werden. Der Fokus liegt dabei einerseits auf der kausal-analytischen Erklärung der Komponenten und Zusammenhänge auf Basis verfügbarer Literatur, insbesondere der zuvor beschriebenen Modelle und empirischen Studien. Andererseits sollen die 13 nummerierten Elemente operationalisiert werden, um die konkrete Ausgestaltung der Elemente und Beziehungen im Rahmen der Fallstudien beobachten zu können.

3.2.2.1 Modul A: Voraussetzungen für das Wachstum

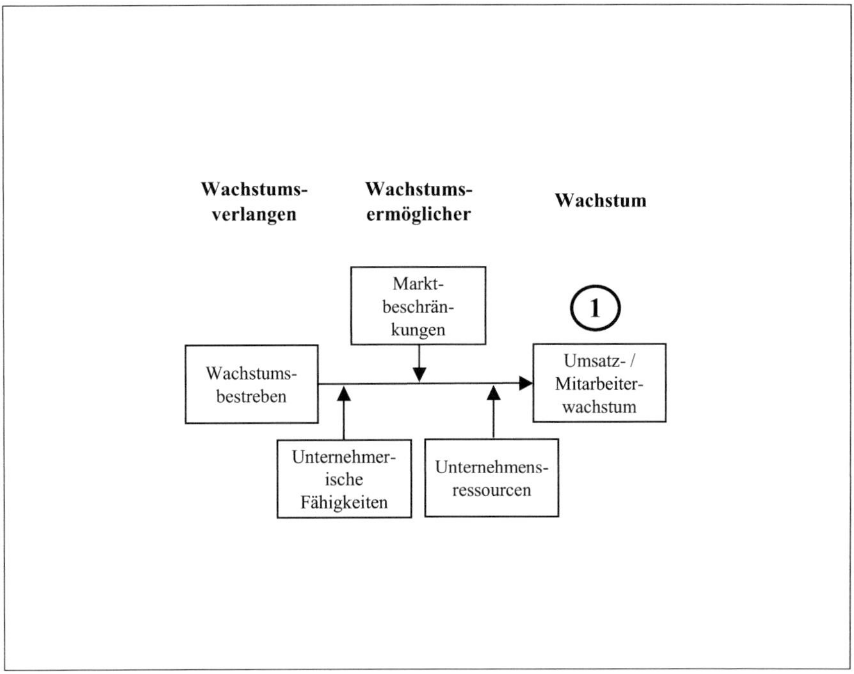

Abbildung 16: Voraussetzungen für das Wachstum (Modul A des Bezugsrahmens)[400]

[400] Eigene Darstellung.

Dieses Modul A des Bezugsrahmens zeigt die Voraussetzungen des Wachstums auf: Wachstumswunsch, (fehlende) Marktbeschränkungen, unternehmerische Fähigkeiten und Unternehmensressourcen.

Einen Wachstumswunsch bzw. das vorhandene Wachstumsbestreben kann man daran festmachen, ob die Unternehmensleitung ausdrücklich Wachstum anstrebt. Erkennbar wird dies im Businessplan bzw. in einer sonstigen strategischen Planung. Die Charakteristika junger Wachstumsunternehmen beinhalten das zum Zeitpunkt der Finanzierung vorhandene Wachstumsbestreben, da ansonsten keine Venture-Capital-Finanzierung zustande gekommen wäre.

Auf Basis der Venture-Capital-Finanzierung kann auch konstatiert werden, dass die Marktbeschränkungen zum Zeitpunkt der Finanzierung nicht so groß waren, dass sie die Einschätzung des Wachstumspotenzials des jungen Unternehmens zu stark eingeschränkt hätten. Zumindest war dies die Einschätzung des Unternehmerteams und des Kapitalgebers. Später können Marktbeschränkungen auftreten, wie Stagnation bzw. Schrumpfung des Gesamtmarktvolumens, veränderte gesetzgeberische Auflagen oder mangelnde Verfügbarkeit qualifizierter Mitarbeiter auf dem Arbeitsmarkt.

Wie in den empirischen Studien klar zu sehen war, haben die unternehmerischen Fähigkeiten einen entscheidenden Einfluss auf das Wachstum. Auch hier wird davon ausgegangen, dass vor einer Venture-Capital-Finanzierung die Fähigkeiten des Unternehmers bzw. des Management-Teams sehr kritisch begutachtet worden sind. Das bedeutet, zum Zeitpunkt der Finanzierung verfügte das Unternehmen nach Meinung der Anteilseigner und neuen VC-Investoren über hinreichende unternehmerische Kompetenz zur Erreichung der gesteckten (Wachstums-) Ziele. Im Zeitablauf verschieben sich die Aufgaben und die benötigten Kompetenzen von unternehmerischen hin zu Management-Fähigkeiten. Daher sind die Management-Fähigkeiten als einer der wichtigsten Unternehmensressourcen in den Bezugsrahmen integriert (Element 8).

Die Verfügbarkeit von Unternehmensressourcen ist eine weitere wichtige Voraussetzung für Wachstum. Die initiale Finanzierung stellt zunächst die Verfügbarkeit der Ressourcen sicher, da auch in Bezug auf die Ressourcen keine Finanzierung zustande gekommen wäre, wenn z.B. zentrale technologische oder personale Ressourcen nicht vorhanden oder verfügbar gewesen wären. Im Zeitablauf ist – wie schon zuvor – relevant, ob weitere Ressourcen akquiriert werden können und vor allem wie die vorhandenen Ressourcen konfiguriert werden. Im Zusammenspiel mit der Unternehmenskomplexität nehmen die Ressourcen und deren Konfiguration eine zentrale Stellung ein. Um diese Entwicklung zu berücksichtigen, spiegeln die Elemente 6 bis 8 die Entwicklung der Ressourcen und deren (Komplexitäts-) Fähigkeiten wider.

3.2.2.2 Modul B: Wachstum führt zu steigender Komplexität

Folgende Abbildung 17 zeigt das Modul B im Überblick.

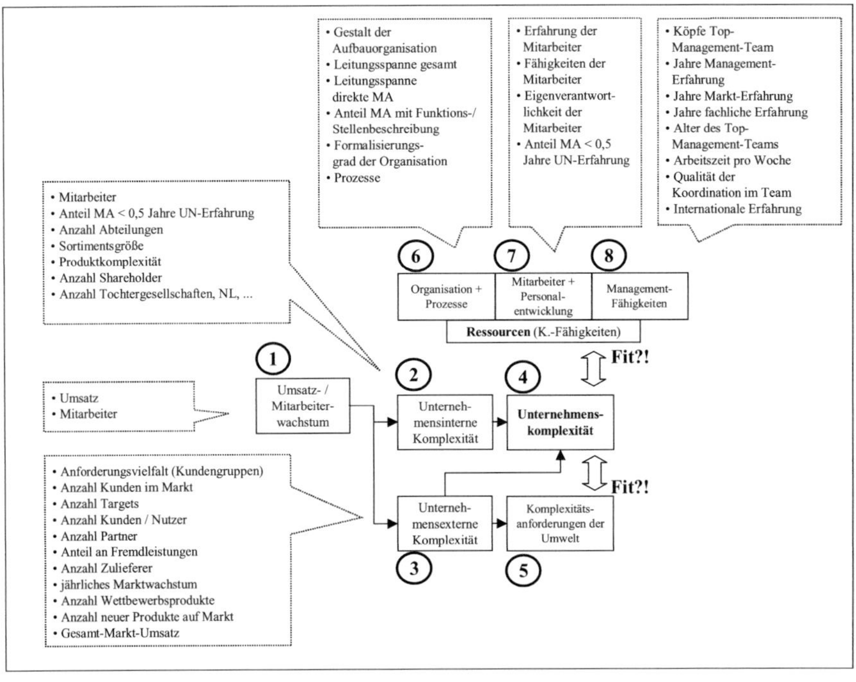

Abbildung 17: Kriterien zur Beschreibung der Komplexität und Ressourcen (Modul B des Bezugsrahmens)[401]

Element 1: Umsatz- und Mitarbeiterwachstum

Sind die im vorigen Abschnitt genannten Voraussetzungen gegeben, kommt es zum Wachstum (Element 1). Wachstum wird gemessen mittels der zeitlichen Veränderung der Mitarbei-

[401] Eigene Darstellung.

terzahl[402] und des Umsatzes. Das Wachstum bereits einer der beiden Größen führt in der Regel zu höherer Komplexität (sowohl unternehmensintern als auch -extern), da der Anstieg beider Größen normalerweise einen Anstieg an Aktivitäten im Unternehmen bedingt. Daher wird keine integrierte Maßzahl für das Umsatz- und Mitarbeiterwachstum berechnet, sondern beide Größen nebeneinander ausgewertet, um den jeweiligen Einfluss auf die Komplexität separat untersuchen zu können.

Element 2: Unternehmensinterne Komplexität

Unter Bezugnahme auf die Definition in Abschnitt 2.1.2 wird Komplexität ganz allgemein bestimmt durch die Anzahl der Elemente, die Unterschiedlichkeit der Elemente, den Grad der Abhängigkeit der Elemente untereinander und die Unsicherheit der Elemente. Abbildung 17 zeigt eine Auswahl an Kriterien, die zusammengenommen die Unternehmensinterne Komplexität (Element 2) und die Unternehmensexterne Komplexität (Element 3) bestimmen. Die Schwierigkeit für das Management in komplexen, adaptiven Systemen entsteht dadurch, dass[403]

- die Elemente durch nicht-lineare Ursache-Wirkungsbeziehungen verbunden sind,
- Rückkopplungseffekte zu sich selbstverstärkenden Prozessen führen können,
- die lokalen Regeln im System globale Ordnung erzeugen (Emergenz) und
- die Veränderungen in solchen Systemen irreversibel sind.

Die Unternehmensinterne Komplexität (Element 2) stellt auf die Komplexität ab, die durch die Anzahl, die Verschiedenartigkeit, die Abhängigkeit und die Unsicherheit der Elemente innerhalb des Unternehmens geschaffen wird. Diese Elemente sind z.B. Mitarbeiter, Organisationseinheiten, Produkte, verwendete Materialien, eingesetzte Technologien oder Wertschöpfungsstufen.

Um ein handhabbares und übersichtliches Messmodell zu entwickeln, wurde versucht, eine überschaubare Anzahl an messbaren Kriterien zu identifizieren, die zusammen ein möglichst realitätsnahes Bild der Unternehmensinternen Komplexität ergeben und den größten Einfluss

---

[402] Dabei werden nicht „Köpfe" gezählt, sondern sogenannte „vollzeitäquivalente Mitarbeiter", d.h. Teilzeitkräfte werden auf Basis der normalen Arbeitszeit eines Vollzeitmitarbeiters zusammengezählt.

[403] Siehe Abschnitt 2.1.2.

auf die empfundene Unternehmenskomplexität haben.[404] Das hier verwendete Meßsystem basiert auf einem Anfang der Siebziger Jahre entwickelten Modell von Clifford.[405] Die Abbildung 18 zeigt die sechs Messkriterien der internen Unternehmenskomplexität, die in diesem Ausgangs-Bezugsrahmen[406] verwendet werden. Das Meßsystem und die Kriterien werden im Folgenden kurz erläutert.

Interne Unternehmenskomplexität – Dimensionen der Entwicklung	Komplexitätsgrad: Niedrig (1)	Mäßig (2)	Hoch (3)	Sehr hoch (4)
Anzahl + Verschiedenartigkeit Produkte	**Ein Produkt**	**Mehrere verwandte**	**Mehrere verwandte, einige nicht verwandte**	**Verschiedene, komplexes Portfolio**
Anzahl Produkte	1	2 – ca. 10	Ca. 10 – 50	Ca. >20
Anzahl Produktgruppen	1	1	2 – ca. 5	Ca. > 5
Verschiedenartigkeit	n.a.	Produkte sind alle miteinander verwandt	Produkte sind z.T. miteinander verwandt, es gibt aber auch „Exoten“	Produktportfolio ist sehr komplex; Produktgruppen unterscheiden sich nach Technologien, Anwendungsgebiete,...
Komplexität der einzelnen Produkte	**Einfaches Design**	**Viele Komponenten**	**Hoch integriert, technisch sensitiv**	**Technisch höchst komplexes System**
Durchschn. Anzahl Komponenten	Geringe Anzahl an Teilen	Anzahl an Teilen hoch	Anzahl an Teilen hoch	Anzahl an Teilen sehr hoch
Durchschn. technische Sensitivität	Geringe technische Sensitivität der Teile und des Gesamtproduktes	Geringe technische Sensitivität der Teile und des Gesamtproduktes	Teile und Gesamtprodukt sind z.T. technisch sensitiv	Teile und Gesamtprodukt sind z.T. technisch höchst sensitiv
Integrationsdichte des Produktes	Geringe Integrationsdichte der Teile	Geringe Integrationsdichte der Teile	Hohe Integrationsdichte der Teile	Sehr hohe Integrationsdichte der Teile
Grad der Vorwärts-/Rückwärtsintegration	**Keine**	**Teilweise, ein Schritt**	**Ausgedehnt, mehrere Schritte**	**Höchst integriert**
Durchschnittliche Anzahl der selbst ausgeführten vor- oder nachgelagerten Wertschöpfungsschritte (vom Kerngeschäft aus gesehen)	0	1	2 - 3	> 3
Geschwindigkeit der Produktinnovationen	**Langsam**	**Langsam bis mäßig**	**Mäßig bis schnell**	**Schnell**
Durchschn. Dauer einer Produktentwicklung bis zur Markteinführung (im Vergleich zu zum Branchendurchschnitt bzw. ähnlichen Unternehmen)	Langsamer als der Großteil der Wettbewerber oder ähnlicher Unternehmen (entspricht ca. den langsamsten 25%)	Langsamer als der überwiegendende Teil der Wettbewerber oder ähnlicher Unternehmen, aber schneller als die langsamsten 25%	schneller als der überwiegendende Teil der Wettbewerber oder ähnlicher Unternehmen, aber langsamer als die schnellsten 25%	schneller als der Großteil der Wettbewerber oder ähnlicher Unternehmen (entspricht ca. den schnellsten 25%)
Anzahl Distributionskanäle	**1**	**2 - 3**	**Einige**	**Viele, komplexe**
Anzahl unterschiedlicher Distributionskanäle	1	2 –3 parallele Kanäle	3 – ca. 6 parallele Kanäle, die unterschiedlich zu behandeln sind	> 6 parallele Kanäle, die unterschiedlich zu behandeln sind
Anzahl Mitarbeiter	**Wenige**	**Kleines Team**	**Kleine, funktionale Organisation**	**Große Organisation**
Anzahl Mitarbeiter im Unternehmen incl. Führungsteam	Gründer(-team) plus max. 2-3 Mitarbeiter	Team bis max. 20 Mitarbeiter	(Funktionale) Organisation mit 20 bis 100 Mitarbeitern	Große Organisation mit über 100 Mitarbeitern

Abbildung 18: Operationalisierung der Unternehmensinternen Komplexität (Element 2)[407]

[404] Dazu wurden die in der Literatur verwendeten Kriterien und Beispiele für Komplexität ausgewertet und in verschiedenen Experten-Interviews diskutiert und auf ihre Relevanz und Anwendbarkeit hin überprüft. U.a. wurden die Kriterien aus folgenden Studien herangezogen: Adam/Johannwille (1998): Komplexitätsfalle, S. 7-9; Arbaugh/Camp (2000b): Organizational Complexity; Bliss (2000): Management von Komplexität, S. 5ff.; Clifford (1973): Growth pains, S. 148; Clifford (1975): Floundering Founder, S. 23; Covin/Slevin (1997): High growth transitions; Puhl (1999): Komplexitätsmanagement, S. 29; Reiß (1993a): Komplexitätsmanagement (I), S. 59; Schwenk-Willi (2001): Integriertes Komplexitätsmanagement, S. 27-28; Wildemann (1998): Komplexitätsmanagement, S. 48.

[405] Vgl. Clifford (1973): Growth pains, S. 148 und Clifford (1975): Floundering Founder, S. 23.

[406] Im Rahmen der Präzisierung des Bezugsrahmens in Kapitel 5 stehen natürlich auch die Messkriterien des Bezugsrahmens auf dem Prüfstand.

[407] Quelle: Modifiziert nach Clifford (1973): Growth pains und Clifford (1975): Floundering Founder.

Die Kriterien haben jeweils eine vierstufige Skala (von „niedrig“ mit dem Wert 1 bis „sehr hoch“ mit dem Wert 4). In der einfachsten Ausprägung hat ein Unternehmen also bei allen Kriterien einen niedrigen Komplexitätsgrad und den Wert 1. In der komplexesten Ausprägung hat ein Unternehmen bei allen Kriterien eine sehr hohe Komplexität (jeweils mit dem Wert 4). Der Gesamt-Komplexitätsgrad für die Unternehmenskomplexität errechnet sich aus der Multiplikation der Ausprägung der einzelnen Kriterien der internen und externen Unternehmenskomplexität. Adam/Johannwille kritisieren an einem Messmodell, wie es hier verwendet wird, zurecht, dass „es [...] kein eindeutiges Maß für Komplexität“ gibt, weil „keine Austauschrelationen zwischen den Komplexitätsdimensionen existieren.“[408] Dem Autor ist wohl bewusst, dass in dem hier verwendeten Komplexitätsmaß genau diese Austauschrelationen implizit enthalten sind, obwohl dies de facto nicht der Realität entspricht. Das Maß ist also ungenau. Außerdem ist das Maß an sich ohne jede Aussagekraft, da es zunächst einmal inhaltsleer ist. Das Maß an sich erhält erst dann einen Sinn, wenn man auf die Ebene der Kriterien heruntergeht und sich deren Veränderung anschaut. Das Wertvolle an dem Maß ist jedoch, dass man eine Entwicklung im Zeitablauf verfolgen kann und die Maßzahl eine Art Signalfunktion hat, in dem sie bei einer Erhöhung eines Kriteriums nicht linear, sondern nicht-linear ansteigt. Die weiteren Vorteile der Verwendung des Maßes werden im kommenden Abschnitt erläutert.

Abbildung 18 zeigt die Operationalisierung der einzelnen Kriterien der internen Komplexität. Diese werden im Folgenden erläutert:

1. **<u>Anzahl und Verschiedenartigkeit der Produkte:</u>**

   Die Erweiterung der Produktpalette hat einen großen Einfluss auf die Komplexität, da mit jedem neuen Produkt ein neues Element im System hinzukommt, das zahlreiche Verbindungen zu anderen Systemelementen besitzt. Beispielsweise müssen alle Funktionen, Standorte und Prozesse eines Unternehmens auf das neue Produkt vorbereitet sein.[409] Hier zeigt sich, dass eine lineare Erhöhung der Anzahl der Produkte nicht zu einem linearen, sondern eher zu einer exponentiellen Erhöhung der Komplexität führt. Daher werden die Kriterien in dem Meßsystem auch miteinander multipliziert.

   Insbesondere wirkt eine Erweiterung des Produktportfolios komplexitätserhöhend, wenn die Produkte nur wenig mit den bisherigen angebotenen Produkten gemeinsam haben, da dann möglicherweise z.B. nicht auf bestehende Partner, Prozesse, Know-

---

[408] Adam/Johannwille (1998): Komplexitätsfalle, S. 11.

[409] Laut Bliss determiniert die „Programmkomplexität“ die Unternehmenskomplexität in entscheidendem Umfang, insbesondere auch, weil mit einer Zunahme der Programmkomplexität nachfolgend auch die Prozesskomplexität steigt. Vgl. Bliss (2000): Management von Komplexität, S. 10.

how und Kundenkontakte aufgebaut werden kann, sondern diese völlig neu entwickelt werden müssen. Dies spiegelt sich im Übergang von Stufe 2 zu Stufe 3 wider.

Was sich hier weiterhin zeigt: die einzelnen Kriterien müssen nicht immer eindeutig sein. So ist der Übergang von Stufe 2 zu Stufe 3 im Zeitablauf nicht eindeutig, wenn ein Unternehmen beispielsweise vier Produkte in zwei Produktgruppen anbietet. Hier bleibt es der Entscheidung des Managements bzw. des Beobachters überlassen, ab wann man ein solches Unternehmen auf Stufe 3 einordnet. Das Wesentliche bei den Kriterien und Stufen ist, dass sich Forscher oder Manager Gedanken darüber machen, wie sich die Komplexität im Unternehmen im Zeitablauf verändert. Daher ist der absolute Wert des Komplexitätsgrades auch nicht relevant, sondern seine Entwicklung im Zeitablauf und im Vergleich zu den Umweltanforderungen und den Ressourcen im Unternehmen.[410]

2. **Komplexität der einzelnen Produkte:**

   Die (durchschnittliche) Komplexität der einzelnen Produkte (beschreibbar durch die Anzahl und Sensitivität der Komponenten sowie der Integrationsdichte des Produktes) trägt ebenfalls stark zur Komplexität bei. Auch hier ist die konkrete Einstufung eines Unternehmens z.T. eine Frage der Einschätzung, da die Kriterien allgemein gehalten sind, um möglichst breit anwendbar zu sein.

3. **Grad der Vorwärts- oder Rückwärtsintegration:**

   Die Vorwärts- bzw. Rückwärtsintegration bezieht sich auf das Ausgangs- oder Kerngeschäft eines Unternehmens und die dazugehörigen Wertschöpfungsstufen. So kann man bei einem klassischen produzierenden Unternehmen wie einem Maschinenbauunternehmen davon ausgehen, dass zu seinem Kerngeschäft die folgenden Stufen gehören: Beschaffung, Produktion, Vertrieb und Service. Wenn dieses Unternehmen nun beginnen würde, die bisher eingekauften Materialien und Vorprodukte selbst zu produzieren, wäre dies eine Rückwärtsintegration. Wenn das gleiche Unternehmen auch beginnen würde, für den Kunden den Betrieb der Maschinen zu übernehmen (also praktisch die Produktion für den Kunden zu übernehmen), wäre dies eine klassische Vorwärtsintegration. Solch eine wesentliche Ausdehnung der Aktivitäten trägt natürlich ebenfalls sehr stark zur Erhöhung der Komplexität bei.

[410] Auf diesen Aspekt wird in den folgenden Abschnitten noch näher eingegangen.

4. **Geschwindigkeit der Produktinnovationen:**
Die Innovationsgeschwindigkeit trägt zur Komplexität bei, weil durch die neuen Produkte zahlreiche Veränderungen (innerhalb des Unternehmens und in Richtung der externen Märkte) initiiert werden. Je höher die Geschwindigkeit (im Vergleich zu den Wettbewerbern) ist, desto schneller müssen auch die Veränderungen geplant und umgesetzt werden, was zwangsläufig zu höherer Komplexität führt, da die Abhängigkeit aller Elemente und vor allem deren Unsicherheit erhöht werden.

5. **Anzahl der Distributionskanäle**:
Eine höhere Anzahl an Distributionskanälen führt deshalb zu erhöhter Komplexität, weil für jeden Distributionskanal spezifische Prozesse, organisatorische Regelungen und Informationen vorgehalten werden müssen. Insbesondere bei einer hohen Veränderlichkeit des Unternehmens (wegen z.B. hoher Innovationsgeschwindigkeit) und des Marktumfeldes entsteht mit jedem zusätzlichen Distributionskanal ein nicht unerheblicher zusätzlicher Aufwand der Koordination und Information.
Hier ist im Übrigen die durchschnittliche Anzahl an Distributionskanälen bei allen Produkten gemeint, d.h. auch hier ist ein gewisser Interpretationsspielraum gegeben.

6. **Anzahl Mitarbeiter:**
Die Anzahl (und Unterschiedlichkeit) der Mitarbeiter sind ein weiterer wichtiger Faktor bei der Entwicklung der internen Unternehmenskomplexität. Aus dem Studium der diversen Wachstumsmodelle und den Experten-Interviews haben sich die verschiedenen Entwicklungsstufen relativ eindeutig ergeben:[411] die einfachste Stufe ist das anfängliche Kernteam (Gründer plus die ersten Mitarbeiter); bis ca. 20 Mitarbeiter lässt sich ein Unternehmen anscheinend gut als Team ohne viele Hierarchien und Regelungen führen; danach ist eine stärkere Formalisierung (in der Regel mit einer funktionalen Organisation) erforderlich, um das Unternehmen weiter koordinieren zu können; bei ca. 100 Mitarbeitern ist dann nochmals eine weitere Entwicklungsstufe erreicht, ab der dann z.B. bisher ausgegliederte Aktivitäten günstiger selbst im Unternehmen durchgeführt werden können oder auch eine Änderung der Organisation, z.B. von funktional zu divisional, sinnvoll sein kann.

---

[411] Vgl. u.a. Timmons (1994): New Venture Creation; Flamholtz (1994): Von der Gründer-Firma zum Profi-Unternehmen; Timmons (1996a): Managing Your Business Growth; Kühl (2001c): Ungebremstes Wachstum; Kühl (2001d): Dot.com-Erfahrungen; Schwertfeger (2001): Schnell am Ball; Ganz (Hrsg.) (2001): Das Management von Wachstum und Erfolg.

Element 3: Unternehmensexterne Komplexität

Die Unternehmensexterne Komplexität (Element 3) stellt auf die Komplexität ab, die durch die Anzahl, die Verschiedenartigkeit, die Abhängigkeit und die Unsicherheit der Elemente geschaffen wird, die direkt mit dem betrachteten Unternehmen verbunden, aber als „unternehmensextern" einzustufen sind. Dies sind z.B. Kundengruppen, Lieferanten, Partner, Wettbewerber oder alternative Technologien.

In Anlehnung an Clifford werden die folgenden vier Kriterien zur Messung der Unternehmensexternen Komplexität verwendet (siehe Abbildung 19).[412] Diese Kriterien haben neben dem direkten Einfluss auf die Unternehmenskomplexität auch direkte Auswirkungen auf die Komplexitätsanforderungen der Umwelt (Element 5). Auf diesen Aspekt wird weiter unten in diesem Abschnitt bei der Operationalisierung der Komplexitätsanforderungen eingegangen.

[412] Vgl. Clifford (1973): Growth pains, S. 148 und Clifford (1975): Floundering Founder, S. 23. Auch hier wurden die in der Literatur verwendeten Kriterien und Beispiele für Komplexität ausgewertet und in verschiedenen Experten-Interviews diskutiert und auf ihre Relevanz und Anwendbarkeit hin überprüft. U.a. wurden die Kriterien aus folgenden Studien herangezogen: Adam/Johannwille (1998): Komplexitätsfalle, S. 7-9; Arbaugh/Camp (2000b): Organizational Complexity; Bliss (2000): Management von Komplexität, S. 5ff.; Clifford (1973): Growth pains, S. 148; Clifford (1975): Floundering Founder, S. 23; Covin/Slevin (1997): High growth transitions; Puhl (1999): Komplexitätsmanagement, S. 29; Reiß (1993a): Komplexitätsmanagement (I), S. 59; Schreyögg (1998): Organisation (Duncans „Simple-Complex-Index"); Schwenk-Willi (2001): Integriertes Komplexitätsmanagement, S. 27-28; Wildemann (1998): Komplexitätsmanagement, S. 48.

Externe Unternehmenskomplexität

Dimensionen der Entwicklung	Komplexitätsgrad: Niedrig (1)	Mäßig (2)	Hoch (3)	Sehr hoch (4)
Geographische Ausdehnung	**Regional**	**National**	**National, erheblicher Exportanteil**	**International**
Geographische Verteilung der Märkte	Nur regional begrenzte Aktivitäten, die von der Stammniederlassung durchgeführt werden	National begrenzte Aktivitäten, die von der Stammniederlassung durchgeführt werden (bei Firmen in Süddeutschland kann man Vertriebsaktivitäten in Ö und CH ggf. noch zu „national" zählen	Neben den nationalen Aktivitäten gibt es erhebliche internationale Aktivitäten (> 25% Umsatzanteil)	Das Unternehmen ist auf verschiedenen internationalen Märkten aktiv; ein erheblicher Anteil des Umsatzes verteilt sich auf verschiedene Länder
(End-) Kundengruppen	**Eine, eindeutig definiert**	**2 - 3**	**Einige, unterschiedlich**	**Viele, sehr unterschiedlich**
Anzahl unterschiedlicher Kundengruppen	1	2 –3	3 – ca. 10	> ca. 10
Einheitlichkeit der Kundenanforderungen und Kundenansprache für alle Gruppen	n.a.	Kundenanforderungen sind im Detail unterschiedlich und die Kundenansprache erfolgt z.T. unterschiedlich (inhaltlich oder in Bezug auf Distributionskanal)	Kundenanforderungen sind z.T. auch in zentralen Punkten unterschiedlich und die Kundenansprache erfolgt z.T. gänzlich unterschiedlich (inhaltlich oder in Bezug auf Distributionskanal)	Kundenanforderungen sind z.T. sehr unterschiedlich und die Kundenansprache erfolgt z.T. gänzlich unterschiedlich (inhaltlich oder in Bezug auf Distributionskanal)
Wettbewerbsintensität (Preis, Produkt, Marketing)	**Niedrig**	**Niedrig bis mäßig**	**Mäßig bis intensiv**	**Sehr intensiv**
Anzahl Wettbewerber Wettbewerbsintensität in bezug auf die Preise, die Produktqualität oder durch Marketingaktivitäten der Wettbewerber	Keine oder sehr wenige ernstzunehmende Wettbewerber Niedrige Wettbewerbsintensität	Wenige ernstzunehmende Wettbewerber Wettbewerb ist vorhanden: Wettbewerber positionieren sich mit eindeutigen Aussagen zu Qualität oder Kosten	Einige starke Wettbewerber in den jeweiligen Geschäftsbereichen Wettbewerb ist vorhanden: Wettbewerber positionieren sich mit eindeutigen Aussagen zu Qualität oder Kosten	Einige sehr starke Wettbewerber in den jeweiligen Geschäftsbereichen Wettbewerb ist vorhanden: Wettbewerber positionieren sich mit eindeutigen Aussagen zu Qualität oder Kosten
Umweltveränderungen (ökonomisch, politisch, sozial, ökologisch, technologisch)	**Stabil**	**Stabil bis mäßig**	**mäßig bis intensiv**	**Hoch veränderlich, sehr intensiv**
Häufigkeit, Schwere und Vorhersehbarkeit der Umweltveränderungen	Umwelt und Marktumfeld sind relativ stabil; Veränderungen sind weitgehend planbar	Umwelt und Marktumfeld sind in einigen Bereichen stabil, andere Bereiche verändern sich regelmäßig, aber nicht so stark ; Veränderungen sind nicht immer planbar	Umwelt und Marktumfeld ändern sich regelmäßig, z.T. auch mit starken Veränderungen; Veränderungen sind häufig nicht vorhersehbar	Umwelt und Marktumfeld ändern sich permanent, z.T. auch mit sehr starken Veränderungen; Veränderungen sind sehr selten vorhersehbar

Abbildung 19: Operationalisierung der Unternehmensexternen Komplexität (Element 3)[413]

Die Skalierung und Bewertung der Kriterien entspricht der im vorigen Abschnitt vorgestellten.[414] Die in Abbildung 19 dargestellte Operationalisierung wird hier kurz erläutert:

1. **Geographische Ausdehnung:**

   Die regionale Ausdehnung spielt für die Komplexität eines Unternehmens eine wichtige Rolle, da die regionale Koordination der Aktivitäten mit zunehmender Größe schwieriger wird. Insbesondere stellt die Internationalisierung eine einschneidende Veränderung in der Unternehmensentwicklung dar. Die geographische Ausdehnung ist eine endogene (also durch das Management beeinflussbare) Größe.[415]

[413] Quelle: Modifiziert nach Clifford (1973): Growth pains und Clifford (1975): Floundering Founder.

[414] Damit trifft auch hier die zuvor geäußerte Kritik der impliziten Austauschrelationen und der Inhaltsleere des Maßes zu. Vgl. Adam/Johannwille (1998): Komplexitätsfalle, S. 11. Die Vorteile der Verwendung des Maßes werden im kommenden Abschnitt erläutert.

[415] Vgl. Küpers (1999): Management in kulturell komplexen Unternehmen.

2. **(End-) Kundengruppen:**

Die Anzahl und Unterschiedlichkeit der Kundengruppen ist ein sehr wichtiger Komplexitätsfaktor, da davon eine Reihe anderer die Komplexität bestimmende Faktoren beeinflusst werden. So geht eine größere Zahl unterschiedlicher Kundengruppen i.d.R. mit einer erhöhten Anzahl an Produktvarianten einher. Auch die Anzahl der Distributionskanäle und die Wettbewerbsintensität steigen vermutlich in Folge einer Ausweitung der Ziel-Kundengruppen. Die dargestellte Operationalisierung ist als tatsächlich unterschiedliche Kundengruppen zu verstehen (und nicht bezogen auf ein Produkt oder eine Produktgruppe). Die Zahl und Unterschiedlichkeit der Kundengruppen ist z.T. beeinflussbar, d.h. als endogener Faktor zu betrachten. In Abhängigkeit einer grundlegenden Strategie bzw. der Festlegung des Geschäftsmodells hat das Management-Team zu einem gegebenen Zeitpunkt möglicherweise die Option, sich auf die interessantesten Kundengruppen zu konzentrieren.

3. **Wettbewerbsintensität:**

Die Wettbewerbsintensität bezieht sich u.a. auf die Bereiche Preis, Produkt(-qualität) und Marketing und kann an der Anzahl der Wettbewerber und der Aggressivität festgemacht werden. Eine erhöhte Wettbewerbsintensität erhöht die Komplexität, weil eine erhöhte Anzahl an Wettbewerbern oder deren verstärkte Aktivitäten die Einschätzung der zukünftigen Marktentwicklung stark erschweren: z.B. verstärken sich die Interdependenzen der Aktivitäten der Konkurrenzunternehmen, wodurch sich die allgemeine Unsicherheit erhöht. Außerdem erschwert verstärkter Wettbewerb die Positionierung und die Überzeugung der Kunden. Bei diesem Kriterium ist wiederum ein gewisser Ermessensspielraum gegeben. Jedoch ist auch hier das Entscheidende, wie sich die Wettbewerbsintensität über die Zeit hinweg verändert. Der Wettbewerb ist eine im Wesentlichen exogene Variable. Das Management-Team könnte lediglich versuchen, sich zukünftig auf eine weniger wettbewerbsintensive Nische zu konzentrieren. Ob man sich in dieser Nische etablieren kann und ob diese dann wirtschaftlich auch interessant ist, bleibt a priori das Risiko einer solchen Strategie.

4. **Umweltveränderungen:**

Unter Umweltveränderungen sind z.B. Veränderungen in der makro-ökonomischen, politisch-rechtlichen, sozio-kulturellen, ökologischen oder technologischen Umwelt zu verstehen. Hier wird der These des Kontingenzansatzes gefolgt: je höher die Veränderungsgeschwindigkeit der Umwelt, desto komplexer ist sie auch, da die Abhängigkeit zwischen den Elementen immer schlechter vorhergesagt werden kann und die Unsicherheit steigt. Um erfolgreich zu sein, muss sich ein Unternehmen an die turbulenten Umweltbedingungen anpassen. Die Veränderlichkeit der Umwelt ist ein exogener Faktor, dem nur durch grundlegende Veränderungen des Unternehmens „zu entkommen" ist (z.B. indem der Firmensitz in ein anderes Land verlegt wird oder ein völlig anderer Markt bedient wird).

Element 4: Unternehmenskomplexität

Abbildung 20 zeigt als Ergebnis der Unternehmensinternen und Unternehmensexternen Komplexität die Operationalisierung der Unternehmenskomplexität (Element 4) im Überblick.

	Dimensionen der Entwicklung	Komplexitätsgrad: Niedrig (1)	Mäßig (2)	Hoch (3)	Sehr hoch (4)
Interne Unternehmenskomplexität	Anzahl + Verschiedenartigkeit Produkte	Ein Produkt	Mehrere verwandte	Mehrere verwandte, einige nicht verwandte	Verschiedene, komplexes Portfolio
	Komplexität der einzelnen Produkte	Einfaches Design	Viele Komponenten	Hoch integriert, technisch sensitiv	Technisch höchst komplexes System
	Grad der Vorwärts-/ Rückwärtsintegration	Keine	Teilweise, ein Schritt	Ausgedehnt, mehrere Schritte	Höchst integriert
	Geschwindigkeit der Produktinnovationen	Langsam	Langsam bis mäßig	Mäßig bis schnell	Schnell
	Anzahl Distributionskanäle	1	2 - 3	Einige	Viele, komplexe
	Anzahl Mitarbeiter	Wenige	Kleines Team	Kleine, funktionale Organisation	Große Organisation
Externe Unternehmenskomplexität	Geographische Ausdehnung	Regional	National	National, erheblicher Exportanteil	International
	(End-) Kundengruppen	Eine, eindeutig definiert	2 - 3	Einige, unterschiedlich	Viele, sehr unterschiedlich
	Wettbewerbsintensität (Preis, Produkt, Marketing)	Niedrig	Niedrig bis mäßig	Mäßig bis intensiv	Sehr intensiv
	Umweltveränderungen (ökonomisch, politisch, sozial, Arbeitsmarkt)	Stabil	Stabil bis mäßig	mäßig bis intensiv	Hoch veränderlich, sehr intensiv

Ausprägung bei den einzelnen Komplexitätstreibern werden miteinander multipliziert:
➔ Maßzahl für den Komplexitätsgrad variiert zwischen: $1^{10} = 1$ und $4^{10} = 1.048.576$

Abbildung 20: Operationalisierung der Unternehmenskomplexität (Element 4)[416]

[416] Quelle: Modifiziert nach Clifford (1973): Growth pains und Clifford (1975): Floundering Founder.

Die Unternehmenskomplexität ist also die tatsächlich realisierte Komplexität, d.h. die Abbildung der gegenwärtigen Aktivitäten eines Unternehmens im Zusammenhang mit komplexitätstreibenden Einheiten wie Produkten, Kunden und Partnern. Sie ergibt sich aus dem Produkt der Ausprägung der zehn Kriterien. Im einfachsten Fall (alle Ausprägungen sind „niedrig" mit dem Wert 1) ergibt sich also ein Komplexitätsgrad von $1^{10} = 1$. Der höchste Komplexitätsgrad von 1.048.576 wird mit einer „sehr hohen" Ausprägung aller Kriterien (Wert 4) erreicht.[417]

Der zuvor bereits angesprochenen Kritik der implizit unterstellten Austauschrelationen und der Inhaltsleere des hier verwendeten Maßes muss Recht gegeben werden.[418] Diese negativen Aspekte des Maßes werden durch die positiven jedoch mehr als aufgewogen:

- Das Modell an sich ist einfach zu handhaben und übersichtlich.
- Die Datenerhebung ist relativ einfach (auch in Bezug auf historische und zukünftige Entwicklungen).
- Die Entwicklung der Komplexität lässt sich mittels des Maßes gut im Zeitablauf verfolgen.
- Die Maßzahl besitzt eine deutliche Signalfunktion hat, in dem sie bei einer Erhöhung eines Kriteriums nicht linear, sondern nicht-linear ansteigt. Die nicht-lineare Auswirkung einer Erhöhung eines Kriteriums ist im Übrigen eine realitätsnahe Modellierung, da sich die Kriterien – wie mehrfach gezeigt – gegenseitig beeinflussen.

Die Unternehmenskomplexität kann vom Management durch (strategische) Entscheidungen beeinflusst werden: die Komplexitätsanforderungen der Umwelt an das Unternehmen (Element 5) sind dabei jedoch eine zu beachtende Restriktion. Diese können allerdings z.T. durch die Wahl strategischer Optionen und die Gestaltung des Geschäftsmodells beeinflusst werden. Darauf wird im folgenden Abschnitt eingegangen.

Eine offensichtliche Dimension der Unternehmenskomplexität sind deren negativen Auswirkungen, wie die verursachten Kosten und Schwierigkeiten der Koordination einer hohen Komplexität. Dem steht jedoch der Nutzen der Komplexität gegenüber, den man mit Begriffen wie Vielfalt, Differenzierung, Variantenreichtum, Ertragspotenziale und eine hohe Identität zwischen der angebotenen Marktleistung und den heterogenen Marktbedürfnissen be-

---

[417] Dies entspricht dann der Komplexität eines weltweit operierenden Konzerns wie der SIEMENS AG.

[418] Siehe vorherige Abschnitte und vgl. Adam/Johannwille (1998): Komplexitätsfalle, S. 11.

schreiben kann.[419] Eine solche Nutzendimension der Unternehmenskomplexität lässt sich auf Ashbys „Gesetz der erforderlichen Varietät"[420] zurückführen. In seiner erweiterten Grundaussage postuliert das Gesetz, dass jedes natürliche oder künstliche System in direkter Abhängigkeit umso erfolgreicher in seiner Zielerreichung ist, je mehr Kompensationsalternativen es potenziell für differenzierte Umweltzustände vorhält.[421]

In Bezug auf junge Wachstumsunternehmen wird davon ausgegangen, dass besonders während der frühen Unternehmensentwicklung (nach Gründung, kleines Team und vor/während des Markteintritts) die Auswirkungen des Wachstums zu einer besonders starken Erhöhung der Komplexität führen.

Element 5: Komplexitätsanforderungen der Umwelt

Das Element Komplexitätsanforderungen der Umwelt drückt aus, welche Anforderungen von der Umwelt an ein Unternehmen gestellt werden. Dieser Teil des Bezugsrahmens basiert auf den Gedanken des Kontingenzansatzes. Hier wird in erster Linie auf die Komplexitäts-relevanten Anforderungen abgestellt. Wie in der Modellübersicht zu sehen, werden die Komplexitätsanforderungen der Umwelt direkt beeinflusst durch die zuvor beschriebene Unternehmensexterne Komplexität. D.h., dass die oben genannten vier Messgrößen der unternehmensexternen Komplexität auch die Komplexitätsanforderungen beeinflussen.[422] Im Folgenden werden die Auswirkungen dieser vier Kriterien der Unternehmensexternen Komplexität auf die Komplexitätsanforderungen erläutert:

1. **Geographische Ausdehnung:**
   Die Festlegung, in welchen regionalen Märkten ein Unternehmen aktiv wird, hat einen großen Einfluss auf die Unterschiedlichkeit der externen Anforderungen an das Unternehmen, da davon auszugehen ist, dass es in allen Märkten regionale Unterschiede gibt. So sind beispielsweise die Anforderungen der Kunden im Detail regional unterschiedlich, die rechtlichen Rahmenbedingungen weichen möglicherweise voneinander ab und der Wettbewerb gestaltet sich abweichend. Bei einer geographischen Auswei-

---

[419] Vgl. Bliss (2000): Management von Komplexität, S. 11.

[420] Vgl. Ashby (1956): An Introduction to Cybernetics und die Abschnitte 2.5 und 2.6.

[421] Vgl. Heylighen (1996): The Growth of Structural and Functional Complexity und Bliss (2000): Management von Komplexität, S. 11.

[422] Tichy (1983) nennt sehr ähnliche Ursachen von Wandel: (1) Umfeld: Wirtschaftliche Einbrüche, Wettbewerbsdruck; (2) Wettbewerbsstruktur: Neue Allianzen, Akquisitionen, Kooperationen; (3) Technologien: Verfahrens- oder Produkttechnologien; (4) Mitarbeiter (z.B. neues Top-Management-Teammitglied): andere Wirklichkeitswahrnehmung mit veränderten Prioritäten. Zitiert nach Müller-Stewens/Lechner (2001): Strategisches Management, S. 378.

tung der Aktivitäten muss das Unternehmen also eine steigende Anzahl unterschiedlicher Anforderungen berücksichtigen und innerhalb des Unternehmens abbilden, um darauf reagieren zu können. Dies entspricht der kontingenztheoretischen Kernannahme nach Lawrence/Lorsch, dass die Komplexität der Umwelt sich auch in der Komplexität des Unternehmens widerspiegelt.[423] Weiterhin wird damit Ashby's „law of requisite variety" gefolgt.[424]

2. **(End-) Kundengruppen:**
   Auch die Anzahl und die Unterschiedlichkeit der Kundengruppen hat maßgeblichen Einfluss auf die Varietät der Anforderungen an ein Unternehmen. Bewegt sich ein Unternehmen bspw. mit einer Produktvariante im Business-to-Business-Bereich und mit einer anderen Produktvariante in einem Business-to-Consumer-Markt muss es die gänzlich unterschiedlichen Anforderungen der beiden Kundengruppen im Unternehmen abbilden. Dies betrifft in der Regel die meisten Unternehmensbereiche und viele übergreifende Unternehmensprozesse.

3. **Wettbewerbsintensität:**
   Die Wettbewerbsintensität hat ebenfalls großen Einfluss auf die Komplexitätsanforderungen, da Unternehmen in wettbewerbsintensiven Märkten sich sehr viel stärker mit den Konkurrenzunternehmen und -produkten auseinandersetzen müssen: so bedarf es bspw. bei der Positionierung einer deutlicheren Abgrenzung zum Wettbewerb. Weiterhin gestaltet sich die Kundengewinnung und -haltung wesentlich schwieriger und aufwendiger als in einem Markt mit einem schwachen Wettbewerb. Die Wettbewerbsintensität beeinflusst außerdem maßgeblich die Dynamik bzw. Stabilität der Umwelt. Eine hohe Wettbewerbsintensität wird hier eng verknüpft mit einer hohen Dynamik. Nach Lawrence/Lorsch tendieren erfolgreiche Unternehmen in dynamischen Umwelten eher zu „organischen Strukturen"[425]. Gleichzeitig stellten Lawrence/Lorsch fest, dass in dynamischen Umwelten die funktionalen Einheiten der Unternehmen häufig sehr differenziert in ihrer Art des Denkens und Handelns waren, und zwar ange-

---

[423] Vgl. Lawrence/Lorsch (1967a): Differentiation and Integration und Lawrence/Lorsch (1967b): Organization and Environment und Abschnitt 2.5.

[424] Vgl. Ashby (1956): An Introduction to Cybernetics und die Abschnitte 2.5 und 2.6.

[425] „Als ‚organisch' bezeichneten sie dabei eine Struktur, die u.a. große Leitungsspannen, wenige Hierarchieebenen, ein geringes Ausmaß an formalen Regelungen, geringe Zentralisation von Entscheidungen, einen hohen Stellenwert fachlicher Autorität und relativ geringe Qualifikationsunterschiede bei den Stelleninhabern aufweist, und als ‚mechanistisch' eine, die in allen diesen Dimensionen konträre Ausprägungen hat.", Kieser (Hrsg.) (1995): Organisationstheorien, S. 156.

passt an die jeweiligen Anforderungen des speziellen Umfelds.[426] Es kann also festgehalten werden, dass die Wettbewerbsintensität die Komplexitätsanforderungen der Umwelt wesentlich beeinflusst.

4. **Umweltveränderungen:**
   Veränderungen der Umwelt sind – von ihrem Einfluss auf die Komplexitätsanforderungen her – ähnlich einzuschätzen wie die Wettbewerbsintensität. Häufige und starke Veränderungen der Umwelt lassen sich mittel- bis langfristig nur erfolgreich überstehen, wenn sich ein Unternehmen darauf einstellt und entsprechend flexible und anpassungsfähige Strukturen schafft.[427]

Die Komplexitätsanforderungen (Element 5 im Modell) sind also nicht gleichzusetzen mit der im Unternehmen umgesetzten Unternehmenskomplexität (Element 4), obwohl beide im Wesentlichen durch die unternehmensexterne Komplexität (Element 3) beeinflusst werden. Im Rahmen dieser Arbeit wird angenommen, dass bei der Gestaltung des Unternehmens, hier im speziellen der Unternehmenskomplexität (Element 4) nur diejenigen Aspekte der unternehmensexternen Komplexität umgesetzt werden, die wahrgenommen werden, mit den bestehenden Ressourcen handhabbar und im Zusammenhang mit anderen strategischen und organisatorischen Festlegungen kompatibel sind.[428] Wie aus der Beschreibung der Komplexitätsanforderungen schon erkennbar wurde, handelt es sich hierbei nicht um messbare „hard facts", sondern um weiche Faktoren, die nur sehr schwer operationalisierbar sind und deren Bewertung stark von der subjektiven Einschätzung des messenden Individuums abhängt. So ist es durchaus wahrscheinlich, dass die Einschätzung der Dynamik eines Marktes und der Implikationen für die Ausgestaltung des Unternehmens von zwei Unternehmern derselben Branche

[426] Vgl. Lawrence/Lorsch (1967b): Organization and Environment.
[427] Vgl. Kieser (Hrsg.) (1995): Organisationstheorien, S. 165.
[428] Beispielsweise ist denkbar, dass in einem jungen Wachstumsunternehmen die unterschiedlichen Anforderungen verschiedener Vertriebspartner wahrgenommen werden, aber zunächst einfach nicht genug Zeit und Mitarbeiter vorhanden sind, um den spezifischen Anforderungen der Partner gerecht zu werden. Dann müssen Prioritäten gesetzt und bestimmte Anforderungen (in diesem Falle von bestimmten Vertriebspartnern) zunächst vernachlässigt werden. So erhalten dann bspw. alle Vertriebspartner die gleichen Informationen und Vertriebsunterlagen, obwohl unterschiedliche Präferenzen vorliegen.

ganz unterschiedlich wahrgenommen werden und dementsprechend auch die „Konfiguration" der Unternehmen anders aussieht.[429]

So kann bewusst oder unbewusst ein Missverhältnis zwischen den Komplexitätsanforderungen der Umwelt (Element 5) und der im Unternehmen abgebildeten Komplexität (Element 4) entstehen. Dieser „Komplexitäts-Umwelt-Fit" (Element 9) wird weiter unten beschrieben.

Elemente 6-8: Ressourcen (Komplexitäts-Fähigkeiten)

Bezüglich der Ressourcen (bzw. den Komplexitäts-Fähigkeiten) bestehend aus den Komponenten „Organisation und Prozesse" (Element 6), „Mitarbeiter und Personalentwicklung" (Element 7) und „Managementfähigkeiten" (Element 8) sollen zunächst einige grundlegende Annahmen getroffen werden.

Hier werden nur die Ressourcen betrachtet, die wesentlich zur Handhabung von Komplexität beitragen, die also auch als Komplexitäts-Fähigkeiten bezeichnet werden können.[430] Bei der Untersuchung der Ressourcen sind drei Aspekte von Interesse: die Verfügbarkeit von Ressourcen, die Konfiguration der verfügbaren Ressourcen und die aus den ersten beiden Aspekten abgeleiteten Komplexitäts-Fähigkeiten der Ressourcen.

Es wird angenommen, dass der Aufbau und die Konfiguration der Ressourcen nicht direkt mit dem Wachstum zusammenhängen,[431] sondern eher ein Ergebnis der bewussten oder unbewussten Gestaltung durch das Management sind. Dieser Zusammenhang wurde aus Gründen der Übersichtlichkeit im Bezugsrahmen jedoch nicht explizit dargestellt. Prinzipiell wird davon ausgegangen, dass das Management permanent versucht, die Ressourcen den gegebenen

[429] So ist z.B. vorstellbar, dass regional leicht unterschiedliche Anforderungen an das Produkt gestellt werden. Das Unternehmen nimmt dieses vielleicht auch wahr, entscheidet sich jedoch dafür, das Produkt nicht regional zu differenzieren, um Skaleneffekte (in allen Unternehmensbereichen) ausnutzen zu können. Damit werden unter Umständen die Absatzmöglichkeiten geschmälert. Auf der anderen Seite können die (Komplexitäts-)Kosten jedoch auch wesentlich niedriger gehalten werden. Hier ergibt sich also ein bewusste wahrgenommenes Missverhältnis zwischen Anforderungen und umgesetzter Komplexität. Ob dies zu einem Problem führt, hängt davon ab, wie gravierend das Missverhältnis ist und ob die Auswirkungen des Missverhältnisses richtig eingeschätzt worden sind. Führt die fehlende regionale Differenzierung zu weitaus höheren Umsatzeinbußen als angenommen, kann dies „plötzlich" zu einem sehr gravierend empfundenen Missverhältnis führen, das nur mit Hilfe eines Phasenübergangs beseitigt werden kann.

[430] Bezüglich des Unterschieds zwischen Ressourcen und Fähigkeiten (capabilities) siehe Abschnitt 2.4. So sind finanzielle oder technologische Ressourcen für die Unternehmensentwicklung überaus wichtig, helfen aber nicht primär bei der Handhabung von Komplexität. Mit Hilfe finanzieller Ressourcen kann ein Unternehmen aber möglicherweise die fehlenden Komplexitätsfähigkeiten aufbauen oder kompensieren.

[431] Bei der Darstellung des Bezugsrahmens ist das erkennbar, weil keine Verbindung zwischen dem Element 1 und den Elementen 6-8 vorhanden ist.

Umständen und den zukünftigen Herausforderungen anzupassen. Die Konfiguration der Ressourcen und der Aufbau von Komplexitäts-Fähigkeiten stellt also eine wesentliche Stellschraube für das Management dar: bei steigender Komplexität müssen auch die Ressourcen und Fähigkeiten im Unternehmen mitwachsen. Dieser Anpassungsmechanismus verläuft i.d.R. unbewusst. Wenn das Missverhältnis zwischen Unternehmenskomplexität und den Komplexitäts-Fähigkeiten zu groß wird, kann dies bei der Management-Komplexität zur Überschreitung des kritischen Drucks („tension“) führen und in der Folge ein Phasenübergang eingeleitet werden. Dieser Zusammenhang wird in den folgenden Abschnitten zum Element 10 „Komplexitäts-Fähigkeits-Fit“ und Element 11 „Management-Komplexität“ näher beschrieben.

Die drei Elemente können nur sehr schwierig operationalisiert und quantifiziert werden. Im Folgenden werden die drei Elemente anhand verschiedener Kriterien qualitativ beschrieben. Im Rahmen der Fallstudien soll dann klarer werden, welche Faktoren bei den drei Elementen entscheidend für die Ausprägung der Komplexitäts-Fähigkeiten sind.

Element 6: Ressource: Organisation und Prozesse

Die Organisation eines Unternehmens und die Unternehmensprozesse haben einen starken Einfluss auf die Fähigkeit des Unternehmens mit einer gegebenen Komplexität umzugehen. Durch dieses Element soll die Wichtigkeit der „richtigen“ Konfiguration der Ressourcen hervorgehoben werden, denn Organisationsaufbau und Prozesse können in diesem Zusammenhang mit der Konfiguration der Ressourcen gleichgesetzt werden.

Die Organisation eines Unternehmens kann durch folgende Kriterien beschrieben werden:

- Aufbauorganisation (einfache Teamstrukturen, funktional, divisional, Matrixorganisation, virtuelle Projekt- oder Unternehmensorganisation[432],...)
- Leitungsspanne: Verhältnis Anzahl Mitarbeiter zu Top-Management-Teammitglieder
- Formalisierungsgrad der Organisation: Organigramme, Funktionsbeschreibungen, Stellenbeschreibungen, Zielvereinbarungen, Kontrollmechanismen
    - Messbar: Anteil der Mitarbeiter, für die schriftliche Funktions-/ Stellenbeschreibungen vorliegen und Anzahl Hierarchieebenen
- Unterschiedlichkeit der Abteilungen/Organisationseinheiten
- Grad der Unabhängigkeit von Unternehmensbereichen

[432] Vgl. Bartsch-Beuerlein/Klee (2001): Virtuelle Teams.

Die Prozesse eines Unternehmens können durch die folgenden Kriterien beschrieben werden:

- Formalisierung der Kommunikation
- Definition und Formalisierung der Prozesse
    - Messbar: Anteil der schriftlich definierten bzw. dokumentierten Prozesse
- Veränderungsprozesse und Flexibilität des Unternehmens (Wie wurde z.B. bisher mit Veränderungen umgegangen?)

Element 7: Ressource: Mitarbeiter und Personalentwicklung

Die Mitarbeiter sind im Unternehmen diejenigen, die eine bestimmte Unternehmenskomplexität handhaben müssen. Von ihren Fähigkeiten der Komplexitätshandhabung hängt maßgeblich die Leistungsfähigkeit des Unternehmens ab. In einer dynamischen Betrachtung wird deshalb die Personalentwicklung zu einer zentralen Herausforderung, da (laut grundlegender Annahme dieses Modells) in jungen Wachstumsunternehmen das Wachstum zu einer wesentlichen Erhöhung der Komplexität führt. Das bedeutet, dass die Fähigkeiten der Mitarbeiter im Zeitablauf mit den steigenden Anforderungen mitwachsen sollten.[433]

Festmachen kann man die Komplexitäts-Fähigkeiten der Mitarbeiter an den folgenden Kriterien:

- Anzahl der Mitarbeiter
- Ausbildungsniveau, funktionale Erfahrung und Branchenerfahrung der Mitarbeiter
- Unsicherheit + fehlendes Know-how Mitarbeiter aufgrund des kürzlichen Eintritts in das Unternehmen
    - Messbar: Anteil der Mitarbeiter mit weniger als sechs Monaten Unternehmenszugehörigkeit
- Eigenverantwortlichkeit der Mitarbeiter

---

[433] Dieser Gedanke folgt dem *„Dynamic-Capability"-Ansatz* nach Teece/Pisano/Shuen. Siehe Abschnitt 2.4 und Teece/Pisano/Shuen (1997): Dynamic capabilities.

Element 8: Ressource: Management-Fähigkeiten

„Einen ‚Königsweg' für den erfolgreichen Wandel von einer Gründer-Firma zu einem Profi-Unternehmen gibt es nicht. Der Schlüssel zum Erfolg liegt vielmehr in der Erkenntnis des Unternehmers, dass die hergebrachte Struktur und das Management der Firma den künftigen Anforderungen nicht mehr gerecht werden."[434]

Wie bereits im Zusammenhang mit den empirischen Untersuchungen gezeigt, stellen die Management-Fähigkeiten einen zentralen Erfolgsfaktor für das Wachstum und langfristige Überleben eines jungen Wachstumsunternehmens dar.[435] Von seinen Fähigkeiten der Komplexitätshandhabung, der (Re-)Konfiguration bestehender Ressourcen, der Akquisition neuer Ressourcen und der Re-Definition der umgesetzten Komplexität hängt die Leistungsfähigkeit eines Unternehmens im Wesentlichen ab.[436] Ein wesentlicher Aspekt ist dabei die Erfahrung des Management-Teams in Bezug auf die jeweiligen Aufgaben (funktionale Erfahrung), die Branche bzw. den Markt (Markterfahrung) und die Unternehmensleitung und Mitarbeiterführung (Managementerfahrung).[437]

Der *„Managerial-Capability"-Ansatz*[438] beschäftigt sich mit der Frage der Einflussfaktoren des Managements auf das Unternehmensergebnis. Nach Hutzschenreuter ist der Einfluss des Managements weder vollständig noch gar nicht vorhanden, sondern in gewissem Maße abhängig von Restriktionen und Abhängigkeiten innerhalb und außerhalb des Unternehmens: „Der Einfluss des Managements kann damit nicht allgemeingültig beschrieben werden, sondern ist an die Charakteristika der betreffenden Manager und an die Charakteristika des Objektes konditioniert, auf das er sich bezieht."[439]

---

[434] Flamholtz (1994): Von der Gründer-Firma zum Profi-Unternehmen, S. 345-346.

[435] Siehe Abschnitt 2.2.2.

[436] Vgl. Covin/Slevin (1997): High growth transitions, S. 109.

[437] Flamholtz zeichnet sehr schön überspitzt ein Bild, das vermutlich auf eine ganze Reihe junger Wachstumsunternehmen zutrifft: „Überdies sind die Manager der meisten dieser Firmen zum ersten Mal an einer Existenzgründung unmittelbar beteiligt. Das ist etwa genauso einfach, wie in einem undichten Ruderboot mit einer unerfahrenen Mannschaft ein unbekanntes Gewässer zu befahren, umzingelt von einem Rudel Haie. Das Meer ist unberechenbar und das Boot schwerfällig, die benötigten Kenntnisse sind nicht oder nur ungenügend vorhanden, und man wird ständig daran erinnert, was eine Fehleinschätzung für Folgen haben kann.", Flamholtz (1994): Von der Gründer-Firma zum Profi-Unternehmen, S. 40.

[438] Der Ansatz wird häufig auch als „Managerial-Capacity"-Ansatz bezeichnet. Im Rahmen dieser Arbeit werden die Begriffe Managementfähigkeiten und Managementkapazität synonym benutzt, da hier unter Managementfähigkeiten immer das folgende verstanden wird: Die Managementfähigkeiten werden durch den Umfang und die Qualität der Leistungen bestimmt, die die Personen erbringen, die dazu legitimiert sind, über die Art und den Umfang der Unternehmenstätigkeit zu entscheiden und diese Entscheidungen gegenüber anderen Personen durchzusetzen. Dies entspricht der Definition von „Managementkapazität" nach Hutzschenreuter (2001): Managementkapazitäten, S. 9.

[439] Hutzschenreuter (2001): Managementkapazitäten, S. 16.

Eine weitere, in diesem Zusammenhang zu beachtende Dimension ist, auf welche Bereiche sich die Management-Fähigkeiten beziehen: es lassen sich zwei Gruppen von Aufgaben für das Management-Team in jungen Wachstumsunternehmen unterscheiden:[440]

- Administrative Aufgaben zum Management der bestehenden „Operations“ („administrative services“, wie Planungs-, Steuerungs- und Kontrollleistungen zur Nutzung des Unternehmens mit dem primären Ziel der Effizienzsteigerung) und
- Vorbereitung der weiteren Unternehmensentwicklung („entrepreneurial services“, wie Planungs-, Steuerungs- und Kontrollleistungen zur Gestaltung des Unternehmens mit dem Ziel neue Möglichkeiten und Potenziale zu generieren).[441]

Diese muss ein Management-Team parallel beherrschen, um nachhaltig erfolgreich wachsen zu können.

Bei einer dynamischen Betrachtung im Zeitablauf kommt ein weiterer wichtiger Aspekt hinzu: die Weiterentwicklung und der Ausbau der Management-Fähigkeiten. Roberts[442] weist darauf hin, dass sich das Management-Verhalten in einem Wachstumsunternehmen im Zeitablauf verändern muss: zunächst wird das Management stark in das Tagesgeschäft eingebunden sein und viele Dinge selbst erledigen (Managementstil „content“). Mit zunehmender Größe und einer zweiten Management-Hierarchieebene muss sich das Top-Management mehr darauf verlagern, Aufgaben zu delegieren und das Verhalten der Mitarbeiter zu steuern (Managementstil „behavior“). Bei weiterem Wachstum gewinnt das Festlegen und Überprüfen der Zielvorgaben eine stärkere Bedeutung (Managementstil „results“). Der vierte Aufgabenbereich ist das Management des Unternehmenskontextes, der allerdings nur beim Top-Management-Team sehr großer Firmen zu einem wesentlichen Bereich wird.[443] Es lässt sich also festhalten, dass Manager sich und ihr Management-Verhalten ändern müssen.

Um diese Weiterentwicklung der Management-Fähigkeiten angehen zu können, muss das Management-Team die drei folgenden kritischen Bereiche in Bezug auf die aktuelle Situation und vor allem in Bezug auf die kommenden Entwicklungsstufen beherrschen:[444]

---

[440] Vgl. Hutzschenreuter (2001): Managementkapazitäten, S. 9.
[441] Dazu sind heute zunehmend auch Kompetenzen in “Projektmanagement” erforderlich. Vgl. Dworatschek/Meyer (1999): Competence of Project Personnel.
[442] Vgl. Roberts (1993b): Managing transitions.
[443] Hierunter ist bspw. die Mitarbeit in Verbänden, Vertretungen und Kommissionen zu verstehen. Vgl. Roberts (1993b): Managing transitions, S. 381ff..
[444] Vgl. Flamholtz (1994): Von der Gründer-Firma zum Profi-Unternehmen, S. 218.

1. eigene Vorstellung von der Aufgabe,
2. die für die (neue) Aufgabe benötigten Kenntnisse und
3. bestimmte Verhaltensweisen oder psychologische Faktoren.

Die Management-Fähigkeiten können anhand der folgenden Kriterien charakterisiert werden:

- Anzahl Personen im Top-Management-Team (1. + 2. Führungsebene, falls eine 2. Führungsebene existiert)
- Anzahl Jahre Führungs- bzw. Managementerfahrung je Top-Management-Teammitglied
- Anzahl Jahre Markt-Erfahrung (Branchen-spezifische Arbeitserfahrung) je Top-Management-Teammitglied
- Anzahl Jahre fachliche Erfahrung (Tätigkeitsbereich) je Top-Management-Teammitglied
- Alter je Top-Management-Teammitglied (als Indikator für (Lebens-) Erfahrung)
- Evtl. fehlende Erfahrung kompensiert durch andere Personen (Berater, Beiräte, Mitarbeiter, Kapitalgeber,...)?

3.2.2.3 Modul C: Komplexitäts-Missverhältnisse führen zu erhöhter Management-Komplexität

Die grundlegende These des gesamten Bezugsrahmens ist, dass zwischen den Elementen Unternehmenskomplexität und Komplexitätsanforderungen sowie Unternehmenskomplexität und Ressourcen jeweils eine „Passung“ bestehen sollte, um nachhaltig und erfolgreich wachsen zu können.[445] Die folgende Abbildung 21 zeigt das Modul C im Überblick.

[445] Vgl. Reiß (1993a): Komplexitätsmanagement (I), S. 57ff. und Abschnitt 2.6.1.

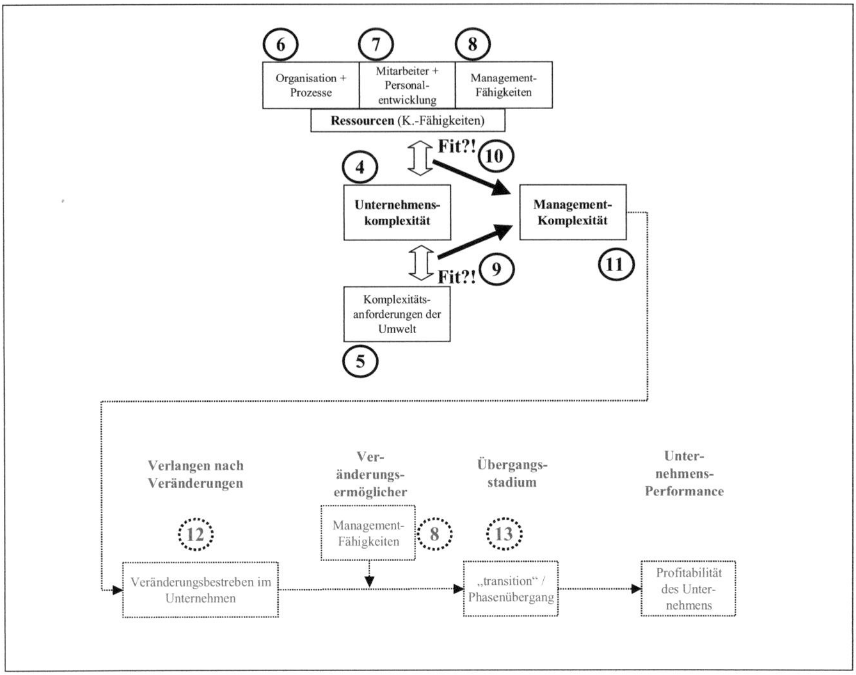

Abbildung 21: Komplexitäts-Missverhältnisse führen zu erhöhter Management-Komplexität (Modul C des Bezugsrahmens)[446]

Das Ziel des Managements sollte daher sein, die „Unternehmenskomplexität“ jeweils im Einklang mit den „Komplexitätsanforderungen der Umwelt“ (Element 9) und den „Ressourcen bzw. Komplexitätsfähigkeiten“ (Element 10) zu halten. Kommt es an der einen oder anderen Stelle zu einem Ungleichgewicht, erhöht dies je nach Stärke des Ungleichgewichts die „Management-Komplexität“ (Element 11).

Element 9: Komplexitäts-Umwelt-Fit

Die zentrale Frage des „Komplexitäts-Umwelt-Fits“ ist: „entspricht die realisierte Komplexität des Unternehmens den externen Anforderungen der Umwelt, so dass die Kunden zufriedengestellt werden und mit anderen Externen gewinnbringende bzw. nützliche Partnerschaften etabliert und fortgeführt werden können?“.

[446] Eigene Darstellung.

Wie bei den grundlegenden Annahmen dieses Bezugsrahmens bereits erläutert, wird davon ausgegangen, dass alle Elemente des Systems Unternehmen (inkl. seiner Umwelt) sich permanent verändern. In der Konsequenz verändern sich also auch die Unternehmenskomplexität (Element 4) und die Komplexitätsanforderungen (Element 5) permanent. Die Stärke der jeweiligen Veränderung hängt dabei – wie oben beschrieben – von vielen Faktoren ab (bei der Unternehmenskomplexität z.B. von der Stärke des Wachstums und bei der Umwelt bspw. von deren Dynamik).

Weiterhin wird angenommen, dass das Management, sobald ein Missverhältnis wahrgenommen wird, entsprechende optimierende Maßnahmen ergreift. Diese Optimierungsmaßnahmen sind jedoch aus Gründen der Übersichtlichkeit nicht im Bezugsrahmen dargestellt. Wenn sich trotz der Anpassungsmaßnahmen im Zeitablauf das Missverhältnis zwischen den Elementen 4 und 5 vergrößert, erhöht das die Management-Komplexität (siehe Element 11 Management-Komplexität).

Ein Missverhältnis zwischen den Elementen 4 und 5 bedeutet, dass die Komplexitätsanforderungen der Umwelt nicht passend im Unternehmen (in Form der Unternehmenskomplexität) abgebildet sind:

- Entweder werden unterschiedliche Anforderungen nicht adäquat im Unternehmen abgebildet, d.h. das <u>Unternehmen ist im Vergleich zur komplexen Umwelt zu einfach</u>. Dies ist z.B. dann der Fall, wenn sich unterschiedliche Anforderungen verschiedener relevanter Kundengruppen an Produkteigenschaften nicht im Produktprogramm durch das Angebot verschiedener Varianten widerspiegeln.[447]
- Oder die im Unternehmen abgebildete <u>Unternehmenskomplexität ist eigentlich zu hoch für die tatsächlich relevanten Komplexitätsanforderungen der Umwelt</u>. Dies kann z.B. der Fall sein, wenn ein Unternehmen vier verschiedene Produktvarianten und Vertriebsgruppen aufbaut, weil man damit vier unterschiedliche Kundengruppen ansprechen möchte. Zu einem späteren Zeitpunkt stellt sich jedoch heraus, dass zwei dieser vier Kundengruppen nicht an den angebotenen Produkten interessiert sind. Dann sind die Anforderungen dieser Kundengruppen de facto nicht vorhanden und die aufgebaute Unternehmenskomplexität zu hoch.

---

[447] Puhl nennt ein weiteres Beispiel: „Ist die Toleranz eines Unternehmensprozesses im Vergleich zu der vom Umfeld geforderten Toleranz zu klein, entstehen Störungen infolge unzureichender Flexibilität und Anpassungsfähigkeit", Puhl (1999): Komplexitätsmanagement, S. 17.

Der geschilderte Zusammenhang ist gemeinsam mit den Ausprägungen des Komplexitäts-Fähigkeits-Fits in Abbildung 22 auf S. 132 dargestellt.

Element 10: Komplexitäts-Fähigkeits-Fit

Die zentrale Frage des „Komplexitäts-Fähigkeits-Fits" ist: „entsprechen die (Komplexitäts-) Fähigkeiten des Unternehmens der realisierten Komplexität, so dass die Mitarbeiter die Wünsche des Kunden effizient zufrieden stellen können?".

Auch hier gibt es die beiden Möglichkeiten, dass die Fähigkeiten zu hoch oder zu niedrig für die gegebene Unternehmenskomplexität sind:

- Folgendes Beispiel ist eine typische Situation in der Entwicklung eines jungen Wachstumsunternehmens, in der die <u>Komplexitäts-Fähigkeiten nicht ausreichend für die gegebene Unternehmenskomplexität</u> sind: während der ersten Unternehmensphase wurde auf Basis einer technischen Innovation ein Produkt (entsprechend der Anforderungen der identifizierten Kundengruppen) entwickelt. Beim anschließenden Markteintritt macht sich dann jedoch das Fehlen der folgenden Ressourcen bzw. Fähigkeiten schmerzlich bemerkbar, indem die Umsätze weit hinter den Planungen zurückbleiben: Fehlen von erfahrenen Vertriebspersonen, Fehlen von konkreter Branchenerfahrung aus den Märkten der Kunden und Fehlen von ausgereiften Marketing- und Vertriebsprozessen. Diese Situation kann als „Ressourcenkrise" bezeichnet werden (siehe Abbildung 22 auf S. 132).[448]
- Die Situation, dass die <u>Fähigkeiten die Komplexität übersteigen</u>, ist in einem jungen Wachstumsunternehmen i.d.R. seltener anzutreffen und die Auswirkungen sind weniger schwerwiegend. Ein Beispiel für eine solche Situation wäre, wenn ein Unternehmen in Vorbereitung der Ausweitung der Aktivitäten zunächst die Ressourcen aufbaut, bevor es die Unternehmenskomplexität erhöht. Dies ist jedoch in der Praxis nur sehr selten anzutreffen.

---

[448] Eine Studie von Randolph et al. (1991) bestätigt diese typische Problematik: sie kamen zu dem Ergebnis, dass in Phasen rapiden Wachstums die Optimierung der internen Organisation und anderer interner Faktoren gegenüber der Ausnutzung der Marktchancen zurück steht. Vgl. Autio (2000): Growth, S. 335. In den Worten des vorliegenden Bezugsrahmens würde das heißen, dass sich durch die Ausnutzung der Marktchancen zunächst die Komplexitätsanforderungen der Umwelt stark erhöht haben. Darauf hin wurde mit einer Anpassung der Unternehmenskomplexität versucht sich den zusätzlichen Anforderungen anzupassen. Die Ressourcen und Komplexitäts-Fähigkeiten können in einem solchen Fall normalerweise jedoch nicht so schnell aufgebaut werden. Das Ergebnis ist dann eine „Ressourcenkrise" oder sogar eine „Tiefgreifende Markt- und Ressourcenkrise. Siehe Abbildung 22 auf S. 132.

Die „Ressourcenkrise“ macht sich dadurch bemerkbar, dass im gesamten Unternehmen eine hohe Anspannung herrscht und zumindest ein Teil der Ressourcen (z.B. Mitarbeiter oder Prozesse) mit den zu erbringenden Leistungen überfordert sind. Je größer die Anspannung und das Gefühl „das Unternehmen funktioniert nicht mehr“ werden, desto stärker steigt die Management-Komplexität. Dies wird im folgenden Abschnitt erklärt.

Element 11: Management-Komplexität

„The key to dealing effectively with such growth-derived managerial complexity is an ability to recognize and resolve the problems associated with a redefined organizational context in which previously appropriate behavioral patterns and organizational system characteristics may no longer operate in the firm's best long-term interest.“[449]

Die folgende Abbildung 22 vereinigt die zuvor dargestellten „Komplexitäts-Fits“ und zeigt die Auswirkungen und Handlungsoptionen bei einer Abweichung der Position vom „Komplexitäts-Umwelt-Fähigkeits-Optimum“. Beim Komplexitäts-Umwelt-Fit kann die Unternehmenskomplexität – wie bereits zuvor beim Element 9 erklärt – passend zu den Anforderungen sein (passend = 1). Wenn die Unternehmenskomplexität kleiner als die Anforderungen der Umwelt ist, ist das Unternehmen unterkomplex. Ist die Unternehmenskomplexität größer als die Anforderungen der Umwelt, ist das Unternehmen überkomplex. Analog ist die Darstellung beim Komplexitäts-Fähigkeits-Fit zu verstehen: entsprechen die Komplexitäts-Fähigkeiten der tatsächlichen Unternehmenskomplexität, befindet sich das Unternehmen in der Mitte des Graphen (passend = 1). Verfügt das Unternehmen über größere Fähigkeiten als eigentlich für die Unternehmenskomplexität benötigt, wird das Unternehmen als „unterfordert“ bezeichnet. Andersherum liegt eine Überforderung vor, wenn die Komplexitäts-Fähigkeiten kleiner als die Unternehmenskomplexität sind. Dann befindet sich das Unternehmen rechts im Graphen in den Quadranten „Ressourcenkrise“ oder „Tiefgreifende Markt- und Ressourcenkrise“.

[449] Covin/Slevin (1997): High growth transitions, S. 108.

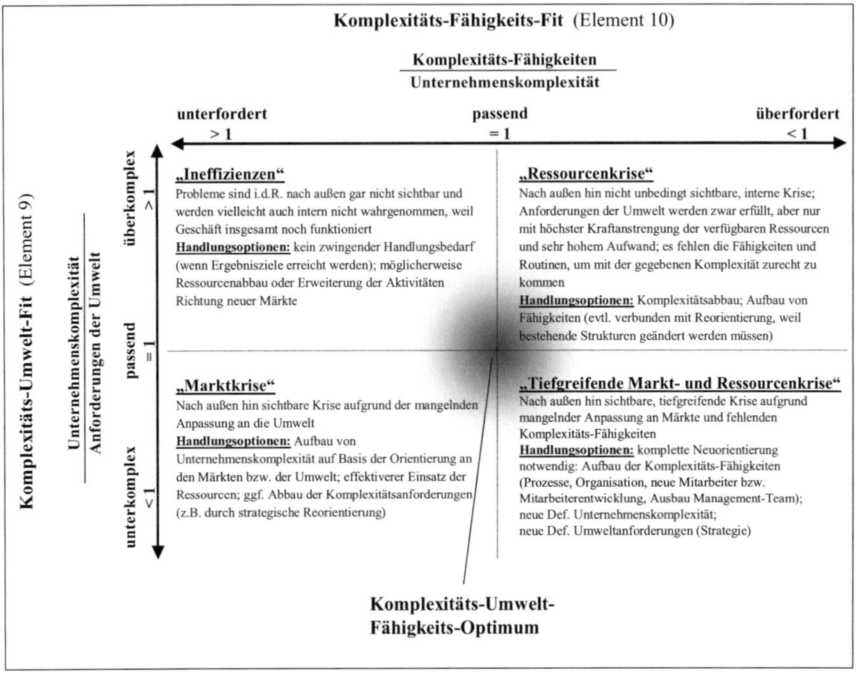

Abbildung 22: Auswirkungen und Handlungsoptionen von Komplexitäts-Missverhältnissen[450]

Beim Komplexitäts-Umwelt-Fähigkeits-Optimum befinden sich die Anforderungen der Umwelt mit der Unternehmenskomplexität sowie die Unternehmenskomplexität und die Komplexitäts-Fähigkeiten im Einklang.[451] Übersteigen die Anforderungen die Komplexität, befindet sich das Unternehmen in einer „Marktkrise" (wenn Komplexitäts-Fähigkeiten größer als Unternehmenskomplexität sind) oder einer „Tiefgreifenden Markt- und Ressourcenkrise" (wenn Unternehmenskomplexität größer als Komplexitäts-Fähigkeiten ist).

Aufgrund der komplexen Eigenschaften und der permanenten Veränderung aller Elemente des Systems Unternehmen wird hier davon ausgegangen, dass sich ein Unternehmen immer nur sehr kurze Zeit nahe dem Optimum aufhält, in dem sich die Anforderungen und die Komplexität sowie die Komplexität und die Fähigkeiten im Einklang befinden.

---

[450] Eigene Darstellung. In den Fallstudien in Abschnitt 4.3 wird jeweils gezeigt, wo sich das Fallstudienunternehmen im Zeitablauf in dieser 2x2-Matrix aufgehalten hat. Der jeweilige Status wird später auch als „Komplexitäts-Umwelt-Fähigkeits-Position" bezeichnet.

[451] Siehe Abbildung 22.

Bei einer Abweichung vom Optimum wird das Management – wie schon beschrieben – Anpassungsmaßnahmen initiieren, um dem Optimum wieder näher zu kommen. Führen diese Anpassungsmaßnahmen nicht zum gewünschten Erfolg und das Unternehmen entwickelt sich eher weg vom Optimum, steigt die Management-Komplexität.[452]

Management-Komplexität wird nach Covin/Slevin definiert als Indikator für den Schwierigkeitsgrad (abhängig von der Anzahl, der Unterschiedlichkeit und der Abhängigkeit der Aufgaben untereinander), dem sich Manager bei der Aufgabe konfrontiert sehen, die Organisationseinheiten und Prozesse eines Unternehmens effektiv und effizient zu organisieren.[453] Die folgende Abbildung zeigt einige gute Beispiele für Einflussfaktoren, die zu Management-Komplexität führen können.

[452] Lichtenstein bezeichnet dies in seinem Modell „increasing tension", was bedeuten soll, dass der Druck auf das Management-Team steigt, weil es merkt, dass etwas im Unternehmen „nicht stimmt" oder dass das realisierte Ergebnis einer Reihe von Aktivitäten nicht mit den erwarteten übereinstimmt: „Adaptive tension can be modeled as an energy gradient separating the current state of the organization from its targeted goal." Lichtenstein (2000a): Emergence, S. 39. Vgl. auch Lichtenstein (2000b): Self-organization, S. 16ff. und Lichtenstein (2000c): Self-organized transitions, S. 134.

[453] Vgl. Covin/Slevin (1997): High growth transitions, S. 106.

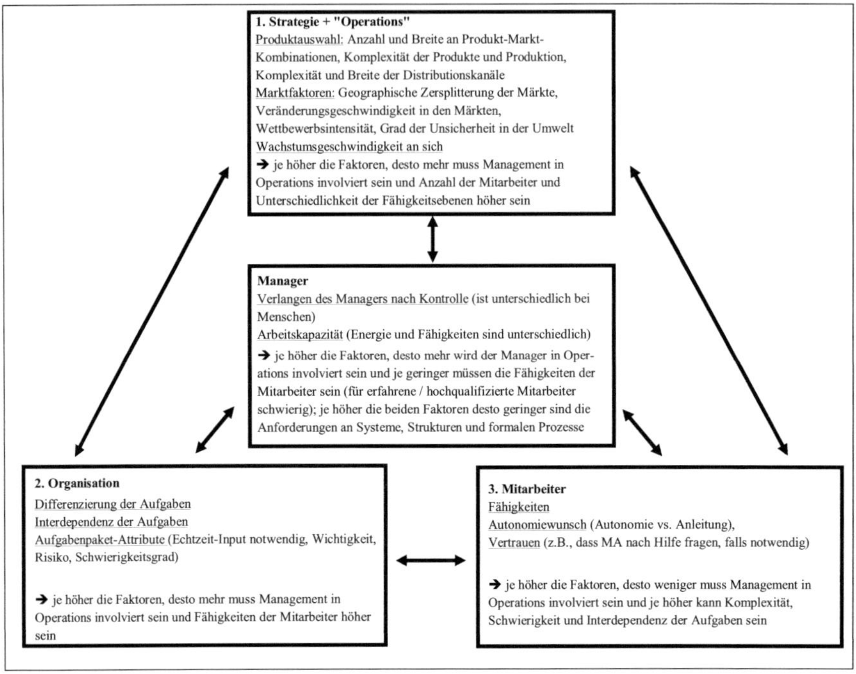

Abbildung 23: Einflussfaktoren der Management-Komplexität[454]

Hier wird Management-Komplexität also als eine relative Größe verstanden, die auf der einen Seite die Schwierigkeit der Management-Aufgabe an sich stellt und auf der anderen Seite die Fähigkeiten und Erfahrungen des Management-Teams und der Mitarbeiter dagegen setzt. Dieser Aussage liegt die Annahme zugrunde, dass ein erfahreneres Management-Team mit einer gegebenen Unternehmenskomplexität bzw. Abweichung vom Komplexitäts-Umwelt-Fähigkeits-Optimum besser umgehen kann als ein weniger erfahrenes Management-Team. Das erfahrenere Management-Team schafft es vermutlich eher, durch vorausschauendes Management und viele Optimierungen ein zu starkes Ansteigen der Management-Komplexität und damit einen Phasenübergang zu verhindern. Wie sich später auch in den Fallstudien zeigen wird, gibt es aber trotzdem zahlreiche unterschiedliche Auslöser (aufgrund eines Missverhältnisses) für ein Übersteigen des kritischen Punktes der Management-Komplexität, die auch von erfahrenen Management-Teams nicht verhindert werden können.

[454] Eigene Darstellung nach Roberts (1993a): Challenge of Growth, S. 364-367.

Anhand der folgenden Kriterien lässt sich über die Zeit hinweg eine Veränderung der Management-Komplexität feststellen:

- Durchschnittliche Arbeitszeit pro Woche (als möglicher Indikator für Überlastung und hohe Anspannung; möglicherweise auch der Versuch, die eigene Unerfahrenheit und das fehlende Know-how zu kompensieren)
- Empfundene Arbeitsbelastung (Management-Komplexität) (vor allem deren Veränderung über die Zeit hinweg); Unterscheidung ist wichtig zwischen purer Menge und gestiegener Komplexität der Arbeit
- Empfundene „Funktionsfähigkeit" des Unternehmens (auch: empfundene Effizienz und Effektivität der Unternehmensaktivitäten)

Übersteigt die Management-Komplexität einen kritischen Schwellenwert, wird ein tiefgreifender Veränderungsprozess (Phasenübergang) eingeleitet, der die zukünftige Unternehmens-Performance bestimmt. Dies wird im folgenden Abschnitt erläutert.

3.2.2.4 Modul D: Management-Komplexität löst Veränderungsprozess aus

Abbildung 24 zeigt nochmals den Zusammenhang des Moduls D auf, der im Folgenden kurz beschrieben werden soll. Dieser Teil des Bezugsrahmens basiert wiederum im Wesentlichen auf dem Modell von Covin/Slevin.[455]

[455] Vgl. Covin/Slevin (1997): High growth transitions, S. 99ff.. Siehe auch Abschnitt 2.6 dieser Arbeit.

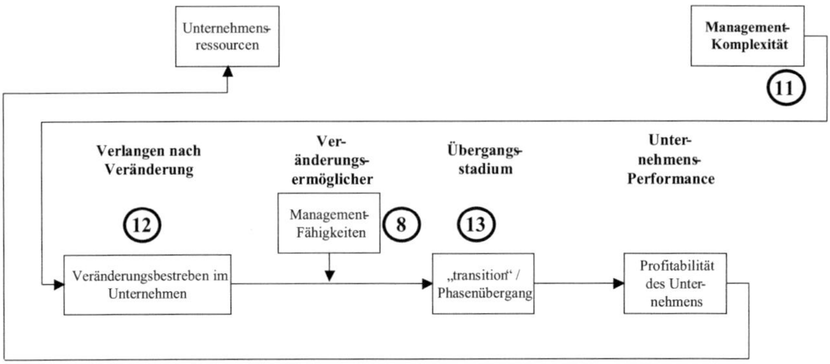

Abbildung 24: Management-Komplexität löst Veränderungsprozess aus (Modul D des Bezugsrahmens)[456]

Element 12: Veränderungsbestrebungen

Steigt die „Management-Komplexität" und damit die Anspannung im Unternehmen und insbesondere beim Management-Team weiter an, wird der Veränderungsdruck immer größer. In dieser Phase sind häufig zwei gegenläufige Entwicklungen zu beobachten: auf der einen Seite sorgt der Veränderungsdruck für eine Reihe von Veränderungsvorschlägen, -initiativen und Experimenten, um eine funktionierende Struktur zu entwickeln.[457] Auf der anderen Seite sorgen die Angst vor Veränderungen und die organisatorische Trägheit dafür, dass die Veränderungsinitiativen behindert werden oder sogar gänzlich im Sande verlaufen.[458]

---

[456] Eigene Darstellung.

[457] Vgl. Lichtenstein (2000a): Emergence, S. 8. Die unterdrückten Veränderungsinitiativen entsprechen im Übrigen der Entwicklung informeller „Schattenregeln" in Staceys Modell, die später möglicherweise in das legitime System übernommen werden. Vgl. Stacey (1997): Unternehmen am Rande des Chaos, S. 6.

[458] Vgl. Hannan/Freeman (1984): Structural Inertia.

Erreicht die Management-Komplexität und damit der Veränderungsdruck eine kritische Höhe, kann einer der Veränderungsinitiativen bzw. -experimente der Auslöser dafür sein, dass das System eine Grenze überschreitet und von einem stabilem Gleichgewichtszustand zu einem instabilen oder ungeordneten Zustand wechselt.[459] Unterhalb dieser Grenze werden Veränderungen gedämpft oder verhindert und es finden keine grundlegenden Veränderungen statt. Oberhalb dieser Grenze jedoch kommt es zu tiefgreifenden Veränderungen, die sich gegenseitig verstärken.[460] Dieser meist relativ kurze und turbulente Zeitabschnitt wird Phasenübergang (im englischen: transition) genannt und im folgenden Abschnitt näher beschrieben.

Zuvor soll aber noch kurz auf den Einfluss der Management-Fähigkeiten, die bei der Beschreibung des Elementes 8 bereits allgemein operationalisiert worden sind, auf die Initiierung und Gestaltung des Phasenübergangs eingegangen werden. Im Zusammenhang mit dem Management eines Phasenübergangs können die Management-Fähigkeiten in Anlehnung an Covin/Slevin noch konkreter definiert werden. Sie sind als Bündel an Fähigkeiten zu verstehen, das notwendig ist, um den Übergang von nicht mehr passenden zu effizienten und effektiven Prozessen und aufbauorganisatorischen Systemen durchzuführen. Dabei geht es sowohl um das (rechtzeitige) Erkennen von notwendigen Veränderungen als auch um die Qualität der tatsächlichen Veränderung.[461]

Element 13: „transition“ / Phasenübergang

Der hier verwendete Begriff des Phasenübergangs ähnelt stark der revolutionären Phase in den „Punctuated Equilibrium“-Modellen.[462] Hier sei nochmals darauf hingewiesen, dass aus Sicht des Autors in jedem Unternehmen permanent anpassende und optimierende Veränderungen stattfinden müssen, um das Unternehmen auf Basis der gewählten Tiefenstruktur an jedwede Veränderungen anzupassen.[463] Wenn aber trotz dieser anpassenden Maßnahmen Komplexitäts-Missverhältnisse entstehen, kann es zu Phasenübergängen kommen.

---

[459] Vgl. Stacey (1997): Unternehmen am Rande des Chaos, S. XXII.
[460] Vgl. Dooley (1997): A complex adaptive systems model, S. 87 und Lichtenstein (2000a): Emergence, S. 8.
[461] Vgl. Covin/Slevin (1997): High growth transitions, S. 109.
[462] Siehe Abschnitt 2.2.1.
[463] Lichtenstein bezeichnete dieses „normale Management“ in seinem Modell als „Basic Framework for Organizing“. Vgl. Lichtenstein (2000a): Emergence, S. 9 und Abschnitt 2.6 dieser Arbeit (insbesondere die Abbildung 12).

Hutzschenreuter/Wulf definieren einen Phasenübergang folgendermaßen: „Eine Bruchstelle, also ein Phasenübergang, ist dann erreicht, wenn das Verhalten des Unternehmens sich ändert, wenn das Unternehmen sich also auf Basis einer neuen Ausgangssituation andere Ziele setzt und andere Verhaltensweisen zeigt. [...] [Es, *der Verf.*] wird davon ausgegangen, dass eine neue Phase der Unternehmensentwicklung immer dann beginnt, wenn sich das Verhalten des Unternehmens substantiell ändert, d.h. wenn die Unternehmens- und Wettbewerbsstrategie, die Funktionsbereichsstrategien oder die Art der Unternehmensführung von den bisherigen Verhaltensmustern abweichen.“[464] Aufbauend auf dieser Definition soll in dieser Arbeit unter einem Phasenübergang weiterhin eine Situation verstanden werden, in der ex post betrachtet das Unternehmen grundlegende Veränderungen initiieren musste, da bei einer Fortsetzung des bisherigen Entwicklungspfads ein Scheitern des Unternehmens wahrscheinlich gewesen wäre.

Im Verständnis des Ressourcen-basierenden Ansatzes kann ein Phasenübergang dadurch charakterisiert und erklärt werden, wie sich die Ressourcen entwickeln. Laut Arbaugh/Camp verändert sich während eines Phasenüberganges

(1) welche Ressourcen genutzt werden,

(2) wie die Ressourcen konfiguriert werden und

(3) der Endwert oder das Produkt der Ressourcenkombination.[465]

Die folgende Abbildung 25 gibt einen Überblick über unterschiedliche Kategorien von Phasenübergängen.

[464] Hutzschenreuter/Wulf (2001): Ansatzpunkte, S. 21-22. Unterstreichung durch Verfasser.
[465] Vgl. Arbaugh/Camp (2000a): Growth Transitions, S. 312-313.

1. **„transitions in personnel"**
    - Beispielhafte Ursachen: guter erfahrener Mitarbeiter verlässt Unternehmen; vermehrter Bedarf an Spezialisten anstatt an Generalisten; Entlassen eines alten Mitarbeiters, weil er die gestiegenen Anforderungen nicht mehr erfüllt
2. **„transitions in the underlying business model"**
    - Beispielhafte Ursachen: in Frage stellen der zugrundeliegenden Annahmen über das Geschäftsmodell und den Markt
3. **„transitions in the organizational / management structure"**
    - Beispielhafte Ursachen: andere Vorstellungen eines Team-Kollegen; Mitarbeiter verlieren ursprüngliche Vision aus den Augen; Systeme sind nicht für Wachstum ausgelegt; Unfähigkeit genügend neue Produkte zu entwickeln während man parallel die erhöhte Nachfrage mit der veränderten Management-Kultur erfüllt; Produkteinführung schlägt fehl
4. **„transitions in the lead role of the CEO / entrepreneur"**
    - Beispielhafte Ursachen: Schlüsselmanager gehen; zu sehr in operativem Geschäft eingebunden und zu viele direkt unterstellte Mitarbeiter; Kontakt zur Basis verlieren (durch mehr Management-Ebenen); ausgebrannt fühlen
5. **„transitions in the financial management"**
    - Beispielhafte Ursachen: Liquiditätskrise; das erste mal Kredit oder Venture Capital aufnehmen; Umsatz steigt, aber Ergebnis nicht (entsprechend); erstes richtiges Verlustjahr wegen zu schnellem Wachstum; Wechsel bei Investoren / Banken; Start einer zweiten Produktlinie oder eines neuen Geschäftsbereiches
6. **„transitions in the external environment"**
    - Beispielhafte Ursachen: erhöhter Wettbewerb; an Boden verlieren gegenüber Wettbewerbern; plötzliche Möglichkeit ein neues Produkt zu erwerben (oder mit einem anderen Unternehmen zu mergen...); gezwungen sein das Unternehmen zu vergrößern, weil Abnehmer mehr Produkte haben wollen; neue Technologie macht aktuelle obsolet; erhöhte Regulierung

Abbildung 25: Kategorisierung von Phasenübergängen[466]

In den Phasenübergängen geht es darum, möglichst schnell ein „funktionierendes Unternehmen" zu gestalten: „Such problem resolution involves changing to more viable organizational gestalts in which needed complementarities between key organizational system elements are re-established and critical organizational skills and competencies are built."[467]

Slevin/Covin betonen in ihrem Beitrag die Wichtigkeit der schnellen Bewältigung des Phasenübergangs und schlagen ein vierstufiges Vorgehensmodell vor:[468]

1. Zukunftsentwicklungen antizipieren und Szenarien entwerfen;
2. Zum wahrscheinlichsten Szenario passende Organisation planen sowie definieren, wann und wie die Veränderungen ein- bzw. durchgeführt werden sollen;
3. Veränderungen – möglichst schnell – umsetzen, wenn Organisation ineffizient ist;
4. Umwelt beobachten, um frühzeitig Veränderungen und Trends zu erkennen.

---

[466] Quelle: Arbaugh/Camp (2000a): Growth Transitions, S. 316ff..
[467] Slevin/Covin (1997): Time, growth, complexity, and transitions, S. 54.
[468] Vgl. Slevin/Covin (1997): Time, growth, complexity, and transitions, S. 64-66.

Lichtenstein fügt auf Basis der Ergebnisse seiner Fallstudien hinzu, dass für einen erfolgreichen Phasenübergang entscheidend ist, dass das Management-Team zunächst die grundlegenden Werte, Prinzipien und Regeln festlegt (wie Vision, Mission, Strategie und Geschäftsmodell). Die organisatorische Ausgestaltung ergibt sich danach häufig von ganz alleine.[469] Wie bei der Vorstellung seines Modells bereits beschrieben,[470] hält Lichtenstein das Prinzip der Selbstorganisation für entscheidend für den Erfolg eines Phasenübergangs und die langfristige Überlebensfähigkeit eines Unternehmens: "According to the theory, the more self-organized the transition, the more likely it will be successful, and the more likely the organization will survive."[471]

Mit Hilfe des hier vorgestellten Bezugsrahmens lässt sich die Güte der Passung zwischen der Unternehmenskomplexität und den Komplexitätsanforderungen der Umwelt sowie den Komplexitäts-Fähigkeiten beobachten. Im Rahmen des Phasenüberganges muss das Ziel sein, den „Fit" zwischen den Elementen wieder herzustellen bzw. zumindest zu verbessern. Slevin/Covin heben hervor, dass zunächst die Anpassung an die Umweltanforderungen (also der Komplexitäts-Umwelt-Fit) entscheidend ist und erst danach die "interne Passung" (also der Komplexitäts-Fähigkeits-Fit) optimiert werden sollte: „Internal consistency of the organizational system, with strong and mutually supportive alignments among "7-S" type factors, as identified by McKinsey and Company (namely, the organization's strategy, structure, staff, style, systems, skills, and shared values), is meaningless unless the organizational system is 'validated' by the environmental context. The environment will, in essence, select which organizational forms are viable. Therefore, ongoing awareness of environmental change is imperative to identifying and pursuing potentially high-performing organizational gestalts."[472] Dieser evolutionstheoretisch angehauchte Gedanke entspricht im Übrigen der „Structure-follows-strategy"-These nach Chandler.[473]

---

[469] Vgl. Lichtenstein (2000c): Self-organized transitions, S. 140.
[470] Siehe Abschnitt 2.6.1.
[471] Lichtenstein (2000c): Self-organized transitions, S. 134. Eine Erläuterung des Konzeptes der Selbstorganisation und Anwendung in Bezug auf junge Wachstumsunternehmen findet sich bei Lichtenstein (2000b): Self-organization, S. 12ff. und Lichtenstein (2000c): Self-organized transitions, S. 138.
[472] Slevin/Covin (1997): Time, growth, complexity, and transitions, S. 66.
[473] Für eine Übersicht über Chandlers Studien, Ergebnisse und kritische Aspekte der „Structure-follows-strategy"-These vgl. Kieser (1993): Organisationsstruktur, S. 60 und Schewe (1998): Strategie und Struktur, S. 55ff..

Auswirkung der „transition" auf die Unternehmens-Performance und Ressourcen

Die im Phasenübergang neu geschaffene Unternehmens-Konfiguration bestimmt die zukünftige Leistungsfähigkeit, Effektivität und Effizienz des Unternehmens. Im Bezugsrahmen wird dies ausgedrückt mittels der „**Profitabilität des Unternehmens**"[474]. Wenn der Phasenübergang erfolgreich gewesen ist, ist eine verbesserte Profitabilität die Folge. War der Phasenübergang nicht erfolgreich, kann auch eine verschlechterte Profitabilität die Folge sein.

Die Unternehmens-Performance beeinflusst den Auf- oder Abbau der „**Unternehmensressourcen**" und nimmt damit wiederum Einfluss auf das zukünftige Wachstum des Unternehmens (als Wachstumsermöglicher oder -hemmnis), womit sich der Kreislauf schließt.[475]

Der hier vorgestellte Ausgangs-Bezugsrahmen (siehe Abbildung 14) integriert also kontigenztheoretische, Ressourcen-basierende und Komplexitätstheoretische Ansatzpunkte zu einem konsistenten Gesamtkonzept, mit dem Wachstums- und Veränderungsprozesse in jungen Wachstumsunternehmen beschrieben und erklärt werden sollen. Laut dem Bezugsrahmen kommt es zum (Umsatz- bzw. Mitarbeiter-)Wachstum, wenn die Voraussetzungen für Wachstum erfüllt sind. Wachstum führt dann zu steigender externer und interner Komplexität. Bestehen Missverhältnisse zwischen Komplexitätsanforderungen der Umwelt und Unternehmenskomplexität und/oder zwischen Komplexitäts-Fähigkeiten und Unternehmenskomplexität führt das laut Bezugsrahmen zu erhöhter Management-Komplexität. Steigt die Management-Komplexität zu stark an, wird ein tiefgreifender Veränderungsprozess mit Phasenübergang ausgelöst.

Nach der Vorstellung des Bezugsrahmens folgt nun im Kapitel 4 dessen empirische Evaluation anhand von fünf Fallstudien.

---

[474] Die Profitabilität bezieht sich hier auf das bestehende Kerngeschäft, mit dessen Cash-flow dann Erweiterungsinvestitionen z.B. in neue Geschäftsideen, Geschäftsfelder oder Produkte finanziert werden können (oder Finanzierung der Erweiterungen mit neuem Kapital). Diese werden dann i.d.R. nicht von Beginn an profitabel sein.

[475] Vgl. Covin/Slevin (1997): High growth transitions, S. 99ff..

4 Fallstudien

"In an environment where managers increasingly have to simultaneously manage continuous and discontinuous change [...], the ability to manage increasing levels of complexity for these will be increasingly valued and increasingly necessary."[476]

Ziel dieses Kapitels ist die Evaluierung des Ausgangs-Bezugsrahmens anhand einer detaillierten Analyse der Veränderungsprozesse in ausgewählten jungen Wachstumsunternehmen.

Im Rahmen dieser Arbeit wurden insgesamt drei longitudinale Echtzeit-Fallstudien, zwei Ex-post-Fallstudien und eine Reihe von Experten-Interviews durchgeführt. Das Ziel der longitudinalen Echtzeit-Fallstudien war, die Veränderungsprozesse in den jungen Wachstumsunternehmen im Detail und „in Echtzeit" zu untersuchen. Dazu wurden drei junge Wachstumsunternehmen über 12 Monate (während des gesamten Jahres 2002) intensiv begleitet. Die beiden Ex-post-Fallstudien dienen dazu, Wachstum und dessen Auswirkung auf Komplexität und Ressourcen über einen längeren Zeitraum hinweg zu betrachten, um die Relevanz des Bezugsrahmens bezüglich der langfristigen Unternehmensentwicklung zu untersuchen. Mit Hilfe der Experten-Interviews wurde der Bezugsrahmen anhand weiterer konkreter Fälle hinterfragt und die Erkenntnisse aus den Fallstudien validiert.

Alle Fallstudien im Rahmen dieser Arbeit sind anonymisiert dargestellt. Die Ursache hierfür liegt in den z.T. sehr sensiblen und vertraulichen Informationen, die im Rahmen dieser Dokumentation der Fallstudien direkt dargestellt bzw. daraus ableitbar sind. Die Aussagefähigkeit der Fallstudien und die Qualität der Ergebnisse leiden darunter jedoch nicht, da für die untersuchten Zusammenhänge nicht relevant ist, in welchen Märkten ein Unternehmen genau agiert oder welche Produkte es exakt anbietet. Bei der Darstellung der Fallstudien in Abschnitt 4.3 werden alle für diese Untersuchung wichtigen und relevanten Zusammenhänge beschrieben.

Der erste Abschnitt dieses Kapitel befasst sich zunächst kurz mit dem Vorgehen bei der Auswahl und der Durchführung der Fallstudien. Daran anschließend werden die wirtschaftlichen Rahmenbedingungen im Jahre 2002 skizziert, die einen nicht unerheblichen Einfluss auf die Entwicklung aller drei Unternehmen hatten, die im Rahmen der longitudinalen Echtzeit-

---

[476] Arbaugh/Camp (2000b): Organizational Complexity, S. 8.

Fallstudien untersucht worden sind (Abschnitt 4.2). In Abschnitt 4.3 werden zunächst die drei longitudinalen und daran anschließend die beiden Ex-post-Fallstudien präsentiert.

4.1 Vorgehen bei Auswahl und Durchführung der Fallstudien

Wie in Abschnitt 1.3 gezeigt, folgt das Vorgehen bei der Planung, Durchführung und Auswertung der Fallstudien der Fallstudien-Methodik nach Yin.[477]

Im Folgenden sollen – getrennt nach longitudinalen und Ex-post-Fallstudien – zunächst die Kriterien vorgestellt werden, nach denen die Fallstudien-Unternehmen ausgewählt worden sind. Danach wird jeweils das Vorgehen bei der Durchführung der Fallstudien beschrieben.

4.1.1 Auswahl der Fallstudienunternehmen und Vorgehen bei den longitudinalen Echtzeit-Fallstudien

Die Auswahl der Unternehmen für die longitudinalen Echtzeit-Fallstudien wurde anhand der folgenden Kriterien vorgenommen, die im Wesentlichen aus der Definition des Untersuchungsgegenstandes „junges Wachstumsunternehmen" ableitbar sind.[478] Die entscheidenden Punkte sind dabei, dass ein Wachstumswunsch und ein Wachstumspotenzial vorliegen und die Unternehmen zu Beginn der Wachstumsphase über die notwendigen Ressourcen verfügen. Diese Kriterien lassen sich allesamt anhand einer VC-Finanzierung festmachen.[479]

Weiterhin sollten die betrachteten Unternehmen jung sein und sich idealerweise am Übergang von der Phase der Produktentwicklung zur Vermarktung (also kurz vor oder nach der Markteinführung) befinden, um im Rahmen der Begleitung der Unternehmen die frühen Veränderungsprozesse von einem „entrepreneurial venture" zu einem eher professionell geführten Unternehmen beobachten zu können.[480]

---

[477] Vgl. Yin (1996): Case Study Research. Siehe auch Abbildung 2, S. 8.

[478] Siehe Abschnitt 2.1.1.3.

[479] Dabei wurde darauf geachtet, dass es sich nicht um eine reine Seed-Finanzierung handelt, die die Finanzierung lediglich für eine sehr kurze Phase sicherstellt. Bei den drei Unternehmen handelte es sich jeweils um eine „echte" Erstrunden-Finanzierung, die die Finanzierung des Unternehmensaufbaus für mindestens 12 Monate sicherstellte.

[480] Laut Flamholtz/Randle ist diese Entwicklung des Unternehmens mit einem starken Anstieg der Komplexität und häufig auch mit einem oder mehreren Phasenübergängen verbunden. Vgl. Flamholtz/Randle (2000): Growing pains, S. 8. Lichtenstein benutzt bei der Auswahl seiner Fallstudien-Unternehmen ein ähnliches Kriterium, in dem er Firmen ausgesucht hat, die „on a verge to a transition" waren. Vgl. Lichtenstein (2000a): Emergence, S. 10.

Ein weiterer wichtiger Aspekt bei der Auswahl der Fallstudienunternehmen war die Anforderung, einen tiefen Einblick in das Unternehmen inklusive vertraulicher Daten und sensibler Informationen zu bekommen. Um dies zu gewährleisten, war ein Vertrauensverhältnis zu den Interviewpartnern (den Entscheidungsträgern im Unternehmen) erforderlich. Daher wurden bewusst Unternehmen ausgewählt, zu denen schon vor Beginn der Untersuchung Kontakt bestand. Weiterhin dienten jeweils die ersten vorgelagerten Interviews, in denen die bisherige Unternehmensentwicklung aufgenommen und analysiert worden ist, dazu das Vertrauen in die Person des Verfassers zu stärken.

Wegen der regelmäßigen Interviews über einen Zeitraum von insgesamt ca. 13 Monaten war die regionale Nähe eine weitere relevante Nebenbedingung.

Vorgehen bei der Durchführung der longitudinalen Echtzeit-Fallstudien

Die Datenerhebung im Rahmen der longitudinalen Echtzeit-Fallstudien erfolgte im Zeitraum von Dezember 2001 bis Ende 2002. In diesem Zeitraum wurden mit allen drei Unternehmen zwischen sechs und acht Interviews mit einer Dauer von jeweils 1,5 bis zwei Stunden durchgeführt. Als Interview-Partner stand jeweils über den gesamten Zeitraum das gleiche Top-Management-Teammitglied zur Verfügung, was eine gleich bleibend hohe Qualität der Interviewergebnisse über den gesamten Beobachtungszeitraum hinweg sicherstellte.[481] Der Businessplan stand bei allen Fallstudienunternehmen als weitere wichtige Informationsquelle zur Verfügung (meist in mehreren Versionen).[482]

Im Dezember 2001 fand bei allen drei Fallstudienunternehmen die initiale Datenerhebung statt. Dabei wurde mittels eines strukturierten Interview-Leitfadens jeweils die bisherige Unternehmensentwicklung, die detaillierte Planung für das Jahr 2002 und eine Einschätzung für die Entwicklung im Jahre 2003 erhoben. Der eigentliche Beobachtungszeitraum war vom 01.01.2002 bis 31.12.2002. In diesem Zeitraum wurden vierteljährlich jeweils die Entwicklung und wichtigsten Ereignisse der vergangenen drei Monate reflektiert. Darauf aufbauend wurde ein Ausblick auf die kommenden drei Monate gegeben.

Die folgende Abbildung 26 zeigt den Ablauf der longitudinalen Echtzeit-Fallstudien.

---

[481] Alle interviewten Personen gehörten im Übrigen auch zu den Gründern der jeweiligen Unternehmen, so dass die Unternehmensentwicklung lückenlos nachvollzogen werden konnte.

[482] Wie sich später noch zeigen wird, gab es bei allen untersuchten Unternehmen mehrere wesentliche Änderungen in der Planung, so dass auch der Businessplan mehrfach angepasst bzw. aktualisiert wurde.

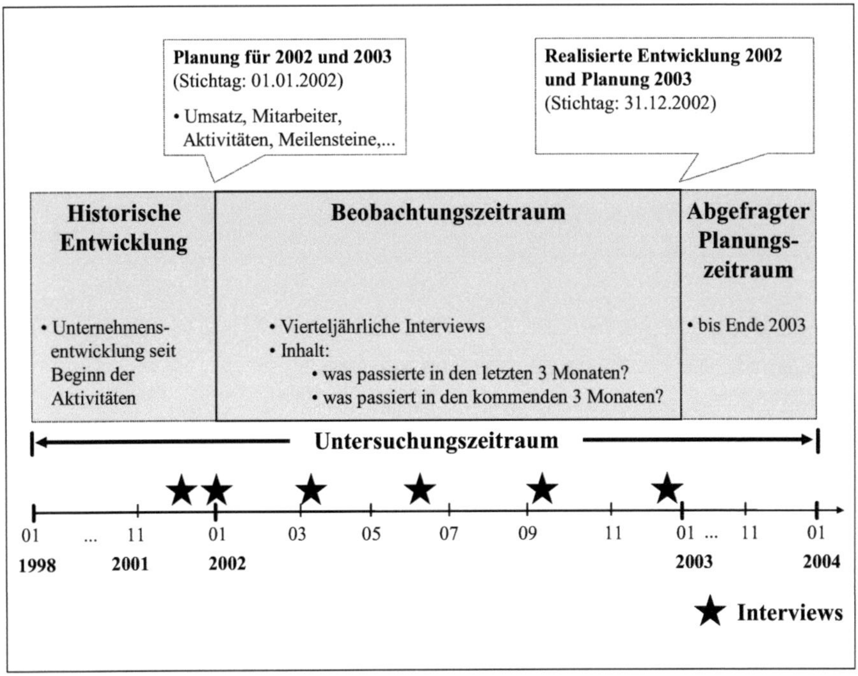

Abbildung 26: Ablauf der longitudinalen Echtzeit-Fallstudien[483]

Wie in Abbildung 26 dargestellt, wurde jeweils zum Stichtag 01.01.2002 der Stand der Planung für die Jahre 2002 und 2003 abgefragt. Dabei wurde für den Beobachtungszeitraum sehr genau die geplante Entwicklung in den Bereichen Umsatz, Mitarbeiter, wichtige Aktivitäten, Meilensteine, Strategie, Organisation, Prozesse, usw. abgefragt. Im Rahmen der Fallstudien wird die Unternehmensentwicklung zunächst für den gesamten Untersuchungszeitraum dargestellt (d.h. vom Zeitpunkt der Unternehmensgründung bis Ende 2003). Dabei wird der Stand der Planung zum 01.01.2002 der realen Unternehmensentwicklung zum Stichtag 31.12.2002 gegenübergestellt.

Auf Basis der grundlegenden Darstellung der tatsächlich realisierten Unternehmensentwicklung (zum Stichtag 31.12.2002) erfolgt dann zunächst die Analyse des Wachstums, der Entwicklung der Komplexität und der Ressourcen (bzw. Komplexitäts-Fähigkeiten). Hier werden

[483] Eigene Darstellung.

auch Phasenübergänge, die nicht im Beobachtungszeitraum lagen, aufgezeigt und mit Hilfe des Bezugsrahmens erklärt.

In Bezug auf den Beobachtungszeitraum ist die Gegenüberstellung der geplanten (Stand: 01.01.2002) und realisierten Entwicklung (Stand: 31.12.2002) wichtig, da anhand der geplanten Entwicklung die der Planung zugrunde liegenden Annahmen, wie Ziele, Strategien und Strukturen des Unternehmens, aufgezeigt werden können. Diese Grundstrukturen sind die Basis des Unternehmens, an denen sich die evolutionäre Entwicklung orientiert und die während einer Entwicklungsphase für Stabilität sorgen. An ihnen richten sich die optimierenden Maßnahmen während einer Entwicklungsphase aus.

Es ist wichtig, die Planung mit der realisierten Entwicklung zu vergleichen, da eine Abweichung zwischen realisierter und geplanter Entwicklung anhand des Bezugsrahmens i.d.R. als Abweichung der Passung zwischen Anforderungen der Umwelt und realisierter Komplexität oder der Passung zwischen Ressourcen und realisierter Komplexität interpretiert werden kann. Bei entsprechender Stärke der Abweichung kann eine derartige Abweichung einen Phasenübergang auslösen.

Insgesamt kann schon an dieser Stelle festgehalten werden, dass es bei allen drei Unternehmen während des Untersuchungszeitraumes (von 1998/1999 bis Ende 2003) viele Veränderungen der Planungen gab. Ein wesentlicher Grund dafür ist die extreme Änderung der wirtschaftlichen Rahmenbedingungen (von New-Economy-Euphorie zu fast rezessiver Stimmung in der gesamten Wirtschaft) im Untersuchungszeitraum, mit denen keines der betrachteten Unternehmen in dieser Form gerechnet hat. Auf diesen Aspekt wird in Abschnitt 4.2 näher eingegangen.

4.1.2 Auswahl der Fallstudienunternehmen und Vorgehen bei den Ex-post-Fallstudien

Die Ex-post-Fallstudien sollen den Bezugsrahmen über einen längeren Zeitraum evaluieren. Die Kriterien für die Auswahl der Unternehmen und auch die Durchführung der Fallstudien weichen von den zuvor genannten ab und werden im Folgenden kurz beschrieben.

Die Auswahl der Unternehmen für die Ex-post-Fallstudien erfolgte im Wesentlichen auf Basis der folgenden beiden Kriterien:

- Die Unternehmen sollten ein starkes Wachstum über einen größeren Zeitraum aufweisen. Damit sind implizit auch die wesentlichen Charakteristika junger Wachstumsunternehmen erfüllt.
- Weiterhin war auch hier eine wichtige Anforderung, einen tiefen Einblick in die Unternehmensentwicklung inklusive z.T. vertraulicher Daten und sensibler Informationen zu bekommen.

Auch zu den beiden für die Ex-post-Fallstudien ausgewählten Unternehmen bestand bereits vor dieser Untersuchung ein Kontakt, so dass der Aufbau des benötigten Vertrauensverhältnisses auch in diesen beiden Fällen kein Problem darstellte.

Vorgehen bei der Durchführung der Ex-post-Fallstudien

Im Rahmen der Ex-post-Fallstudien erfolgte die Datenerhebung ebenfalls in Form von Interviews mit Hilfe eines Interview-Leitfadens. Die Interviews wurden im Zeitraum von Anfang bis Mitte 2002 durchgeführt. Der Fokus der Untersuchung lag auf der gesamten Unternehmensentwicklung (von Gründung bis zum Zeitpunkt des letzten Interviews). Im Rahmen der Analyse der Entwicklung wurden Phasen und Phasenübergänge identifiziert und deren Ursachen hinterfragt. Als Interview-Partner stand auch hier jeweils ein Mitglied des Top-Management-Teams zur Verfügung.[484] Neben den Interviews lagen z.T. noch weitere Unterlagen über die Unternehmensentwicklung vor (wie Organigramme und Umsatzentwicklungen).

Bei der Darstellung der Fallstudien wird die gesamte Unternehmensentwicklung mit Hilfe des Bezugsrahmens nachvollzogen. Die Entstehung von Missverhältnissen und die Auslöser von Phasenübergängen werden erläutert. Allerdings fehlen im Vergleich zu den longitudinalen Fallstudien an manchen Stellen detaillierte „Echtzeit-Informationen“, um Zusammenhänge eindeutig zu identifizieren, so dass z.T. nur wohlbegründete Vermutungen über die Ursachen von Phasenübergängen formuliert werden können.

---

[484] Im Falle der E-SERVICES AG war das Top-Management-Teammitglied auch einer der Gründer. Bei der LOWTECH GmbH gehörte der Interviewpartner zwar nicht zu den Gründern des Unternehmens, arbeitet jedoch schon seit 1990 in einer Führungsposition im Unternehmen, so dass zu der starken Wachstumsphase ab 1990 sehr fundierte Aussagen getroffen werden konnten.

4.2 Wirtschaftliche Rahmenbedingungen bei der Durchführung der longitudinalen Echtzeit-Fallstudien

In diesem Abschnitt sollen die Rahmenbedingungen skizziert werden, die Auswirkungen auf die Ergebnisse der longitudinalen Echtzeit-Fallstudien hatten.

Wie bereits in Abschnitt 2.3.2 angedeutet, entwickelte sich Mitte der 90er Jahre eine große Euphorie bezüglich der Zukunftsaussichten von innovativen Geschäftsideen und jungen Wachstumsunternehmen. Dies drückte sich u.a. durch die zahlreichen Börsengänge am Neuen Markt (existiert seit 1997) und die rasant wachsenden Bewertungen der dort gelisteten Unternehmen aus. Während der Euphoriephase glaubte die überwältigende Mehrheit der Börsenspezialisten und Anleger an eine positive konjunkturelle Zukunftsentwicklung und im Speziellen an die großen Zukunftspotenziale innovativer Geschäftsideen. Wie in Abbildung 27 zu erkennen, erreichte der Hype am Neuen Markt im März 2000 den Höhepunkt. Ab diesem Zeitpunkt bröckelten die Börsenkurse, und es wurde mit der Zeit immer deutlicher, wie groß die Überbewertungen (aufgrund zu positiver Wachstums- und Gewinnerwartungen) eines Großteils der am Neuen Markt gelisteten Unternehmen waren.

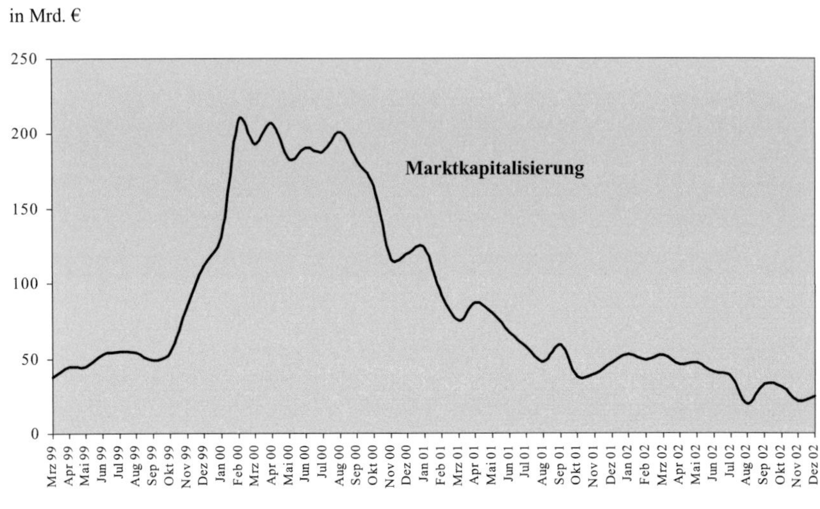

Abbildung 27: Entwicklung der Marktkapitalisierung des Neuen Marktes von 1999 – 2002[485]

Gleichzeitig verschlechterte sich auch das allgemeine konjunkturelle Bild im Jahresverlauf 2000 zusehends. So stieg das Bruttoinlandsprodukt (BIP) im Jahr 2000 zwar noch um 3 Prozent. Im Jahr 2001 verlangsamte sich die Konjunktur weiter, was sich dann auch in einer realen Steigerungsrate des BIP von nur noch 0,6 Prozent ausdrückte. Der Schock des Terroranschlags vom 11.09.2001 trug weiterhin zu einer Lähmung der internationalen Wirtschaft bei. Im Jahr 2002 entwickelte sich daraus in Deutschland eine konjunkturelle Stagnation (Steigerung des BIP real um 0,2 Prozent), die zu einer spürbaren Investitionszurückhaltung bei den Unternehmen und einer Konsumzurückhaltung bei den Verbrauchern führte.[486] Dies schlug sich wiederum auch deutlich an den Börsen nieder: der Deutsche Aktien Index (DAX) sank im Zeitraum von März 2000 bis Ende 2002 von ca. 7.600 Punkten[487] auf ca. 3320 Punkte[488], was einem Rückgang um über 56 Prozent entspricht. Die Marktkapitalisierung des Neuen

[485] Quelle: Deutsche Börse AG, www.deutsche-boerse.com.
[486] Vgl. o.V. (2002): DIW: Wirtschaft wächst 2003 nur um 0,6 Prozent, S. A4.
[487] Kurs vom 31.03.2000. Quelle: Deutsche Börse AG, www.deutsche-boerse.com.
[488] Kurs vom 30.11.2002. Quelle: Deutsche Börse AG, www.deutsche-boerse.com.

Marktes ging im selben Zeitraum um 87 Prozent zurück (siehe Abbildung 27). Im Jahr 1997 als Erfolgsgeschichte gestartet, beschloss die Deutsche Börse AG im Herbst 2002 eine Neuordnung der Marktsegmente und damit das Ende des Neuen Marktes.[489]

Diese extreme Stimmungsveränderung im Zeitraum von 1999 bis 2003 hatte natürlich auch direkte Auswirkungen auf den vorbörslichen „Markt“ der Venture-Capital-Finanzierung von jungen Wachstumsunternehmen.

Zunächst wurde die Venture Capital Industrie von der sog. „New Economy“-Euphorie beflügelt. Wie in der folgenden Abbildung 28 zu sehen, stiegen die VC-Investitionen in junge Unternehmen (in der sog. Seed-Phase) gegen Ende der 90er Jahre rasant an. Auch die Bewertungen der finanzierten Geschäftsideen bzw. Unternehmen stiegen stark an. Dies zeigt sich am durchschnittlich pro Unternehmen investierten Kapital: im Jahr 1997 waren das ca. 0,36 Mio. €. Auf dem Höchststand im Jahr 1999 betrug das durchschnittliche Investment pro Unternehmen ca. 1,99 Mio. €. Da davon auszugehen ist, dass die Höhe der prozentualen Beteiligungen der VC-Gesellschaften im selben Zeitraum nicht extrem gestiegen ist, kann damit geschlossen werden, dass die Bewertung der Geschäftsideen bzw. Unternehmen stark angestiegen sein muss.[490]

---

[489] Vgl. o.V. (2002): Neuer Markt: Die Chronik einer Kapitalvernichtung.

[490] Dies bestätigen im Übrigen die Experten des **netzwerk**|nordbayern (www.netzwerk-nordbayern.de) und der Nordbayerischen Business Angels (www.n-b-a.de), die seit 1998 zahlreiche Gründungen und VC-Finanzierungen begleitet haben.

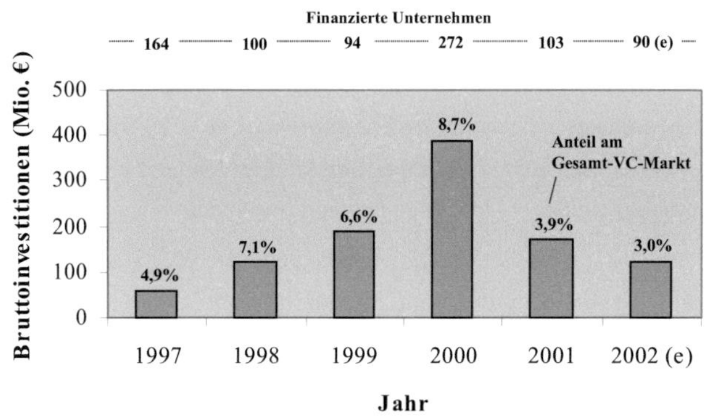

Abbildung 28: Entwicklung der VC-Seed-Investitionen in Deutschland[491]

Wie zu sehen, war 2000 das Rekordjahr in Bezug auf die Summe der Bruttoinvestitionen (ca. 388 Mio. €), die absolute Zahl der Investments (272 finanzierte Unternehmen) und auch den Anteil der Seed-Investments am Gesamt-VC-Markt (8,7 Prozent). Laut Einschätzungen von Experten handelte es sich bei der herausragenden Zahl an Investitionen aus dem Jahr 2000 im Nachhinein betrachtet um eine Fehlallokation, die von der beschriebenen Euphorie ausgelöst worden ist.[492]

Im Laufe des Jahres 2001 brach der VC-Markt insbesondere für Unternehmen in einer frühen Unternehmensphase ein. Unter den gegebenen gesamtwirtschaftlichen Rahmenbedingungen und der schlechten Stimmung an den Börsen war es nun für junge Wachstumsunternehmen ungleich schwieriger als zuvor, eine VC-Finanzierung zu bekommen. Dies galt sowohl für Erstrunden- als auch Zweitrundenfinanzierungen.[493]

---

[491] Quelle: Bundesverband Deutscher Kapitalbeteiligungsgesellschaften e.V. (BVK e.V.); Mackewiecz & Partner; zitiert nach: Mackewiecz & Partner (2002): Zukunfts-Technologien, S. 7.

[492] Laut Einschätzungen des BVK e.V. und der Unternehmensberatung Mackewiecz & Partner wird sich die Anzahl der Seed-Investments mittelfristig bei ca. 100 finanzierten Unternehmen pro Jahr einpendeln. Vgl. Mackewiecz & Partner (2002): Zukunfts-Technologien, S. 7.

[493] Vgl. Mackewiecz & Partner (2002): Zukunfts-Technologien, S. 5-9.

Da in den Euphoriejahren 1999 und 2000 Unternehmensfinanzierungen häufig auf zwei oder sogar drei Finanzierungsrunden ausgelegt waren, trafen einige junge Wachstumsunternehmen in den Jahren 2001 und 2002 Liquiditätsprobleme. Die Versuche, eine geplante zweite oder dritte Finanzierungsrunde zu realisieren, scheiterten bei einem nicht unerheblichen Teil dieser Unternehmen, da sich die Einschätzung über das Zukunftspotenzial ganzer „Klassen" von Geschäftsideen grundsätzlich geändert hatte. So waren bspw. 1999 und 2000 viele Software-Unternehmen finanziert worden, die ihr Geschäftsmodell auf dem Prinzip des „Application Service Providing" (ASP), d.h. der Vermietung der Software (übers Internet), aufgebaut hatten. Diese Art des Geschäftsmodells wurde jedoch von den Kunden nicht akzeptiert. Die Konsequenz für viele Unternehmen mit ASP-Geschäftsmodellen war, dass diese ihr Geschäftsmodell und ihre Strategie ändern mussten, da meist die Umsätze (weit) hinter den Erwartungen zurückblieben und keine weitere (VC-)Finanzierungsrunde realisiert werden konnte.

Dieses Schicksal ereilte aber auch viele andere junge Wachstumsunternehmen aus unterschiedlichsten Branchen und mit allen denkbaren Geschäftsmodellen, da aufgrund des Konjunktureinbruchs die ursprünglich geplanten Umsätze und Ergebnisse größtenteils nicht erreicht wurden. Die Ursache war dabei häufig zweigeteilt: auf der einen Seite waren die Planungen aus den Euphoriejahren häufig viel zu optimistisch. Auf der anderen Seite beeinträchtigte die fast depressive wirtschaftliche Stimmung seit Herbst 2001 die Umsatzentwicklung der jungen Wachstumsunternehmen besonders heftig.

Diese Rahmenbedingungen beeinflussten natürlich auch unmittelbar die Situation der drei in den Fallstudien betrachteten Unternehmen vor und während des Beobachtungszeitraumes im Jahr 2002. So erfolgte die VC-Erstrunden-Finanzierung bei allen drei Unternehmen im März bzw. April 2001. Die den Businessplänen zugrunde liegenden Annahmen basierten also größtenteils auf den immer noch sehr positiven Einschätzungen aus dem Jahr 2000. Gepaart mit der lahmenden Konjunktur ist es also nicht verwunderlich, dass alle drei Unternehmen ihre Planungen im Zeitraum seit der Finanzierung mehrfach den veränderten Rahmenbedingungen (nach unten) anpassen mussten. Weiterhin waren bei zwei der drei Unternehmen auch Anpassungen der Geschäftsstrategie auf Basis einer veränderten Finanzierungsstrategie zu beobachten.[494]

[494] Siehe die Fallstudien der IT AG (Abschnitt 4.3.1) und der BIOTECH AG (Abschnitt 4.3.2).

4.3 Evaluierung des Bezugsrahmens anhand der Fallstudien

Die Aussagen des in Kapitel 3 beschriebenen Ausgangs-Bezugsrahmens werden im Folgenden anhand einer detaillierten Analyse der Veränderungsprozesse in den Fallstudienunternehmen nachgezeichnet, um sie zu überprüfen und Erkenntnisse für die Weiterentwicklung des Bezugsrahmens abzuleiten. Im Mittelpunkt der Betrachtung stehen dabei die wesentlichen Komponenten des Bezugsrahmens, d.h. die zuvor vorgestellten Elemente 1 bis 13. Auf Basis der Ergebnisse wird der Ausgangs-Bezugsrahmen dann in Kapitel 5 präzisiert.

Der Aufbau der fünf Fallstudien ist prinzipiell gleich: zunächst wird ein Überblick über die Unternehmensentwicklung im Allgemeinen gegeben und das Unternehmen kurz vorgestellt. Bei den drei longitudinalen Echtzeit-Fallstudien wird dabei in historische, geplante und realisierte Entwicklung unterschieden. Danach wird die Unternehmensentwicklung anhand des Bezugsrahmens nachgezeichnet. Der anschließende Abschnitt beurteilt den Wachstums- und Veränderungsprozess vor dem Hintergrund des Bezugsrahmens. Zum Abschluss werden jeweils die Ergebnisse der Fallstudie beurteilt.

4.3.1 Fallstudie 1: IT AG[495]

Die IT AG wurde Anfang 1998 als Ausgründung aus einer deutschen Universität zunächst als GmbH gegründet.[496] Im Februar 2001 erfolgte die Integration der IT GmbH in eine neu gegründete IT AG. Weiterhin existiert seit Februar 2001 eine Tochtergesellschaft in Großbritannien, die im Folgenden als IT GB, Ltd. bezeichnet wird. Das Unternehmen ist dem Bereich Informationstechnologie (IT), im speziellen Softwareentwicklung und -vertrieb zuzuordnen.

Im Folgenden wird zunächst die historische Entwicklung der IT AG bis zum 01.01.2002 dargestellt. Anschließend wird die zum 01.01.2002 geplante Entwicklung in den Jahren 2002 und

[495] Die IT AG ist ein real existierendes Unternehmen. Im Rahmen der Darstellung der Fallstudie sind alle Namen und Daten vollständig anonymisiert, um keinen Rückschluss auf das reale Unternehmen zuzulassen. Es werden jedoch alle für die Themenstellung relevanten Informationen und Zusammenhänge dargestellt, so dass die Aussagefähigkeit der Fallstudie und die Qualität der Ergebnisse nicht unter der Anonymisierung leiden. Im Zeitraum von Dezember 2001 bis Dezember 2002 wurden insgesamt acht Interviews mit dem stellvertretenden Vorstandsvorsitzenden durchgeführt, der die Funktion des COO inne hat und auch Mitgründer und Mitgesellschafter der IT AG ist. Sein Verantwortungsbereich erstreckt sich über die Bereiche Personal, Finanzen, Verwaltung, Organisation und Prozesse. Soweit nicht anders angegeben, entstammen alle folgenden Informationen aus den Interviews.

[496] Diese Art von Ausgründung wird auch als Hochschul-Spin-off bezeichnet. Zur Definition von Hochschul-Spin-offs vgl. Meyer/Beer (1999): Hochschul-Spin-offs, S. 8ff..

2003 vorgestellt. Dieser Planung werden die im Jahr 2002 tatsächlich realisierte Entwicklung und die angepasste Planung für 2003 gegenübergestellt.

4.3.1.1 Historische Unternehmensentwicklung (1998 bis 2001)

Phase 1: „F&E und Dienstleistung" (01/98 – 03/00)

Auf Basis einer innovativen Software-Technologie wurden in den ersten beiden Jahren hauptsächlich IT-Dienstleistungen angeboten. Die Zielgruppe waren große und sehr große Unternehmen mit speziellen IT-Anforderungen, die auf Basis der neuartigen Software-Technologie und dem speziellen Know-how des jungen Unternehmens gelöst werden konnten. In dieser Zeit wurde der Umsatz im Wesentlichen mit Beratungsprojekten zur Verbesserung bestimmter IT-Anwendungen und darauf aufbauenden Implementierungsprojekten zur Installation spezieller Hardware- und Softwarekomponenten erzeugt. Parallel zur Durchführung der Kundenprojekte wurden die eingesetzten Software-Komponenten weiterentwickelt. Das Ziel während dieser Unternehmensphase war jedoch ausschließlich, den Kunden Dienstleistungen anzubieten.

Mit den Wogen der New-Economy-Euphorie reifte Ende 1999 die Idee, aus den Software-Komponenten ein „echtes Produkt" zu entwickeln. Anfang 2000 wurde der erste Businessplan entwickelt. Zu dieser Zeit hatte die IT GmbH fünf Mitarbeiter.[497] In die Entwicklung des Businessplans waren die späteren Mitgründer und Vorstände der IT AG stark involviert.[498]

Abbildung 29 zeigt die historische Umsatz- und Mitarbeiterentwicklung sowie die Entwicklungsphasen in den Jahren 1998 bis 2001.

---

[497] Alle genannten Mitarbeiterzahlen sind vollzeitäquivalente Mitarbeiter, d.h. dass die Arbeitszeiten von Teilzeitangestellten auf Vollzeitangestellte hochgerechnet werden, um die Zahlen im Zeitablauf und mit anderen Unternehmen vergleichen zu können.

[498] Zwei der drei Mitgründer und Vorstände der IT AG waren zuvor keine Angestellten der IT GmbH, begleiteten die IT GmbH jedoch bereits seit längerem als externe Berater.

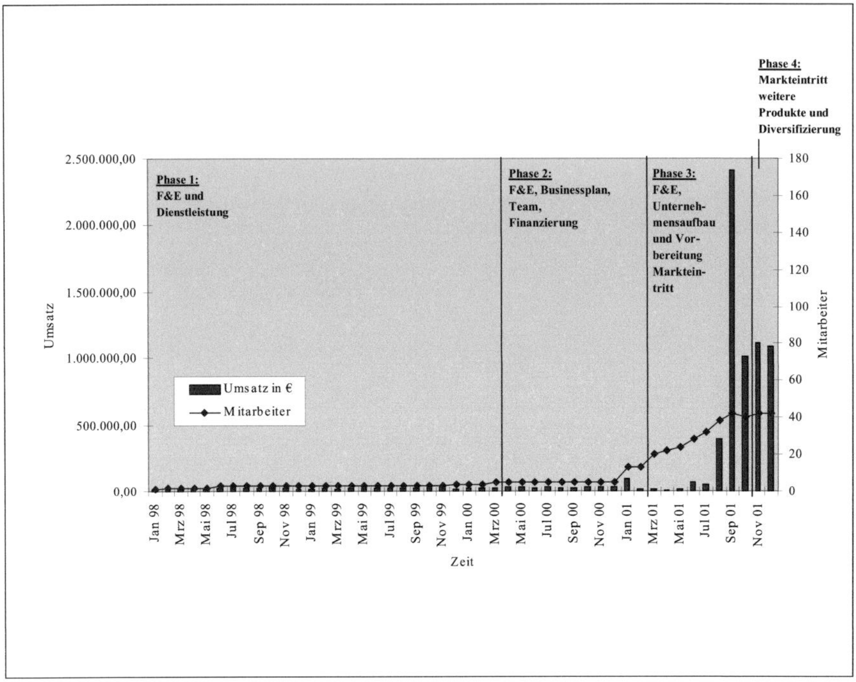

Abbildung 29: Historische Mitarbeiter- und Umsatzentwicklung der IT AG (Stand: 01.01.2002)[499]

Phase 2: „F&E, Businessplan, Team, Finanzierung" (04/00 – 02/01)

Ab April 2000 wurde die Entwicklung der bestehenden Software-Komponenten erstmals in Richtung eines Produktes vorangetrieben. Parallel dazu wurden weiterhin die Beratungs- und Implementierungsdienstleistungen angeboten. Die Umsätze blieben in den Jahren 1998 bis Mitte 2001 relativ konstant (bei durchschnittlich ca. 25.000 € pro Monat).

Eine weitere wesentliche Aktivität dieser Phase war die Weiterentwicklung des Businessplans und die Investorensuche. Dazu war auch notwendig, dass sich das fünfköpfige Gründerteam zur Geschäftsidee und der neuen Firma „committed". Anfang 2001 war absehbar, dass eine VC-Finanzierung realisiert werden kann. Im Vorgriff wurde der Mitarbeiterstamm von fünf auf 13 Mitarbeiter erhöht.

[499] Eigene Darstellung. Quelle: Businessplan und Interviews IT AG, Stand: 01.01.2002. Die hohen Umsätze in den Monaten September bis Dezember entstammten nicht dem Kerngeschäft (Software-Vertrieb und dazugehörige Dienstleistungen), sondern konnten mit dem Handel von Computer-Hardware erzielt werden.

Im Zuge der Finanzierung wurde dann die IT GmbH in eine neu gegründete IT AG eingebracht. Weiterhin wurde eine englische Partnerfirma als Tochtergesellschaft in die IT AG integriert und firmiert seit Februar 2001 als IT GB, Ltd.. Dadurch erhöhte sich die Mitarbeiterzahl der IT AG auf 20.

Während dieser Phase änderte sich der Fokus der Firma von „Technologie-/ Dienstleistungsunternehmen“ hin zu „F&E-/Produktunternehmen“.[500] D.h. man kann von einer strategischen Neuausrichtung sprechen, die sich auch in den Köpfen aller Mitarbeiter vollziehen musste. Zu diesem Zeitpunkt war nach eigenen Aussagen noch der „Gründerspirit“ zu spüren und Improvisation wichtig. Die Koordination aller Aktivitäten gestaltete sich jedoch zunehmend schwieriger.

Phase 3: „F&E, Unternehmensaufbau und Vorbereitung Markteintritt“ (03/01 – 10/01)

Nach der erfolgreichen VC-Finanzierung im Februar 2001 wurde der Unternehmensaufbau schnell vorangetrieben. Die Mitarbeiterzahl verdoppelte sich bis Oktober auf 40 vollzeitäquivalente Mitarbeiter. Besonders stark wuchs der Bereich Produktentwicklung. Die Entwicklung der Software-Produktmodule wurde stark forciert. Die bestehenden Dienstleistungs- und Beratungsprojekte wurden weiter verfolgt und führten auch zu konstanten Umsätzen.

Im Mai 2001 begann der Aufbau der Funktion Marketing/Vertrieb und die Aktivitäten am Markt wurden generell gesteigert, um den Markteintritt des ersten Produktmoduls (im Folgenden als „Modul1“ bezeichnet) im Oktober 2001 vorzubereiten. Zu diesem Zweck wurden zahlreiche Gespräche mit potenziellen Partnern bezüglich einer Kooperation oder Vertriebspartnerschaft geführt. Bis Oktober konnten die ersten losen Partnerschaften in dieser Richtung geschlossen werden. Im Oktober wurde auch deutlich, dass der Bereich Marketing/Vertrieb personell verstärkt werden muss.

Diese Phase des rasanten Wachstums stellte die Organisation vor einige Probleme: so mussten die 20 neuen Mitarbeiter innerhalb kürzester Zeit in die bestehende Organisation integriert werden. Ab einer Grenze von ca. 20 Mitarbeitern waren die bis dato informelle Kommunika-

[500] Diese Bezeichnungen wählte der Interviewpartner und wollte damit das Bild beschreiben, was die Mitarbeiter und das Management-Team vom Unternehmen hatten: zunächst standen die Erforschung der Software-Technologie und die Erbringung von Dienstleistungen im Vordergrund. Mit der Finanzierung rückte die fokussierte Produktentwicklung wesentlich stärker in den Vordergrund.

tion und die losen Teamstrukturen nicht mehr ausreichend für die Koordination aller Aktivitäten. Nach dem „stürmischen Wachstum“ von März bis September wurde im Oktober erkannt, dass die Führungs- und Kommunikationsstrukturen stärker formalisiert werden mussten. Eine zusätzliche Herausforderung war dabei die Trennung der Mitarbeiter auf zwei Niederlassungen in Deutschland und Großbritannien.

Den Abschluss dieser Phase bildete also die Erkenntnis, die Organisation der gewachsenen Größe anpassen zu müssen sowie die Erstellung einer aktuellen Version des Businessplans in Vorbereitung auf eine zweiten Finanzierungsrunde. Im Rahmen der Überarbeitung des Businessplans gab es eine wesentliche Änderung der Produktstrategie: bis zu diesem Zeitpunkt stand die Integration der drei Module zu einem integrierten Softwarepaket im Vordergrund. Das hatte zur Folge, dass man bisher parallel alle drei Module entwickelte und die Vermarktung des gesamten Softwarepakets in den Vordergrund stellte. Mit dem neuen Businessplan wurden nun stärker die einzelnen Module betont, wodurch eine zeitliche Flexibilisierung des Markteintritts der drei Module und damit insgesamt eine Senkung des Kapitalbedarfs bewirkt werden konnte.[501] Nach Fertigstellung des ersten Releases von „Modul1“ konzentrierte sich die Entwicklung nun auf das „Modul2“, welches im neuen Businessplan der Hauptumsatzträger im Jahr 2002 sein sollte.

Phase 4: „Markteintritt weitere Produkte und Diversifizierung“ (ab 11/01)

Im November begann die vierte Phase der Unternehmensentwicklung, in der ursprünglich – laut Planung aus Dezember 2001 – der Markteintritt mit den beiden anderen Modulen des Softwarepakets (im Folgenden „Modul2“ und „Modul3“ genannt) erfolgen sollte.

Im November und Dezember 2001 lag der Fokus jedoch im Wesentlichen darauf, die Organisation und Prozesse der IT AG den Anforderungen der gewachsenen Größe anzupassen, d.h. Organisation und Prozesse wurden formalisiert. Weiterhin wurde die Produktentwicklung fortgesetzt, der Ausbau der Vertriebskanäle von „Modul1“ vorangetrieben und die Suche nach Investoren für die zweite Finanzierungsrunde aufgenommen.

[501] Vor dem Hintergrund des beschriebenen Markteinbruchs an den Börsen und damit auch des vorbörslichen Beteiligungsmarktes war die zu erreichende Unternehmensbewertung (laut Schätzungen im Oktober 2001) bereits wesentlich niedriger als ursprünglich (also bspw. Anfang 2001) angenommen, so dass der ehemals geplante Umfang der zweiten Finanzierungsrunde unter den gegeben Bedingungen nicht mehr realisierbar war und gesenkt werden musste.

4.3.1.2 Geplante Unternehmensentwicklung (2002 und 2003)[502]

Abbildung 30 zeigt die <u>geplante</u> Umsatz- und Mitarbeiterentwicklung sowie die Entwicklungsphasen in den Jahren 2002 bis 2003 (Stand: 01.01.2002).

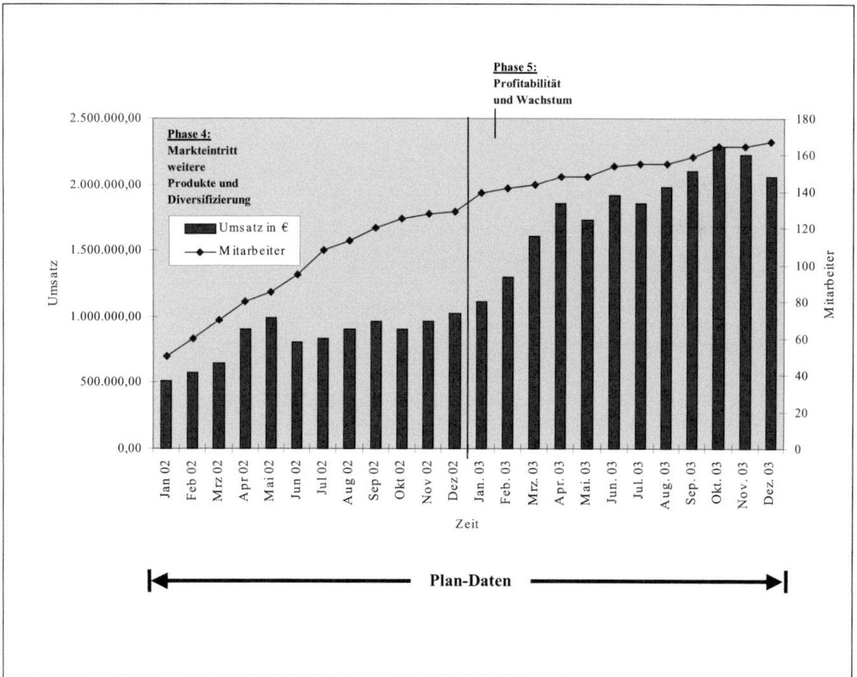

Abbildung 30: Geplante Mitarbeiter- und Umsatzentwicklung der IT AG in den Jahren 2002 und 2003 (Stand: 01.01.2002)[503]

Geplante Fortsetzung der **<u>Phase 4: „Markteintritt weitere Produkte und Diversifizierung" (01/02 – 12/02)</u>**

Ein Ziel dieser Phase sollte die erfolgreiche Vermarktung des Produktes „Modul1" in Deutschland und der Markteintritt in Großbritannien und Asien (insbesondere China und Singapur) sein. Weiterhin sollte der Markteintritt mit den Produkten „Modul2" (geplant für März

[502] In diesem Abschnitt wird die Planung für die Jahre 2002 und 2003 auf dem <u>Stand am 01.01.2002</u> dargestellt. Diese Planung ist für die spätere Analyse der Phasenübergänge wichtig, da sich die Annahmen und Voraussetzungen dieser Planung änderten und so später zu grundlegenden Veränderungen bei der Ressourcenkonfiguration und Unternehmenskomplexität führte.

[503] Eigene Darstellung. Quelle: Businessplan und Interviews IT AG, Stand: 01.01.2002.

2002) und „Modul3“ (erster Prototyp geplant für April 2002) in Deutschland erfolgen. Diese Ziele konnten nur bedingt erreicht werden. Der Umsatz als wichtigster Erfolgsmaßstab für eine erfolgreiche Vermarktung blieb weit hinter den Planungen zurück (siehe Abschnitt 4.3.1.3).

Um die vorgenannten Ziele zu erreichen, war der Abschluss einer zweiten Finanzierungsrunde spätestens im zweiten Quartal 2002 Voraussetzung. Diese konnte jedoch nicht wie geplant umgesetzt werden (siehe Abschnitt 4.3.1.3).

Ende 2001 erkannte das Management-Team, dass sich das gesamte Unternehmen noch stärker auf die Kunden und den Markt konzentrieren musste. Daher war ein wichtiges intern orientiertes Ziel für das erste Quartal 2002, eine Neuorientierung in den Köpfen aller Mitarbeiter umzusetzen: und zwar von „F&E-/Produktunternehmen“ hin zum „kundenorientierten Vermarktungsunternehmen“.

Geplante **Phase 5: „Profitabilität und Wachstum“ (01/03 – 01/04)**
Im Jahr 2003 sollte – laut Planung von Anfang 2002 – die Vermarktung der bestehenden Produkte weiter vorangetrieben werden (d.h. Auf- und Ausbau weiterer Vertriebskanäle und Kooperationen). Weiterhin war geplant, die bestehenden Produkte weiterzuentwickeln und möglicherweise neue Produkte zu entwickeln. Der Break-even sollte Ende 2003 erreicht werden, so dass für die nachfolgende Unternehmensphase (ab 2004) eine Neuordnung der Eigentümerstruktur mit einem möglichen Exit für die Finanzinvestoren angedacht worden war.

4.3.1.3 Realisierte Unternehmensentwicklung (2002) und neue Planung für 2003

Abbildung 31 zeigt die realisierte Umsatz- und Mitarbeiterentwicklung sowie die tatsächlichen Entwicklungsphasen im Jahr 2002 und eine angepasste Planung für 2003 mit dem Stand vom 31.12.2002.

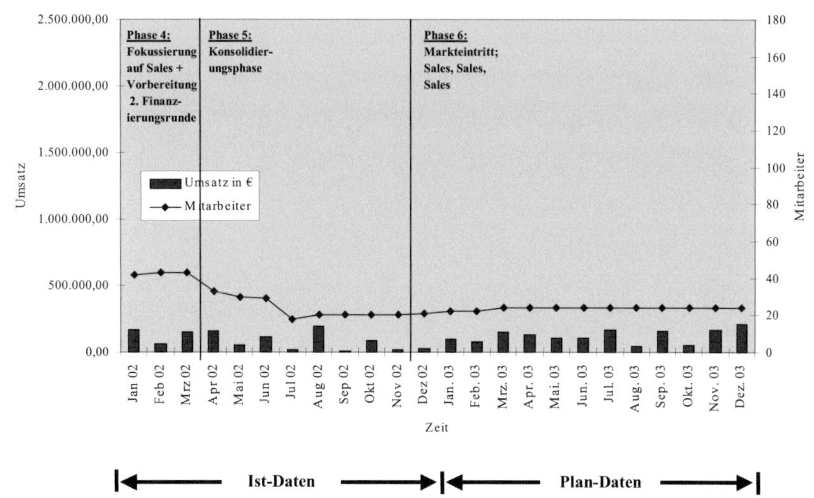

Abbildung 31: Realisierte Mitarbeiter- und Umsatzentwicklung der IT AG im Jahr 2002 und Planung für 2003[504]

Fortsetzung der **Phase 4: „Fokussierung auf Sales und Vorbereitung der 2. Finanzierungsrunde“ (01/02 – 03/02)**

In der Planung war diese Phase mit „Markteintritt weitere Produkte und Diversifizierung“ bezeichnet worden und sollte bis Ende 2002 dauern. Der veränderte Titel und die Dauer bis März 2002 machen bereits die Unterschiede zur Planung deutlich: anstatt der Diversifizierung stand die Vermarktung der Produkte „Modul1“ und „Modul2“ im Vordergrund, und die Vorbereitung der zweiten Finanzierungsrunde nahm wesentlich längere Zeit in Anspruch als geplant und gestaltete sich insgesamt zunehmend schwieriger.[505]

In dieser Phase gab es eine erneute Verschiebung der Prioritäten bezüglich des Produktportfolios: das „Modul2“ sollte so schnell wie möglich fertig entwickelt werden, allerdings nicht

---

[504] Eigene Darstellung. Quelle: Businessplan und Interviews IT AG, Stand: 31.12.2002.

[505] Siehe Abschnitt 4.2, in dem die generell erschwerten Rahmenbedingungen für eine VC-Finanzierung beschrieben worden sind.

mehr mit allen zuvor geplanten Funktionalitäten, sondern nur noch mit denjenigen, die auch im Zusammenspiel mit „Modul3" wichtig waren. Der Fokus des Businessplans für die zweite Finanzierungsrunde lag nun auf Basis dieser neuen Produktstrategie auf dem „Modul3", das insgesamt den höchsten Innovationsgrad aufwies und bei den potenziellen Kunden stets das größte Interesse weckte. Eine weitere Veränderung im geplanten Produktportfolio war der Abbruch der Entwicklung zweier kleinerer Produkte, die bis zu diesem Zeitpunkt in Großbritannien entwickelt worden waren.

Die geplante interne Reorientierung hin zum „kundenorientierten Vermarktungsunternehmen" wurde im ersten Quartal umgesetzt. Sichtbare Veränderungen dieses Prozesses war der personelle und budget-technische Aufbau der Funktion Marketing/Vertrieb. Diese grundlegende Veränderung der Sichtweise dauerte insbesondere bei den Mitarbeitern aus dem Entwicklungsbereich länger, die schon seit der Gründung bei der IT AG angestellt waren. Durch den zunehmenden Kundenkontakt und die Betonung einer marktorientierten Sichtweise durch das Management-Team setzte sich die kundenorientierte Sichtweise im ersten Quartal 2002 bei allen Mitarbeitern durch.

Der Messeauftritt auf der Cebit[506] verlief von den Kundenkontakten her sehr positiv, größere Abschlüsse gab es jedoch nicht. Im ersten Quartal 2002 wurde deutlich, dass die Vertriebsaktivitäten wesentlich gesteigert werden müssen, um zu Verkaufsabschlüssen zu kommen. Bis März 2002 konnten keine nennenswerten Umsätze mit dem Vertrieb des Produktes „Modul1" verzeichnet werden.[507]

Im Februar wurde mit dem bisherigen VC-Investor eine Zwischenfinanzierung abgeschlossen, die eine Finanzierung bis zum Ende des dritten Quartals 2002 (auf Basis eines „Worst-Case-Szenarios") sicherstellte. Im zweiten Quartal sollte die zweite VC-Finanzierungsrunde abgeschlossen werden.

Insgesamt stand dieses erste Quartal 2002 ex post betrachtet unter dem Motto „Fokussierung" und „Vertrieb". Es wurde dem Management-Team klar, dass eine zweite Finanzierungsrunde mit dem ursprünglich breit angelegten Wachstumspfad nur sehr schwierig zu realisieren war.

---

506 Jährlich stattfindende Fachmesse für Computer-Hardware und -Software sowie Kommunikations- und Unterhaltungselektronik.

507 Eine Ursache für die fehlende Kaufbereitschaft der potenziellen Kunden war sicherlich die allgemein schlechte Wirtschaftslage, die zu einer Investitionszurückhaltung führte. Siehe Abschnitt 4.2.

Außerdem konnten keine nennenswerten Umsätze mit „Modul1" realisiert werden. Die im ersten Quartal langsam entwickelte Strategie hieß also „Fokussierung":

- Entwicklung auf das Wesentliche konzentrieren,
- so schnell wie möglich Umsätze erzielen,
- dadurch „Cash-burn-rate"[508] wesentlich senken und
- Wachstumsplanungen fokussieren, um den zusätzlich benötigten Kapitalbedarf zu verringern.

Diese neue Strategie wurde ab April 2002 umgesetzt.

Phase 5: „Konsolidierung" (04/02-11/02)

Aufgrund der niedrigen Umsätze und der zunehmend erkennbaren Schwierigkeiten bei der Realisierung der geplanten zweiten Finanzierungsrunde begann der Vorstand im April mit der Umsetzung der Fokussierungsstrategie: in Großbritannien wurden neun der zehn Mitarbeiter entlassen.[509] Die Produktentwicklung wurde in der deutschen Niederlassung fokussiert. Die englische Niederlassung bestand bis Ende 2002 als reine Vertriebsniederlassung weiter.[510] Um die Personalkosten weiter zu senken, wurde weiterhin mit allen Mitarbeitern ein Gehaltsverzicht von 20 Prozent ausgehandelt.

Im Juni wurden die Verhandlungen bezüglich der zweiten Finanzierungsrunde mit einem zuvor sehr interessierten Investor beendet, da dieser aus strategischen Gründen kein Interesse mehr an einer Beteiligung hatte. Ab diesem Zeitpunkt hatte der Abschluss der zweiten Finanzierungsrunde keine hohe Priorität mehr, sondern es wurde der Konsolidierungskurs konsequent fortgeführt. Im Juli 2002 mussten daher weitere elf Mitarbeiter entlassen werden, so dass seit diesem Zeitpunkt noch ca. 20 vollzeitäquivalente Mitarbeiter im Unternehmen beschäftigt waren. Dies stellte die notwendige Belegschaft dar, um einen geregelten Geschäftsbetrieb sicherstellen zu können. Bei einer weiteren Reduzierung hätten manche „Opportunity"[511] und Kundenanfragen nicht weiter verfolgt werden können.

---

[508] Die „Cash-burn-rate" bezeichnet die Höhe des auf einen bestimmten Zeitraum bezogenen negativen Cashflows. Mittels der „Cash-burn-rate" kann bestimmt werden, wie lange eine Unternehmen mit einer gegebenen Finanzierung noch „überleben" kann.

[509] Für bestehende Projekte und die Betreuung potenzieller Kunden konnten fünf ehemalige Mitarbeiter weiterhin als freie Unterauftragnehmer an die IT AG gebunden werden.

[510] Der Aufbau der Niederlassung soll wieder beginnen, sobald erste Verkaufsabschlüsse in Großbritannien dies rechtfertigen.

[511] Im Deutschen ungefähr mit Chance oder Gelegenheit zu übersetzen.

Die Entwicklung von „Modul3" wurde ab Juli 2002 nahezu komplett eingestellt.[512] Das gesamte Unternehmen konzentrierte sich ab diesem Zeitpunkt auf die Vermarktung der beiden existierenden Produkte. Das erklärte Ziel war nun, „mit der kleineren Mannschaft so schnell wie möglich die Profitabilität zu erreichen".

Im August 2002 konnte erstmals eine Abwandlung von „Modul2" an ein namhaftes deutsches Unternehmen verkauft werden. Im September und Oktober wurde vornehmlich für diesen Spezialauftrag gearbeitet.

Diese Konsolidierungsphase endete im November 2002 mit zwei positiven Nachrichten: zum einen konnte ein erfahrener Vertriebsmitarbeiter von einem etablierten Wettbewerber abgeworben werden. Zum anderen bekam die IT AG (in Kooperation mit einer Hochschule und zwei weiteren Unternehmen) die Zusage für Fördermittel zur Fortführung der Entwicklung des Produktes „Modul3".

Phase 6: „Markteintritt; Sales, Sales, Sales" (12/02-12/03)

Im Dezember 2002 begann die sechste Phase der Unternehmensentwicklung, in der nun tatsächlich der Markteintritt (mit den Produkten „Modul1", „Modul2" und „Modul3") erfolgen soll. Die Entwicklung von „Modul3" wurde ab Ende Dezember 2002 wieder aufgenommen. Erste Implementierungen von Prototypen bei Kunden waren für März 2003 vorgesehen.

Die Mitarbeiterzahl sollte – einen normalen Geschäftsverlauf zugrunde gelegt – auch über das Jahr 2003 hinweg relativ konstant bei ca. 20 Mitarbeitern gehalten werden. Das oberste Ziel blieb weiterhin „Profitabilität". Weiteres Wachstum sollte erst auf Basis realisierter Verkaufsabschlüsse, die über die dargestellte Geschäftsplanung hinausgingen, umgesetzt werden. Zum Abschluss des Jahres 2002 war das Top-Management-Team zuversichtlich, im Jahr 2003 „endlich den Durchbruch" und den tatsächlichen Markteintritt zu schaffen. Die Hoffnungen ruhten neben der wieder aufgenommenen Entwicklung von „Modul3" vor allem auch auf dem neuen erfahrenen Vertriebsmitarbeiter, der bereits seit langem als Vertriebsleiter in diesem

[512] Die Entscheidung wurde getroffen, obwohl das „Modul3" das eigentliche Alleinstellungsmerkmal des Softwarepakets darstellt. Daraus wird deutlich, wie einschneidend die Konsolidierungsentscheidung war.

Markt arbeitete und bei den Zielkunden einen guten Ruf genoss.[513] Im November und Dezember 2002 konnte der neue Mitarbeiter laufende Verhandlungen mit (potenziellen) Kunden bereits entscheidend voranbringen.

Die folgende Abbildung 32 zeigt nochmals die Gesamtübersicht der geplanten versus der realisierten Unternehmensentwicklung und den Ausblick auf das Jahr 2003.

[513] Dieser Wechsel des Vertriebsleiters eines etablierten Wettbewerbers sendet ein wichtiges Signal aus, das letztendlich entscheidend zum Erfolg der IT AG beitragen könnte: ein erfahrener Markt- und Vertriebsfachmann setzt auf ein neues Produkt, das also offensichtlich technisch überlegen sein muss und eine gute Zukunftsperspektive haben muss. Sonst würde die Person ja nicht wechseln. Dieses Signal könnte für bisher unentschlossene Kunden das Vertrauen in die langfristige Leistungsfähigkeit der IT AG derart stärken, dass es im Jahr 2003 tatsächlich zu den erwarteten Verkaufsentschlüssen kommt. Außerdem verfügt der neue Mitarbeiter über langjährige, z.T. persönliche Kontakte zu Entscheidungsträgern bei den Zielkunden.

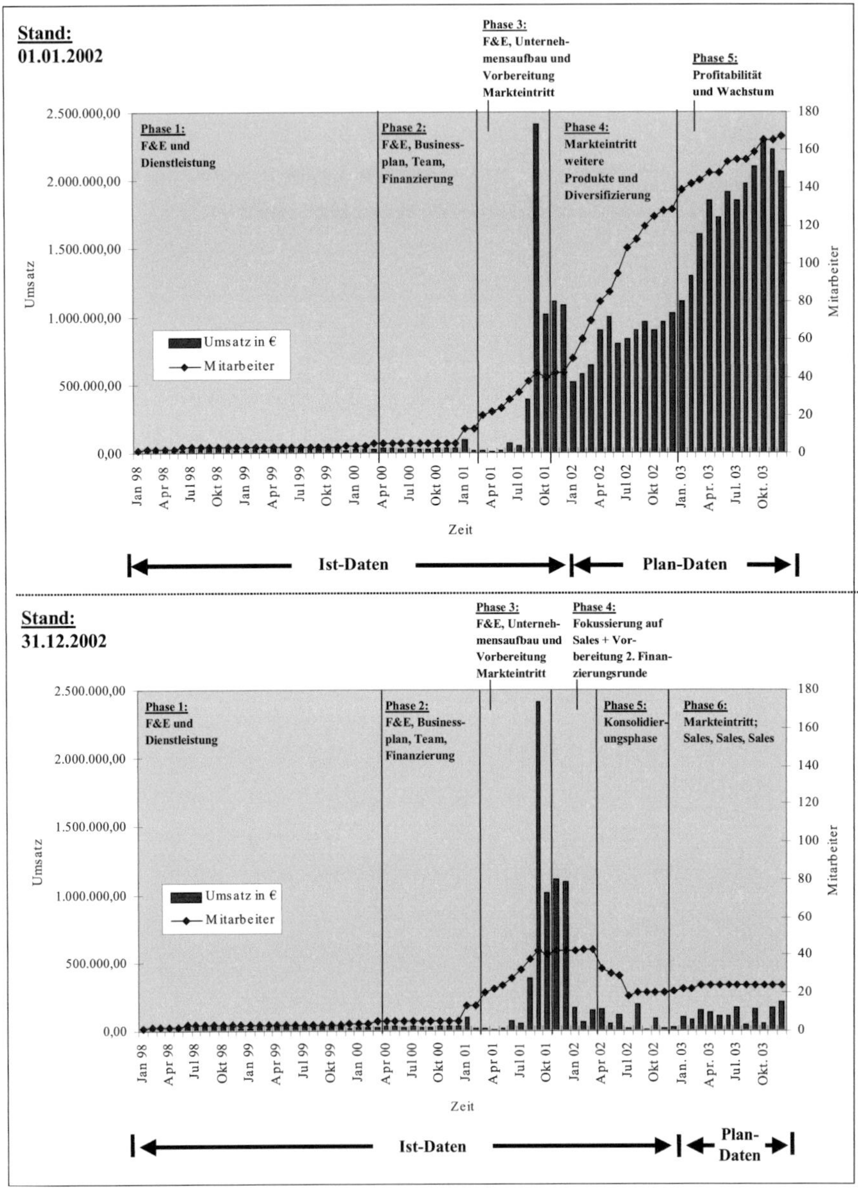

Abbildung 32: Vergleich der geplanten und realisierten Mitarbeiter- und Umsatzentwicklung der IT AG[514]

514 Eigene Darstellung. Quelle: Businessplan und Interviews IT AG. Das obere Bild zeigt den Status zum

In dieser Gegenüberstellung wird die große Abweichung zwischen der ursprünglichen Planung und der tatsächlich realisierten Umsatz- und Mitarbeiterentwicklung nochmals sehr deutlich.

4.3.1.4 Beschreibung des Wachstumsprozesses anhand des Bezugsrahmens

In der Entwicklung der IT AG wurden zwei Phasenübergänge (im Sinne des Bezugsrahmens) identifiziert:

- Im Oktober/November 2001 kam es zu einem organisatorischen Phasenübergang, der durch ein (zu) großes Komplexitäts-Fähigkeits-Missverhältnis ausgelöst worden ist.
- Der Übergang zur Konsolidierungsphase im März/April 2002 kann ebenfalls als Phasenübergang interpretiert werden, der jedoch durch ein Komplexitäts-Umwelt-Missverhältnis ausgelöst worden ist.

Im Folgenden soll die dargestellte Unternehmensentwicklung anhand des Bezugsrahmens analysiert und die Entstehung der Phasenübergänge erklärt werden. Dabei wird in erster Linie auf die nummerierten Elemente des Bezugsrahmens eingegangen.[515]

Die Wachstumsvoraussetzungen im Sinne des Bezugsrahmens waren gegeben, da es der IT AG gelungen war eine VC-Finanzierung zu erhalten.

Element 1: Umsatz- und Mitarbeiterwachstum

Die realisierte Umsatz- und Mitarbeiterentwicklung wurde in den vorstehenden Abbildungen bereits dargestellt. Das größte Mitarbeiterwachstum fand von Januar 2001 bis September 2001 statt, als sich die Zahl der Mitarbeiter von fünf auf 42 erhöhte. Dieses hatte – wie bereits angedeutet – starke Auswirkungen auf das Unternehmen. Diese werden weiter unten bei den Elementen 2 („Unternehmensinterne Komplexität“) und 3 („Unternehmensexterne Komplexität“) dargestellt. Eine zweite wesentliche Veränderung der Mitarbeiterentwicklung fand im Zeitraum von März 2002 bis Juli 2002 statt: dieser Rückgang von 43 auf ca. 20 Mitarbeiter war das Ergebnis eines Phasenüberganges (siehe Element 13 „Phasenübergang“).

01.01.2002: es wird die bis dahin realisierte Entwicklung und die Planung für 2002 und 2003 dargestellt. Das untere Bild zeigt im Vergleich dazu den Status zum 31.12.2002, d.h. die bis Ende 2002 realisierte Entwicklung und die überarbeitete Planung für 2003.

[515] Siehe Abbildung 14 in Abschnitt 3.2.1.

Die Umsatzentwicklung im Zeitraum von 1998 bis Ende 2000 verlief relativ konstant. Im Jahr 2001 stieg der Umsatz aufgrund der Integration der IT GB, Ltd. insgesamt stark an: von den ca. 6,3 Mio. € Gesamtumsatz entfielen jedoch ca. 4,5 Mio. € auf den Handel mit Hardware und nur ca. 1,8 Mio. € auf den Verkauf von Software bzw. dazugehöriger Dienstleistungen, wie Beratungs- und Implementierungsprojekten.[516] Im Folgenden werden hier im Sinne des Bezugsrahmens nur die 1,8 Mio. € aus dem Kerngeschäft als Umsatzwachstum mit Auswirkungen auf die Komplexität betrachtet. Im Jahr 2002 musste ein starker Rückgang des Umsatzes auf insgesamt ca. 1 Mio. € verzeichnet werden.

Die Steigerung des Umsatzes von ca. 360.000 € (2000) auf ca. 1,8 Mio. € (2001) stellt ein starkes Wachstum dar, dessen Auswirkungen auf die Elemente 2 und 3 unten untersucht werden.

Element 2: Unternehmensinterne Komplexität

Die folgende Tabelle 4 zeigt die Entwicklung der Unternehmensinternen Komplexität (zusammen mit der Unternehmensexternen Komplexität) über den gesamten Untersuchungszeitraum.[517]

[516] Zu den Hardware-Umsätzen zählen insbesondere die signifikant höheren Umsätze in den Monaten August bis Dezember 2001. Der Handel mit der Hardware gehört nicht zum eigentlichen Kerngeschäft der IT AG und wurde (weitgehend) unabhängig vom restlichen Geschäftsbetrieb durch wenige Mitarbeiter realisiert.

[517] Für die Beschreibung der Komplexitätstreiber und die jeweilige Bedeutung der vier Komplexitätsgrade siehe Abbildung 18 in Abschnitt 3.2.2.2.

	Monate	01/98	02/98	03/98	04/98	05/98	06/98	07/98	08/98	09/98	10/98	11/98	12/98	01/99	02/99	03/99	04/99	05/99	06/99	07/99	08/99	09/99	10/99	11/99	12/99
Interne Unternehmenskomplexität	Anzahl und Verschiedenartigkeit der Produkte	1	1	1	1	1	1	1	1	1	1	1	1	1	1	1	1	1	1	1	1	1	1	1	1
	Komplexität der einzelnen Produkte	1	1	1	1	1	1	1	1	1	1	1	1	1	1	1	1	1	1	1	1	1	1	1	1
	Grad der Vorwärts-/ Rückwärtsintegration	1	1	1	1	1	1	1	1	1	1	1	1	1	1	1	1	1	1	1	1	1	1	1	1
	Geschwindigkeit der Produktinnovationen	1	1	1	1	1	1	1	1	1	1	1	1	1	1	1	1	1	1	1	1	1	1	1	1
	Anzahl Distributionskanäle	1	1	1	1	1	1	1	1	1	1	1	1	1	1	1	1	1	1	1	1	1	1	1	1
	Anzahl Mitarbeiter	1	1	1	1	1	1	1	1	1	1	1	1	1	1	1	1	1	1	1	1	1	1	1	1
Ext. Kompl.	Geographische Ausdehnung	1	1	1	1	1	1	1	1	1	1	1	1	1	1	1	1	1	1	1	1	1	1	1	1
	(End-) Kundengruppen	1	1	1	1	1	1	1	1	1	1	1	1	1	1	1	1	1	1	1	1	1	1	1	1
	Wettbewerbsintensität	1	1	1	1	1	1	1	1	1	1	1	1	1	1	1	1	1	1	1	1	1	1	1	1
	Umweltveränderungen	1	1	1	1	1	1	1	1	1	1	1	1	1	1	1	1	1	1	1	1	1	1	1	2
	Komplexitätsgrad	**1**	**1**	**1**	**1**	**1**	**1**	**1**	**1**	**1**	**1**	**1**	**1**	**1**	**1**	**1**	**1**	**1**	**1**	**1**	**1**	**1**	**1**	**1**	**2**

	Monate	01/00	02/00	03/00	04/00	05/00	06/00	07/00	08/00	09/00	10/00	11/00	12/00	01/01	02/01	03/01	04/01	05/01	06/01	07/01	08/01	09/01	10/01	11/01	12/01
Interne Unternehmenskomplexität	Anzahl und Verschiedenartigkeit der Produkte	1	1	1	2	2	2	2	2	2	2	2	2	2	2	2	2	2	2	2	2	2	2	2	2
	Komplexität der einzelnen Produkte	1	1	1	1	1	1	1	1	1	2	2	2	2	2	2	2	2	2	2	2	2	2	2	2
	Grad der Vorwärts-/ Rückwärtsintegration	1	1	1	1	1	1	1	1	1	1	1	1	1	1	1	1	1	1	1	1	1	1	1	1
	Geschwindigkeit der Produktinnovationen	1	1	1	2	2	2	2	2	2	2	2	2	3	3	3	3	3	3	3	3	3	3	3	3
	Anzahl Distributionskanäle	1	1	1	1	1	1	1	1	1	1	1	1	1	1	1	1	1	1	1	1	1	1	2	2
	Anzahl Mitarbeiter	1	1	1	1	1	1	1	1	1	1	1	1	2	2	2	3	3	3	3	3	3	3	3	3
Ext. Kompl.	Geographische Ausdehnung	1	1	1	1	1	1	1	1	1	1	1	1	1	3	3	3	3	3	3	3	3	3	3	3
	(End-) Kundengruppen	1	1	1	1	1	1	1	1	1	1	1	1	1	1	1	1	1	1	1	1	2	2	2	2
	Wettbewerbsintensität	1	1	1	1	1	1	1	1	1	1	1	1	2	2	2	2	2	2	2	2	2	2	2	2
	Umweltveränderungen	2	2	2	2	2	2	2	2	2	2	2	2	3	3	3	4	4	4	4	4	4	4	4	4
	Komplexitätsgrad	**2**	**2**	**2**	**8**	**8**	**8**	**8**	**8**	**8**	**16**	**16**	**16**	**144**	**432**	**432**	**864**	**864**	**864**	**864**	**864**	**1728**	**1728**	**3456**	**3456**

	Monate	01/02	02/02	03/02	04/02	05/02	06/02	07/02	08/02	09/02	10/02	11/02	12/02	01/03	02/03	03/03	04/03	05/03	06/03	07/03	08/03	09/03	10/03	11/03	12/03
Interne Unternehmenskomplexität	Anzahl und Verschiedenartigkeit der Produkte	2	2	2	2	2	2	2	2	2	2	2	2	2	2	2	2	2	2	2	2	2	2	2	2
	Komplexität der einzelnen Produkte	2	2	2	2	2	2	2	2	2	2	2	2	3	3	3	3	3	3	3	3	3	3	3	3
	Grad der Vorwärts-/ Rückwärtsintegration	1	1	1	1	1	1	1	1	1	1	1	1	1	1	1	1	1	1	1	1	1	1	1	1
	Geschwindigkeit der Produktinnovationen	3	3	3	1	1	1	2	2	2	2	2	3	3	3	3	3	3	3	3	3	3	3	3	3
	Anzahl Distributionskanäle	2	2	2	3	3	3	3	3	3	3	3	3	3	3	3	3	3	3	3	3	3	3	3	3
	Anzahl Mitarbeiter	3	3	3	3	3	3	2	2	2	2	2	2	2	2	2	2	2	2	2	2	2	2	2	2
Ext. Kompl.	Geographische Ausdehnung	3	3	3	2	2	2	2	2	2	2	2	2	2	2	2	2	2	2	2	2	2	2	2	2
	(End-) Kundengruppen	2	2	2	2	2	2	2	2	2	2	2	2	2	2	2	2	2	2	2	2	2	2	2	2
	Wettbewerbsintensität	2	2	2	2	2	2	2	2	2	2	2	2	2	2	2	2	2	2	2	2	2	2	2	2
	Umweltveränderungen	4	4	4	3	3	3	3	3	3	3	3	3	3	3	3	3	3	3	3	3	3	3	3	3
	Komplexitätsgrad	**3456**	**3456**	**3456**	**864**	**864**	**864**	**1152**	**1152**	**1152**	**1152**	**1152**	**1728**	**2592**	**2592**	**2592**	**2592**	**2592**	**2592**	**2592**	**2592**	**2592**	**2592**	**2592**	**2592**

Tabelle 4: Detailentwicklung der Komplexität der IT AG[518]

Im Folgenden wird die Entwicklung der sechs internen Komplexitätstreiber kurz skizziert:

1. Anzahl und Unterschiedlichkeit der Produkte: Bis April 2000 wurden nur Dienstleistungen angeboten (Stufe 1). Ab diesem Zeitpunkt kamen in der Planung der Entwicklung mehrere Produktmodule dazu, die jedoch ähnliche Lösungseigenschaften besaßen und damit der gleichen Produktgruppe zuzuordnen sind (Stufe 2).
2. Komplexität der einzelnen Produkte: Die zunächst angebotenen Dienstleistungen waren individuell auf die Kunden zugeschnitten und wiesen damit ein „einfaches Design" auf (Stufe 1). Mit dem Beginn der Produktentwicklung des ersten Produktmoduls im Oktober 2000 begann die Komplexität des Produktes und die Integration permanent zu steigen (auch wegen der steigenden Anzahl an „add-ons") (Stufe 2). Mit der erneuten Aufnahme der Entwicklung von „Modul3" (Januar 2003) lässt sich nochmals eine Steigerung auf Stufe 3 feststellen.

518 Eigene Darstellung. Quelle: Businessplan und Interviews IT AG, Stand: 31.12.2002.

3. Grad der Vorwärts-/Rückwärtsintegration: Zum Kerngeschäft der IT AG gehört die Entwicklung und Vermarktung der Software sowie dazugehörige Dienstleistungen (z.B. Beratung und Unterstützung bei der Implementierung). Daher liegt keine zusätzliche Vorwärts- oder Rückwärtsintegration im Sinne des Bezugsrahmens vor (Stufe 1).[519]
4. Geschwindigkeit der Produktinnovationen: Am Anfang stand die Produktentwicklung nicht im Fokus und war daher eher als langsam einzuschätzen (Stufe 1). Ab der konkreten Idee der Produktentwicklung (April 2000) wurde die Geschwindigkeit schneller (Stufe 2). Im Vorgriff auf die VC-Finanzierung wurde die Entwicklung ab Januar 2001 nochmals forciert (Stufe 3). Nach der strategischen Fokussierung auf den Vertrieb im März 2002 fiel die Innovationsgeschwindigkeit wieder auf Stufe 1. Durch die Anpassungsentwicklung des „Modul2" ab Juli 2002 wurde wieder die Stufe 2 erreicht. Seit der Genehmigung des Förderprojektes für „Modul3" (November 2002) stieg die Innovationsgeschwindigkeit wieder auf die Stufe 3.
5. Anzahl Distributionskanäle: Zunächst erfolgte der Vertrieb fast ausschließlich über die persönlichen Kontakte und die Reputation eines Gründers und persönliche Kontakte (Verkauf von Dienstleistungen mittels direktem Vertrieb) (Stufe 1). Seit dem Markteintritt mit „Modul1" im November 2001 wurde versucht, weitere Kanäle aufzubauen (direkter Vertrieb, indirekter Vertrieb, Reseller, externe Handelsvertreter, Internet) (Stufe 2). Mit wenigen Monaten Verzögerung wurden die weiteren Distributionskanäle tatsächlich etabliert, so dass ab März 2002 die Stufe 3 erreicht war.
6. Anzahl Mitarbeiter: Bis Dezember 2000 bestand das Unternehmen im Wesentlichen aus dem Gründerteam (Stufe 1). Von Januar bis März 2001 kann das Unternehmen als „kleines Team" mit bis zu 20 Mitarbeitern bezeichnet werden (Stufe 2). Ab April 2001 hatte die IT AG dann mit über 20 vollzeitäquivalenten Mitarbeitern bereits die dritte Stufe erreicht, in der (anstatt einfacher Teamstrukturen) eher eine funktionale Organisation mit zunehmender Formalisierung notwendig erscheint.

Für sich genommen kann bereits die Steigerung der Komplexität bei *einer* der Komponenten als ein Anstieg der zu handhabenden Vielfalt im Unternehmen interpretiert werden. Berücksichtigt man jedoch die Interdependenz der einzelnen Komponenten, so wird deutlich, dass

[519] Den Hardware-Vertrieb könnte man als Seitwärtsintegration bezeichnen. Eine Vorwärtsintegration wäre bspw. die Gründung oder Übernahme einer Beratungsgesellschaft, die die Software der IT AG implementiert und auch andere Beratungsprojekte durchführt. Ein anderes Beispiel für eine Vorwärtsintegration wäre für die IT AG, wenn sie den Betrieb der Software beim Kunden übernehmen würde.

ein Anstieg einer Komponente nicht zu einem linearen Anstieg der Komplexität, sondern zu einem nicht-linearen Anstieg führt. Dies wird im Meßsystem durch die Multiplikation der einzelnen Komponenten ausgedrückt.

Wie die folgende Abbildung 33 zeigt, verlief die Entwicklung der Unternehmensinternen Komplexität eher schubweise. Die ebenfalls dargestellte Unternehmensexterne Komplexität verlief ähnlich und verdeutlicht den Zusammenhang zwischen den Phasen und dem diskontinuierlichen Anstieg der Komplexität.

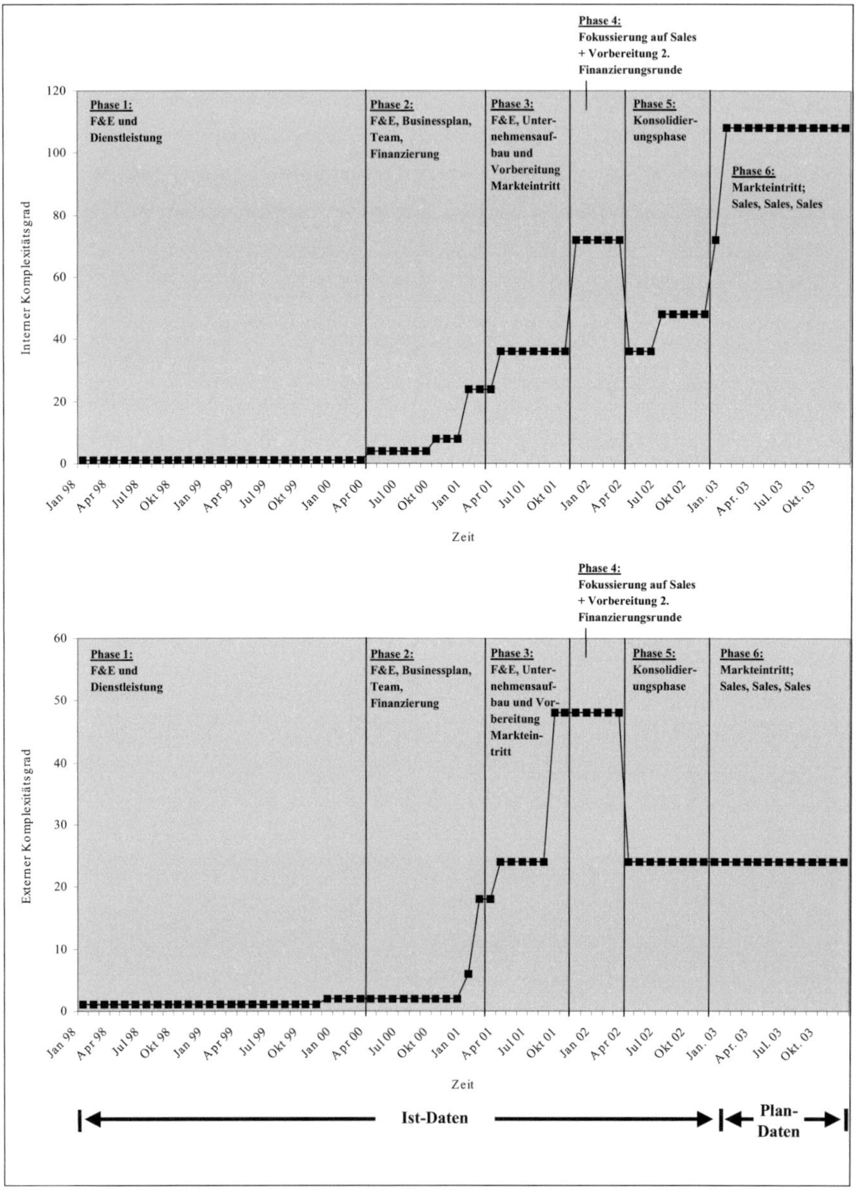

Abbildung 33: Entwicklung der Unternehmensinternen und -externen Komplexität der IT AG[520]

---

[520] Eigene Darstellung. Quelle: Businessplan und Interviews IT AG, Stand: 31.12.2002.

Element 3: Unternehmensexterne Komplexität

Tabelle 4 und Abbildung 33 zeigten bereits die Entwicklung der Unternehmensexternen Komplexität über den gesamten Untersuchungszeitraum. Im Folgenden wird die Entwicklung der vier Komplexitätstreiber kurz skizziert, die zu dieser Gesamtentwicklung beitrugen:[521]

1. Geographische Ausdehnung: Bis Anfang 2001 war die IT AG nur regional in Deutschland aktiv (Stufe 1). Mit der Integration der IT GB, Ltd. und der VC-Finanzierung weiteten sich die Aktivitäten schlagartig aus: die IT GB, Ltd. trug im Jahr 2001 einen nicht unerheblichen Umsatzanteil bei. Die Aktivitäten zur Vermarktung von „Modul1" waren von Beginn an deutschlandweit ausgelegt. Ab Februar 2001 war also ein Sprung von Stufe 1 auf Stufe 3 zu verzeichnen. Ab der Umsetzung der Fokussierungsstrategie im April 2002 waren die Aktivitäten insgesamt eher wieder „national" (Stufe 2) einzustufen, obwohl noch Vertriebsaktivitäten in Asien und Großbritannien stattfanden. Jedoch war der Umsatzanteil aus Großbritannien in 2002 nicht mehr so groß, die Entwicklung musste nicht mehr an zwei Standorten parallel koordiniert werden und der englische Standort hat seitdem insgesamt eher den Charakter einer Vertriebsniederlassung (anstatt wie zuvor den Status eines zweiten Stammsitzes).
2. (End-) Kundengruppen: Zunächst gab es nur eine definierte Kundengruppe. Mit der Vorbereitung der Vermarktung von „Modul1" kam ca. im September 2001 eine zweite Kundengruppe hinzu (Stufe 2). Bis Ende 2002 wurden weiterhin diese beiden Kundengruppen angesprochen, und auch für 2003 ist keine grundlegende Veränderung dieser Ausrichtung geplant.
3. Wettbewerbsintensität: Die Wettbewerbsintensität war zunächst niedrig (Stufe 1). Ab Anfang 2001 stieg der Wettbewerb an, weil in dieser Phase neben der IT AG auch Wettbewerber eine VC-Finanzierung erhielten und ebenfalls stärkere Präsenz am Markt zeigten (Stufe 2). Die Wettbewerbsintensität stieg im Folgenden jedoch nicht signifikant weiter, da auch die Wettbewerber die zunehmende Investitionszurückhaltung der (potenziellen) Kunden zu spüren bekamen.
4. Umweltveränderungen: Bis Ende 1999 war das Marktumfeld relativ stabil (Stufe 1). Zu dieser Zeit setzte eine Veränderung des Marktes ein: manche Marktsegmente begannen stark zu wachsen, andere schrumpften oder verschmolzen zu völlig neuen Marktsegmenten (Stufe 2). Anfang 2001 verstärkte sich diese Marktdynamik zuneh-

[521] Für die Beschreibung der Komplexitätstreiber und die jeweilige Bedeutung der vier Komplexitätsgrade siehe Abbildung 19 in Abschnitt 3.2.2.2.

mend (Stufe 3). Von April 2001 bis März 2002 waren die betreffenden Marktsegmente sehr starken Veränderungen unterworfen und eine Voraussage der zukünftigen Entwicklung (hinsichtlich Marktstrukturen, Marktpotenzialen und zukünftigen technologischen Standards) war nur sehr schwer möglich. Ursache für die große Dynamik waren zum einen viele kleine neue Wettbewerber mit innovativen Technologien und zum anderen die etablierten Unternehmen, die auf die neue Konkurrenz mit der Ergänzung ihres Produktprogramms oder der Etablierung neuer Partnerschaften reagierten (Stufe 4). Seit der Konsolidierungsentscheidung im April 2002 sind die Umweltveränderungen aus Sicht der IT AG geringer geworden, da die Strategien der Wettbewerber zunehmend klarer geworden sind und die Anzahl der „Player" im Markt (Wettbewerber, Partner,...) insgesamt abgenommen hat. Zudem ist seitdem die Unsicherheit der Marktentwicklung in Großbritannien weggefallen, und es erfolgte insgesamt eine Fokussierung der Aktivitäten, die zu einer Verringerung der Unsicherheit führte.

Ein Spezialproblem in der Entwicklung der IT AG war die Veränderung im Finanzierungsmarkt. Beim Abschluss der ersten Finanzierungsrunde im Februar 2001 waren sich alle Beteiligten sicher, dass der Abschluss einer zweite Finanzierungsrunde Anfang 2002 kein Problem darstellen würde. Diese Annahme, auf der die gesamte Unternehmensplanung und Unternehmensentwicklung bis zum Frühjahr 2002 beruhte, erwies sich im Sommer 2002 jedoch als falsch. Die Veränderung des Finanzierungsmarktes hatte also (gemeinsam mit den fehlenden Vertriebserfolgen) einen sehr starken Einfluss auf die Unternehmensentwicklung.

Element 4: Unternehmenskomplexität

Abbildung 34 zeigt die Gesamtentwicklung der Unternehmenskomplexität.

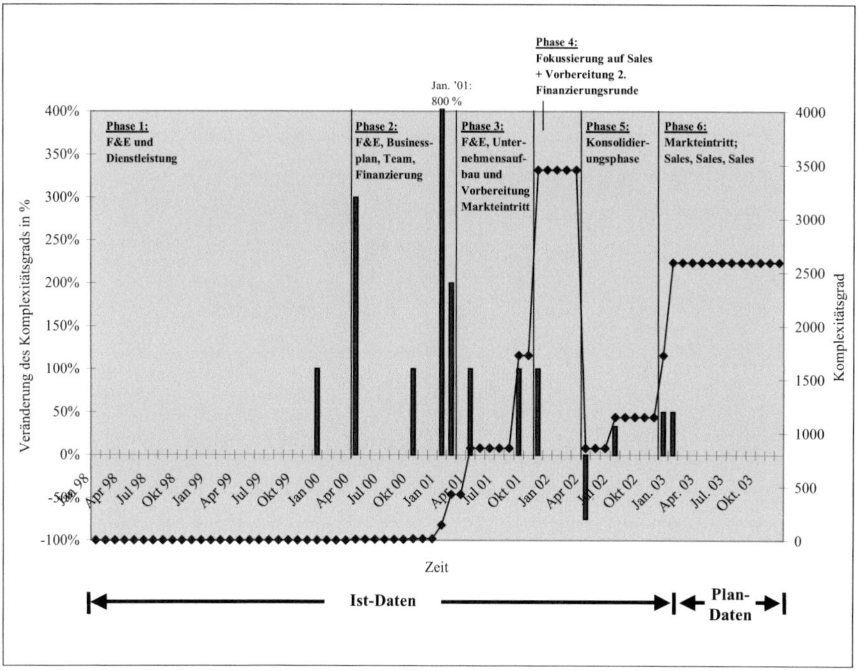

Abbildung 34: Entwicklung der Unternehmenskomplexität der IT AG[522]

Die Abbildung 34 verdeutlicht, dass in der Phase 3 ein extrem starker Anstieg der Unternehmenskomplexität zu verzeichnen war. Weiterhin sieht man, dass in der Konsolidierungsphase gezielt Komplexität abgebaut wurde. Die folgende Abbildung 35 vergleicht die Komplexitätsentwicklung in den Jahren 2001 und 2002 und zeigt nochmals die Entwicklung der einzelnen Komponenten.

[522] Eigene Darstellung. Quelle: Businessplan und Interviews IT AG, Stand: 31.12.2002. Die Balken zeigen die relative Veränderung des Komplexitätsgrads (linke Skala) und die Linie die absolute Entwicklung des Komplexitätsgrads (rechte Skala).

	Dimensionen der Entwicklung	Komplexitätsgrad Niedrig (1)	Mäßig (2)	Hoch (3)	Sehr hoch (4)
Interne Unternehmenskomplexität	Anzahl + Verschiedenartigkeit Produkte	Ein Produkt	Mehrere verwandte	Mehrere verwandte, einige nicht verwandte	Verschiedene, komplexes Portfolio
	Komplexität der einzelnen Produkte	Einfaches Design	Viele Komponenten	Hoch integriert, technisch sensitiv	Technisch höchst komplexes System
	Grad der Vorwärts-/ Rückwärtsintegration	Keine	Teilweise, ein Schritt	Ausgedehnt, mehrere Schritte	Höchst integriert
	Geschwindigkeit der Produktinnovationen	Langsam	Langsam bis mäßig	Mäßig bis schnell	Schnell
	Anzahl Distributionskanäle	1	2 - 3	Einige	Viele, komplexe
	Anzahl Mitarbeiter	Wenige	Kleines Team	Kleine, funktonale Organisation	Große Organisation
Externe Unternehmenskomplexität	Geographische Ausdehnung	Regional	National	National, erheblicher Exportanteil	International
	(End-) Kundengruppen	Eine, eindeutig definiert	2 - 3	Einige, unterschiedlich	Viele, sehr unterschiedlich
	Wettbewerbsintensität (Preis, Produkt, Marketing)	Niedrig	Niedrig bis mäßig	Mäßig bis intensiv	Sehr intensiv
	Umweltveränderungen (ökonomisch, politisch, sozial, Arbeitsmarkt)	Stabil	Stabil bis mäßig	mäßig bis intensiv	Hoch veränderlich, sehr intensiv

→Maßzahl für den Komplexitätsgrad (Stand 01.01.2001): 16

→Maßzahl für den Komplexitätsgrad (Stand 31.12.2001): 3.456

2001

	Dimensionen der Entwicklung	Komplexitätsgrad Niedrig (1)	Mäßig (2)	Hoch (3)	Sehr hoch (4)
Interne Unternehmenskomplexität	Anzahl + Verschiedenartigkeit Produkte	Ein Produkt	Mehrere verwandte	Mehrere verwandte, einige nicht verwandte	Verschiedene, komplexes Portfolio
	Komplexität der einzelnen Produkte	Einfaches Design	Viele Komponenten	Hoch integriert, technisch sensitiv	Technisch höchst komplexes System
	Grad der Vorwärts-/ Rückwärtsintegration	Keine	Teilweise, ein Schritt	Ausgedehnt, mehrere Schritte	Höchst integriert
	Geschwindigkeit der Produktinnovationen	Langsam	Langsam bis mäßig	Mäßig bis schnell	Schnell
	Anzahl Distributionskanäle	1	2 - 3	Einige	Viele, komplexe
	Anzahl Mitarbeiter	Wenige	Kleines Team	Kleine, funktonale Organisation	Große Organisation
Externe Unternehmenskomplexität	Geographische Ausdehnung	Regional	National	National, erheblicher Exportanteil	International
	(End-) Kundengruppen	Eine, eindeutig definiert	2 - 3	Einige, unterschiedlich	Viele, sehr unterschiedlich
	Wettbewerbsintensität (Preis, Produkt, Marketing)	Niedrig	Niedrig bis mäßig	Mäßig bis intensiv	Sehr intensiv
	Umweltveränderungen (ökonomisch, politisch, sozial, Arbeitsmarkt)	Stabil	Stabil bis mäßig	mäßig bis intensiv	Hoch veränderlich, sehr intensiv

→Maßzahl für den Komplexitätsgrad (Stand 01.01.2002): 3.456

→Maßzahl für den Komplexitätsgrad (Stand 31.12.2002): 2.592

2002

Abbildung 35: Entwicklung des Komplexitätsgrads der IT AG in den Jahren 2001 und 2002[523]

[523] Eigene Darstellung. Quelle: Businessplan und Interviews IT AG, Stand: 31.12.2002.

Die Entwicklung der Unternehmenskomplexität kann im Zeitablauf folgendermaßen zusammengefasst werden:

- **Anfang 2001:** Die erste wesentliche Erhöhung vollzieht sich, als im Zuge der VC-Finanzierung die Mitarbeiterzahl stark anstieg und die Produktentwicklung forciert wurde (interne Komplexität). Die Integration der IT GB, Ltd. führte zur starken geographischen Ausdehnung, zur Steigerung der Wettbewerbsintensität sowie zum starken Anstieg der Umweltveränderungen (externe Komplexität).
- **September 2001:** In Vorbereitung des Markteintritts kam es zu einer Ausweitung der Zielkundengruppen, so dass hier die externe Komplexität nochmals anstieg.
- **November 2001:** Es kommt zu einer weiteren Erhöhung der internen Komplexität durch die Etablierung zusätzlicher Distributionskanäle, deren Betreuung sich in der internen Organisation widerspiegelte.
- **April 2002:** Im Zuge der Konsolidierung und dem zwischenzeitlichen Einfrieren der Entwicklung sank die interne Komplexität aufgrund der reduzierten Produktinnovationsgeschwindigkeit. Gleichzeitig erhöhte sich jedoch die Zahl der zu betreuenden Distributoren weiter, so dass insgesamt ein leichter Rückgang der internen Komplexität zu verzeichnen war. An dieser Veränderung der Komplexitätsgrade ist auch deutlich die Verschiebung der Prioritäten von der Produktentwicklung hin zur Vermarktung der Produkte zu erkennen. Durch die Fokussierung kam es auch bei der externen Komplexität zu einem Rückgang, und zwar der geographischen Ausdehnung und der wahrgenommenen Umweltdynamik.
- **Januar 2003:** Aufgrund der Wiederaufnahme der Entwicklung von „Modul3“ ist eine starke Erhöhung der internen Komplexität zu erwarten, da die Interdependenz der drei Module im Softwarepaket mit der Entwicklung stark ansteigen wird (Produktkomplexität) und die IT AG sich insgesamt mit dem neuen Produkt „Modul3“ auf ein neues Marktsegment begibt (Innovationsgeschwindigkeit).

Anschließend wird darauf eingegangen, wie sich im gleichen Zeitraum die Komplexitätsanforderungen der Umwelt (Element 5) und die Ressourcen bzw. Komplexitäts-Fähigkeiten (Elemente 6 – 8) entwickelten.

Element 5: Komplexitätsanforderungen der Umwelt

Die Komplexitätsanforderungen können anhand der zuvor dargestellten vier Kriterien der „Unternehmensexternen Komplexität“ beschrieben werden:

1. Geographische Ausdehnung: Bis Anfang 2001 war die IT AG nur regional in Deutschland aktiv. Für die damaligen Dienstleistungskunden, Lieferanten und Partner war diese regionale Fokussierung eher ein Vorteil als ein Problem. Mit der Integration der IT GB, Ltd. (Februar 2001) wurden auch englische Kunden übernommen, die natürlich weiterhin aus dem englischen Büro heraus betreut werden wollten. Die potenziellen Kunden und (Vertriebs-)Partner für „Modul1" waren bzw. sind deutschlandweit verteilt, so dass ab Oktober 2001 bundesweite Vertriebsaktivitäten notwendig wurden. Der Vertrieb in Großbritannien wurde von der englischen Niederlassung betreut, in Asien gab es seit Anfang 2002 zwei Vertriebsbeauftragte auf Honorarbasis.
   Die Anforderungen an die IT AG aufgrund der geographischen Ausdehnung stiegen also zunächst stark an und konnten mit der Umsetzung der Konsolidierungsstrategie wieder deutlich reduziert werden.
2. (End-) Kundengruppen: Zunächst gab es nur eine definierte Kundengruppe (für die Dienstleistungen). Die Anforderungen dieser Kundengruppe waren relativ eindeutig. Mit der Vorbereitung der Vermarktung von „Modul1" kam ab September 2001 eine zweite Kundengruppe hinzu. Die Anforderungen dieser Kundengruppe wichen von der ersten ab. Bei den Anforderungen der zweiten Kundengruppe handelte es i.d.R. um kundenspezifische Anpassungen der Software, die nicht in einer Standardversion umgesetzt werden konnten. Ein Beispiel dafür ist das realisierte Projekt im September/Oktober 2002, in dem eine kundenspezifische Abwandlung von „Modul2" entwickelt und beim Kunden implementiert worden ist. D.h. für die speziellen Anforderungen der zweiten Kundengruppe ist i.d.R. das ausgeprägte Spezial-Know-how der IT AG notwendig, um kundenspezifische Lösungen zu entwickeln. Der Vertriebsprozess ist bei dieser Kundengruppe damit länger und hat eher den Charakter eines Beratungsprojektes zur Lösung des Kundenproblems. Eine regionale Unterscheidung der Kundengruppen war in Bezug auf die Anforderungen an das Produkt bisher nicht relevant. Bei der konkreten Marktbearbeitung waren die kulturellen Unterschiede aber sehr wohl zu beachten.
3. Wettbewerbsintensität und 4. Umweltveränderungen: Insgesamt sah sich die IT AG einer stark steigenden Wettbewerbsintensität zusammen mit großen Umweltveränderungen ausgesetzt. Der Versuch des parallelen Markteintritts in Deutschland, Großbritannien und Asien führte zu einer weiteren Erhöhung der Vielfalt der Marktinteressen, da in den drei Regionen im Detail andere Anforderungen der Marktpartner

herrschten. Die hohe Wettbewerbsintensität und Umweltdynamik führten insbesondere zu folgenden Herausforderungen und Problemen.

- Zunächst einmal war es für die IT AG schwierig sich selbst zu positionieren, da das gesamte Wettbewerbsumfeld im starken Wandel begriffen war.
    - So fiel die Formulierung der Produktstrategie schwer, was durch die mehrfache Re-Fokussierung verdeutlicht wird.
    - Die Etablierung von (Vertriebs-) Partnerschaften wurde durch die (strategische) Unsicherheit bei allen Partnern behindert.
    - Durch die häufigen Veränderungen im Markt, aber auch bei der eigenen Produktstrategie fiel es schwer, den Kunden die Alleinstellungsmerkmale zu verdeutlichen.
- Als Konsequenz führten diese Punkte zu einer Verunsicherung bei den (potenziellen) Kunden. Diese betraf einerseits die zukünftigen Marktstrukturen und Zukunftschancen der zumeist jungen Unternehmen (niemand möchte Investitionen bei einer Firma tätigen, die es im kommenden Jahr vielleicht nicht mehr gibt) sowie andererseits die zukünftigen Technologiestandards. Diese Unsicherheit verstärkte die bereits allgemein vorhandene Investitionszurückhaltung zusätzlich.
- Die bereits skizzierten starken Veränderungen auf dem Finanzierungsmarkt führten zu Veränderungen der Anforderungen potenzieller Investoren: so forderten die interessierten Investoren nun signifikante Software-Umsätze, die das tatsächliche Interesse der Kunden an den Produkten der IT AG dokumentieren sollten.

Insgesamt stiegen also die Komplexitätsanforderungen der Umwelt ab Anfang 2001 stark an. Die Hauptursachen waren die internationale Ausrichtung und die sehr große Marktdynamik.

Der Fit zwischen Umweltanforderungen und umgesetzter Unternehmenskomplexität wird unten (Element 9: Komplexitäts-Umwelt-Fit) beschrieben.

Element 6: Organisation und Prozesse

Die bewusste Entwicklung der Organisation und Prozesse begann im Oktober 2001 im Anschluss an die starke Wachstumsphase. Die bis dahin informelle Kommunikation und die losen Teamstrukturen waren nicht mehr ausreichend für die Koordination aller Aktivitäten. Für die Mitarbeiter waren die Aufgaben anderer Mitarbeiter z.T. nicht transparent, so dass nicht klar war, wer bspw. für die Klärung eines Problems verantwortlich war. In dieser Zeit lief ein großer Teil der Koordination (auch „unwichtiger“ operativer Probleme) über die Vorstände persönlich, was mit der Zeit zu einer hohen Belastung und einem stärker werdenden Veränderungswunsch führte.

Das Management-Team erkannte, dass die Führungs- und Kommunikationsstrukturen stärker formalisiert und die Prozesse effizienter gestaltet werden mussten. In den Monaten November und Dezember 2001 wurden u.a. die folgenden Maßnahmen umgesetzt:

- Ab November fanden in allen Bereichen formale Meetings mit Protokollen statt.
- Prozesse (z.B. in den Bereichen Kundenanfragen) wurden standardisiert und damit effizienter.
- Kommunikationskanäle und Berichtswege wurden festgelegt.
- Organigramme und Aufgabenbeschreibungen sorgten für eine größere Transparenz.
- Im Bereich Entwicklung wurde eine zweite Führungsebene und Gruppenstrukturen eingeführt.
- Zielvorgaben und regelmäßige Mitarbeitergespräche mit allen Mitarbeitern wurden eingeführt.

Mit anderen Worten könnte man sagen, dass in den Monaten des starken Wachstums die Komplexitäts-Fähigkeiten der realisierten Unternehmenskomplexität nicht gewachsen waren. Mit den Worten eines Vorstands der IT AG „musste zu diesem Zeitpunkt eine Wachstumspause eingelegt werden, um die Strukturen aufzubauen, Verantwortlichkeiten zu klären und die bestehenden Mitarbeiter zu integrieren“. Es wurden also Strukturen und Fähigkeiten aufgebaut, um die gestiegene Komplexität handhaben zu können (siehe unten bei Element 10: Komplexitäts-Fähigkeits-Fit).

Ein weiterer interessanter Aspekt war die Entwicklung der Selbstorganisation: bis zur starken Wachstumsphase bestand das Unternehmen aus einer homogenen Gruppe, in der der Großteil der Mitarbeiter sich untereinander selbst abstimmte und daher nur sehr wenig zentrale Koordination notwendig war. Während des starken Wachstums ging der Organisation insgesamt diese Fähigkeit verloren. Zum einen, weil die Aktivitäten umfangreicher wurden und nur noch die Führungspersonen einen Überblick über alles hatten. Zum anderen, weil die vielen neuen Mitarbeiter einige Zeit brauchten, um die informellen Strukturen zu verstehen. Außerdem ging das Zusammengehörigkeitsgefühl (der „Teamspirit“) im Gesamtunternehmen verloren, weil das Unternehmen inzwischen nicht mehr aus einem großen Team, sondern aus verschiedenen kleinen Gruppen mit unterschiedlichen Schwerpunkten bestand. Dies alles führte zur zwingenden Notwendigkeit der oben beschriebenen Formalisierung.

Allerdings hatte die Formalisierung auch negative Effekte: so sorgte sie z.T. dafür, dass die noch funktionierende Selbstorganisation „verlernt" wurde und die Mitarbeiter sich stattdessen zu sehr auf die neuen formalisierten Strukturen verließen. Hier musste der Vorstand wiederum gegensteuern und Eigenverantwortung und Selbstorganisation bei den Mitarbeitern anregen.

Der Prozess der Entwicklung der Organisation und Prozesse ging im Übrigen im Jahr 2000 permanent weiter: es wurden mit der Zeit zahlreiche Prozesse formalisiert und professionalisiert.

Element 7: Mitarbeiter und Personalentwicklung

Bis Ende 2000 bestand das Unternehmen IT AG aus einem kleinen, relativ homogenen Team. Der Aufbau von fünf auf 13 Mitarbeiter in Deutschland verlief relativ problemlos über die Rekrutierung von bekannten Personen aus dem Umfeld der Gründer der IT AG. Zu diesem Zeitpunkt bestand die IT AG in Deutschland fast ausschließlich aus Entwicklern.

Das Personal der IT GB, Ltd. war vor der Integration in die AG bereits vorhanden. Hierbei handelte es sich im Wesentlichen um Mitarbeiter mit Beratungshintergrund.

Der Mitarbeiteraufbau ab März 2001 von 20 auf ca. 40 Mitarbeiter bereitete dagegen einige Schwierigkeiten, da im Wesentlichen IT-Fachkräfte für die Entwicklung gesucht wurden, die zu dieser Zeit auf dem Arbeitsmarkt rar waren. Bei den IT-Fachkräften wurden mehrere ausländische Mitarbeiter (mit Green-Card) eingestellt. Im Nachhinein betrachtet, litt die Gesamtleistung der Entwicklung in dieser Zeit unter der teilweise mangelhaften Qualifikation mancher Mitarbeiter und der zu schnellen Wachstumsgeschwindigkeit, die zeitweise keine sinnvolle Integration der neuen Mitarbeiter zuließ.

Die oben beschriebenen Koordinationsprobleme entstanden auch dadurch, dass zu dieser Zeit über die Hälfte der Mitarbeiter weniger als ein halbes Jahr im Unternehmen beschäftigt waren und noch keinen Überblick über alle Aktivitäten, Verantwortlichkeiten und Bereiche gewinnen konnten (selbst wenn es bereits etablierte Strukturen und Prozesse gegeben hätte). Das unternehmensspezifische Wissen bei diesen Mitarbeitern musste sich erst herausbilden.

In der Konsolidierungsphase konnte man die besten Mitarbeiter im Unternehmen halten. Man trennte sich bewusst von einigen „Problemkindern". Im Zuge der Konsolidierung wurden die formalen Strukturen z.T. wieder abgebaut und durch Selbstorganisation ersetzt. Dies war möglich, da die Eigenverantwortlichkeit und Motivation der verbliebenen Mitarbeiter zu dieser Zeit wieder stark anstieg. Aufgrund des bei allen Mitarbeitern gestiegenen unternehmensspezifischen Wissens („jeder weiß, wie die Firma funktioniert") ist die Unternehmensleistung trotz der verringerten Mitarbeiterzahl laut Einschätzung des Vorstands der IT AG insgesamt gestiegen. Man kann also konstatieren, dass die Komplexitäts-Fähigkeiten der Mitarbeiter insbesondere in der Zeit von Anfang bis Mitte 2002 stark angestiegen sind.

Element 8: Management-Fähigkeiten

Das Management-Team muss insgesamt als relativ unerfahren eingeschätzt werden. Die drei Vorstände haben zum Zeitpunkt der Finanzierung (Anfang 2001) ein Durchschnittsalter von 35. Keiner der drei Vorstände war zuvor an der Gründung oder dem Aufbau eines Wachstumsunternehmens beteiligt gewesen. Nur einer der drei Vorstände verfügte zu diesem Zeitpunkt über eine mehrjährige Führungs- und Markterfahrung. Auch die funktionale Erfahrung bezüglich der jeweiligen Aufgabenbereiche war bei allen drei Vorständen zu diesem Zeitpunkt gering.

Das große Entwicklungspotenzial und die Motivation der Personen konnten den VC-Investor jedoch überzeugen, dass dieses Team die Geschäftsidee zum Erfolg führen kann. Der Investor bestand jedoch auf einer Ergänzung des Top-Management-Teams um einen erfahrenen CFO und einen Vertriebsspezialisten. Diese beiden Personen wurden im Sommer 2001 eingestellt, so dass das Top-Management-Team ab diesem Zeitpunkt aus den drei Vorständen und den beiden Verantwortlichen für Finanzen und Vertrieb bestand. Allerdings hatten auch die beiden neuen Mitarbeiter bisher nur wenige Erfahrungen in Bezug auf das Management von *Wachstumsunternehmen*. Die IT GB, Ltd. leitete von Anfang an ein erfahrener Manager, der bei allen, Großbritannien betreffenden Angelegenheiten in die Entscheidungen einbezogen wurde.

Das Management-Team blieb bis zur Konsolidierungsphase im Sommer 2002 personell konstant. Ab Juli 2002 wurde das Management-Team nur noch von den drei Vorständen gebildet. Im November konnte ein sehr erfahrener Vertriebsfachmann mit langjährigem Branchen-Know-how gewonnen werden, der ab diesem Zeitpunkt die Verantwortung für den Vertriebsbereich übernahm.

Im Zuge der Unternehmensentwicklung gewannen alle Personen im Management-Team in vielerlei Hinsicht an Know-how und Erfahrungen und entwickelten sich auch persönlich weiter. In Bezug auf das Management von Wachstum und der Phasenübergänge muss jedoch insgesamt festgehalten werden, dass zunächst nur wenige Erfahrungen vorhanden waren.

Element 9: Komplexitäts-Umwelt-Fit

Wenn man die grundlegende Frage dieses Elements („*Entspricht die realisierte Komplexität des Unternehmens den externen Anforderungen der Umwelt, so dass die Kunden zufriedengestellt werden und mit anderen Externen gewinnbringende bzw. nützliche Partnerschaften etabliert und fortgeführt werden?*“) in Bezug auf die IT AG stellt, fällt die Antwort im Zeitablauf unterschiedlich aus.

Bis Anfang 2001 war Passung zwischen Anforderungen und umgesetzter Komplexität offensichtlich gegeben: die regionalen Kunden waren zufrieden, es konnten kleine Überschüsse erwirtschaftet und nebenbei die Entwicklung der Software verfolgt werden.

Wie im Element 5 (Komplexitätsanforderungen der Umwelt) beschrieben, stiegen mit der Integration der englischen Tochtergesellschaft und der VC-Finanzierung die Umweltanforderungen ab Februar 2001 schlagartig an. Zu diesem Zeitpunkt wurde die Unternehmenskomplexität den sozusagen „neu formulierten“ Anforderungen nicht gerecht. Daher wurde die Komplexität in den nächsten Monaten aufgebaut, um die wahrgenommene Abweichung zwischen den wahrgenommenen Komplexitätsanforderungen und tatsächlicher Unternehmenskomplexität bis zum Markteintritt soweit wie möglich zu verringern. Diese Abweichung führte jedoch nicht zu einem Phasenübergang im Sinne des Bezugsrahmens, da zu diesem Zeitpunkt kein tiefgreifender Veränderungsprozess zu erkennen war.

Der Übergang zur Konsolidierungsphase im März/April 2002 kann jedoch als Phasenübergang interpretiert werden, der durch ein Komplexitäts-Umwelt-Missverhältnis ausgelöst worden ist. Und zwar leistete sich die IT AG eine zu hohe Komplexität für die tatsächlichen Kundenanforderungen: die geographische Ausdehnung mit der Verteilung (auch der Entwicklung) auf zwei Standorte und der gleichzeitigen Marktbearbeitung auf drei Kontinenten führte zumindest nicht zu den erhofften Umsätzen.[524] Im Nachhinein muss also festgestellt werden, dass die selbst gewählte, sehr frühe Internationalisierungsstrategie nicht erfolgreich war.

Wie bereits in den Abschnitten 4.3.1.2 und 4.3.1.3 beschrieben, basierte die Entstehung dieses Missverhältnisses auf den Fehleinschätzungen einer zu positiven Umsatzentwicklung und der Realisierbarkeit einer zweiten Finanzierungsrunde. Die ab April 2002 umgesetzten einschneidenden Konsolidierungsmaßnahmen werden hier als Phasenübergang interpretiert, in dem die Unternehmenskomplexität wesentlich gesenkt und damit an die nun anders wahrgenommenen bzw. anders definierten Umweltanforderungen angepasst worden ist.

Element 10: Komplexitäts-Fähigkeits-Fit

Im Oktober/November 2001 kam es zu einem organisatorischen Phasenübergang im Sinne des Bezugsrahmens, der durch ein zu großes Komplexitäts-Fähigkeits-Missverhältnis ausgelöst worden ist.

Wie im Element 4 (Unternehmenskomplexität) beschrieben, stieg die Komplexität in den Monaten April bis November sehr stark an. Die Komplexitäts-Fähigkeiten konnten aber nicht parallel in gleichem Maße aufgebaut werden. In der Konsequenz stieg die Belastung des Management-Teams stark an und löste bei allen Beteiligten einen starken Veränderungswunsch aus.

Element 11: Management-Komplexität

Vor dem organisatorischen Phasenübergang im Oktober/November 2001 stieg die Management-Komplexität stark an: aufgrund der unerfahrenen Mitarbeiter, der unterentwickelten Organisation und der gleichzeitig stark steigenden Aufgabenvielfalt war das Management-Team immer stärker gefordert, alle Aktivitäten operativ zu koordinieren.[525] Das Unternehmen baute die notwendige Komplexität auf und bewegte sich – wie in der folgenden Abbildung 36

[524] Über die genauen Ursachen, warum die Umsätze nicht realisiert werden konnten, kann lange spekuliert werden. Hier spielten sicherlich verschiedene Faktoren eine Ursache, die z.T. zuvor bereits beschrieben worden sind.

[525] Siehe Abbildung 23 in Abschnitt 3.2.2.3, in der der Zusammenhang zwischen den verschiedenen Einflussfaktoren auf die Management-Komplexität dargestellt ist.

zu sehen – mehr und mehr in Richtung „Ressourcenkrise", in der die Komplexitäts-Fähigkeiten der realisierten Unternehmenskomplexität nicht gewachsen waren.

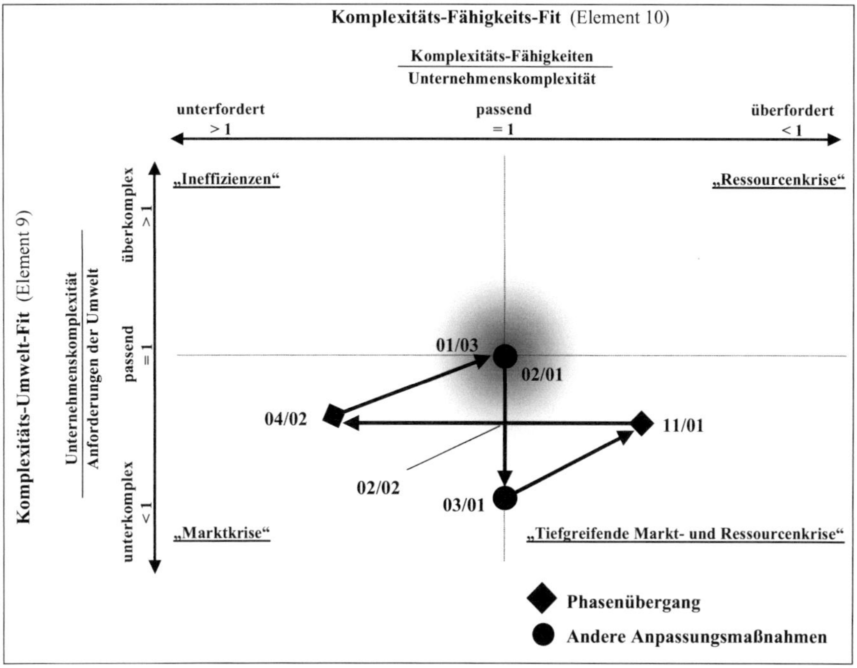

Abbildung 36: Erklärung wesentlicher Veränderungsprozesse in der Unternehmensentwicklung der IT AG[526]

Die Abbildung 36 zeigt die wesentlichen Veränderungsprozesse der IT AG anhand der Komplexitäts-Missverhältnisse: es werden die wichtigsten Entwicklungen visualisiert. Anhand dieser Matrix können die Ursachen für empfundene Ungleichgewichte und die vorgenommenen Anpassungsmaßnahmen aufgezeigt werden.

Im Vorfeld des Phasenübergangs aufgrund eines Komplexitäts-Umwelt-Missverhältnisses im April 2002 konnte eine Zunahme der Management-Komplexität beobachtet werden. Die Spannung stieg Anfang 2002 zunehmend, weil klar war, dass der eingeschlagene Weg nur dann weiterverfolgt werden konnte, wenn in den ersten Monaten Umsätze realisiert worden wären oder wenn sich Investoren für eine zweite Finanzierungsrunde gefunden hätten. Da

[526] Eigene Darstellung. Siehe auch Abbildung 22 in Abschnitt 3.2.2.3.

beides nicht realisiert werden konnte, nahm der Druck auf das Management-Team zu, seine Sichtweise über die Umsetzung bestimmter externer Anforderungen in der Unternehmenskomplexität zu ändern. Im Nachhinein betrachtet kann man sagen, dass zu viele unterschiedliche Anforderungen parallel wahrgenommen und verfolgt wurden: die Umweltanforderungen waren also höher als die Unternehmenskomplexität. Im ersten Quartal 2002 konnten die Komplexitäts-Fähigkeiten (in Bezug auf die Effizienz der Organisation) wesentlich verbessert werden, was in der Entwicklung von der „tiefgreifenden Markt- und Ressourcenkrise" hin zur „Markkrise" erkennbar ist.

Element 12: Veränderungsbestreben

Im Falle beider Phasenübergänge gab es ex post betrachtet jeweils wenige Monate Vorlauf, in denen die Entwicklung bereits absehbar war und bereits Diskussionen über mögliche Veränderungen geführt worden sind. Im Nachhinein lässt sich also konstatieren, dass man die im Phasenübergang vorgenommenen Veränderungen auch schon früher hätte initiieren können.[527] Möglicherweise hätte ein erfahreneres Management-Team die Probleme früher vorhergesehen oder präventiv vermieden. Letztendlich sind diese hypothetischen Diskussionen jedoch ohne Wert, da nicht überprüft werden kann, wie ein anderes Team in diesen Situationen gehandelt hätte. Was sicher ist: die Veränderungsnotwendigkeiten wurden vom Management-Team erkannt und Phasenübergänge initiiert.

Element 13: „transition" / Phasenübergang

Beim Phasenübergang im Oktober/November 2001 handelte es sich nach der Kategorisierung von Arbaugh/Camp eindeutig um einen organisatorischen Phasenübergang, da die Systeme, Strukturen und die Organisation für die gewachsene Größe nicht ausreichend waren und mittels eines tiefgreifenden Veränderungsprozesses angepasst worden sind. [528]

Der zweite Phasenübergang im März/April 2002 lässt sich nicht eindeutig einer Kategorie zuordnen: hier wurde sowohl das zugrunde liegende Geschäftsmodell in Frage gestellt („transition in the underlying business model"), als auch die Organisation verändert („transition in the organizational / management structure") und Personal abgebaut („transition in personnel"). Außerdem kann der Phasenübergang aber auch als ein finanzieller Phasenübergang verstanden werden, da die weitere Geschäftsentwicklung nun auf einer veränderten Finan-

[527] Dies wurde so vom Interviewpartner geäußert.

[528] Siehe Abbildung 25 in Abschnitt 3.2.2.4 und vgl. Arbaugh/Camp (2000a): Growth Transitions, S. 316ff..

zierungsstrategie (ohne eine zweite Finanzierungsrunde) basierte („transition in the financial management"). In den Worten des Bezugsrahmens wurde im Rahmen dieses Phasenüberganges die wahrgenommene Vielfalt der Umweltanforderungen reduziert, in dem nur noch auf die – in Richtung Vertriebserfolge – erfolgversprechendsten Aktivitäten fokussierte wurde. In der Konsequenz reduzierte man die Unternehmenskomplexität, die für den Vertrieb nicht direkt relevant war, und baute auch die nun nicht mehr benötigten Ressourcen ab bzw. organisierte die verbliebenen Ressourcen neu. Dadurch konnte eine Anpassung in Richtung des „Komplexitäts-Umwelt-Fähigkeits-Optimums" erreicht werden (entspricht dem Zentrum der Abbildung 36).

Beide Phasenübergänge führten im Sinne des Bezugsrahmens dazu, dass das Unternehmen auf Basis der veränderten Organisation bzw. strategischen Ausrichtung wieder besser „funktionierte". Der erste Phasenübergang hatte jedoch keinen direkten Einfluss auf die Situation der Profitabilität.[529] Der zweite Phasenübergang beeinflusst durch die immensen Kosteneinsparungen direkt die Profitabilität.

4.3.1.5 Beurteilung des Wachstumsprozesses

Insgesamt ist der beschriebene „Wachstumsprozess" sicherlich typisch für viele in der New-Economy-Euphorie gegründete oder finanzierte Unternehmen. Der Phasenübergang nach der rasanten Wachstumsphase stellt einen bei Wachstumsunternehmen häufig beobachteten Phasenübergang dar.[530] Der zweite identifizierte Phasenübergang mit der strategischen und finanziellen Reorganisation (aufgrund der nicht realisierten Umsätze und zweiten Finanzierungsrunde) ist sicherlich ebenfalls nicht untypisch, hängt jedoch – wie gezeigt – nicht direkt mit dem Wachstum, sondern eher mit der falschen Einschätzung der Umsatzentwicklung und den Finanzierungsmöglichkeiten zusammen.

Der gesamte bisherige „Wachstumsverlauf" der IT AG wurde ex post betrachtet sehr stark durch die Stimmungsveränderung in der Wirtschaft beeinflusst. Die allen Planungen zugrunde liegenden positiven Erwartungen an die Absatz- und Finanzmarktentwicklung zwangen zu mehrfachen negativen Korrekturen der Planungen und letztlich zur Umsetzung

---

[529] Das Element „Profitabilität des Unternehmens" muss im präzisierten Bezugsrahmen also so angepasst werden, dass ein Phasenübergang auch im Sinne einer wesentlich verbesserten Struktur positiv zur zukünftigen Entwicklung des Unternehmens beitragen kann, ohne direkt die Profitabilität zu beeinflussen.

[530] Siehe die empirischen Ergebnisse in Abschnitt 2.2.2.

der Konsolidierungsphase. Die positiven Zeichen zum Jahresabschluss 2002 lassen die Verantwortlichen für das Jahr 2003 auf einen positiveren Geschäftsverlauf hoffen.

4.3.1.6 Analyse der Fallstudienergebnisse

Die Entwicklung der IT AG konnte mit Hilfe des Bezugsrahmens nachvollzogen werden. Die beiden identifizierten Phasenübergänge waren die einzigen Situationen, die zu einem tiefgreifenden Wandel zwangen. D.h. es kann festgehalten werden, dass die beiden im Untersuchungszeitraum aufgetretenen Phasenübergänge mit Hilfe des Bezugsrahmens identifiziert und erklärt werden konnten, auch wenn der zweite Phasenübergang nicht wachstumsinduziert war.

Hätten die Phasenübergänge mit Hilfe des Bezugsrahmens früher erkannt werden können?
Der wachstumsinduzierte Phasenübergang im Oktober/November 2001 hätte mit Hilfe des Bezugsrahmens in jedem Fall im Vorfeld vorhergesehen werden können. Der Anstieg der Unternehmenskomplexität war genauso absehbar wie die langsamere Entwicklung der Komplexitäts-Fähigkeiten und die Notwendigkeit einer formalisierteren Organisation.

Die Vorhersage des Entstehens des zweiten, konsolidierungsbedingten Phasenübergangs wird dagegen durch den Bezugsrahmen in der bisherigen Form nicht direkt unterstützt. Der wesentliche Auslöser des Phasenübergangs war – wie beschrieben – nicht das Wachstum, sondern die falschen Planungsannahmen, die zur Umsetzung einer zu hohen Unternehmenskomplexität führten. Im Rahmen der Präzisierung des Bezugsrahmens ist zu überprüfen, ob derartige Konsolidierungs-induzierte Phasenübergänge in den Bezugsrahmen integriert werden können bzw. sollten. Insbesondere muss analysiert werden, inwiefern Plan-Ist-Abweichungen (z.B. gemessen an der Abweichung vom geplanten Cash-flow) im Bezugsrahmen einen Platz finden.

4.3.2 Fallstudie 2: BIOTECH AG[531]

Die BIOTECH AG wurde Anfang 2000 als Ausgründung aus einer deutschen Universität zunächst als GmbH gegründet.[532] Im April 2001 erfolgte die Umwandlung der BIOTECH GmbH in eine AG und die VC-Finanzierung. Das Unternehmen ist dem Bereich Biotechnologie zuzuordnen. Das ursprüngliche Geschäftsmodell bestand darin, auf Basis einer innovativen, patentgeschützten Technologie verschiedene biotechnologische Produkte zu entwickeln, zu produzieren und zu vertreiben. Der Vertrieb sollte dabei im Wesentlichen über Vertriebspartner erfolgen.[533]

Im Folgenden wird zunächst die historische Entwicklung der BIOTECH AG bis zum 01.01.2002 dargestellt. Anschließend wird die zum 01.01.2002 geplante Entwicklung in den Jahren 2002 und 2003 vorgestellt. Dieser Planung werden die im Jahr 2002 tatsächlich realisierte Entwicklung und die angepasste Planung für 2003 gegenübergestellt.

4.3.2.1 Historische Unternehmensentwicklung (1999 bis 2001)

Abbildung 37 zeigt die historische Mitarbeiterentwicklung sowie die Entwicklungsphasen in den Jahren 1999 bis 2001. Wie zu sehen, wurden bis Ende 2001 keine Umsätze getätigt.

[531] Die BIOTECH AG ist ein real existierendes Unternehmen. Im Rahmen der Darstellung der Fallstudie sind alle Namen und Daten vollständig anonymisiert, um keinen Rückschluss auf das reale Unternehmen zuzulassen. Es werden jedoch alle für die Themenstellung relevanten Informationen und Zusammenhänge dargestellt, so dass die Aussagefähigkeit der Fallstudie und die Qualität der Ergebnisse nicht unter der Anonymisierung leiden. Im Zeitraum von Dezember 2001 bis Dezember 2002 wurden insgesamt sechs Interviews mit einem Vorstandsmitglied durchgeführt, das für die Funktionen Finanzen, Marketing/Sales und Verwaltung zuständig und auch Mitgründer und -gesellschafter der BIOTECH AG ist.

[532] Diese Art von Ausgründung wird auch als Hochschul-Spin-off bezeichnet. Zur Definition von Hochschul-Spin-offs vgl. Meyer/Beer (1999): Hochschul-Spin-offs, S. 8ff..

[533] Im Rahmen einer Strategieänderung wurde die Geschäftstätigkeit ab Oktober 2002 ausgeweitet. Siehe unten.

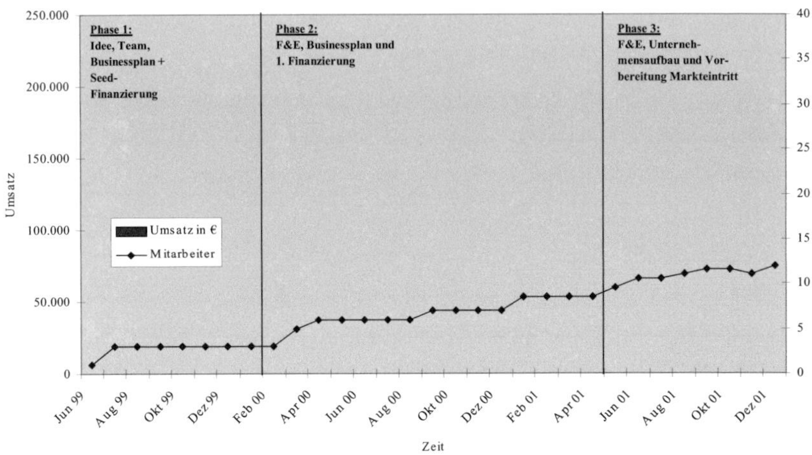

Abbildung 37: Historische Mitarbeiter- und Umsatzentwicklung der BIOTECH AG (Stand: 01.01.2002)[534]

Phase 1: „Idee, Team, Businessplan und Seed-Kapital" (06/99 – 01/00)

Während dieser Vor-Gründungsphase reifte beim Ideenträger die Idee, seine innovativen wissenschaftlichen Erkenntnisse im Rahmen einer Ausgründung umzusetzen. Der erste Entwurf eines Businessplans wurde im Juli 1999 in einem Businessplan-Seminar entwickelt.[535] In der Folgezeit formierte der Ideenträger ein kleines Team, das aus einem Kollegen aus der biotechnologischen Fakultät und einem BWL-Studenten bestand, der im Rahmen des vorgenannten Seminars bereits an der Erstellung des ersten Businessplans mitgewirkt hatte.

Mit Hilfe erster Fördergelder wurde eine Patentrecherche durchgeführt und der Businessplan weiterentwickelt. Es wurden auch bereits erste Kontakte zu Fördermittelgebern und VC-Investoren aufgebaut. Den Abschluss dieser Phase bildete die Gründung der BIOTECH GmbH im Januar 2000.

534 Eigene Darstellung. Quelle: Businessplan und Interviews BIOTECH AG, Stand: 01.01.2002.
535 Dieses Seminar wurde im Bereich BWL der Universität angeboten.

Phase 2: „F&E, Businessplan und 1. Finanzierungsrunde" (02/00 – 04/01)

Die Schwerpunkte der Nachgründungsphase lagen auf

- der Weiterentwicklung der Produkte (hier konnten die Räumlichkeiten an der Universität genutzt werden),
- der Weiterentwicklung des Businessplans,
- der Akquisition weiterer Fördergelder (Zusage im April 2000, so dass die Finanzierung zunächst gesichert war),
- dem Auf- und Ausbau von Kontakten zu einflussreichen Personen und Institutionen, die den Aufbau des Unternehmens unterstützten und
- der Akquisition von Venture Capital.

Während dieser Phase stieg die Mitarbeiterzahl von drei auf neun an.[536] Die Umwandlung der BIOTECH GmbH in eine AG und die Unterschrift des Beteiligungsvertrages stellten den Abschluss dieser Phase dar. Auf Basis des damaligen Businessplans sollte die VC-Finanzierung für den Markteintritt mit den geplanten vier Produkten ausreichen. Es war für Mitte 2003 eine zweite Finanzierungsrunde zur Finanzierung des weiteren Wachstums vorgesehen.

Phase 3: „F&E, Unternehmensaufbau und Vorbereitung Markteintritt" (ab 05/01)

Der Schwerpunkt dieser Phase war die Entwicklung der Produkte: die vier Kernprodukte wurden genauer definiert. Die ersten beiden Produkte (im Folgenden als „BioTool-A1" und „BioTool-A2" bezeichnet) waren für eine Anwendung im industriellen Bereich der „chemischen Materialprüfung" ausgelegt. Die Produkte 3 und 4 (im Folgenden „BioTool-B1" und „BioTool-B2") richteten sich eher an Biotechnologieunternehmen und Forschungsinstitute.

Im September 2001 wurden die Labors an der Universität verlassen und eigene Räumlichkeiten bezogen. Von Mai 2001 bis Ende 2001 stieg die Mitarbeiterzahl von neun auf 12 Angestellte (inkl. Gründer), wobei bis auf zwei Mitarbeiter alle in der Entwicklung beschäftigt waren.

[536] Alle genannten Mitarbeiterzahlen sind vollzeitäquivalente Mitarbeiter, d.h. dass die Arbeitszeiten von Teilzeitangestellten auf Vollzeitangestellte hochgerechnet werden, um die Zahlen im Zeitablauf und mit anderen Unternehmen vergleichen zu können.

4.3.2.2 Geplante Unternehmensentwicklung (2002 und 2003)

Abbildung 38 zeigt die geplante Umsatz- und Mitarbeiterentwicklung sowie die Entwicklungsphasen in den Jahren 2002 bis 2003 (Stand: 01.01.2002).

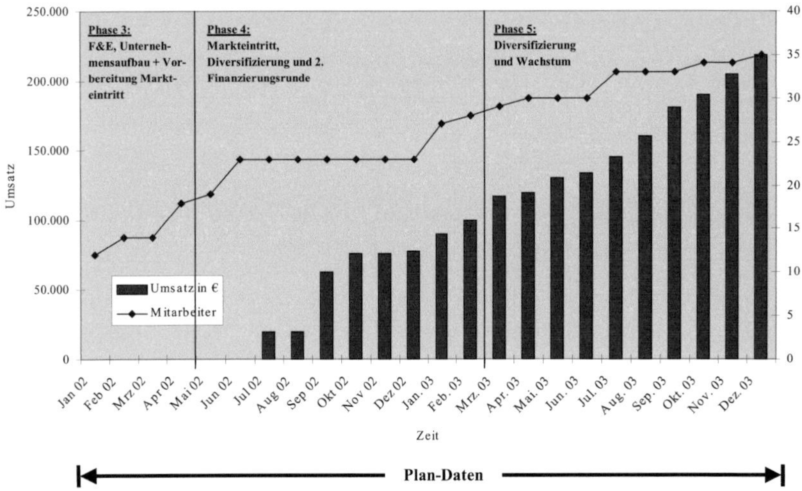

Abbildung 38: Geplante Mitarbeiter- und Umsatzentwicklung der BIOTECH AG in den Jahren 2002 und 2003 (Stand: 01.01.2002)[537]

Geplante Fortsetzung der **Phase 3: „F&E, Unternehmensaufbau und Vorbereitung Markteintritt“ (01/02 – 04/02)**

Der Markteintritt mit dem ersten Produkt (BioTool-B1) war für März 2002 vorgesehen. Um das Ziel zu erreichen, sollten im ersten Quartal die Verhandlungen mit einem großen Vertriebspartner abgeschlossen werden, der den exklusiven Vertrieb von BioTool-B1 übernehmen sollte. Die ersten Umsätze hieraus waren für Juli 2002 geplant. Für das BioTool-A1 sollte bis April 2002 ein Systempartner gefunden werden, mit dem ab dem zweiten Quartal 2002

[537] Eigene Darstellung. Quelle: Businessplan und Interviews BIOTECH AG, Stand: 01.01.2002.

zusammen ein System zur Materialprüfung angeboten werden sollte. Der Abschluss der Partnerschaft sollte das Ende dieser Phase bilden.

Phase 4: „Markteintritt, Diversifizierung und 2. Finanzierungsrunde“ (05/02 – 03/03)
In der vierten Phase sollten die drei Produkte BioTool-A1, BioTool-A2 und BioTool-B2 zu Ende entwickelt werden. Der Markteintritt mit BioTool-A2 und BioTool-B2 war für September bzw. Oktober 2002 geplant. Dazu sollten bis dahin auch für diese beiden Produkte Vertriebspartner gefunden werden.

Weitere Ziele dieser Phase sollten die Entwicklung weiterer Produktvarianten, der Aufbau weiterer Vertriebskanäle und anderer Partnerschaften sowie die Vorbereitung der zweiten Finanzierungsrunde sein. Der Abschluss dieser Phase war mit der erfolgreichen Vermarktung aller vier Produkte für ca. März 2003 vorgesehen.

Phase 5: „Diversifizierung und Wachstum“ (ab 04/03)
Auf Basis der erfolgreichen Vermarktung der vier bisherigen Kernprodukte und dem Abschluss einer zweiten Finanzierungsrunde sollten in der fünften Phase weitere Wachstumsmöglichkeiten verfolgt werden, d.h. die Entwicklung neuer und die Weiterentwicklung bestehender Produkte vorangetrieben, sowie weitere Vermarktungsmöglichkeiten geschaffen werden.

4.3.2.3 Realisierte Unternehmensentwicklung (2002) und neue Planung für 2003

Abbildung 39 zeigt die realisierte Umsatz- und Mitarbeiterentwicklung sowie die tatsächlichen Entwicklungsphasen im Jahr 2002 sowie eine angepasste Planung für 2003 mit dem Stand vom 31.12.2002..

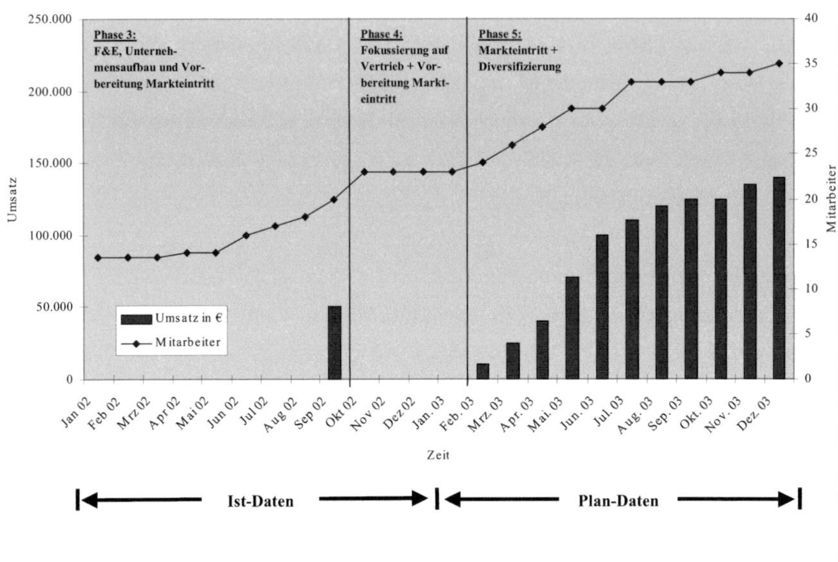

Abbildung 39: Realisierte Mitarbeiter- und Umsatzentwicklung der BIOTECH AG im Jahr 2002 und Planung für 2003[538]

Bis Ende 2002 konnte mit keinem der vier ursprünglichen Produkte der Markteintritt realisiert werden. Die Verzögerungen beim Markteintritt (im Vergleich zur Planung von Januar 2002) betrugen laut Planungen Ende 2002 bei den verschiedenen Produkten zwischen sechs und 12 Monaten. Die Umsätze aus September 2002 resultierten aus einem Handelsprojekt mit biologischen Testsystemen. Neben der Aufnahme dieser Handelswaren in das Produktprogramm gab es im Jahr 2002 eine Ausweitung der Geschäftstätigkeit in verschiedene Richtungen.

Tatsächliche Fortsetzung der **Phase 3: „F&E, Unternehmensaufbau und Vorbereitung Markteintritt" (01/02 – 09/02)**

In den ersten drei Quartalen 2002 wuchs die Mitarbeiterzahl von 12 auf 20. Es stand weiterhin die Entwicklung der vorgenannten vier Produkte im Vordergrund, mit dem sich ein Großteil der Mitarbeiter beschäftigte. Bei allen vier Produkten verschoben sich der (geplante) Ab-

[538] Eigene Darstellung. Quelle: Businessplan und Interviews BIOTECH AG, Stand: 31.12.2002.

schluss der Entwicklung und damit der Markteintritt um einige Monate nach hinten (siehe unten). Auch die Verhandlungen mit möglichen Distributoren dauerten länger als geplant.

Zusätzlich zu den vier ursprünglichen Produkten kam es in diesem Zeitraum zu einer starken Ausweitung des Produktportfolios:[539]

1. BioTool-A1: Markteintritt: ca. April 2003
2. BioTool-A2: Markteintritt: ca. April 2003
3. BioTool-B1: Markteintritt: Anfang 2003
4. BioTool-B2: Aufspaltung des Produktes in vier Varianten durch unterschiedliche Einsatzgebiete und Handhabung; daher auch: unterschiedliche Vermarktung der Varianten; Markteintritt mit den ersten Varianten: Januar 2003
5. BioTool-C1: für einen kleinen Nischenmarkt; Kunden: Forschungsinstitute mit Spezialgeräten; Markteintritt: ca. April 2003
6. BioComponent-D1: eigene Herstellung und Vertrieb bisher zugekaufter biotechnologischer Grundstoffe; Markteintritt: offen
7. BioTool-E1: Abwandlung von BioTool-B1; jedoch für andere Kunden, andere Distributoren und im Wettbewerb zu anderen Unternehmen; Markteintritt: ca. 1. Quartal '03
8. BioTest-F1: Handel mit Testsystemen (keine eigene Lagerhaltung, sondern nur Vertrieb); Markteintritt: September 2002
9. BioChips-F2: Handel mit Bio-Chips; Markteintritt: Anfang 2003
10. BioServices-G1: verschiedene biotechnologische Dienstleistungen sollen (z.T. auch gemeinsam mit Partnern) verstärkt vermarktet werden, um Auslastung des Labors zu verbessern und Umsätze zu generieren; Markteintritt: Anfang 2003

Bis September 2002 konnte keines der Produktentwicklungsprojekte abgeschlossen werden oder eine konkrete Vertriebspartnerschaft abgeschlossen werden. Aufgrund der steigenden Abweichung vom Businessplan erarbeitete der Vorstand zusammen mit dem Aufsichtsrat ein alternatives Entwicklungs-Szenario für die BIOTECH AG, das im September 2002 beschlossen und in den Folgemonaten umgesetzt wurde.

---

[539] Die Buchstaben in den Namen stehen für unterschiedliche Geschäftsbereiche der BIOTECH AG. Das bedeutet, dass bei den Produkten die Zielkunden und/oder Anwendungsbereiche voneinander abweichen. D.h., dass es ab Herbst 2002 zehn Produkte/Dienstleistungen in sieben Geschäftsbereichen gab. Die Einschätzung des genannten Markteintrittszeitpunktes basiert auf der Planung mit dem Stand vom 31.12.2002.

Phase 4: „Fokussierung auf Vertrieb und Vorbereitung auf Markteintritt" (10/02 – 01/03)

Anstatt der weiteren Verfolgung des ursprünglichen Wachstums-Szenarios wurde ein sogenanntes „Cash-Growth"-Szenario entwickelt, das vier wesentliche Änderungen zur bisherigen Planung und Strategie enthielt:

1. Wichtigstes Ziel war nun „Profitabilität" anstatt „Wachstum".
2. Schwerpunkt des Unternehmens sollte zukünftig auf dem Vertrieb und nicht mehr auf der Entwicklung liegen.
3. Wo es möglich ist, solletn die Produkte zu Systemen entwickelt werden (d.h. Anreichern bzw. Ergänzen der BIOTECH-eigenen Produkte um fremde Komponenten, so dass das Ganze direkt dem Kunden als Problemlösung angeboten werden kann).
4. Der Vertrieb (u.a. der ursprünglichen vier Produkte) sollte nicht mehr komplett an Distributoren abgegeben werden, sondern es sollte zusätzlich ein direkter Vertrieb (z.B. für Großabnehmer oder bestimmte Marktsegmente) etabliert werden.

Die Umsetzung dieser neuen Strategie erfolgte ab Oktober 2002. Die Produktentwicklung wurde in den Projekten, in denen dies möglich war, auf dem aktuellen Stand abgeschlossen und die Gespräche mit potenziellen Distributoren vorangetrieben. Parallel dazu wurde der Markteintritt für die neuen Produkte und der direkte Vertrieb bei den betreffenden Produkten vorbereitet. Durch den Abschluss der Entwicklungsarbeiten wurden bereits Mitarbeiter im Bereich Entwicklung frei, die zusätzlich den Vertrieb unterstützten. Ab Januar 2003 sollen Entwicklungsmitarbeiter auch für die Erbringung der biotechnologischen Dienstleistungen eingesetzt werden.

Phase 5: „Markteintritt und Diversifizierung" (02/03 – 12/03)

Ab Februar 2003 soll dann der Markteintritt mit den meisten der o.g. zehn Produkte erfolgen und für die dargestellten Umsätze sorgen.

Abbildung 40 zeigt die Gesamtübersicht der geplanten versus der realisierten Unternehmensentwicklung und den Ausblick auf das Jahr 2003.

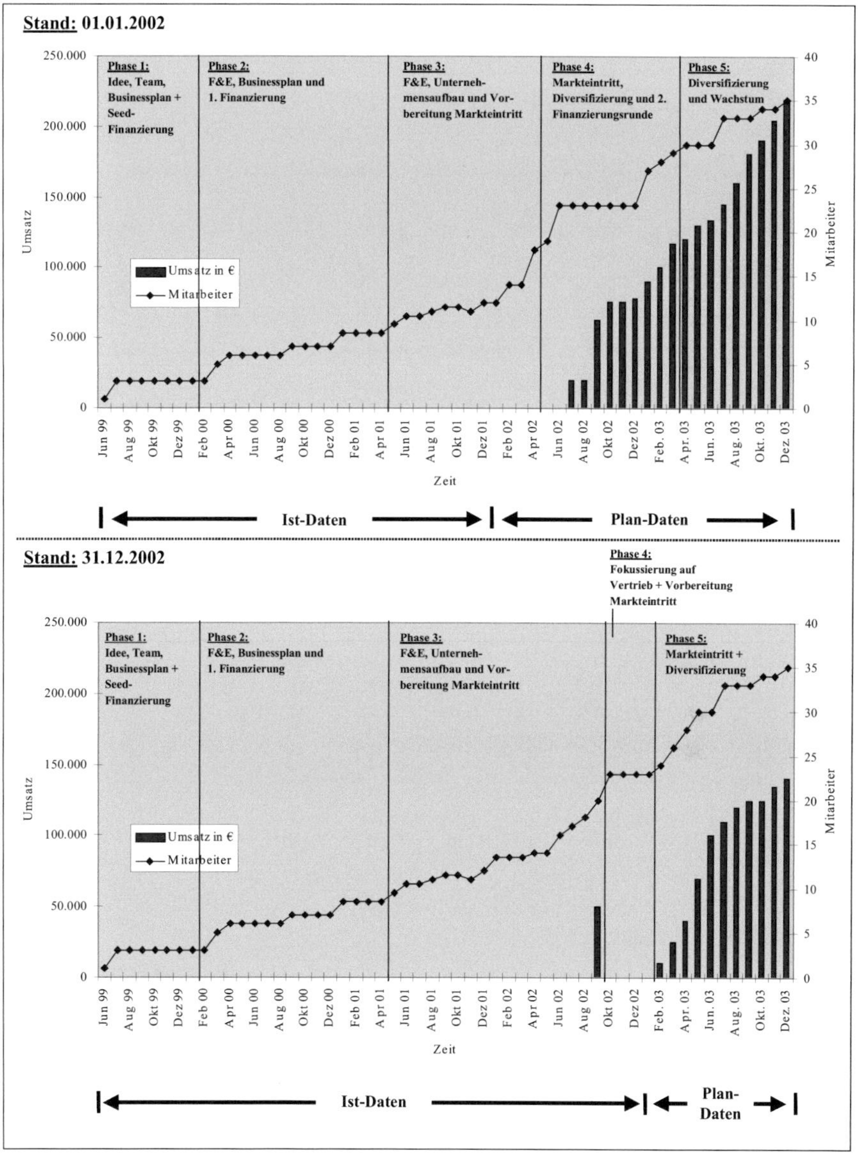

Abbildung 40: Vergleich der geplanten und realisierten Mitarbeiter- und Umsatzentwicklung der BIOTECH AG[540]

[540] Eigene Darstellung. Quelle: Businessplan und Interviews BIOTECH AG. Das obere Bild zeigt den Status zum 01.01.2002: es wird die bis dahin realisierte Entwicklung und die Planung für 2002 und 2003 dargestellt.

In dieser Gegenüberstellung wird nochmals die große zeitliche Verzögerung zwischen der ursprünglichen (01.01.2002) und der angepassten Umsatzplanung (31.12.2002) deutlich.

4.3.2.4 Beschreibung des Wachstumsprozesses anhand des Bezugsrahmens

In der Entwicklung der BIOTECH AG wurde ein Phasenübergang im Sinne des Bezugsrahmens identifiziert:

- Die Strategieänderung im September/Oktober 2002 war ein Phasenübergang, der durch jeweils große Missverhältnisse sowohl beim Komplexitäts-Fähigkeits-Fit als auch beim Komplexitäts-Umwelt-Fit ausgelöst worden ist.

Im Folgenden soll die dargestellte Unternehmensentwicklung anhand des Bezugsrahmens analysiert und die Entstehung des Phasenübergangs erklärt werden. Dabei wird in erster Linie auf die nummerierten Elemente des Bezugsrahmens eingegangen.[541]

Die Wachstumsvoraussetzungen im Sinne des Bezugsrahmens waren gegeben, da es der BIOTECH AG gelungen war eine VC-Finanzierung zu erhalten.

Element 1: Umsatz- und Mitarbeiterwachstum

Die Umsatz- bzw. Mitarbeiterentwicklung wurde in den vorstehenden Abbildungen gezeigt: die Mitarbeiterentwicklung verlief sehr kontinuierlich. Umsätze konnten bisher nur im September 2002 aus einem Handelsgeschäft verbucht werden.

Element 2: Unternehmensinterne Komplexität

Die folgende Tabelle 5 zeigt die Entwicklung der Unternehmensinternen Komplexität (zusammen mit der Unternehmensexternen Komplexität) über den gesamten Untersuchungszeitraum.[542]

Das untere Bild zeigt im Vergleich dazu den Status zum 31.12.2002, d.h. die bis Ende 2002 realisierte Entwicklung und die überarbeitete Planung für 2003.

[541] Siehe Abbildung 14 in Abschnitt 3.2.1.

[542] Für die Beschreibung der Komplexitätstreiber und die jeweilige Bedeutung der vier Komplexitätsgrade siehe Abbildung 18 in Abschnitt 3.2.2.2.

	Monate	06/99	07/99	08/99	09/99	10/99	11/99	12/99	01/00	02/00	03/00	04/00	05/00	06/00	07/00	08/00	09/00	10/00	11/00	12/00
Interne Unternehmenskomplexität	Anzahl und Verschiedenartigkeit der Produkte	1	1	1	1	1	1	1	2	2	2	2	2	2	2	2	2	2	2	2
	Komplexität der einzelnen Produkte	1	1	1	1	1	1	1	1	1	1	1	1	1	1	1	1	1	1	1
	Grad der Vorwärts-/Rückwärtsintegration	1	1	1	1	1	1	1	1	1	1	1	1	1	1	1	1	1	1	1
	Geschwindigkeit der Produktinnovationen	1	1	1	1	1	1	1	1	1	1	1	1	1	1	1	1	1	1	1
	Anzahl Distributionskanäle	1	1	1	1	1	1	1	1	1	1	1	1	1	1	1	1	1	1	1
	Anzahl Mitarbeiter	1	1	1	1	1	1	1	1	1	1	1	1	1	1	1	2	2	2	2
Ext. Kompl.	Geographische Ausdehnung	1	1	1	1	1	1	1	1	1	1	1	1	1	1	1	1	1	1	1
	(End-) Kundengruppen	1	1	1	1	1	1	1	2	2	2	2	2	2	2	2	2	2	2	2
	Wettbewerbsintensität	1	1	1	1	1	1	1	1	1	1	1	1	1	1	1	1	1	1	1
	Umweltveränderungen	1	1	1	1	1	1	1	1	1	1	1	1	1	1	1	1	1	1	1
	Komplexitätsgrad	**1**	**1**	**1**	**1**	**1**	**1**	**1**	**4**	**4**	**4**	**4**	**4**	**4**	**4**	**4**	**8**	**8**	**8**	**8**

	Monate	01/01	02/01	03/01	04/01	05/01	06/01	07/01	08/01	09/01	10/01	11/01	12/01	01/02	02/02	03/02	04/02	05/02	06/02
Interne Unternehmenskomplexität	Anzahl und Verschiedenartigkeit der Produkte	2	2	2	2	2	2	2	2	2	2	2	2	2	2	2	2	2	3
	Komplexität der einzelnen Produkte	1	1	1	1	1	1	1	1	1	1	1	1	1	1	1	1	1	1
	Grad der Vorwärts-/Rückwärtsintegration	1	1	1	1	1	1	1	1	1	1	1	1	1	1	1	1	1	1
	Geschwindigkeit der Produktinnovationen	1	1	1	1	1	1	1	1	1	1	1	1	1	1	2	2	2	2
	Anzahl Distributionskanäle	1	1	1	1	1	1	1	1	1	1	1	1	1	1	1	1	1	1
	Anzahl Mitarbeiter	2	2	2	2	2	2	2	2	2	2	2	2	2	2	2	2	2	2
Ext. Kompl.	Geographische Ausdehnung	1	1	1	1	1	1	1	1	1	1	1	1	1	1	1	1	1	1
	(End-) Kundengruppen	2	2	2	2	2	2	2	2	2	2	2	2	2	2	2	3	3	3
	Wettbewerbsintensität	1	1	1	1	1	1	1	1	1	1	1	1	1	1	1	1	1	2
	Umweltveränderungen	1	1	1	1	2	2	2	2	2	2	2	2	2	2	2	2	2	2
	Komplexitätsgrad	**8**	**8**	**8**	**8**	**16**	**16**	**16**	**16**	**16**	**16**	**16**	**16**	**16**	**16**	**32**	**48**	**48**	**144**

	Monate	07/02	08/02	09/02	10/02	11/02	12/02	01/03	02/03	03/03	04/03	05/03	06/03	07/03	08/03	09/03	10/03	11/03	12/03
Interne Unternehmenskomplexität	Anzahl und Verschiedenartigkeit der Produkte	3	3	3	3	3	3	3	3	3	3	3	3	3	3	3	3	3	3
	Komplexität der einzelnen Produkte	1	1	1	2	2	2	2	2	2	2	2	2	2	2	2	2	2	2
	Grad der Vorwärts-/Rückwärtsintegration	1	1	1	1	2	2	2	2	2	3	3	3	3	3	3	3	3	3
	Geschwindigkeit der Produktinnovationen	2	2	2	2	2	2	3	3	3	3	3	2	2	2	2	2	2	2
	Anzahl Distributionskanäle	1	2	2	2	2	2	2	2	3	3	3	3	3	3	3	3	3	3
	Anzahl Mitarbeiter	2	2	2	2	3	3	3	3	3	3	3	3	3	3	3	3	3	3
Ext. Kompl.	Geographische Ausdehnung	1	1	1	1	1	1	1	1	1	2	2	2	2	2	2	2	2	2
	(End-) Kundengruppen	3	3	3	3	3	3	3	3	3	3	3	3	3	3	3	3	3	3
	Wettbewerbsintensität	2	2	2	2	2	2	2	2	2	3	3	3	3	3	3	3	3	3
	Umweltveränderungen	2	2	3	3	3	3	3	3	3	3	3	3	3	3	3	3	3	3
	Komplexitätsgrad	**144**	**288**	**432**	**864**	**2592**	**2592**	**3888**	**3888**	**5832**	**26244**	**26244**	**17496**	**17496**	**17496**	**17496**	**17496**	**17496**	**17496**

Tabelle 5: Detailentwicklung der Komplexität der BIOTECH AG[543]

Im Folgenden wird die Entwicklung der sechs internen Komplexitätstreiber kurz skizziert:

1. Anzahl und Unterschiedlichkeit der Produkte: Mit Gründung hatte die BIOTECH AG mehrere Produkte in einer Produktgruppe (Stufe 2). Im Sommer 2002 stieg die Zahl der Produkte auf zehn, die mehreren Produktgruppen zuzuordnen sind (Stufe 3).
2. Komplexität der einzelnen Produkte: Die Komplexität der Produkte kann trotz des innovativen Charakters zunächst als einfach eingeschätzt werden (Stufe 1). Nach dem Strategiewechsel sollten die Produkte zu Systemen ausgebaut werden, so dass die Produktkomplexität auf Stufe 2 stieg (ab Oktober 2002).

543 Eigene Darstellung. Quelle: Businessplan und Interviews BIOTECH AG, Stand: 31.12.2002.

3. Grad der Vorwärts-/Rückwärtsintegration: Das Kerngeschäft der BIOTECH AG war zunächst die Entwicklung, Produktion und der Vertrieb der eigenen biotechnologischen Produkte. Der Vertrieb sollte dabei im Wesentlichen aus der Zusammenarbeit mit verschiedenen Distributoren bestehen (indirekter Vertrieb). Die Aufnahme von Handelsprodukten wird als Seitwärtsintegration bewertet. Im Zuge der Strategieänderung erfolgte eine Vorwärtsintegration, indem ab Nov. 2002 zusätzlich auch Dienstleistungen angeboten wurden (Stufe 2). Mit dem Markteintritt der Produkte soll auch ein direkter Vertrieb etabliert werden (Vorwärtsintegration ab März 2003: Stufe 3).
4. Geschwindigkeit der Produktinnovationen: Als Anfang 2002 stärker auf die Entwicklungsgeschwindigkeit fokussiert wurde, stieg diese an. Neben den ursprünglich vier Produkten verfolgte die BIOTECH AG ab diesem Zeitpunkt auch noch weitere Projekte, und es wurden zusätzliche Produkte ins Produktportfolio aufgenommen (Stufe 2). Durch den Markteintritt vieler Produkte im ersten Quartal 2003 ist in diesem Zeitraum nochmals eine wesentliche Steigerung der Komplexität auf Basis der Innovationsgeschwindigkeit zu erwarten (Stufe 3).
5. Anzahl Distributionskanäle: Ursprünglich war geplant, zwar mit verschiedenen Distributoren, aber im Wesentlichen nur mit einem Distributionskanal (nämlich dem indirekten Vertrieb) zu arbeiten. Bereits im Sommer 2002 kamen erste Planungen und Aktivitäten bezüglich eines parallelen Direktvertriebs hinzu (Stufe 2). Mit dem tatsächlichen Markteintritt mit einigen Produkten (ca. im März 2003) steigt die Anzahl der Distributionskanäle auf mehr als drei, da z.T. sowohl direkter Vertrieb, Systemvertrieb und mehrere indirekte Vertriebspartner (für unterschiedliche Regionen) das gleiche Produkt vertreiben sollen (Stufe 3).
6. Anzahl Mitarbeiter: Bis August 2000 konnte das Unternehmen als erweitertes Gründer-Team bezeichnet werden (Stufe 1). Der Status „kleines Team" (Stufe 2) galt bis Oktober 2002. Seit November 2002 hatte die BIOTECH AG über 20 Mitarbeiter, so dass die dritte Stufe erreicht wurde, und der Übergang zu einer formalisierteren Organisation notwendig erscheint.

Wie Abbildung 41 zeigt, verlief die Entwicklung der Unternehmensinternen Komplexität bis September 2002 sehr kontinuierlich, und es war keine große Steigerung erkennbar. Seit Oktober 2002 ist jedoch ein starker Anstieg zu erkennen, der bis ca. März 2003 anhalten wird. Die ebenfalls dargestellte Unternehmensexterne Komplexität stieg dagegen zunächst im Sommer 2002 leicht an und verlief dann zunächst gleich bleibend. Jedoch ist hier ebenfalls mit dem Markteintritt im Frühjahr 2003 eine starke Erhöhung zu erwarten.

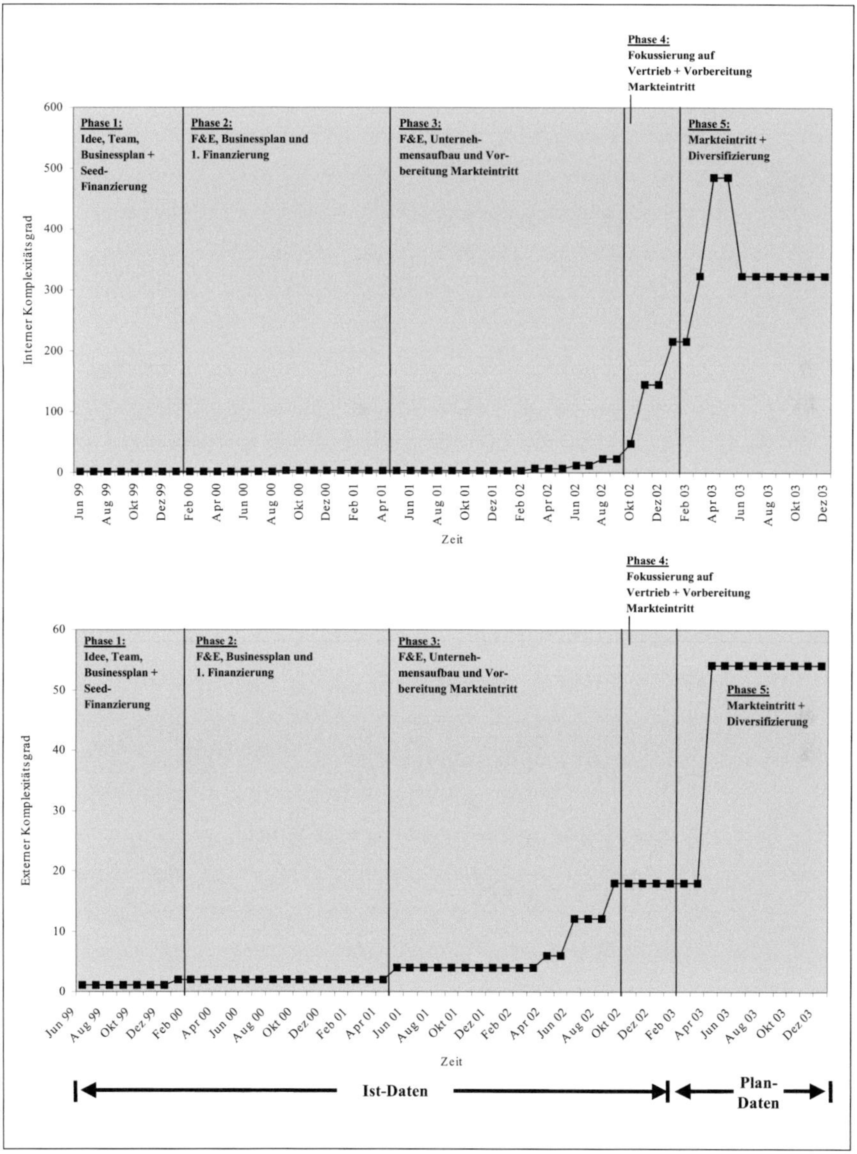

Abbildung 41: Entwicklung der Unternehmensinternen und -externen Komplexität der BIOTECH AG[544]

[544] Eigene Darstellung. Quelle: Businessplan und Interviews BIOTECH AG, Stand: 31.12.2002.

Element 3: Unternehmensexterne Komplexität

Tabelle 5 und Abbildung 41 zeigten bereits die detaillierte Entwicklung der Unternehmensexternen Komplexität über den gesamten Untersuchungszeitraum. Im Folgenden wird die Entwicklung der vier Komplexitätstreiber kurz skizziert, die zu dieser Gesamtentwicklung beitrugen:[545]

1. Geographische Ausdehnung: Die geographische Ausdehnung blieb bisher auf regionale Aktivitäten in Deutschland beschränkt, auch wenn z.T. internationale Patente gehalten werden. Erst der Markteintritt im Frühjahr 2003 führt zu bundesweiten Aktivitäten (Stufe 2).
2. (End-) Kundengruppen: Seit Gründung des Unternehmens standen zwei verschiedene End-Kundengruppen im Fokus (industrielle Kunden und Forschungseinrichtungen) (Stufe 2). Seit Frühjahr 2002 werden auch weitere End-Kundengruppen (mit in der Entwicklung befindlichen Produkten) angesprochen. Die Anzahl unterschiedlicher End-Kundengruppen nimmt bis Anfang 2003 noch zu, allerdings verbleibt die BIOTECH AG auf Stufe 3. Zu beachten ist an dieser Stelle allerdings auch, dass die Distributoren zunächst als die eigentlichen Kunden der BIOTECH AG angesehen werden können, die z.T. ihre eigenen Ziele verfolgen und zusätzliche Anforderungen z.B. an die Produkte und die Preise stellen.
3. Wettbewerbsintensität: Die wahrgenommene Wettbewerbsintensität steigt erstmals im Sommer 2002 mit den verstärkten Marktaktivitäten der BIOTECH AG (Stufe 2). Es wird erwartet, dass der wahrgenommene Wettbewerb mit dem tatsächlichen Markteintritt im Frühjahr 2003 nochmals stark ansteigt (Stufe 3).
4. Umweltveränderungen: Die Umweltveränderungen stiegen aus Sicht des Management-Teams nach der VC-Finanzierung erstmals an (ab Mai 2001: Stufe 2). Im Herbst 2002 kam es zu einer weiteren Steigerung der wahrgenommenen Unsicherheit und Veränderungsgeschwindigkeit, da die Markt- und Technologieentwicklung zunehmend schwieriger einzuschätzen war (Stufe 3).

Element 4: Unternehmenskomplexität

Die folgende Abbildung 42 zeigt die Gesamtentwicklung der Unternehmenskomplexität.

[545] Für die Beschreibung der Komplexitätstreiber und die jeweilige Bedeutung der vier Komplexitätsgrade siehe Abbildung 19 in Abschnitt 3.2.2.2.

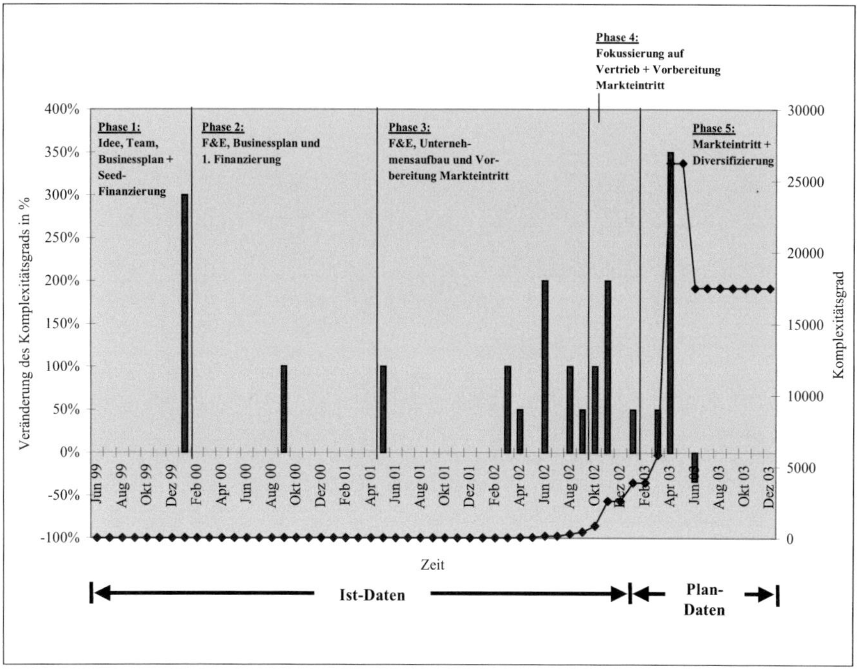

Abbildung 42: Entwicklung der Unternehmenskomplexität der BIOTECH AG[546]

Bei der Abbildung ist zu beachten, dass bereits der Anstieg der Unternehmenskomplexität von Mai 2002 (Komplexitätsgrad: 48) bis November 2002 (Komplexitätsgrad: 2.592) als sehr stark zu bezeichnen ist.[547] Der weitere Anstieg auf Basis der geplanten Geschäftsentwicklung bis April 2003 (Komplexitätsgrad: 26.244) stellt nochmals einen gewaltigen Sprung dar. Abbildung 43 vergleicht die Komplexitätsentwicklung in den Jahren 2001 und 2002 und zeigt nochmals die Entwicklung der einzelnen Komponenten.

[546] Eigene Darstellung. Quelle: Businessplan und Interviews BIOTECH AG, Stand: 31.12.2002. Die Balken zeigen die relative Veränderung des Komplexitätsgrads (linke Skala) und die Linie die absolute Entwicklung des Komplexitätsgrads (rechte Skala).

[547] Zum Vergleich: die IT AG erreicht im Untersuchungszeitraum in der Spitze einen Komplexitätsgrad von 3.500.

	Dimensionen der Entwicklung	Komplexitätsgrad: Niedrig (1)	Mäßig (2)	Hoch (3)	Sehr hoch (4)
Interne Unternehmenskomplexität	Anzahl + Verschiedenartigkeit Produkte	Ein Produkt	Mehrere verwandte	Mehrere verwandte, einige nicht verwandte	Verschiedene, komplexes Portfolio
	Komplexität der einzelnen Produkte	Einfaches Design	Viele Komponenten	Hoch integriert, technisch sensitiv	Technisch höchst komplexes System
	Grad der Vorwärts-/ Rückwärtsintegration	Keine	Teilweise, ein Schritt	Ausgedehnt, mehrere Schritte	Höchst integriert
	Geschwindigkeit der Produktinnovationen	Langsam	Langsam bis mäßig	Mäßig bis schnell	Schnell
	Anzahl Distributionskanäle	1	2 - 3	Einige	Viele, komplexe
	Anzahl Mitarbeiter	Wenige	Kleines Team	Kleine, funktonale Organisation	Große Organisation
Externe Unternehmenskomplexität	Geographische Ausdehnung	Regional	National	National, erheblicher Exportanteil	International
	(End-) Kundengruppen	Eine, eindeutig definiert	2 - 3	Einige, unterschiedlich	Viele, sehr unterschiedlich
	Wettbewerbsintensität (Preis, Produkt, Marketing)	Niedrig	Niedrig bis mäßig	Mäßig bis intensiv	Sehr intensiv
	Umweltveränderungen (ökonomisch, politisch, sozial, Arbeitsmarkt)	Stabil	Stabil bis mäßig	mäßig bis intensiv	Hoch veränderlich, sehr intensiv

→Maßzahl für den Komplexitätsgrad (Stand 01.01.2001): 8

→Maßzahl für den Komplexitätsgrad (Stand 31.12.2001): 16

2001

	Dimensionen der Entwicklung	Komplexitätsgrad: Niedrig (1)	Mäßig (2)	Hoch (3)	Sehr hoch (4)
Interne Unternehmenskomplexität	Anzahl + Verschiedenartigkeit Produkte	Ein Produkt	Mehrere verwandte	Mehrere verwandte, einige nicht verwandte	Verschiedene, komplexes Portfolio
	Komplexität der einzelnen Produkte	Einfaches Design	Viele Komponenten	Hoch integriert, technisch sensitiv	Technisch höchst komplexes System
	Grad der Vorwärts-/ Rückwärtsintegration	Keine	Teilweise, ein Schritt	Ausgedehnt, mehrere Schritte	Höchst integriert
	Geschwindigkeit der Produktinnovationen	Langsam	Langsam bis mäßig	Mäßig bis schnell	Schnell
	Anzahl Distributionskanäle	1	2 - 3	Einige	Viele, komplexe
	Anzahl Mitarbeiter	Wenige	Kleines Team	Kleine, funktonale Organisation	Große Organisation
Externe Unternehmenskomplexität	Geographische Ausdehnung	Regional	National	National, erheblicher Exportanteil	International
	(End-) Kundengruppen	Eine, eindeutig definiert	2 - 3	Einige, unterschiedlich	Viele, sehr unterschiedlich
	Wettbewerbsintensität (Preis, Produkt, Marketing)	Niedrig	Niedrig bis mäßig	Mäßig bis intensiv	Sehr intensiv
	Umweltveränderungen (ökonomisch, politisch, sozial, Arbeitsmarkt)	Stabil	Stabil bis mäßig	mäßig bis intensiv	Hoch veränderlich, sehr intensiv

→Maßzahl für den Komplexitätsgrad (Stand 01.01.2002): 16

→Maßzahl für den Komplexitätsgrad (Stand 31.12.2002): 2.592

2002

Abbildung 43: Entwicklung des Komplexitätsgrads der BIOTECH AG in den Jahren 2001 und 2002[548]

548 Eigene Darstellung. Quelle: Businessplan und Interviews BIOTECH AG, Stand: 31.12.2002.

Element 5: Komplexitätsanforderungen der Umwelt

Die Komplexitätsanforderungen können anhand der zuvor dargestellten vier Kriterien der „Unternehmensexternen Komplexität" beschrieben werden:

1. Geographische Ausdehnung: Die geographische Ausdehnung war bis dato aus Sicht der Komplexitätsanforderungen wenig relevant, da die BIOTECH AG (mit Ausnahme der internationalen Patentierung) nur regional aktiv war. Nach erfolgreichem Markteintritt im Heimatmarkt Deutschland wäre zu überprüfen, ob es in Bezug auf eine Internationalisierung regionale Anforderungsdifferenzen gibt.
2. (End-) Kundengruppen: Bis Ende 2002 stand die BIOTECH AG im Wesentlichen mit ihren Distributoren und weniger mit den Endkunden im Kontakt. Die Distributoren verfolgen dabei – wie oben bereits beschrieben – ihre eigenen Ziele und stellen z.T. andere Anforderungen an Produkte, Preise, Vertriebsprozesse, Vertragsgestaltung, etc. als die Endkunden. Die Aufgabe der BIOTECH AG war es bzw. wird es sein, die z.T. gegenläufigen Interessen zu priorisieren und die aus ihrer Sicht relevanten Anforderungen z.B. in den Produkten, Prozessen und Preisen umzusetzen. Diese Vielfalt konkurrierender Anforderungen birgt die Gefahr eines Komplexitäts-Umwelt-Missverhältnisses, da nie alle Anforderungen umgesetzt werden können und man sich möglicherweise – im Nachhinein betrachtet – für die Umsetzung der „falschen" Anforderungen entscheidet.
3. Wettbewerbsintensität: Die Wettbewerbsintensität spielte bis Ende 2002 eine eher untergeordnete Rolle bezüglich der Umweltanforderungen. Die Erklärungsbedürftigkeit des innovativen Produktes erschwert z.T. die effektive Positionierung der Produkte. So nahm die Wettbewerbsintensität seit Sommer 2002 aus Sicht des Management-Teams leicht zu, da die Produkte vermehrt gegen andere Produkte und Technologien abgegrenzt werden müssen.
4. Umweltveränderungen: Der vorgenannte Punkt ist eng verknüpft mit der zunehmenden Umweltdynamik auf den betrachteten Märkten, die eine Vorausschau der Markt- und Technologieentwicklung erschwerte. Dies führte möglicherweise in manchen Verhandlungen mit potenziellen Distributionspartnern zu einer Verlängerung der Verhandlungsdauer im Vergleich zu den ursprünglichen Planungen. Eine weitere relevante Umweltveränderung war die Verschlechterung des vorbörslichen Finanzierungsmarkts.

Insgesamt stiegen die Komplexitätsanforderungen der Umwelt leicht an. Neben der zunehmenden Umweltdynamik und der Wettbewerbsintensität sorgten insbesondere die z.T. konkurrierenden Anforderungen der Distributoren und Endkunden für Schwierigkeiten bei der Ausgestaltung der tatsächlichen Komplexität.

Der Fit zwischen Umweltanforderungen und umgesetzter Unternehmenskomplexität wird unten (Element 9: Komplexitäts-Umwelt-Fit) beschrieben.

Element 6: Organisation und Prozesse

In den ersten Monaten gab es keinerlei formale aufbau- oder ablauforganisatorische Festlegungen. Das erste Organigramm mit einer klassischen, funktionalen Organisation wurde im Oktober 2001 erstellt: die 12 Mitarbeiter waren fünf Bereichen zugeordnet (F&E, Produktion, Marketing&Sales, Organisation und Finanzen). Bis Ende 2002 gab es keine wesentliche Änderung der Aufbauorganisation.

Der Bereich F&E war noch weiter untergliedert in Form einer Matrixstruktur in (zunächst) drei Projekte und verschiedene Kompetenzen. Für die Projekte gab es keine festen Projektleiter, sondern es waren zwei so genannte „Projektkoordinatoren" benannt, die die operativen Entwicklungsaufgaben in den Projekten koordinieren sollten. Allerdings übernahmen die beiden Personen nicht die Rolle von Verantwortlichen, die die Projekte im Sinne eines Projektleiters vorantrieben. Wenn es so etwas wie Projektleiter gab, waren dies die beiden Vorstände, die für F&E und Produktion verantwortlich waren und gemeinsam für alle Projekte die Projektplanung und das Projektcontrolling übernahmen. Die Projektplanung erfolgte in To-Do-Listen (allerdings ohne Termine und Verantwortlichkeiten). Die Dokumentation der Ergebnisse und Projektfortschritte erfolgten im Wesentlichen im Laborbuch. Das Projektcontrolling bestand in erster Linie aus den wöchentlichen Laborbesprechungen.

Die großen Verzögerungen in der Produktentwicklung mit der mehrmaligen Verschiebung des voraussichtlichen Termins für den Entwicklungsabschluss lassen den Schluss zu, dass die eingesetzten Instrumente der Projektplanung und -verfolgung nicht adäquat waren.

Im Bereich Marketing&Sales wurden im Laufe des Jahres 2002 erste Prozesse für die Vorbereitung des Markteintritts etabliert. Diese sind jedoch nur bedingt standardisierbar, da die Vermarktungsprozesse und Distributionskanäle der Produkte z.T. sehr unterschiedlich sind.

Bis Ende 2002 gab es keine festgelegten Verantwortlichkeiten von Mitarbeitern für Produkte (i.S.v. Produktmanagern). Die Vorbereitung des Markteintritts aller Produkte erfolgte bis zu diesem Zeitpunkt nach Dringlichkeit.

Nach Einschätzung des Verfassers sollten im Zuge des geplanten Markteintritts mit den meisten Produkten im ersten Quartal 2003 höchst standardisierte Prozesse für die parallele Vermarktung der verschiedenen Produkte via multipler Vertriebskanäle etabliert werden. Weiterhin sollte eine Vertriebsorganisation aufgebaut werden, die flexibel und gleichzeitig hochproduktiv den indirekten Vertrieb unterstützen und den direkten Vertrieb forcieren kann. Hierzu ist bei einer steigenden Anzahl von Vertriebsmitarbeitern auch die Festlegung von eindeutigen Produkt- und Vertriebskanal-Verantwortlichkeiten vorteilhaft. Neben den standardisierten Prozessen sind hierfür qualifizierte und idealerweise im direkten und indirekten Vertrieb erfahrene Mitarbeiter notwendig.

In Bezug auf die parallele Vermarktung der Produkte und der (Forschungs-) Dienstleistungen sollte weiterhin eine Produktionsplanung etabliert werden, die einerseits zeitnah und flexibel auf eingehende Aufträge reagiert und diese priorisiert sowie andererseits dem Vertrieb jederzeit eine Aussage zu Lieferterminen ermöglicht.

Element 7: Mitarbeiter und Personalentwicklung

Der Personalaufbau verlief sehr kontinuierlich. Bis September 2002 waren – entsprechend dem Schwerpunkt auf den Entwicklungstätigkeiten – 15 der 20 Mitarbeiter im Bereich F&E beschäftigt. Die Ausnahme bildeten die drei Vorstände, ein Vertriebsmitarbeiter und eine Teamassistentin. Mit der neuen Fokussierung wurde ab Oktober 2002 begonnen den Bereich Vertrieb aufzubauen, indem geeignete Mitarbeiter aus dem Bereich Entwicklung für Marketing- und Vertriebs-Aufgaben eingesetzt worden sind.

Mit Blick auf die für das Jahr 2003 geplante weitere Fokussierung auf die Vermarktung muss festgestellt werden, dass Ende 2002 nur ein im Sommer 2002 eingestellter Vertriebsmitarbeiter über eine mehrjährige Vertriebserfahrung verfügte. Die große Herausforderung für die BIOTECH AG besteht aus Sicht des Verfassers in den ersten Monaten 2003 – neben dem Aufbau der Prozesse und der Organisation – darin, das Vertriebs-Know-how bei den Mitarbeitern aufzubauen, die fast ausschließlich über eine technisch-naturwissenschaftliche Ausbildung verfügen. Ob dies in der kurzen Zeit und mit der nötigen Qualität möglich ist, ist fraglich, da die Realisierung der ambitionierten (weil vielfältigen) Vermarktungsziele vermutlich selbst für ein erfahrenes Vertriebsteam eine große Herausforderung darstellt.

Element 8: Management-Fähigkeiten

Das Gründer- und Management-Team bestand von Anfang an aus drei Personen mit einem Durchschnittsalter von 32.[549] Der Ideenträger ist promovierter Naturwissenschaftler, bekleidet die Position des Vorstandsvorsitzenden und ist für den Bereich F&E zuständig. Der stellvertretende Vorstandsvorsitzende ist ebenfalls promovierter Naturwissenschaftler und für die Bereiche Produktion und Marketing&Sales verantwortlich. Das dritte Vorstandsmitglied ist Betriebswirt und verantwortlich für Finanzen und Organisation. Zum Zeitpunkt der Finanzierung (April 2001) verfügte keines der Management-Teammitglieder über ausgewiesene Führungs- oder Markterfahrung. Bezüglich der funktionalen Erfahrungen verfügte der Ideenträger über mehrjährige Erfahrung im Bereich F&E. Im Bereich Produktion hatte das dafür verantwortliche Vorstandsmitglied ebenfalls mehrjährige Erfahrungen. Für den Bereich Marketing und Vertrieb konnte im Sommer 2002 ein erfahrener Vertriebsmitarbeiter gewonnen werden, der die fehlende Erfahrung des Vorstands in diesem Bereich kompensierte.

Insgesamt muss konstatiert werden, dass keines der Management-Teammitglieder Erfahrungen bei der Gründung oder dem Aufbau eines Wachstumsunternehmens mitbrachte. Trotzdem trauten die Fördermittelgeber, Kapitalgeber und dem Unternehmen verbundene Aufsichtsräte dem Team zum Zeitpunkt der Finanzierung zu, die Geschäftsidee erfolgreich umzusetzen. Dies lässt sich auf die Motivation und das große Entwicklungspotenzial der drei Gründer und Management-Teammitglieder zurückführen. In Bezug auf das Management von Wachstum und der Phasenübergänge muss jedoch insgesamt festgehalten werden, dass zunächst nur wenige Erfahrungen vorhanden waren.

Element 9: Komplexitäts-Umwelt-Fit

Bis zum Sommer 2002 waren die Verknüpfungen mit der Unternehmensumwelt auf vereinzelte wissenschaftliche Kooperationen und erste Gespräche mit möglichen Distributoren beschränkt. Seitdem stiegen – wie gezeigt – die Anforderungen der Umwelt leicht an.

Der Phasenübergang im September/Oktober 2002 wurde zumindest zum Teil durch einen Komplexitäts-Umwelt-Fit ausgelöst. Der große zeitliche Verzug des Markteintritts wurde

[549] Zum Zeitpunkt der Finanzierung im April 2001.

(neben der Verzögerung der Produktentwicklung) auch durch langwierige Verhandlungen mit Distributions- oder Systempartnern verursacht, die in dieser Form nicht vorhergesehen worden waren. Weiterhin war eine Grundannahme der Planungen, dass das primäre Ziel des Wachstums verfolgt werden sollte und man (bei Erreichen der gesteckten Ziele) ohne größere Schwierigkeiten eine zweite Finanzierungsrunde zur Finanzierung des weiteren Wachstums abschließen könnte. Diese Annahme erwies sich im Jahresverlauf 2002 als zunehmend falsch, weil sich der vorbörsliche Finanzierungsmarkt erheblich verschlechterte und die BIOTECH AG nicht die geplanten Umsatzerfolge vorweisen konnte.

Eine weitere – den ursprünglichen Planungen zugrunde liegende – falsche Annahme war, dass man die eigenen Produkte sozusagen als OEM-Produkte[550] an System-Hersteller verkaufen kann. Im Rahmen der Strategieänderung wurde beschlossen, die Systeme – so weit möglich – selbst herzustellen und komplett zu vertreiben. Dieser Änderung des Geschäftsmodells lag eine veränderte Wahrnehmung bzw. Einschätzung des Marktumfelds zugrunde.

Vor dem Phasenübergang wurden die Umweltanforderungen größer als die tatsächlich umgesetzte Unternehmenskomplexität eingeschätzt. Es scheint so, als ob die BIOTECH AG <u>seit dem Phasenübergang</u> im Oktober 2002 versucht, <u>alle</u> wahrgenommenen, unterschiedlichen Anforderungen erfüllen zu wollen. Wie bei der Entwicklung der Komplexität gezeigt worden ist, sollen z.B. bei den Produktvarianten und bei den Distributionskanälen alle erfolgversprechenden Möglichkeiten (auf einmal) umgesetzt werden (mit dem Ziel möglichst schnell möglichst hohe Umsätze zu generieren). Dies ist sicherlich auch dem Druck der Kapitalgeber geschuldet. Letztlich führt diese „Differenzierungsstrategie" jedoch – wie gezeigt – zu einem sehr starken Anstieg der Unternehmenskomplexität.

In Bezug auf die weitere Entwicklung des Komplexitäts-Umwelt-Fits kann vermutet werden, dass nicht wie geplant alle Variationsmöglichkeiten auf einmal umgesetzt und damit nicht alle wahrgenommenen Anforderungen auch erfüllt werden können. So bleibt vermutlich ein starkes Komplexitäts-Umwelt-Missverhältnis bestehen, das im Zusammenspiel mit Distributionspartnern und Kunden auch zu offenkundigen Differenzen führen könnte. Auch vor dem Hintergrund des im Folgenden dargestellten Komplexitäts-Fähigkeits-Fits scheint aus Sicht des

---

[550] OEM ist die Abkürzung für „Original Equipment Manufacturer" und bedeutet, dass das eigene Produkt als Bestandteil eines Produktes eines anderen Unternehmens vertrieben wird. Das bekannteste OEM-Produkt sind die Computer-Chips von Intel („Intel inside"), die i.d.R. als Komponente eines Computers vertrieben werden.

Verfassers eine eindeutige Priorisierung der „Opportunities“ und Fokussierung auf die erfolgversprechendsten Produkte und Vertriebskanäle angebracht.

Element 10: Komplexitäts-Fähigkeits-Fit

Bis Anfang 2002 schienen Komplexität und Fähigkeiten im Gleichgewicht zu sein: der Unternehmensaufbau war vollzogen und die Produktentwicklung wurde vorangetrieben. Im Jahresverlauf 2002 wurde immer deutlicher, dass ein Projektplanungs- und Projektcontrolling-System fehlte, mit dem die Entwicklungsdauer, der -aufwand und entsprechende Probleme frühzeitig erkannt und darauf aufbauend steuernde Maßnahmen eingeleitet werden konnten. Neben einer Zeit- und Ressourcenplanung hätten aus Sicht des Verfassers klare Verantwortlichkeiten mit echten Projektleitern erheblich zu einer effizienteren Projektorganisation beigetragen. Ob damit ein schnellerer Projektabschluss zu erreichen gewesen wäre, kann hier jedoch nicht geschlossen werden. Zumindest hätte eine zeitliche Abweichung früher erkannt werden können.

Die Tatsache, dass bis September 2002 keine Vertragsabschlüsse mit Vertriebspartnern realisiert werden konnten, zeigt, dass die bisherigen Vertriebsaktivitäten oder das Vertriebs-Know-how nicht ausreichten. Die beim Phasenübergang getroffene Entscheidung, Ressourcen von der Entwicklung in den Bereich Marketing&Sales zu verschieben, zeigte, dass das Management-Team erkannt hatte, dass zusätzliche Ressourcen zur Handhabung der Unternehmenskomplexität (verursacht durch die zahlreichen neuen Produkte) notwendig waren.

Die Planabweichung, die letztlich zum Phasenübergang führte, war also auch maßgeblich durch ein Komplexitäts-Fähigkeits-Missverhältnis ausgelöst worden.

In Bezug auf die Entwicklung nach dem Phasenübergang ab Oktober 2002 muss aus Sicht des Verfassers festgestellt werden, dass zukünftig ein noch stärkeres Komplexitäts-Fähigkeits-Missverhältnis – bei Beibehaltung des bisher geplanten Fokus – kaum zu vermeiden ist. Wie gezeigt (Element 4 Unternehmenskomplexität), steigt die Unternehmenskomplexität sprunghaft an. Die zur Handhandhabung dieser Komplexität notwendigen Komplexitäts-Fähigkeiten fehlen jedoch (Stand: 31.12.2002). Hier sind insbesondere die vertriebserfahrenen Mitarbeiter und die notwendige Aufbau- und Ablauforganisation zu nennen (siehe oben). Sollte es zu keiner Priorisierung oder Fokussierung der Aktivitäten kommen, ist zu vermuten, dass das Komplexitäts-Fähigkeits-Missverhältnis ca. ab April 2003 stark ansteigen wird.

Element 11: Management-Komplexität

Durch die steigende Planabweichung stieg die Anspannung im Management-Team bis Herbst 2002 stark an, da immer klarer wurde, dass der eingeschlagene Entwicklungspfad nicht zu einem dauerhaften Unternehmenserfolg führen konnte. Wie Abbildung 44 zeigt, kann die Situation vor dem Phasenübergang als „tiefgreifende Markt- und Ressourcenkrise" charakterisiert werden. Die Entscheidung, mehr Produkte und Produktvarianten mittels zusätzlicher Distributionskanäle anzubieten, kann als Reaktion auf die wahrgenommene Vielfalt an „Opportunities" im Markt verstanden werden. Die Unternehmenskomplexität soll damit den Komplexitätsanforderungen der Umwelt angepasst werden. Weiterhin soll durch die Verschiebung von Ressourcen in den Marketing&Sales-Bereich dem erkannten Mangel an Ressourcen entgegengewirkt werden. In der folgenden Abbildung sollte sich die BIOTECH AG also vom rechten unteren Quadranten („Tiefgreifende Markt- und Ressourcenkrise") wieder in Richtung „Komplexitäts-Umwelt-Fähigkeits-Optimum" bewegen.

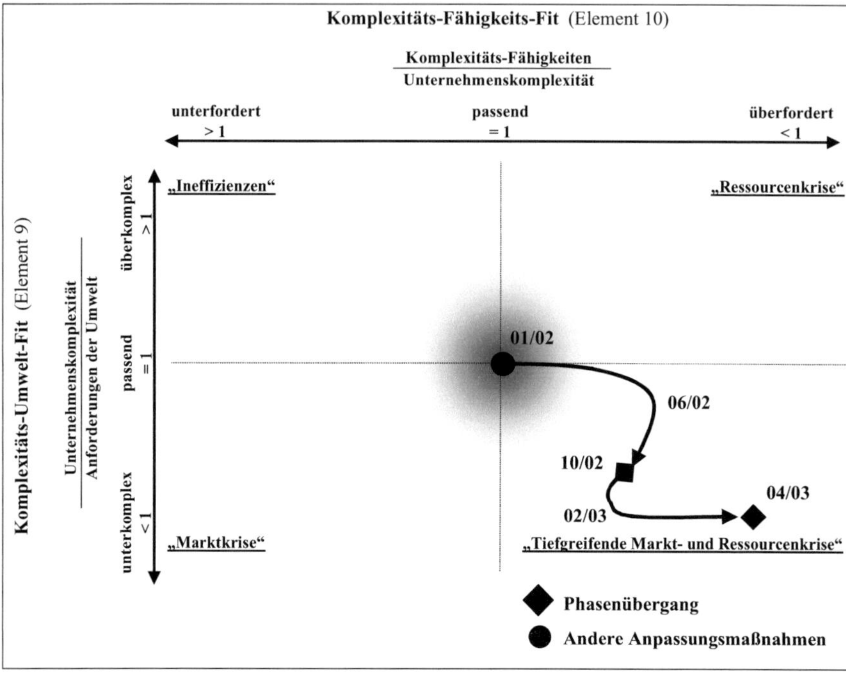

Abbildung 44: Erklärung wesentlicher Veränderungsprozesse in der Unternehmensentwicklung der BIOTECH AG[551]

Aus Sicht des Verfassers wird die Strategie Anfang 2003 jedoch dazu führen, dass die Umweltanforderungen sprunghaft ansteigen und die realisierte Unternehmenskomplexität weit übersteigen wird. Gleichzeitig wird die realisierte Komplexität jedoch auch die Komplexitäts-Fähigkeiten übersteigen, so dass sich die BIOTECH AG dann umso mehr in einer „tiefgreifenden Markt- und Ressourcenkrise“ befindet, die vom Management-Team vermutlich als nochmals steigender Druck (Management-Komplexität) empfunden werden wird. Diese Entwicklung ist aus Sicht des Verfassers nur zu vermeiden, wenn die Aktivitäten klar auf die

[551] Eigene Darstellung. Siehe auch Abbildung 22 in Abschnitt 3.2.2.3. Von Januar 2002 bis Juni 2002 stieg – durch die Erweiterung des (geplanten) Produktportfolios – zunächst die Unternehmenskomplexität wesentlich stärker die Komplexitäts-Fähigkeiten. Durch die Wahrnehmung und Verfolgung weiterer, unterschiedlicher Umweltanforderungen stieg das Komplexitäts-Umwelt-Missverhältnis bis Oktober 2002 stärker als die Unternehmenskomplexität. Im Zuge des Phasenübergangs im Oktober 2002 wurden zusätzliche Umweltanforderungen als relevant festgelegt. Dadurch stieg das Komplexitäts-Umwelt-Missverhältnis zunächst nochmals an. Ab dem geplanten Markteintritt im Februar 2003 wird – aus Sicht des Verfassers – das Komplexitäts-Fähigkeits-Missverhältnis nochmals stark ansteigen.

erfolgversprechendsten „Opportunities" fokussiert werden und parallel massiv Vertriebskompetenzen aufgebaut werden.

Element 12: Veränderungsbestreben

Konkrete Veränderungsbestrebungen gab es schon seit Frühjahr 2002: so wurde seit dieser Zeit versucht, die Entwicklungsprojekte zu beschleunigen. Das Management-Team versuchte sich stärker auf die umsatzrelevanten Aufgaben zu fokussieren. Die Aufnahme neuer Produkte ins Produktportfolio und die verstärkte Fokussierung auf den Vertrieb wurden auch schon bei den Interviews im März und Juni als Ziele formuliert. Bis zum tatsächlichen Phasenübergang im September/Oktober 2002 fehlte es jedoch an der nachhaltigen Umsetzung dieser tiefgreifenden Veränderungen. Möglicherweise hätte ein erfahreneres Management-Team früher tiefgreifende Veränderungen im Sinne eines Phasenübergangs initiiert.

Der zunehmende Druck auf das Management-Team führte letztlich zur Ausarbeitung und Vorstellung des „Cash-Growth"-Szenarios auf einer Aufsichtsratssitzung im September, bei der das Vorgehen dann auch so beschlossen worden ist.

Element 13: „transition" / Phasenübergang

Der Phasenübergang lässt sich nicht eindeutig einer Kategorie zuordnen: es wurde sowohl das zugrunde liegende Geschäftsmodell in Frage gestellt („transition in the underlying business model"), als auch die Organisation verändert („transition in the organizational / management structure"). Außerdem kann der Phasenübergang aber auch als ein finanzieller Phasenübergang verstanden werden, da die weitere Geschäftsplanung nun auf einer veränderten Finanzierungsstrategie (ohne eine zweite Finanzierungsrunde) basierte („transition in the financial management").[552] Von der Kategorisierung des Phasenübergangs her ist dieser also mit dem Phasenübergang der IT AG im April 2002 vergleichbar, auch wenn die beschlossene Strategieänderung bei den Unternehmen sehr unterschiedlich war („Fokussierung" bei der IT AG versus „Differenzierung" bei der BIOTECH AG).

Der Phasenübergang stellte einen Versuch dar, durch die Umsetzung tiefgreifender Veränderungen eine effektivere und effizientere Organisation zu gestalten, um besser in der Lage zu sein, die geplanten Ziele zu erreichen und damit die Erwartungen der Umwelt (in diesem Fall vor allem der Anteilseigner) zu erfüllen. Wie bereits ausgeführt, kann der Erfolg dieses

[552] Siehe Abbildung 25 in Abschnitt 3.2.2.4 und vgl. Arbaugh/Camp (2000a): Growth Transitions, S. 316ff..

Phasenübergangs aus Sicht des Verfassers in Frage gestellt werden, weil das Unternehmen durch die Differenzierungsstrategie noch weiter in eine „tiefgreifende Markt- und Ressourcenkrise“ rutscht, wenn der Fokus nicht deutlich eingeschränkt wird.

Einfluss auf die Profitabilität hatte der Phasenübergang in dem Sinne, dass durch die Veränderungen schneller höhere Umsätze bei gleich bleibenden Kosten erzielt werden sollen, als dies bei einer Beibehaltung der bisherigen Strategie möglich gewesen wäre.

4.3.2.5 Beurteilung des Wachstumsprozesses

Die Beobachtung von Wachstum bezog sich in dieser Fallstudie wie gezeigt ausschließlich auf das Mitarbeiterwachstum und den Anstieg der Aktivitäten im Unternehmen.[553] Die Verzögerung der Entwicklungsprojekte stellte bisher die Hauptursache für den zeitlichen Verzug der Umsatzentwicklung dar. Bis Ende 2002 konnte die BIOTECH AG jedoch noch keinen Beweis erbringen, dass für die entwickelten Produkte tatsächlich ein ausreichend großer Markt existiert. Das erste Halbjahr 2003 wird zeigen, ob es sich bei den bisher ausgebliebenen Umsätzen lediglich um eine Verzögerung handelte, oder ob eine generelle Fehleinschätzung der Marktfähigkeit und des Umsatzpotenzials mancher Produkte vorliegt.

4.3.2.6 Analyse der Fallstudienergebnisse

Die bisherige Entwicklung der BIOTECH AG konnte mit Hilfe des Bezugsrahmens nachvollzogen werden. Der identifizierte Phasenübergang war in der Unternehmensentwicklung die bisher einzige Situation, die zu einem tiefgreifenden Wandel zwang. <u>Es kann also festgehalten werden, dass der Phasenübergang mit Hilfe des Bezugsrahmens erkannt und erklärt werden konnte</u>, auch wenn dies kein typisch wachstumsinduzierter Phasenübergang war.

<u>Hätte der Phasenübergang mit Hilfe des Bezugsrahmens früher erkannt werden können?</u>
Die zunehmende Planabweichung hätte mit einer effektiveren Projektplanung und einem darauf aufbauenden Projektcontrolling früher erkannt werden können. Die in den Monaten vor dem Phasenübergang identifizierten Änderungsbestrebungen zeugen vom zunehmenden Veränderungsdruck auf das Management-Team. Der notwendige Phasenübergang hätte also früher erkannt und initiiert werden können.

---

[553] Siehe Abbildung 40 auf S. 197.

Die Vorhersage des Entstehens des Phasenübergangs wird jedoch durch den Bezugsrahmen in der bisherigen Form nicht direkt unterstützt. Wie beschrieben war der wesentliche Auslöser des Phasenübergangs nicht das Wachstum, sondern die wachsende Planabweichung. Im Rahmen der Präzisierung des Bezugsrahmens ist zu überprüfen, ob derartige Phasenübergänge, die durch Abweichungen der realisierten von der geplanten Entwicklung entstehen, in den Bezugsrahmen integriert werden können bzw. sollten.

4.3.3 Fallstudie 3: HIGHTECH AG[554]

Die HIGHTECH AG wurde im September 2000 als Ausgründung aus einem universitätsnahen Forschungsinstitut als GmbH gegründet.[555] Im April 2001 erfolgten die VC-Finanzierung und die Umwandlung der HIGHTECH GmbH in eine AG. Das Unternehmen ist Hersteller innovativer Materialen. Das ursprüngliche Geschäftsmodell bestand darin, auf Basis einer innovativen, patentgeschützten Technologie innovative Materialien zu entwickeln, zu produzieren und zu vertreiben. Für die Materialien gibt es unterschiedliche Anwendungsbereiche. Kunden sollten im Wesentlichen Systempartner sein, die die innovativen HIGHTECH-Materialien in ihre Produkte integrieren und an Endkunden vertreiben.[556]

Im Folgenden wird zunächst die historische Entwicklung der HIGHTECH AG bis zum 01.01.2002 dargestellt. Anschließend wird die zum 01.01.2002 geplante Entwicklung in den Jahren 2002 und 2003 vorgestellt. Dieser Planung werden die im Jahr 2002 tatsächlich realisierte Entwicklung und die angepasste Planung für 2003 gegenübergestellt.

4.3.3.1 Historische Unternehmensentwicklung (1999 bis 2001)

Abbildung 45 zeigt die historische Mitarbeiter- und Umsatzentwicklung sowie die Entwicklungsphasen in den Jahren 1999 bis 2001.

---

[554] Die HIGHTECH AG ist ein real existierendes Unternehmen. Im Rahmen der Darstellung der Fallstudie sind alle Namen und Daten vollständig anonymisiert, um keinen Rückschluss auf das reale Unternehmen zuzulassen. Es werden jedoch alle für die Themenstellung relevanten Informationen und Zusammenhänge dargestellt, so dass die Aussagefähigkeit der Fallstudie und die Qualität der Ergebnisse nicht unter der Anonymisierung leiden. Im Zeitraum von Dezember 2001 bis Dezember 2002 wurden insgesamt sechs Interviews mit dem Vorstandsvorsitzenden durchgeführt, der die Funktion des CEO inne hat und auch Mitgründer und -gesellschafter der HIGHTECH AG ist. Sein Verantwortungsbereich erstreckt sich über die Bereiche Unternehmensleitung allg., Vertrieb, Finanzen, Personal, Verwaltung, Organisation und Prozesse.

[555] Diese Art von Ausgründung wird auch als Hochschul-Spin-off bezeichnet. Zur Definition von Hochschul-Spin-offs vgl. Meyer/Beer (1999): Hochschul-Spin-offs, S. 8ff..

[556] Im Rahmen einer Strategieanpassung wurde die Geschäftstätigkeit ab Frühjahr 2002 ausgeweitet, so dass auch selbst Mehrwert- und Systemprodukte angeboten wurden und weitere Handelsprodukte in das Produktportfolio aufgenommen worden sind. Siehe unten.

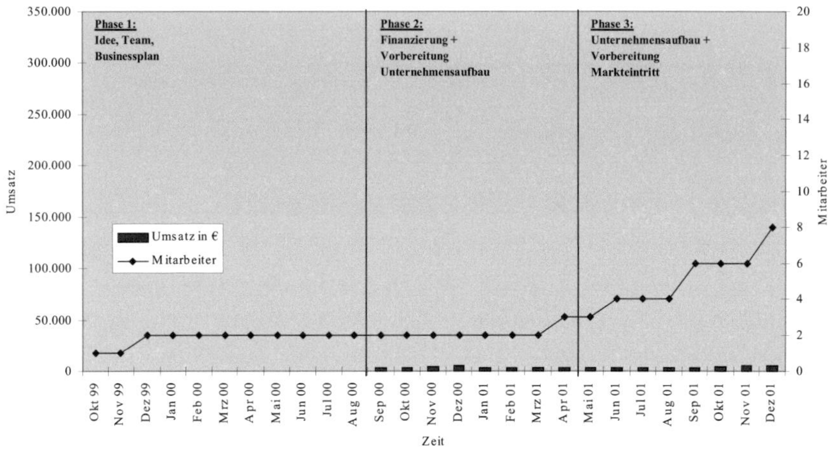

Abbildung 45: Historische Mitarbeiter- und Umsatzentwicklung der HIGHTECH AG (Stand: 01.01.2002)[557]

Phase 1: „Idee, Team und Businessplan" (10/99 – 08/00)

Während dieser Vor-Gründungsphase reifte bei den Ideenträgern die Idee, die in langjährigen Forschungsprojekten entwickelten innovativen Materialien selbst zu vermarkten. Es wurde ein Businessplan erstellt und kontinuierlich verbessert. Parallel dazu führte das Gründerteam zahlreiche Gespräche mit möglichen Kunden, Kooperationspartnern, Wirtschaftsförderern, Forschungsinstituten, etc.. Den Abschluss der Phase bildete die Gründung der HIGHTECH GmbH.

Phase 2: „Finanzierung und Vorbereitung Unternehmensaufbau" (09/00 – 04/01)

Die Schwerpunkte der Nachgründungsphase lagen auf der Optimierung des Businessplans, der Weiterentwicklung der Produkte, der Akquisition von Kunden und Partnern sowie auf Verhandlungen mit Investoren. Wie zu sehen, wurden in dieser Phase schon erste Umsätze

[557] Eigene Darstellung. Quelle: Businessplan und Interviews HIGHTECH AG, Stand: 01.01.2002.

generiert. Den Abschluss dieser Phase bildete die Umwandlung der HIGHTECH GmbH in eine AG und die Unterschrift des Beteiligungsvertrags mit dem VC-Investor.

Phase 3: „Unternehmensaufbau und Vorbereitung Markteintritt" (05/01 – 12/01)

In den folgenden Monaten bis zum Jahresende 2001 wurde der Unternehmensaufbau vorangetrieben und der Markteintritt vorbereitet. Die Zahl der Mitarbeiter stieg auf acht.[558] Es wurden neue Büro- und Fertigungsräumlichkeiten bezogen und Produktionsanlagen bestellt bzw. z.T. selbst gebaut und eingerichtet. Im Juli 2001 konnten zwei weitere Investoren an das Unternehmen gebunden werden, so dass – auf Basis der damaligen Geschäftsplanung – eine Finanzierung bis zum Erreichen der Gewinnschwelle sichergestellt war. Ein weiterer Schwerpunkt dieser Phase lag auf der Vorbereitung des Markteintritts: es wurden zahlreiche Gespräche mit Systempartnern zur Entwicklung gemeinsamer Produkte geführt. Es gab eine Reihe von Pilotprojekten zur Vorentwicklung von Systemen. Weiterhin wurden bereits in dieser Phase zahlreiche Angebote geschrieben, die häufig auf einer neuartigen Problemlösung (die erst mit den HIGHTECH-Materialien möglich war) basierten. Im Dezember 2001 konnte erstmals auf den neu aufgebauten Produktionsanlagen produziert werden. Damit war der Markteintritt mit den HIGHTECH-Materialien in die ersten beiden Anwendungsbereiche vollzogen, was den Abschluss des initialen Unternehmensaufbaus darstellte.

4.3.3.2 Geplante Unternehmensentwicklung (2002 und 2003)

Abbildung 46 zeigt die geplante Umsatz- und Mitarbeiterentwicklung sowie die Entwicklungsphasen in den Jahren 2002 bis 2003 (Stand: 01.01.2002).

---

[558] Alle genannten Mitarbeiterzahlen sind vollzeitäquivalente Mitarbeiter, d.h. dass die Arbeitszeiten von Teilzeitangestellten auf Vollzeitangestellte hochgerechnet werden, um die Zahlen im Zeitablauf und mit anderen Unternehmen vergleichen zu können.

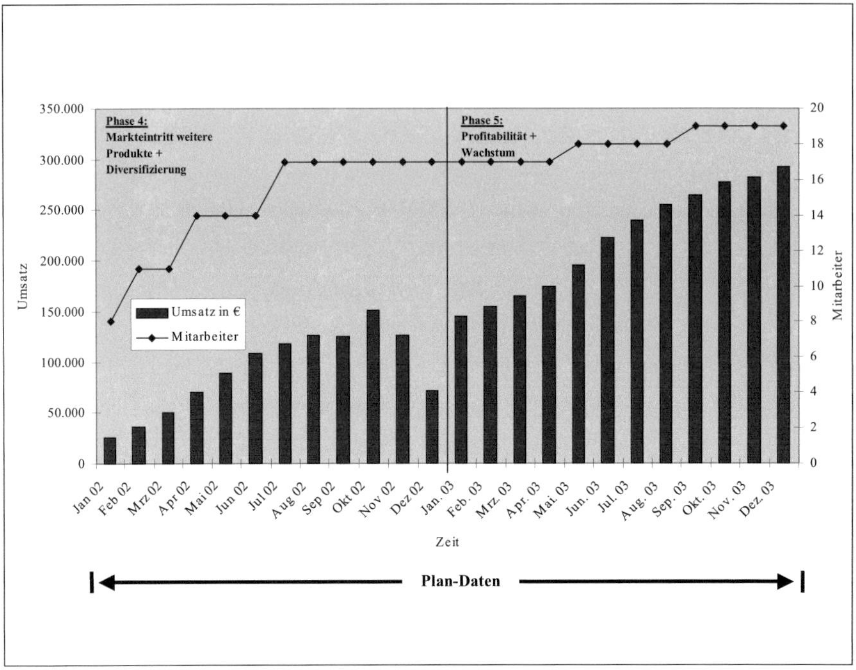

Abbildung 46: Geplante Mitarbeiter- und Umsatzentwicklung der HIGHTECH AG in den Jahren 2002 und 2003 (Stand: 01.01.2002)[559]

Phase 4: „Markteintritt weitere Produkte und Diversifizierung“ (01/02 – 12/02)

Ab Januar 2002 sollten die Umsätze – wie zu sehen – kontinuierlich steigen. Die Planung dieser positiven Umsatzentwicklung basierte auf den zahlreichen Anfragen und Angeboten sowie einigen Pilotprojekten, die positiv verlaufen sind. Mit wachsendem Umsatz sollte auch die Mitarbeiterzahl (vor allem im Bereich Produktion) gesteigert werden. Im Jahresverlauf sollte der Markteintritt in den dritten Anwendungsbereich erfolgen: hierzu war die gemeinsame Entwicklung eines Systems mit einem Systempartner notwendig. In 2001 bereits initiierte Gespräche und Pilotprojekte sollten zu konkreten Aufträgen führen. Der Markteintritt in den vierten Anwendungsbereich (geplant für 2003) sollte weiter vorbereitet werden. Neben Kooperationsverhandlungen waren hier noch technische Weiterentwicklungen des Materials erforderlich. Der Meilenstein für diese Phase sollte der Eintritt in den dritten Anwendungsbe-

[559] Eigene Darstellung. Quelle: Businessplan und Interviews HIGHTECH AG, Stand: 01.01.2002.

reich, das Zeigen der technischen Machbarkeit im vierten Anwendungsbereich und das Erreichen der Umsatzziele sein.

Phase 5: „Profitabilität und Wachstum“ (01/03 – 12/03)

Im Jahr 2003 sollten die Umsätze weiter steigen. Dies sollte über weitere Vertriebskanäle, weitere Varianten des Materials und den Eintritt in den vierten Anwendungsbereich realisiert werden. Weiterhin war für diese Phase auch über eine weitergehende internationale Vermarktung nachgedacht worden. Für 2003 war außerdem das Erreichen der Gewinnschwelle angestrebt worden.

4.3.3.3 Realisierte Unternehmensentwicklung (2002) und neue Planung für 2003

Abbildung 47 zeigt die realisierte Umsatz- und Mitarbeiterentwicklung sowie die tatsächlichen Entwicklungsphasen im Jahr 2002 sowie eine angepasste Planung für 2003 mit dem Stand vom 31.12.2002. Wie zu sehen, bleiben auch bei der HIGHTECH AG die realisierten Umsätze deutlich hinter den geplanten zurück. Weiterhin ist zu erkennen, dass auch die Mitarbeiterzahl entsprechend den ausbleibenden Umsätzen nicht wie geplant erhöht worden ist.

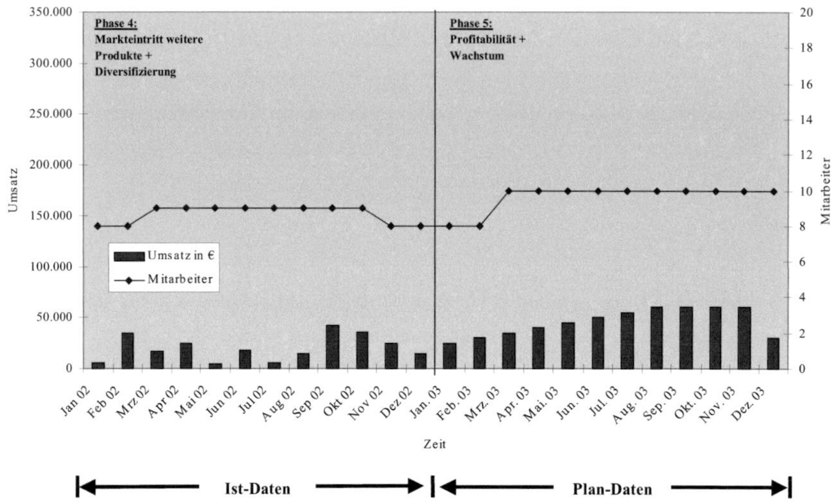

Abbildung 47: Realisierte Mitarbeiter- und Umsatzentwicklung der HIGHTECH AG im Jahr 2002 und Planung für 2003[560]

Phase 4: „Markteintritt weitere Produkte und Diversifizierung" (01/02 – 12/02)

Die Vermarktung in den ersten beiden Anwendungsbereichen verlief nicht so erfolgreich wie erhofft. Obwohl weiterhin großes Interesse bei Systempartnern und Endkunden erkennbar war, führte die steigende Anzahl an Angeboten und Systementwicklungsprojekten im Jahr 2002 nicht zu den geplanten Umsätzen. Der Markteintritt im dritten Anwendungsbereich hätte bei der Realisierung eines Auftrags zu einer Basisauslastung der Produktion geführt, da es hier in verschiedenen Verhandlungen jeweils um große Mengen der HIGHTECH-Materialien ging. In 2002 konnte in diesem Bereich jedoch kein größerer Auftrag realisiert werden. Die Gründe für die schwache Auftragslage waren aus Sicht des Management-Teams vielfältig:

- Das schlechte wirtschaftliche Gesamtbild führte zu einer Investitionszurückhaltung bei den Systempartnern und Endkunden (i.d.R. auch Unternehmen).

[560] Eigene Darstellung. Quelle: Businessplan und Interviews HIGHTECH AG, Stand: 31.12.2002.

- Möglicherweise waren die HIGHTECH-Materialien für manche Anwendungen zu teuer.
- Die gemeinsame Entwicklung der Systeme mit Partnern dauerte sehr viel länger als geplant.
- Die innovativen Materialien bzw. darauf aufbauende Produkte hatten neue Eigenschaften, die es zuvor noch nicht auf dem Markt gab. Dadurch waren die Materialien, deren Einsatz und die System-Produkte sehr erklärungsbedürftig.[561]

Um die niedrigeren Umsätze zu kompensieren und den identifizierten Ursachen entgegenzuwirken, wurden im Jahr 2002 einige neue Produkte ins Leistungsprogramm aufgenommen:

- Ein Vorprodukt der HIGHTECH-Materialien (reiner Handel) (Markteintritt: Januar 2002)
- Handelsprodukt, das als eine Art Zubehör mit den HIGHTECH-Materialien (aber auch separat) verkauft wird (Markteintritt: Februar 2002).
- Drei unterschiedliche System-Produkte (im Anwendungsbereich 1), in die HIGHTECH-Materialien integriert sind (Markteintritt: März 2002).
- Handel mit ähnlichen, billigeren Materialien mit wesentlich schlechterer Qualität, die jedoch für bestimmte Anwendungen mit niedrigen Anforderungen ausreichend sind (Markteintritt: Juni 2002).

Die wesentliche strategische Neuausrichtung war, dass mit den System-Produkten auch ein eigener direkter Vertrieb an Endkunden durchgeführt wird. Dies war ursprünglich nicht geplant. Neben dieser Ergänzung des Produktprogramms gab es in der Unternehmensentwicklung der HIGHTECH AG im Jahr 2002 keine nennenswerten Veränderungen. Es wurden im Jahresverlauf in allen Bereichen die Prozesse optimiert: so wurden bspw. in der Produktion eine Reihe von „Kinderkrankheiten“ gelöst. In der Konsequenz konnte so mit der Zeit ein signifikant höherer Output bei stark gesenkter Fehlerquote erreicht werden. In anderen Bereichen wie Marketing, Vertrieb und Finanzen waren ebenfalls deutliche Effizienzsteigerungen aufgrund verbesserter Prozesse und gestiegener Erfahrung zu verzeichnen.

Ein wesentlicher Grund, weswegen trotz der signifikant niedrigeren Umsätze bei der HIGHTECH AG keine tiefgreifenden Änderungen notwendig wurden, war aus Sicht des Ver-

[561] Vor allem bereitete die Abgrenzung zu ähnlichen, sehr viel billigeren Materialien Schwierigkeiten, obwohl die Materialeigenschaften bei genauerer Betrachtung höchst unterschiedlich waren.

fassers, dass es zu keinen weiteren Investitionen (im Sinne von zusätzlichen Mitarbeitern oder Produktionsanlagen) kam: obwohl die Umsätze viel niedriger waren, konnte der monatliche negative Cash-flow im Vergleich zur Planung konstant gehalten werden.

Phase 5: „Profitabilität und Wachstum" (01/03 – 12/04)

Nachdem die Ziele in Bezug auf Umsatzhöhe und Markteintritt in den dritten Anwendungsbereich im Jahr 2002 nicht erreicht werden konnten, sind die Planungen für die Phase 5 deutlich niedriger. Die dargestellte Planung für 2003 ist als „Basisplanung" zu verstehen: bei realistischer Fortsetzung der Entwicklung der HIGHTECH AG werden diese Zahlen erreicht. Mögliche große Projekte sind in dieser Planung jedoch nicht enthalten. Diese müssten dann bei der Kapazitäts- und Ressourcenplanung zusätzlich berücksichtigt werden. Auf Basis der aktuellen Planung ist der Break-even jetzt für Ende 2004 geplant.

Abbildung 48 zeigt nochmals die Gesamtübersicht der geplanten versus der realisierten Unternehmensentwicklung.

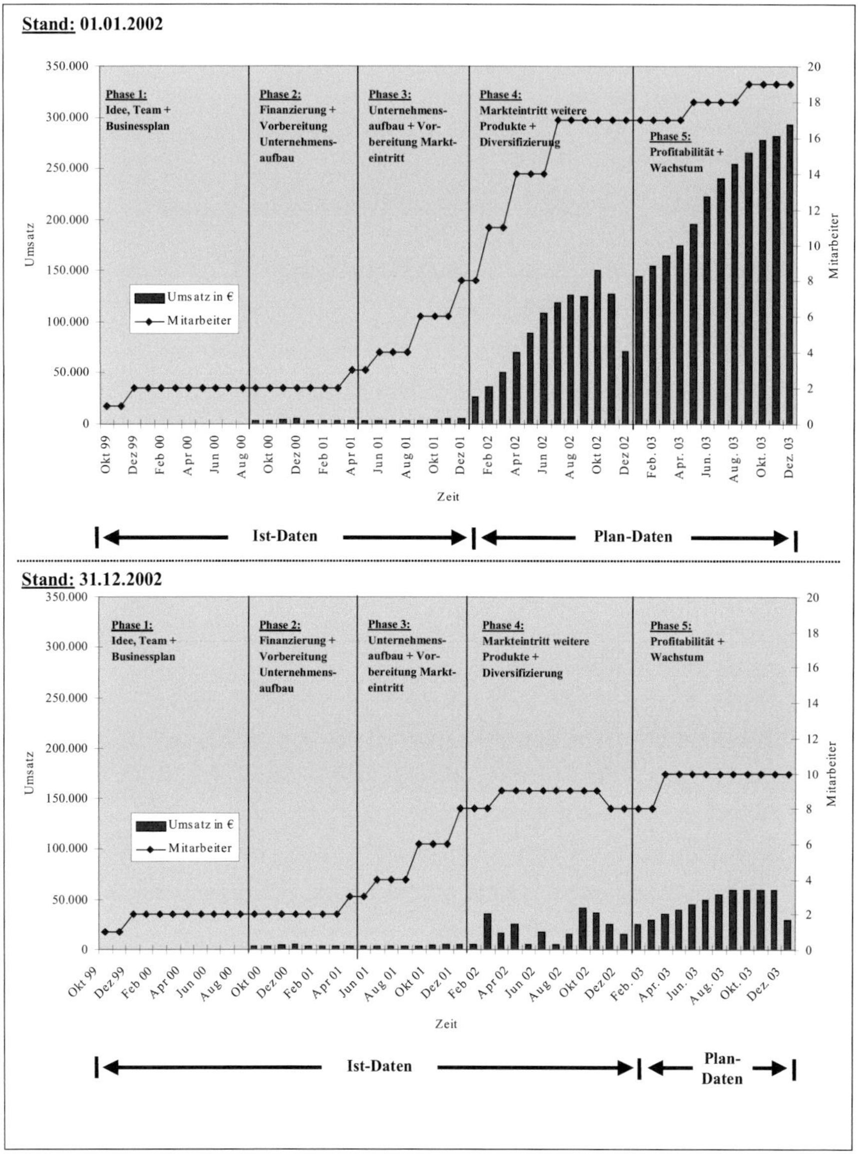

Abbildung 48: Vergleich der geplanten und realisierten Mitarbeiter- und Umsatzentwicklung der HIGHTECH AG[562]

[562] Eigene Darstellung. Quelle: Businessplan und Interviews HIGHTECH AG. Das obere Bild zeigt den Status zum 01.01.2002: es wird die bis dahin realisierte Entwicklung und die Planung für 2002 und 2003 dargestellt.

In dieser Gegenüberstellung wird die große Abweichung zwischen der ursprünglichen Planung und der tatsächlich realisierten Umsatz- und Mitarbeiterentwicklung nochmals sehr deutlich.

4.3.3.4 Beschreibung des Wachstumsprozesses anhand des Bezugsrahmens

In der bisherigen Entwicklung der HIGHTECH AG ist bisher kein Phasenübergang im Sinne des Bezugsrahmens identifizierbar gewesen.

Im Folgenden soll die dargestellte Unternehmensentwicklung anhand des Bezugsrahmens analysiert und erklärt werden. Dabei wird in erster Linie auf die nummerierten Elemente des Bezugsrahmens eingegangen.[563]

Die Wachstumsvoraussetzungen im Sinne des Bezugsrahmens waren gegeben, da es der HIGHTECH AG gelungen war, eine VC-Finanzierung zu erhalten.

Element 1: Umsatz- und Mitarbeiterwachstum

Die realisierte Umsatz- und Mitarbeiterentwicklung wurde in den vorstehenden Abbildungen gezeigt: die Mitarbeiterentwicklung verlief ohne Sprünge. Mit acht Mitarbeitern (am Jahresende 2002) besteht die HIGHTECH AG aus einem „kleinen Team", das mit sehr wenig formalen Regeln und Koordination auskommt. Die Umsatzentwicklung wies im Jahr 2002 eine deutliche Steigerung zum Jahr 2001 aus, wobei die Verteilung über die Monate sehr unterschiedlich war. Richtung Jahresende war jedoch ein Umsatzanstieg zu erkennen, der die positive Planung für 2003 zu rechtfertigen scheint.

Element 2: Unternehmensinterne Komplexität

Die folgende Tabelle 6 zeigt die Entwicklung der Unternehmensinternen Komplexität (zusammen mit der Unternehmensexternen Komplexität) über den gesamten Untersuchungszeitraum.[564]

Das untere Bild zeigt im Vergleich dazu den Status zum 31.12.2002, d.h. die bis Ende 2002 realisierte Entwicklung und die überarbeitete Planung für 2003.

[563] Siehe Abbildung 14 in Abschnitt 3.2.1.

[564] Für die Beschreibung der Komplexitätstreiber und die jeweilige Bedeutung der vier Komplexitätsgrade siehe Abbildung 18 in Abschnitt 3.2.2.2.

	Monate	10/99	11/99	12/99	01/00	02/00	03/00	04/00	05/00	06/00	07/00	08/00	09/00	10/00	11/00	12/00	01/01	02/01
Interne Unternehmenskom	Anzahl und Verschiedenartigkeit der Produkte	1	1	1	1	1	1	1	1	1	1	1	1	1	1	1	1	1
	Komplexität der einzelnen	1	1	1	1	1	1	1	1	1	1	1	2	2	2	2	2	2
	Grad der Vorwärts-/ Rückwärtsintegration	1	1	1	1	1	1	1	1	1	1	1	1	1	1	1	1	1
	Geschwindigkeit der Produktinnovationen	1	1	1	1	1	1	1	1	1	1	1	1	1	1	1	1	1
	Anzahl Distributionskanäle	1	1	1	1	1	1	1	1	1	1	1	1	1	1	1	1	1
	Anzahl Mitarbeiter	1	1	1	1	1	1	1	1	1	1	1	1	1	1	1	1	1
Ext. Kompl.	Geographische Ausdehnung	1	1	1	1	1	1	1	1	1	1	1	2	2	2	2	2	2
	(End-) Kundengruppen	1	1	1	1	1	1	1	1	1	1	1	2	2	2	2	2	2
	Wettbewerbsintensität	1	1	1	1	1	1	1	1	1	1	1	2	2	2	2	2	2
	Umweltveränderungen	1	1	1	1	1	1	1	1	1	1	1	2	2	2	2	2	2
	Komplexitätsgrad	**1**	**1**	**1**	**1**	**1**	**1**	**1**	**1**	**1**	**1**	**1**	**32**	**32**	**32**	**32**	**32**	**32**

	Monate	03/01	04/01	05/01	06/01	07/01	08/01	09/01	10/01	11/01	12/01	01/02	02/02	03/02	04/02	05/02	06/02	07/02
Interne Unternehmenskom	Anzahl und Verschiedenartigkeit der Produkte	1	1	1	1	1	1	1	2	2	2	2	2	2	3	3	3	3
	Komplexität der einzelnen	2	2	2	2	2	2	2	2	2	2	2	2	3	3	3	3	3
	Grad der Vorwärts-/ Rückwärtsintegration	1	1	1	1	1	1	1	1	1	1	2	2	2	2	2	2	2
	Geschwindigkeit der Produktinnovationen	1	1	1	1	1	1	1	2	2	2	2	2	2	2	2	3	3
	Anzahl Distributionskanäle	1	1	1	1	1	1	1	1	1	1	2	2	2	2	2	2	2
	Anzahl Mitarbeiter	1	1	1	1	1	1	2	2	2	2	2	2	2	2	2	2	2
Ext. Kompl.	Geographische Ausdehnung	2	2	2	2	2	2	2	2	2	2	2	2	2	2	2	2	2
	(End-) Kundengruppen	2	2	2	2	2	2	2	2	2	2	2	2	3	3	3	3	3
	Wettbewerbsintensität	2	2	2	2	2	2	2	2	2	2	2	2	2	2	2	3	3
	Umweltveränderungen	2	2	2	2	2	2	2	2	2	2	2	2	2	2	2	2	2
	Komplexitätsgrad	**32**	**32**	**32**	**32**	**32**	**32**	**64**	**256**	**256**	**256**	**1024**	**1024**	**2304**	**3456**	**3456**	**7776**	**7776**

	Monate	08/02	09/02	10/02	11/02	12/02	01/03	02/03	03/03	04/03	05/03	06/03	07/03	08/03	09/03	10/03	11/03	12/03
Interne Unternehmenskom	Anzahl und Verschiedenartigkeit der Produkte	3	3	3	3	3	3	3	3	3	3	3	3	3	3	3	3	3
	Komplexität der einzelnen	3	3	3	3	3	3	3	3	3	3	3	3	3	3	3	3	3
	Grad der Vorwärts-/ Rückwärtsintegration	2	2	2	2	2	2	2	2	2	2	2	2	2	2	2	2	2
	Geschwindigkeit der Produktinnovationen	3	3	3	3	3	3	3	3	3	3	3	3	3	3	3	3	3
	Anzahl Distributionskanäle	2	2	2	2	2	2	2	2	2	2	2	2	2	2	2	2	2
	Anzahl Mitarbeiter	2	2	2	2	2	2	2	2	2	2	2	2	2	2	2	2	2
Ext. Kompl.	Geographische Ausdehnung	2	2	2	2	2	2	2	2	2	2	2	2	2	2	2	2	2
	(End-) Kundengruppen	3	3	3	3	3	3	3	3	3	3	3	3	3	3	3	3	3
	Wettbewerbsintensität	3	3	3	3	3	3	3	3	3	3	3	3	3	3	3	3	3
	Umweltveränderungen	2	2	2	2	2	2	2	2	2	2	2	2	2	2	2	2	2
	Komplexitätsgrad	**7776**	**7776**	**7776**	**7776**	**7776**	**7776**	**7776**	**7776**	**7776**	**7776**	**7776**	**7776**	**7776**	**7776**	**7776**	**7776**	**7776**

Tabelle 6: Detailentwicklung der Komplexität der HIGHTECH AG[565]

Im Folgenden wird die Entwicklung der sechs internen Komplexitätstreiber kurz skizziert:

1. <u>Anzahl und Unterschiedlichkeit der Produkte:</u> Ursprünglich gab es nur die HIGHTECH-Materialien, die für alle vier Anwendungsbereiche sehr ähnlich waren, so dass man von einem Produkt sprechen kann (Stufe 1). Ab Oktober 2001 gab es zusätzlich die ersten System-Produkte, auch wenn diese zunächst nicht aktiv selbst vermarktet werden sollten (Stufe 2). Ab April 2002 erreichte die HIGHTECH AG die Stufe 3, weil zusätzlich die Handelsware ins Produktprogramm aufgenommen worden ist, und nun auch die eigene Vermarktung der Mehrwertprodukte an Endkunden etabliert wurde.

---

[565] Eigene Darstellung. Quelle: Businessplan und Interviews HIGHTECH AG, Stand: 31.12.2002.

2. Komplexität der einzelnen Produkte: Ab der Gründung befand sich die HIGHTECH AG auf Stufe 2, weil sich die HIGHTECH-Materialien durch eine hohe technische Sensitivität auszeichnen. Mit der Einführung der Mehrwertprodukte ist eine weitere Steigerung der Produktkomplexität festzustellen, da nun neben dem Material-Know-how auch das System-Know-how erforderlich war (Stufe 3).
3. Grad der Vorwärts-/Rückwärtsintegration: Zunächst lag der Fokus des Unternehmens auf der Produktion der Materialien, der Vertrieb sollte im Wesentlichen direkt an Systemproduzenten erfolgen, die die Mehrwertprodukte vermarkten sollten (Stufe 1). Ab Anfang 2002 wurde der direkte Vertrieb (auch mit Handelsprodukten) verstärkt. Dies stellte eine Vorwärtsintegration dar (Stufe 2).
4. Geschwindigkeit der Produktinnovationen: Schon vor dem Markteintritt stieg die Innovationsgeschwindigkeit aufgrund vieler Kooperationsprojekte und der gemeinsamen Entwicklung von Mehrwertprodukten (seit Oktober 2001: Stufe 2). Ab Frühjahr/Sommer 2002 gab es eine nochmalige Intensivierung der gemeinsamen Produktentwicklung mit Partnern bzw. die Aufnahme neuer Produkte ins Produktprogramm (ab Juni 2002: Stufe 3).
5. Anzahl Distributionskanäle: Zunächst wurden die HIGHTECH-Materialien nur direkt (an Systempartner) vertrieben (Stufe 1). Ab dem „echten" Markteintritt im Januar 2002 kamen für spezielle Anwendungen auch der indirekte Vertriebskanal mittels Distributionspartnerschaften dazu (Stufe 2).
6. Anzahl Mitarbeiter: Seit September 2001 besteht die HIGHTECH AG aus einem „kleinen Team" (Stufe 2).

Wie Abbildung 49 zeigt, stieg die Unternehmensinterne Komplexität von Dezember 2001 bis Juni 2002 stark an. Die ebenfalls dargestellte Unternehmensexterne Komplexität verzeichnete bereits mit der Gründung im September 2000 eine starke Steigerung und verlief dann bis März 2002 konstant, um sich dann bis Juni 2002 nochmals ungefähr zu verdoppeln.

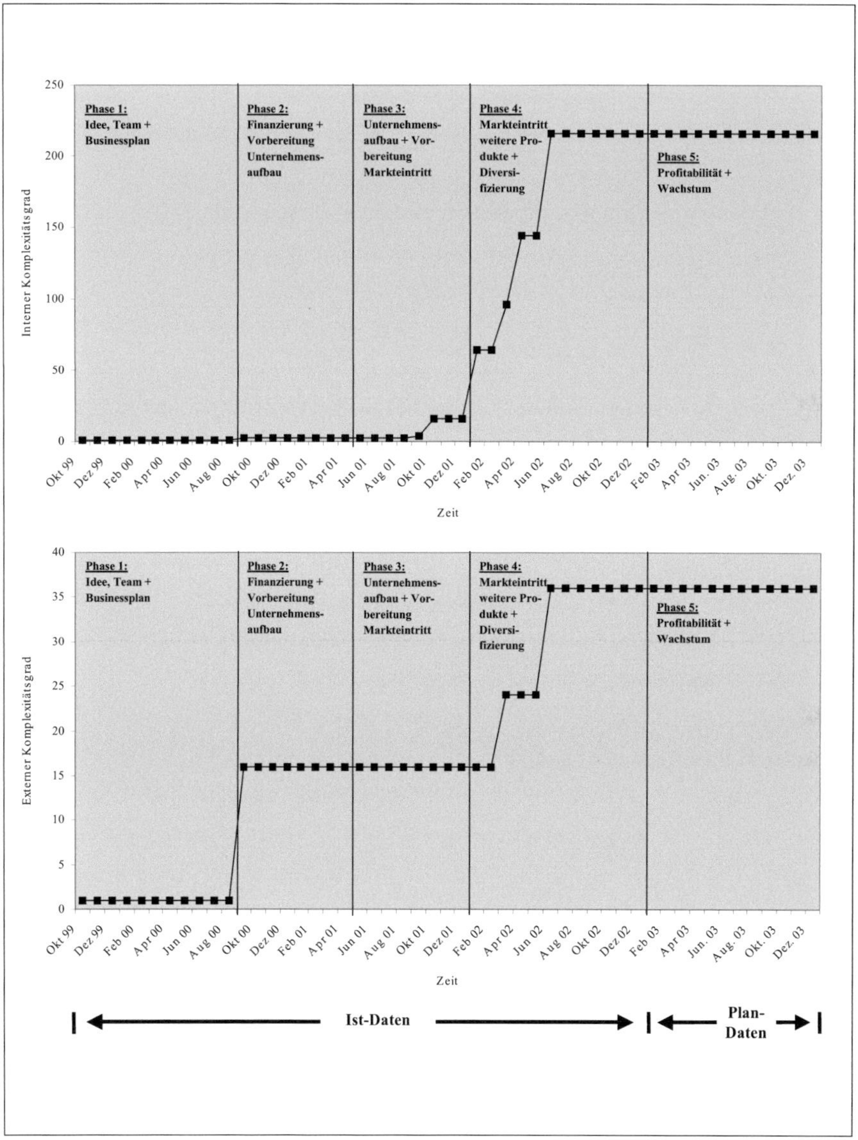

Abbildung 49: Entwicklung der Unternehmensinternen und -externen Komplexität der HIGHTECH AG[566]

[566] Eigene Darstellung. Quelle: Businessplan und Interviews HIGHTECH AG, Stand: 31.12.2002.

Element 3: Unternehmensexterne Komplexität

Tabelle 6 und Abbildung 49 zeigten bereits die detaillierte Entwicklung der Unternehmensexternen Komplexität über den gesamten Untersuchungszeitraum. Im Folgenden wird die Entwicklung der vier Komplexitätstreiber kurz skizziert, die zu dieser Gesamtentwicklung beitrugen:[567]

1. Geographische Ausdehnung: Seit der Gründung im September 2000 war der Fokus der HIGHTECH AG national (wobei Aktivitäten in Österreich und der Schweiz hier zu einer „nationalen" Ausdehnung gezählt werden) (Stufe 2).
2. (End-) Kundengruppen: Ab der Gründung wurden vier unterschiedliche Kundengruppen angesprochen, die allerdings sehr ähnliche Anforderungen an das Produkt hatten, so dass hier die Stufe 2 angemessen ist. Ab der Einführung der Mehrwertprodukte und Handelsprodukte stieg die Anzahl der unterschiedlichen Kundengruppen (ab März 2002: Stufe 3).
3. Wettbewerbsintensität: Die Wettbewerbsintensität wurde ab Gründung als „mäßig" wahrgenommen (Stufe 2) und stieg mit dem Angebot weiterer Produkte (vor allem auch der Billig-Materialien) signifikant an (ab Juni 2002: Stufe 3).
4. Umweltveränderungen: Die Umwelt wird als relativ stabil bzw. „sich nur langsam, aber stetig verändernd" wahrgenommen (Stufe 2).

Element 4: Unternehmenskomplexität

Abbildung 50 zeigt die Gesamtentwicklung der Unternehmenskomplexität.

[567] Für die Beschreibung der Komplexitätstreiber und die jeweilige Bedeutung der vier Komplexitätsgrade siehe Abbildung 19 in Abschnitt 3.2.2.2.

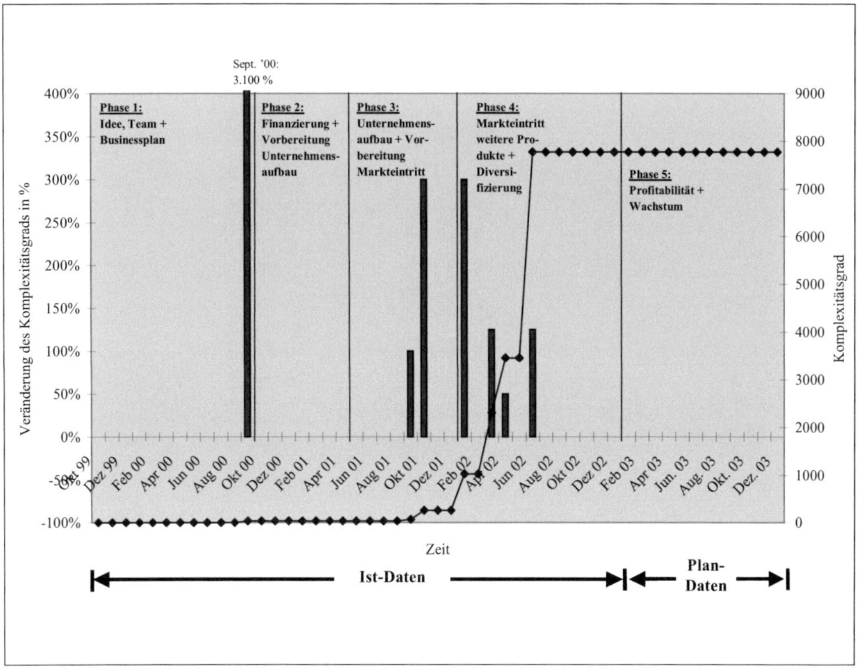

Abbildung 50: Entwicklung der Unternehmenskomplexität der HIGHTECH AG[568]

Abbildung 51 vergleicht die Komplexitätsentwicklung in den Jahren 2001 und 2002 und zeigt nochmals die Entwicklung der einzelnen Komponenten.

[568] Eigene Darstellung. Quelle: Businessplan und Interviews HIGHTECH AG, Stand: 31.12.2002. Die Balken zeigen die relative Veränderung des Komplexitätsgrads (linke Skala) und die Linie die absolute Entwicklung des Komplexitätsgrads (rechte Skala).

Komplexitätsgrad

	Dimensionen der Entwicklung	Niedrig (1)	Mäßig (2)	Hoch (3)	Sehr hoch (4)
Interne Unternehmenskomplexität	Anzahl + Verschiedenartigkeit Produkte	Ein Produkt	Mehrere verwandte	Mehrere verwandte, einige nicht verwandte	Verschiedene, komplexes Portfolio
	Komplexität der einzelnen Produkte	Einfaches Design	Viele Komponenten	Hoch integriert, technisch sensitiv	Technisch höchst komplexes System
	Grad der Vorwärts-/ Rückwärtsintegration	Keine	Teilweise, ein Schritt	Ausgedehnt, mehrere Schritte	Höchst integriert
	Geschwindigkeit der Produktinnovationen	Langsam	Langsam bis mäßig	Mäßig bis schnell	Schnell
	Anzahl Distributionskanäle	1	2 - 3	Einige	Viele, komplexe
	Anzahl Mitarbeiter	Wenige	Kleines Team	Kleine, funktonale Organisation	Große Organisation
Externe Unternehmenskomplexität	Geographische Ausdehnung	Regional	National	National, erheblicher Exportanteil	International
	(End-) Kundengruppen	Eine, eindeutig definiert	2 - 3	Einige, unterschiedlich	Viele, sehr unterschiedlich
	Wettbewerbsintensität (Preis, Produkt, Marketing)	Niedrig	Niedrig bis mäßig	Mäßig bis intensiv	Sehr intensiv
	Umweltveränderungen (ökonomisch, politisch, sozial, Arbeitsmarkt)	Stabil	Stabil bis mäßig	mäßig bis intensiv	Hoch veränderlich, sehr intensiv

→Maßzahl für den Komplexitätsgrad (Stand 01.01.2001): 32

→Maßzahl für den Komplexitätsgrad (Stand 31.12.2001): 256

2001

Komplexitätsgrad

	Dimensionen der Entwicklung	Niedrig (1)	Mäßig (2)	Hoch (3)	Sehr hoch (4)
Interne Unternehmenskomplexität	Anzahl + Verschiedenartigkeit Produkte	Ein Produkt	Mehrere verwandte	Mehrere verwandte, einige nicht verwandte	Verschiedene, komplexes Portfolio
	Komplexität der einzelnen Produkte	Einfaches Design	Viele Komponenten	Hoch integriert, technisch sensitiv	Technisch höchst komplexes System
	Grad der Vorwärts-/ Rückwärtsintegration	Keine	Teilweise, ein Schritt	Ausgedehnt, mehrere Schritte	Höchst integriert
	Geschwindigkeit der Produktinnovationen	Langsam	Langsam bis mäßig	Mäßig bis schnell	Schnell
	Anzahl Distributionskanäle	1	2 - 3	Einige	Viele, komplexe
	Anzahl Mitarbeiter	Wenige	Kleines Team	Kleine, funktonale Organisation	Große Organisation
Externe Unternehmenskomplexität	Geographische Ausdehnung	Regional	National	National, erheblicher Exportanteil	International
	(End-) Kundengruppen	Eine, eindeutig definiert	2 - 3	Einige, unterschiedlich	Viele, sehr unterschiedlich
	Wettbewerbsintensität (Preis, Produkt, Marketing)	Niedrig	Niedrig bis mäßig	Mäßig bis intensiv	Sehr intensiv
	Umweltveränderungen (ökonomisch, politisch, sozial, Arbeitsmarkt)	Stabil	Stabil bis mäßig	mäßig bis intensiv	Hoch veränderlich, sehr intensiv

→Maßzahl für den Komplexitätsgrad (Stand 01.01.2002): 256

→Maßzahl für den Komplexitätsgrad (Stand 31.12.2002): 7.776

2002

Abbildung 51: Entwicklung des Komplexitätsgrads der HIGHTECH AG in den Jahren 2001 und 2002[569]

[569] Eigene Darstellung. Quelle: Businessplan und Interviews HIGHTECH AG, Stand: 31.12.2002.

Die Entwicklung der Unternehmenskomplexität kann im Zeitablauf folgendermaßen zusammengefasst werden:

- **September/Oktober 2001:** Eine erste wesentliche Erhöhung vollzieht sich im Zuge der Vorbereitung des Markteintritts (Mitarbeiterzahl, erste Mehrwertprodukte, verstärkte Produktentwicklung).
- **Januar 2002:** Mit dem Markteintritt ist ein sprunghafter Anstieg der Komplexität zu verzeichnen (wegen eigenem Vertrieb und zusätzlichen Distributionskanälen).
- **Juni 2002:** Bis zum Juni steigt der Komplexitätsgrad nochmals stark an, was in erster Linie durch die Aufnahme der zusätzlichen Produkte zu erklären ist. In diesem Zuge stieg auch die Produktkomplexität, es gab neue Kundengruppen, und die Wettbewerbsintensität erhöhte sich.

Element 5: Komplexitätsanforderungen der Umwelt

Die Komplexitätsanforderungen können anhand der zuvor dargestellten vier Kriterien der „Unternehmensexternen Komplexität" beschrieben werden:

1. Geographische Ausdehnung: Da die HIGHTECH AG bisher nur national aktiv war, gab es bisher keine regional unterschiedlichen Anforderungen an das Unternehmen.
2. (End-) Kundengruppen: Ursprünglich war die Vorstellung des Management-Teams, dass Systempartner aus einem großen Eigeninteresse heraus die Entwicklung und den Vertrieb der Mehrwertprodukte vorantreiben würden. Diese Einschätzung war insofern falsch, dass die gemeinsame Entwicklung der Mehrwertprodukte viel länger dauerte als erwartet und die Vermarktung über die Systempartner im Jahr 2002 auch nur sehr schleppend verlief. Daher entschloss man sich früh zur (zusätzlichen) eigenen Vermarktung der Mehrwertprodukte. Dadurch kamen natürlich auch neue Anforderungen hinzu (z.B. durch die Vertrags- und Preisgestaltung im Zusammenspiel mit den Systempartnern). Insgesamt stieg die Varietät der unterschiedlichen Kundengruppen stark an. Im Jahr 2002 war man sehr viel mit Engineering-Leistungen beschäftigt, um potenziellen Kunden individuelle Lösungen (auf Basis der HIGHTECH-Materialien) für ihre speziellen Probleme anzubieten. Es wurde also die Vielfalt der Anforderungen in der Unternehmenskomplexität (sozusagen als Varianten des HIGHTECH-Materials) abgebildet. Dadurch ist das System-Know-how der HIGHTECH-Mitarbeiter auch stark gestiegen, und es ist zu erwarten, dass man mit dem Problemlösungs-Know-how den Kunden zukünftig schneller bessere Lösungen liefern kann. Es

wurden aufgrund der Vielfalt der Anforderungen also viele Potenziale (oder auch: Komplexitäts-Fähigkeiten) aufgebaut, die zukünftig zu Erträgen führen könnten.

3. Wettbewerbsintensität: Die Wettbewerbsintensität spielt hier in Bezug auf die unterschiedlichen Komplexitätsanforderungen eine Rolle, weil es sich bei den HIGHTECH-Materialien um innovative Produkte mit neuartigen Eigenschaften handelt, die man den Materialien aber nicht direkt ansieht. Für die HIGHTECH AG war es daher immer schwierig, sich von den Low-Tech-Materialien abzugrenzen, die unter der gleichen Produktbezeichnung, aber mit wesentlich schlechteren Produkteigenschaften (und zu wesentlich billigeren Preisen) angeboten werden. Den Kunden mussten also zuerst die neuen Anwendungsmöglichkeiten (für dessen speziellen Anwendungsfall) erklärt werden, bevor sie das überlegene Preis-Leistungs-Verhältnis der HIGHTECH-Materialien verstanden haben. Auf der anderen Seite gibt es auch einige Anwendungen, für die die überlegenen Produkteigenschaften der HIGHTECH-Materialien überdimensioniert sind und eine Billigvariante ausreichend ist. Die Lösung zu der vorgenannten Problematik bestand in der Aufnahme der Billigmaterialien (als reine Handelsware) in das Produktprogramm. Seit Sommer 2002 werden bei Anfragen, in denen auch die Billigvariante einsetzbar ist, parallel die teuren hochwertigen HIGHTECH-Materialien *und* die Billigvarianten angeboten. Diese Maßnahme erhöhte offensichtlich die Komplexität (sowohl bei der Angebotserstellung als auch in den nachgelagerten Prozessen). Der Vorteil dieses Vorgehens ist jedoch, dass man mit dem Handel der Billigmaterialien auch Geld verdienen kann und der Kunde auf den ersten Blick erkennt, dass es zwischen den beiden angebotenen Materialvarianten offensichtlich einen gravierenden Qualitätsunterschied geben muss. Dadurch bestellt der potenzielle Kunde möglicherweise bei der HIGHTECH AG und man kann mittelfristig auch Lösungen auf Basis der HIGHTECH-Materialien anbieten. Die Wettbewerbsintensität auf diesem sehr überschaubaren Markt mit wenigen großen Anbietern hat durch die Aufnahme der Billigmaterialien aus Sicht der HIGHTECH AG stark zugenommen, da man bis dato ausschließlich High-Tech-Partner der Billiganbieter war und nun auch als deren direkter Konkurrent auftritt. Dies birgt natürlich die Gefahr von Reaktionen der Wettbewerber (z.B. durch Preisdumping) in sich, so dass die Vorhersagbarkeit der Umwelt schwieriger geworden ist.

4. Umweltveränderungen: Bis Ende 2002 kann die Umwelt der HIGHTECH AG als eher stabil eingeschätzt werden. Es gab zwar Veränderungen, die jedoch langfristig einschätzbar waren. Durch die zunehmende Wettbewerbsintensität sind die Wettbewerbs-

reaktionen derzeit nicht mehr einfach vorhersagbar. Dieser Trend könnte sich fortsetzen. Ansonsten spielten Umweltveränderungen in Bezug auf unterschiedliche oder veränderliche Anforderungen keine Rolle.

Wie zu sehen, reagierte die HIGHTECH AG auf die ab Anfang 2002 stärker wahrgenommene Anforderungsvielfalt der Kunden, indem diese in der Unternehmenskomplexität (z.B. in Form von angebotenen Produktvarianten) abgebildet worden ist. Gleichzeitig wurde dazu auch das Know-how, also die Komplexitäts-Fähigkeiten aufgebaut.

Der Fit zwischen Umweltanforderungen und umgesetzter Unternehmenskomplexität wird unten (Element 9: Komplexitäts-Umwelt-Fit) eingehender analysiert.

Element 6: Organisation und Prozesse

Bezüglich der Aufbauorganisation ist festzustellen, dass von Beginn eine Art funktionale Organisation eingeführt wurde. Seit Oktober 2001 gab es eine für alle Mitarbeiter verbindliche „Haus- und Firmenordnung", in der die wichtigsten Verantwortlichkeiten und Prozesse beschrieben sind. Trotz der geringen Größe der HIGHTECH AG hat ein solch formales Instrument den Vorteil, dass viele Regelungen (z.B. zu Unterschriftsregelungen und Dienstreisen) eindeutig festgelegt sind.

Neben dem Aufbau der Produktion wurden im vierten Quartal 2001 auch alle zentralen Unternehmensprozesse definiert, so dass diese im Wesentlichen fehlerfrei funktionierten. Alle wichtigen Prozesse wurden im Jahresverlauf 2002 optimiert, wodurch – wie oben beschrieben – z.T. große Effizienzsteigerungen erreicht werden konnten. Durch das (im Vergleich zur Planung) reduzierte Auftragsvolumen wurden die Prozesse bisher jedoch nicht unter voller Auslastung geprüft.

Element 7: Mitarbeiter und Personalentwicklung

Der Personalaufbau verlief sehr kontinuierlich. Ende 2002 waren neben den drei Vorständen noch fünf weitere Mitarbeiter (3 x Produktion, 1 x F&E, 1 x Sekretariat) beschäftigt. Das wesentliche Know-how und die größte Erfahrung fokussieren sich dabei auch im operativen Bereich auf die drei Vorstände. Wie oben schon angedeutet, war im Jahr 2002 ein starker Anstieg der Komplexitäts-Fähigkeiten im gesamten Unternehmen zu beobachten. Der größte Know-how-Zuwachs konnte in den Bereichen Produktion, Vertrieb, Systeme (Integration der

HIGHTECH-Materialien in Mehrwertprodukte) und Problemlösungen (Entwicklung technischer Lösungen für Spezialprobleme von Kunden auf Basis der HIGHTECH-Materialien) verzeichnet werden.

Element 8: Management-Fähigkeiten

Das Management-Team bestand von Anfang an aus drei Personen mit einem Durchschnittsalter von ca. 40 Jahren. Alle drei Vorstände haben eine technisch-naturwissenschaftliche Ausbildung (z.T. promoviert) und waren vor der Gründung an der Entwicklung der HIGHTECH-Materialien beteiligt. Zum Zeitpunkt der Finanzierung des Unternehmens (April 2001) verfügten zwei der drei Gründer über eine mehrjährige Führungserfahrung und beschäftigten sich schon seit einigen Jahren mit verschiedenen Anwendungsbereichen der HIGHTECH-Materialien. In Bezug auf die bekleideten Funktionen (F&E/Anwendungsentwicklung, Produktion und Management) brachten alle drei Personen jeweils eine mindestens fünfjährige Vorerfahrung mit.

Obwohl beim Management-Team einige relevante Vorerfahrungen vorhanden waren, reflektierte der Interview-Partner in einem Interview, dass dem Management-Team im Nachhinein betrachtet bei der Gründung des Unternehmens eigentlich das Know-how in entscheidenden Bereichen fehlte. So war nach seiner Aussage das Know-how bezüglich der HIGHTECH-Materialien an sich von Anfang an sehr groß. In den Bereichen Produktion, Vertrieb und Systeme fehlte jedoch damals das Erfahrungswissen, das zur erfolgreichen Vermarktung notwendig war. Dieses Wissen wurde jedoch (wie oben beschrieben) in den Jahren 2001 und 2002 aufgebaut. Weiterhin war keiner der drei Vorstände zuvor an der Gründung oder dem Aufbau eines Wachstumsunternehmens beteiligt gewesen.

Auch hier kann die Frage nicht beantwortet werden, ob ein erfahreneres Management-Team möglicherweise erfolgreicher gewesen wäre. In Bezug auf das Management von Wachstum und wachstumsinduzierten Veränderungsprozessen muss jedoch insgesamt festgehalten werden, dass zunächst nur wenige Erfahrungen vorhanden waren.

Element 9: Komplexitäts-Umwelt-Fit

Die Verfehlung der Umsatzziele in 2002 ist ein Indiz dafür, dass ein Missverhältnis zwischen Komplexität und Umwelt bestanden haben könnte. In diesem Fall scheint es so zu sein, dass die System- und Vertriebspartner weniger Initiative bei der Entwicklung und Vermarktung zeigten als erhofft. Außerdem wollten die Kunden offensichtlich maßgeschneiderte Lösungen mit Systemcharakter. Auf diese (im Vergleich zu vorherigen Annahmen und Planungen) anderen Anforderungen reagierte die HIGHTECH AG sehr frühzeitig (Anfang 2002) intuitiv durch die beschriebenen Anpassungsmaßnahmen. In den Worten des Bezugsrahmens wurden die Anforderungen in der Unternehmenskomplexität abgebildet (z.B. in Form von angebotenen Produktvarianten). Aus Sicht des Verfassers konnte damit die Anpassung an die Umwelt entscheidend verbessert werden. Hätte die HIGHTECH AG so weitergemacht wie bisher und allein auf die Vermarktung der HIGHTECH-Materialien gesetzt, wäre nach Einschätzung des Verfassers relativ schnell die Management-Komplexität und der Druck auf das Management-Team gestiegen, so dass dann vermutlich ein Phasenübergang (mit tiefgreifenden Änderungsmaßnahmen) ausgelöst worden wäre.

Element 10: Komplexitäts-Fähigkeits-Fit

Gleichzeitig zur Erhöhung der Unternehmenskomplexität wuchsen die Komplexitäts-Fähigkeiten ebenfalls stark an. Ein Erfolgsfaktor war aus Sicht des Verfassers dabei, dass die Fähigkeiten mit den bestehenden Ressourcen aufgebaut werden konnten und keine neuen akquiriert werden mussten. Eine Einstellung weiterer Mitarbeiter (z.B. für den Vertrieb) hätte eine Änderung der Finanzierungsstrategie zur Folge gehabt. Dies hätte bei der zum damaligen Zeitpunkt schlechten Finanzmarktlage sicherlich Auswirkungen auf andere Punkte der grundlegenden Unternehmensstrategie gehabt, so dass diese in einem Phasenübergang hätte angepasst werden müssen.

Es konnte also in der Unternehmensentwicklung der HIGHTECH AG bisher kein schwerwiegendes Missverhältnis zwischen Unternehmenskomplexität und Komplexitäts-Fähigkeiten identifiziert werden.

Element 11: Management-Komplexität

Es gab in der bisherigen Unternehmensentwicklung keine Phase, in der die Management-Komplexität bzw. der Druck auf das Management stark angestiegen wäre. Wie in Abbildung 52 zu sehen ist, bewegte sich das Unternehmen weitgehend in der Nähe des „Komplexitäts-Umwelt-Fähigkeits-Optimums“.[570]

---

[570] Vgl. Abbildung 22 in Abschnitt 3.2.2.3.

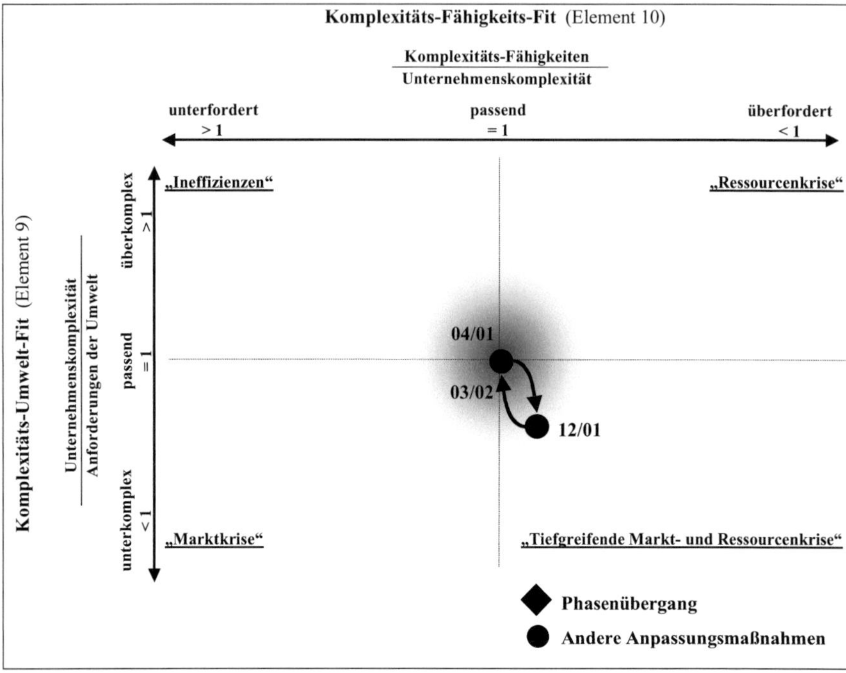

Abbildung 52: Erklärung wesentlicher Veränderungsprozesse in der Unternehmensentwicklung der HIGHTECH AG[571]

Element 12: Veränderungsbestreben

Ebenso gab es keine verstärkten Veränderungsbestrebungen im Sinne des Bezugsrahmens.

Element 13: „transition" / Phasenübergang

Es gab im Unternehmensablauf keine Situation, die der Definition eines Phasenübergangs entspricht. Den anpassenden Maßnahmen ab Anfang 2002 lag kein schwerwiegendes Missverhältnis zugrunde. Auch ging keine steigende Management-Komplexität voraus. Die Maßnahmen können besser als intuitive und präventive Maßnahmen zur besseren Anpassung an die Unternehmensumwelt bezeichnet werden.

[571] Eigene Darstellung. Siehe auch Abbildung 22 in Abschnitt 3.2.2.3.

4.3.3.5 Beurteilung des Wachstumsprozesses

Die schlechte Umsatzentwicklung im Jahr 2002 ist (insbesondere für junge Wachstumsunternehmen) nicht ungewöhnlich. Das Wachstum an Mitarbeitern und anderen Ressourcen erst bei realisierten Umsätzen fortzusetzen, war zurückblickend auf jeden Fall die richtige Entscheidung. Es konnten trotzdem viel Know-how, Erfahrungen und Potenziale (Pilotprojekte, potenzielle Partnerschaften und Angebote) aufgebaut werden. Wenn sich einige der Potenziale in konkrete Aufträge umwandeln, sind die geplanten Umsatzzahlen für 2003 erreichbar.

4.3.3.6 Analyse der Fallstudienergebnisse

Die bisherige Entwicklung der HIGHTECH AG konnte mit Hilfe des Bezugsrahmens nachvollzogen werden. Die Veränderungen in allen betrachteten Elementen konnten erklärt werden. Im Zusammenhang der Elemente wurde auch deutlich, warum es bei der HIGHTECH AG trotz schlechter Umsatzentwicklung zu keinem Phasenübergang kam.

Hätte ein Phasenübergang mit Hilfe des Bezugsrahmens früher erkannt werden können?
Wenn Anfang 2002 keine präventiven optimierenden Anpassungsmaßnahmen initiiert worden wären, wäre bei der HIGHTECH AG vermutlich ein Phasenübergang notwendig gewesen. Die Hintergründe für die Entstehung eines möglichen Phasenübergangs hätten – wie gezeigt – durch den Bezugsrahmen erklärt und auch frühzeitig erkannt werden können. In Bezug auf den präzisierten Bezugsrahmen muss jedoch geprüft werden, inwieweit die Elemente „finanzielle Ressourcen" bzw. „Cash-flow" einbezogen werden können, weil diese eine der grundlegenden Annahmen des Entwicklungspfades eines Unternehmens darstellen, wie auch schon in der IT-AG-Fallstudie gezeigt wurde.

4.3.4 Fallstudie 4: E-SERVICES AG[572]

Die E-SERVICES AG wurde im September 1999 gegründet und kann als typisches New-Economy-Unternehmen bezeichnet werden. Die E-SERVICES AG betätigt sich im Geschäftsfeld E-Business und verfolgte im Zeitablauf unterschiedliche Geschäftsmodelle. Es

[572] Die E-SERVICES AG ist ein real existierendes Unternehmen. Im Rahmen der Darstellung der Fallstudie sind alle Namen und Daten vollständig anonymisiert, um keinen Rückschluss auf das reale Unternehmen zuzulassen. Es werden jedoch alle für die Themenstellung relevanten Informationen und Zusammenhänge dargestellt, so dass die Aussagefähigkeit der Fallstudie und die Qualität der Ergebnisse nicht unter der Anonymisierung leiden. Das Interview mit einem Vorstandsmitglied fand im Juni 2002 statt, so dass alle Informationen auf diesem Stand sind. Soweit nicht anders ausgewiesen, entstammen die folgenden Informationen diesem Interview.

ging dabei jedoch immer darum, Produkte, Dienstleistungen oder Informationen auf elektronischem Wege an Endkunden oder werbende Unternehmen zu verkaufen. Im Oktober 1999 konnte die E-SERVICES AG ihre erste VC-Finanzierungsrunde abschließen. Im Herbst 2000 folgte eine weitere, die auf Basis des damaligen Geschäftsmodells die Finanzierung bis zum Break-even Ende 2002 sicherstellen sollte.

4.3.4.1 Überblick über die Unternehmensentwicklung

Abbildung 53 zeigt die bewegte Umsatz- und Mitarbeiterentwicklung[573] sowie die Entwicklungsphasen der E-SERVICES AG seit der Gründung.

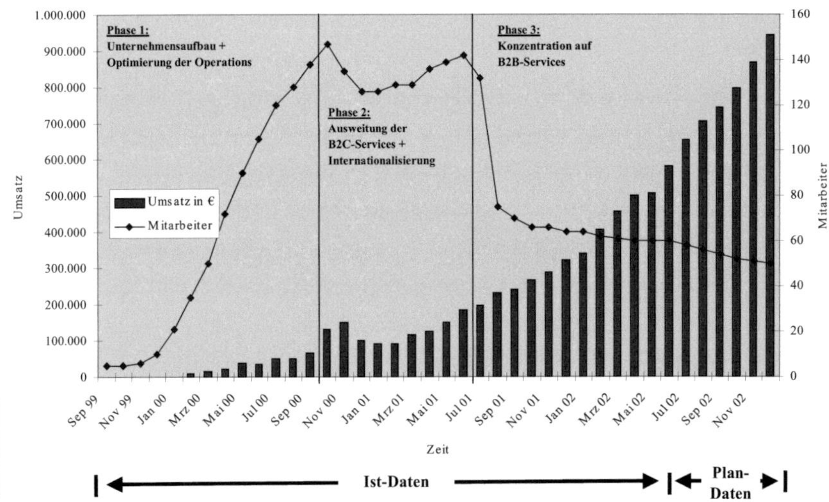

Abbildung 53: Mitarbeiter- und Umsatzentwicklung der E-SERVICES AG (Stand: 01.06.2002)[574]

[573] Alle genannten Mitarbeiterzahlen sind vollzeitäquivalente Mitarbeiter, d.h. dass die Arbeitszeiten von Teilzeitangestellten auf Vollzeitangestellte hochgerechnet werden, um die Zahlen im Zeitablauf und mit anderen Unternehmen vergleichen zu können.

[574] Eigene Darstellung. Quelle: Interview E-SERVICES AG, Stand: Juni 2002.

Phase 1: „Unternehmensaufbau und Optimierung der Operations" (09/99 – 09/00)

Wie zu sehen, wurde der Unternehmensaufbau nach der VC-Finanzierung sehr schnell vorangetrieben. In den ersten Monaten waren die wichtigsten Aufgaben der Aufbau einer innovativen Technologieplattform für den Produkthandel und die Durchführung komplexer Auktionen sowie der Aufbau der Organisation (Einstellung und Integration neuer Mitarbeiter). Ende Januar 2000 wurden die ersten Auktionen und Verkaufsaktionen gestartet, die sich auf junge Internetnutzer als Zielkunden konzentrierten. Das neuartige an der Technologieplattform und den damit angebotenen Auktionen und Verkaufaktionen war der „Multi-Channel-Ansatz", d.h. dass der Endkunde auf unterschiedlichen Wegen über die Aktionen informiert wurde (Internet, E-Mail, Radio, Fernsehen, Zeitschriften) und Transaktionen ausführen konnte (Internet, E-Mail, Post, Telefon).

In der Zeit von Mai bis September 2000 lief die erste große Marketingkampagne, die den Bekanntheitsgrad der E-SERVICES AG in der Zielgruppe maßgeblich steigerte und die Zahl der regelmäßigen Nutzer der Plattform bis Ende September auf über 400.000 steigerte.

Im Sommer 2000 (also nach einem knappen halben Jahr im Markt) unterzog man das Geschäftsmodell einer ersten Analyse und stellte fest, dass der Betrieb des transaktionsbasierten Geschäftsmodells sehr aufwendig, fehleranfällig und kostenintensiv war und beschloss das Outsourcing von bestimmten Abwicklungsfunktionen, wie den Betrieb des Call-Centers und die Distribution der Waren. Weiterhin wurde die Anzahl der angebotenen Produkte und Dienstleistungen limitiert bzw. standardisiert, so dass auch hier die Kosten gesenkt werden konnten.

Allerdings wurden zwei weitere Probleme des Geschäftsmodells immer deutlicher:

1. Die Aufmerksamkeit der Endkunden konnte nur über anhaltende, intensive und damit teure Marketingmaßnahmen auf einem hohen Niveau gehalten werden.
2. Die Margen im Auktions- und im normalen Handelsgeschäft waren sehr niedrig.

Gleichzeitig gab es die ersten Verhandlungen mit Unternehmen, die die Plattform und die inzwischen große Nutzerbasis der E-SERVICES AG für noch gezieltere Werbemaßnahmen nutzen wollten. Im Zuge der zweiten Finanzierungsrunde wurde das Geschäftsmodell daher erweitert. Einerseits kamen die „Werbepartner" als zweite zentrale Kundengruppe hinzu. Um die Plattform für die Endnutzer trotz gedrosselter Werbemaßnahmen weiterhin interessant zu halten, wurden ab Oktober 2000 kundensegmentspezifische Inhalte und Unterhaltungsangebote (z.B. Spiele und Kommunikationsdienste) integriert. Diese Anpassung des Geschäftsmodells und der Abschluss der zweiten Finanzierungsrunde bildeten den Übergang zur zweiten Unternehmensphase.

Phase 2: „Ausweitung der B2C-Services und Internationalisierung" (10/00 – 06/01)

Der Handel und die Auktionen traten in dieser Phase zunehmend in den Hintergrund. Die Endnutzer wurden nun stärker über die Unterhaltungsanwendungen und die spezifischen Inhalte angesprochen. Parallel wurde die Vermarktung der Werbemöglichkeiten auf der Plattform vorangetrieben. Die Umsätze in diesem Bereich stiegen kontinuierlich an.

In den Monaten Oktober bis Dezember 2000 wurde die Organisation dem veränderten Geschäftsmodell angepasst, so dass einige Mitarbeiter in den Bereichen Einkauf, Abwicklung und Marketing entlassen werden mussten.

Weitere Schwerpunkte dieser Phase waren die Weiterentwicklung der Technologieplattform und der Markteintritt in Italien und Großbritannien, der in den Monaten Oktober bzw. Dezember 2000 durch den Abschluss von Kooperationsverträgen mit bedeutenden Marktpartnern in den Auslandsmärkten erreicht werden konnte.[575]

Ab Oktober 2000 stiegen die Umsätze zwar an. Allerdings war der durchschnittliche Umsatz in Höhe von ca. 110.000 € in den folgenden Monaten bei ca. 130 Mitarbeitern sehr weit von einer profitablen Situation entfernt. Daher unterzog das Management-Team im zweiten Quartal 2000 das aktuelle Geschäftsmodell einer detaillierten Analyse (u.a. mittels einer Prozesskostenanalyse) und entwickelte verschiedene Szenarien: letztlich wurde klar, dass man mit dem bestehenden B2C-Geschäftsmodell (selbst bei stark gesenkten Prozesskosten) mittelfristig kein profitables Geschäft betreiben konnte. Auf der anderen Seite wurde jedoch auch deutlich, dass das Angebot der kundensegmentspezifischen Werbung mittels der etablierten Plattform und der aufgebauten Kundenbasis auf große Resonanz stieß und immer erfolgreicher verlief.

---

[575] Die Gründung der ausländischen Tochtergesellschaften erfolgte im Übrigen bereits im Januar 2000. Laut Aussage des Interviewpartners war diese sehr frühe Internationalisierung im Nachhinein betrachtet ein klassischer Fehler vieler New-Economy-Unternehmen: „man sollte erst international expandieren, wenn das Geschäftsmodell stabil funktioniert".

Die Konsequenz der Analyse war der Beschluss einer weiteren, dieses Mal einschneidenden Veränderung des Geschäftsmodells: die Ausrichtung auf die Endkunden wurde gänzlich aufgegeben und eine alleinige Fokussierung auf die werbenden Kunden beschlossen. Damit begann die dritte Phase der Unternehmensentwicklung.

Phase 3: „Konzentration auf B2B-Services“ (seit 07/01)

Wie in Abbildung 53 zu sehen, wurde ab Juli 2001 der Mitarbeiterstamm radikal reduziert (von 142 Mitarbeitern im Juni 2001 auf 66 im November 2001). Durch den Strategiewechsel waren alle Unternehmensfunktionen überflüssig, die zuvor mit der Akquisition und Betreuung der Endkunden sowie der Weiterentwicklung und dem Betrieb der Plattform befasst waren. In der Folgezeit wurde das bestehende Know-how bezüglich des neuen Kerngeschäfts „Marketing-Beratung für elektronische Multi-Channel-Werbung“ stark ausgebaut. Die Umsätze konnten (bei sinkenden Kosten) kontinuierlich gesteigert werden und bestätigten damit den einschneidenden Strategiewechsel. Abbildung 53 zeigt auch die ab Juni 2002 geplanten Umsätze: bei Einhaltung der geplanten Umsätze war der Break-even für Anfang 2003 geplant.

4.3.4.2 Beschreibung des Wachstumsprozesses anhand des Bezugsrahmens

In der Entwicklung der E-SERVICES AG wurde ein Phasenübergang im Sinne des Bezugsrahmens identifiziert:

- Die Strategieänderung im Juni/Juli 2001 war ein Phasenübergang, der durch ein Missverhältnis beim Komplexitäts-Umwelt-Fit ausgelöst worden ist.

Im Folgenden soll die dargestellte Unternehmensentwicklung anhand des Bezugsrahmens analysiert und erklärt werden. Dabei wird in erster Linie auf die nummerierten Elemente des Bezugsrahmens eingegangen.[576]

Die Wachstumsvoraussetzungen im Sinne des Bezugsrahmens waren gegeben, da es der E-SERVICES AG gelungen war, eine VC-Finanzierung zu erhalten.

Element 1: Umsatz- und Mitarbeiterwachstum

Die realisierte Umsatz- und Mitarbeiterentwicklung wurde in Abbildung 53 bereits aufgezeigt. Wie zu sehen, stieg die Anzahl der Mitarbeiter seit der Gründung im September 1999

[576] Siehe Abbildung 14 in Abschnitt 3.2.1.

bis Oktober 2000 von fünf auf 147 Mitarbeiter. In der zweiten Unternehmensphase blieb die Mitarbeiterzahl relativ konstant zwischen 130 und 140.[577] Ab Juli 2001 kam es dann aufgrund der radikalen Strategieänderung zu einem weitreichenden Personalabbau auf ca. 60 Mitarbeiter im Juni 2002.

Bezüglich des Umsatzes ist zu festzustellen, dass hier über den gesamten Zeitverlauf ein starkes Wachstum zu verzeichnen war (2000: ca. 660.000 €; 2001: ca. 2.3 Mio. €; 2002: ca. 7,5 Mio. € (geschätzt)). Auch wenn die realisierten Umsätze nicht so hoch wie die zuvor geplanten waren, konnten immerhin jährliche Umsatzwachstumsraten von 250 Prozent bzw. 225 Prozent erzielt werden, die die starke Ausweitung der produktiven Geschäftstätigkeit dokumentieren.

Element 2: Unternehmensinterne Komplexität

Tabelle 7 zeigt die Entwicklung der Unternehmensinternen Komplexität (zusammen mit der Unternehmensexternen Komplexität) über den gesamten Untersuchungszeitraum.

[577] In dieser Phase kam es jedoch aufgrund des angepassten Geschäftsmodells zu Mitarbeiterumschichtungen (Entlassungen und Neueinstellungen).

	Monate	09/99	10/99	11/99	12/99	01/00	02/00	03/00	04/00	05/00	06/00	07/00	08/00	09/00	10/00
Interne Unternehmenskom	Anzahl und Verschiedenartigkeit der Produkte	1	1	1	1	1	1	1	1	1	1	1	1	1	2
	Komplexität der einzelnen	2	2	3	3	3	4	4	4	4	4	4	4	4	4
	Grad der Vorwärts-/Rückwärtsintegration	1	2	2	2	4	4	4	4	4	4	2	2	2	3
	Geschwindigkeit der Produktinnovationen	3	3	3	3	3	2	2	2	2	2	2	3	3	3
	Anzahl Distributionskanäle	1	1	1	1	1	1	1	1	1	1	1	1	1	2
	Anzahl Mitarbeiter	1	1	1	2	3	3	3	3	3	4	4	4	4	4
Ext. Kompl.	Geographische Ausdehnung	1	1	1	1	2	2	2	2	2	2	2	2	2	3
	(End-) Kundengruppen	1	1	1	1	1	1	1	2	2	2	2	2	2	3
	Wettbewerbsintensität	1	1	1	1	3	3	3	3	3	3	3	3	3	3
	Umweltveränderungen	3	3	3	3	3	3	3	3	3	3	3	3	3	3
	Komplexitätsgrad	**18**	**36**	**54**	**108**	**1944**	**1728**	**1728**	**3456**	**3456**	**4608**	**2304**	**3456**	**3456**	**46656**

	Monate	11/00	12/00	01/01	02/01	03/01	04/01	05/01	06/01	07/01	08/01	09/01	10/01	11/01
Interne Unternehmenskom	Anzahl und Verschiedenartigkeit der Produkte	2	2	3	3	3	3	3	3	1	1	1	1	1
	Komplexität der einzelnen	4	4	4	4	4	4	4	4	2	2	2	2	2
	Grad der Vorwärts-/Rückwärtsintegration	3	3	3	3	3	3	3	3	1	1	1	1	1
	Geschwindigkeit der Produktinnovationen	3	3	3	3	3	3	3	3	1	1	1	1	1
	Anzahl Distributionskanäle	2	2	2	2	2	2	2	2	2	2	2	2	2
	Anzahl Mitarbeiter	4	4	4	4	4	4	4	4	4	3	3	3	3
Ext. Kompl.	Geographische Ausdehnung	3	3	3	3	3	3	3	3	3	3	3	3	3
	(End-) Kundengruppen	3	3	3	3	3	3	3	3	1	1	1	1	1
	Wettbewerbsintensität	3	3	3	3	3	3	3	3	3	3	3	3	3
	Umweltveränderungen	3	3	2	2	2	2	2	2	2	2	2	2	2
	Komplexitätsgrad	**46656**	**46656**	**46656**	**46656**	**46656**	**46656**	**46656**	**46656**	**288**	**216**	**216**	**216**	**216**

	Monate	12/01	01/02	02/02	03/02	04/02	05/02	06/02	07/02	08/02	09/02	10/02	11/02	12/02
Interne Unternehmenskom	Anzahl und Verschiedenartigkeit der Produkte	1	1	1	1	1	1	1	1	1	1	1	1	1
	Komplexität der einzelnen	2	2	2	2	2	2	2	2	2	2	2	2	2
	Grad der Vorwärts-/Rückwärtsintegration	1	1	1	1	1	1	1	1	1	1	1	1	1
	Geschwindigkeit der Produktinnovationen	1	1	1	1	1	1	1	1	1	1	1	1	1
	Anzahl Distributionskanäle	2	2	2	2	2	2	2	2	2	2	2	2	2
	Anzahl Mitarbeiter	3	3	3	3	3	3	3	3	3	3	3	3	3
Ext. Kompl.	Geographische Ausdehnung	3	3	3	3	3	3	3	3	3	3	3	3	3
	(End-) Kundengruppen	1	1	1	1	1	1	1	1	1	1	1	1	1
	Wettbewerbsintensität	3	3	3	3	3	3	3	3	3	3	3	3	3
	Umweltveränderungen	2	2	2	2	2	2	2	2	2	2	2	2	2
	Komplexitätsgrad	**216**	**216**	**216**	**216**	**216**	**216**	**216**	**216**	**216**	**216**	**216**	**216**	**216**

Tabelle 7: Detailentwicklung der Komplexität der E-SERVICES AG[578]

Im Folgenden wird die Entwicklung der sechs internen Komplexitätstreiber kurz skizziert:[579]

1. Anzahl und Unterschiedlichkeit der Produkte: Zunächst gab es im Wesentlichen nur ein Produkt: transaktionsbasierte Verkaufsaktionen (wie Auktionen und Shopping-Angebote) (Stufe 1). Seit der Strategieanpassung im Oktober 2000 erweiterte sich das Leistungsangebot um Unterhaltungselemente und Inhalte (Stufe 2). Zunehmend wurde

[578] Eigene Darstellung. Quelle: Interview E-SERVICES AG und allgemeine Unternehmensinformationen, Juni 2002.

[579] Für die Beschreibung der Komplexitätstreiber und die jeweilige Bedeutung der vier Komplexitätsgrade siehe Abbildung 18 in Abschnitt 3.2.2.2.

der Verkauf der Werbemöglichkeiten wichtiger, so dass ab Januar 2001 die Stufe 3 erreicht worden ist. Mit der Fokussierung auf das B2B-Geschäftsmodell sank die Produktprogrammkomplexität wieder auf Stufe 1 (ab Juli 2001).

2. Komplexität der einzelnen Produkte: Das zunächst betriebene B2C-Transaktions-Geschäftsmodell wies von Beginn an eine hohe Komplexität auf, da einerseits eine sehr große Anzahl an Transaktionen abgewickelt werden musste und andererseits die Unterschiedlichkeit der angebotenen Verkaufsaktionen (Auktionen, Shopping-Angebote, unterschiedliche Partnerverträge, unterschiedliche Abwicklung der Auslieferung,...) die Prozesse sehr variantenreich machte. Beides führte zu einer sehr hohen Fehleranfälligkeit. Bereits in der Planungsphase stieg die Produktkomplexität von Stufe 2 auf Stufe 3. Ab dem Markteintritt im Januar 2000 muss das Leistungsangebot und die dafür benötigten Systeme (Technologieplattform) und Prozesse als technisch höchst komplex und sensitiv eingeschätzt werden (Stufe 4). Diese Komplexität bestand bis zur strategischen Neuorientierung im Juni/Juli 2001: ab diesem Zeitpunkt vereinfachte sich die Produktkomplexität schlagartig auf Stufe 2. Die Schwierigkeit bestand von dem Zeitpunkt an noch darin, die komplexen Werbekampagnen (mit mehreren Kommunikations-Kanälen und Antwortmöglichkeiten) für die Werbekunden zu koordinieren.

3. Grad der Vorwärts-/Rückwärtsintegration: Wie beschrieben, war zur Abwicklung des ersten Geschäftsmodells die Schaffung eines sehr komplexen Prozessmodells notwendig. In Bezug auf die Integration vor- bzw. nachgelagerter Wertschöpfungsstufen könnte man sagen, dass die E-SERVICES AG bis Anfang 2000 nahezu alle potenziell nötigen Stufen selbst im Unternehmen abbildete, da diese im Zusammenspiel mit manchen Partnern erforderlich waren. Dies führte dazu, dass zunächst ein höchst integriertes Wertschöpfungsmodell etabliert wurde (Stufe 4). Im Zuge der Anpassung des Geschäftsmodells im Juni/Juli 2000 und dem Versuch die Prozesskosten zu senken, wurden manche Prozessschritte ausgelagert und die Vielfalt der möglichen Prozessschritte reduziert (Stufe 2). Durch die Ausweitung des Leistungsangebots im Oktober 2000 stieg allerdings auch wieder die Anzahl der Wertschöpfungsstufen (Stufe 3). Auch hier gab es mit der Strategieänderung im Juni/Juli 2001 eine wesentliche Vereinfachung (Stufe 1).

4. Geschwindigkeit der Produktinnovationen: Die Geschwindigkeit der Produktinnovationen wurde in den ersten Monaten nach Gründung als eines der wesentlichen Erfolgskriterien angesehen (wie auch in vielen anderen Bereichen der „New Econo-

my“). Das Ziel war, das Geschäftsmodell als „first mover“ zu etablieren. Daher schien die Geschwindigkeit des Unternehmensaufbaus entscheidend zu sein. Aufgrund der intensiven Entwicklung an der Technologieplattform und dem schnellen Markteintritt wird die Innovationsgeschwindigkeit als „mäßig bis schnell“ eingeschätzt (Stufe 3). Im Zeitraum von Februar bis Juli 2000 wurde der Fokus dann mehr auf die Steigerung der Effizienz als auf neue Innovationen gelenkt (Stufe 2). In Vorbereitung auf die Erweiterung des Leistungsangebotes erhöhte sich die Innovationsgeschwindigkeit allerdings ab August 2000 wieder (Stufe 3). Ab Juli 2001 lag der Fokus klar auf dem Vertrieb und der Etablierung mit dem neuen Geschäftsmodell im Markt, wodurch auch hier in Bezug auf die Innovationsgeschwindigkeit ein deutlicher Rückgang der Komplexität festzustellen war (Stufe 1).

5. Anzahl Distributionskanäle: Zunächst gab es lediglich die direkte Distribution an die Endkunden (Stufe 1). Ab Oktober 2000 kamen zur Vermarktung der Werbemöglichkeiten zunehmend auch der direkte Vertrieb an werbende Unternehmen und der indirekte Vertrieb über Marketing-Agenturen hinzu (Stufe 2). Diese beiden letztgenannten Kanäle blieben auch nach der Re-Fokussierung auf das reine B2B-Geschäftsmodell bestehen.
6. Anzahl Mitarbeiter: Die Anzahl der Mitarbeiter stieg rasant, so dass die Stufe 1 (September bis November 1999) und die Stufe 2 (Dezember 1999) nur sehr kurz waren. Von Januar bis Mai 2000 befand man sich auf der dritten Stufe. Danach konnte die E-SERVICES AG mit über 100 Mitarbeitern als „große Organisation“ bezeichnet werden. Nach der Konsolidierungsentscheidung schrumpfte die Organisation, so dass die Komplexität sank (ab August 2001: Stufe 3).

Wie Abbildung 54 zeigt, stieg die Unternehmensinterne Komplexität Anfang 2000 an und blieb dann zunächst auf diesem Niveau, um mit der Einführung der zusätzlichen Leistungsangebote (ab Oktober 2000) sprunghaft anzusteigen. Vergleicht man den absoluten Komplexitätsgrad mit den vorherigen Fallstudien, fällt auf, dass das Spitzenniveau mit 864 (ab Januar 2001) deutlich über den Spitzenwerten der anderen Unternehmen lag (IT AG: 108; BIOTECH AG: 486; HIGHTECH AG: 216).

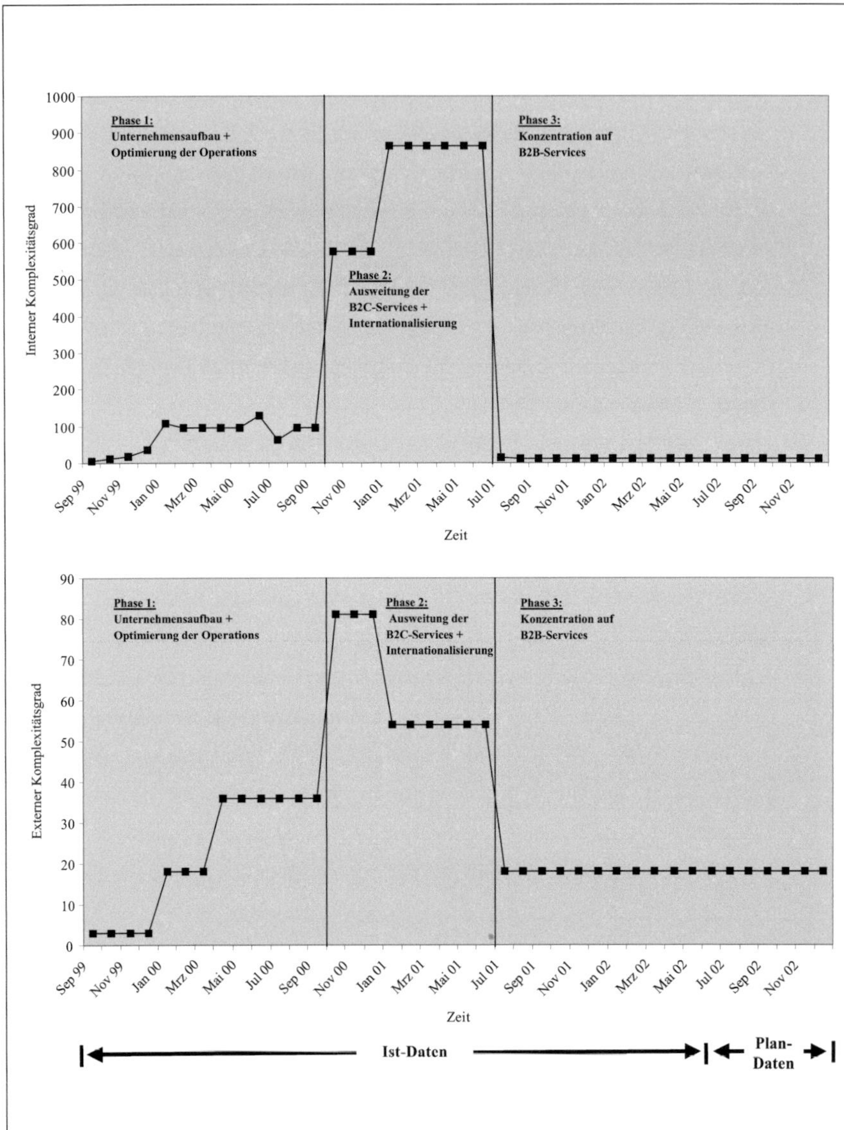

Abbildung 54: Entwicklung der Unternehmensinternen und -externen Komplexität der E-SERVICES AG[580]

[580] Eigene Darstellung. Quelle: Interview E-SERVICES AG und allgemeine Unternehmensinformationen, Stand: Juni 2002.

Die ebenfalls dargestellte Unternehmensexterne Komplexität, die folgend detailliert betrachtet wird, stieg insgesamt etwas kontinuierlicher als die interne an. Auch hier liegt der Spitzenwert des Komplexitätsgrads mit 81 (Oktober 2000) um 50 Prozent bis 125 Prozent höher als die Spitzenwerte der zuvor betrachteten Unternehmen (IT AG: 48; BIOTECH AG: 54; HIGHTECH AG: 36).

Element 3: Unternehmensexterne Komplexität

Tabelle 7 und Abbildung 54 zeigten bereits die Entwicklung der Unternehmensexternen Komplexität über den gesamten Untersuchungszeitraum. Im Folgenden wird die Entwicklung der vier Komplexitätstreiber kurz skizziert, die zu dieser Gesamtentwicklung beitrugen:[581]

1. Geographische Ausdehnung: Während der ersten Monate sind die Aktivitäten als lokal einzustufen (Stufe 1). Mit dem Markteintritt war der geographische Fokus „national" (Stufe 2). Im Oktober 2000 fand der Markteintritt in Italien und Großbritannien statt, so dass die dritte Stufe erreicht wurde.
2. (End-) Kundengruppen: Wie beschrieben, konzentrierte sich die E-SERVICES AG zunächst nur auf Konsumenten (reines B2C-Geschäftsmodell) (Stufe 1). Ab April 2000 kamen (in der weiteren Planung) das erste Mal auch werbetreibende Unternehmen als Zielkunden hinzu (Stufe 2). Mit der Ausweitung des Leistungsangebotes im Oktober 2000 gab es auch eine Aufgliederung der Konsumenten in festgelegte Untergruppen, die spezifisch angesprochen wurden. Dies bedeutete eine weitere Steigerung der Komplexität auf Stufe 3. Mit der Re-Fokussierung im Juni/Juli 2001 blieb nur noch die Zielkundengruppe der werbenden Unternehmen übrig (Stufe 1).
3. Wettbewerbsintensität: Ab dem Markteintritt spürte die E-SERVICES AG die breite Konkurrenz von alternativen Einkaufs- und Unterhaltungsmöglichkeiten (z.B. Online-Spielen, C2C-Auktionen, Chatrooms und klassische Shopping-Seiten) (Stufe 3). Die Aufmerksamkeit der Konsumenten war nur über anhaltende, intensive Marketingmaßnahmen möglich. Der intensive Wettbewerb blieb über die Zeit hinweg konstant (bis Ende 2002). Auch im Werbemarkt besteht eine nicht unerhebliche Wettbewerbsintensität: es gibt zwar nur wenige direkte Konkurrenten, dafür jedoch einige mächtige potenzielle Wettbewerber.

[581] Für die Beschreibung der Komplexitätstreiber und die jeweilige Bedeutung der vier Komplexitätsgrade siehe Abbildung 19 in Abschnitt 3.2.2.2.

4. Umweltveränderungen: Insbesondere in der Anfangsphase änderte sich die Umwelt stark und schnell (Stufe 3). Dies ist im Wesentlichen auf die zahlreichen, in der New-Economy-Euphorie gegründeten Unternehmen zurückzuführen, die ebenfalls im E-Business Fuß fassen wollten. In dieser Zeit entstanden viele neue Geschäftsideen und ganze Marktsegmente, die es zuvor nicht gab. Etablierte Großunternehmen reagierten wiederum auf die neue Konkurrenz. Es war also insgesamt eine sehr starke Dynamik zu verzeichnen. Diese ließ mit Abebben des New-Economy-Booms ab Anfang 2001 deutlich nach (Stufe 2), weil sich die verschiedenen Trends und Entwicklungen zunehmend besser einschätzen ließen. Auch im reinen Werbemarkt ist die Umweltdynamik als mäßig einzuschätzen.

Element 4: Unternehmenskomplexität

Abbildung 55 zeigt die Gesamtentwicklung der Unternehmenskomplexität.

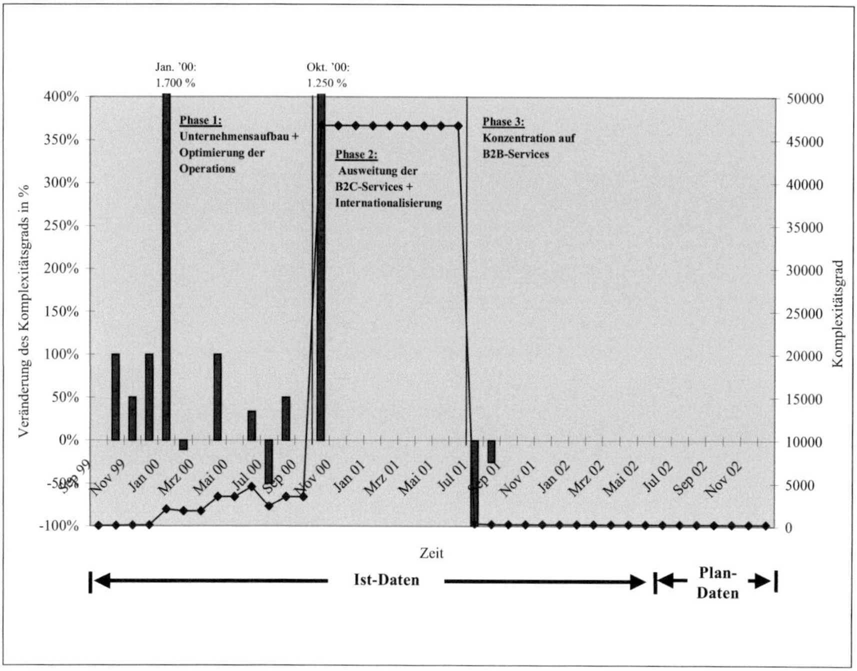

Abbildung 55: Entwicklung der Unternehmenskomplexität der E-SERVICES AG[582]

Bei obiger Abbildung ist zu beachten, dass bereits der Anstieg der Unternehmenskomplexität von September 1999 (Komplexitätsgrad: 18) bis Juni 2000 (Komplexitätsgrad: 4.608) als sehr stark zu bezeichnen ist.[583] Der weitere Anstieg auf 46.656 im Oktober 2000 stellte dann nochmals einen gewaltigen Sprung dar. Auch die Reduktion der Komplexität im Juli 2001 (Komplexitätsgrad: 216) ist als extrem zu bezeichnen. Abbildung 56 zeigt die wichtigsten Schritte der Komplexitätsentwicklung in den Jahren 2000 und 2001 und den starken Anstieg der einzelnen Komponenten.

[582] Eigene Darstellung. Quelle: Interview E-SERVICES AG und allgemeine Unternehmensinformationen, Stand: Juni 2002. Die Balken zeigen die relative Veränderung des Komplexitätsgrads (linke Skala) und die Linie die absolute Entwicklung des Komplexitätsgrads (rechte Skala).

[583] Zum Vergleich die absoluten Spitzenwerte der zuvor betrachteten Unternehmen: IT AG: 3.500; BIOTECH AG: 26.244; HIGHTECH AG: 7.776.

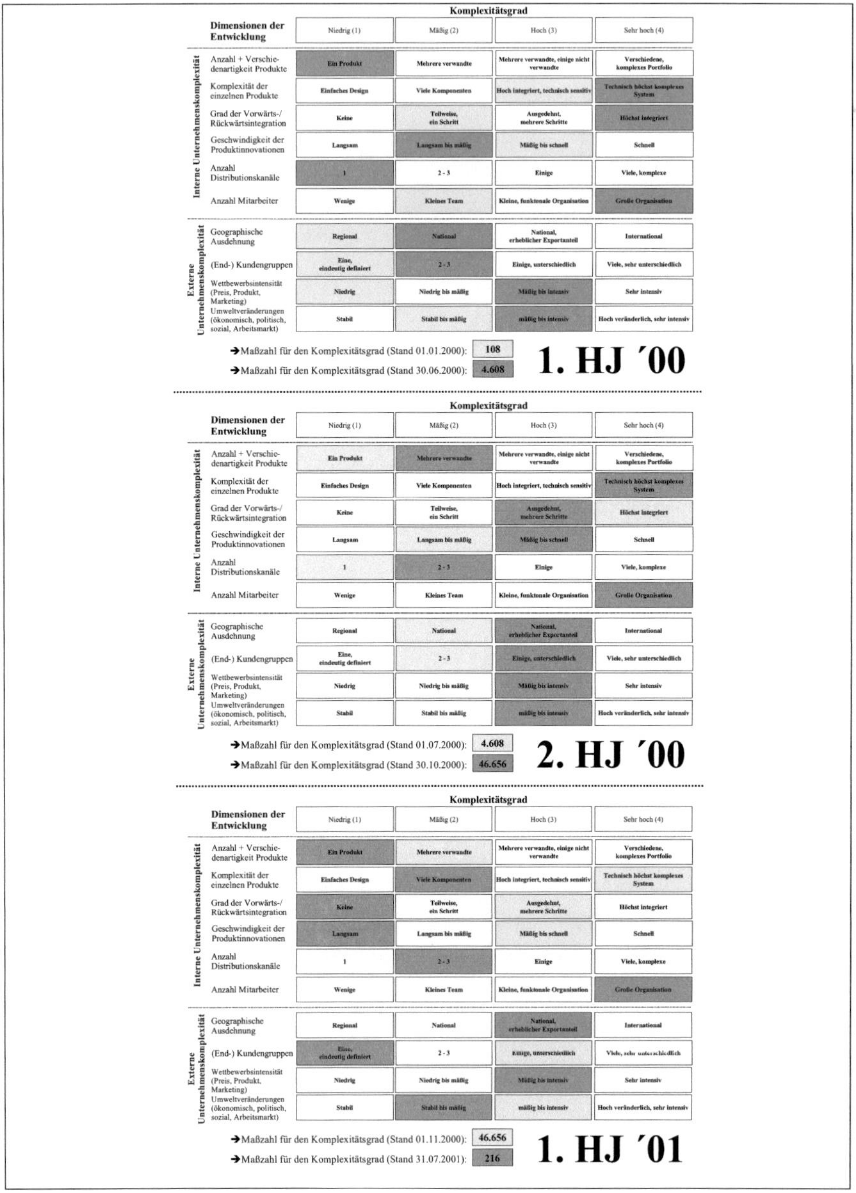

Abbildung 56: Entwicklung des Komplexitätsgrads der E-SERVICES AG in den Jahren 2000 und 2001[584]

[584] Eigene Darstellung. Quelle: Interview E-SERVICES AG, Stand: Juni 2002.

Element 5: Komplexitätsanforderungen der Umwelt

Die Komplexitätsanforderungen können anhand der zuvor dargestellten vier Kriterien der „Unternehmensexternen Komplexität“ beschrieben werden:

1. Geographische Ausdehnung: Bis zur Internationalisierung im Oktober 2000 gab es keine regional unterschiedlichen Anforderungen an die Produkte oder das Geschäftsmodell. In Italien und Großbritannien waren die Märkte jedoch sehr unterschiedlich, was allein schon durch die unterschiedlich motivierten Partner in den Ländern bedingt war.[585] Die E-SERVICES AG reagierte auf die unterschiedlichen Anforderungen, indem eigenständige Ländergesellschaften etabliert wurden, die weitestgehend selbständig arbeiteten und auf die zentral erarbeiteten Technologielösungen zurückgriffen. Darüber gab es die E-SERVICES AG als eine Art Finanzholding, die jedoch nur sehr wenige Funktionen wahrnahm (z.B. die Konzernrechnung und übergreifende Strategieentwicklung für die Gesamtholding). Weiterhin wurde das Top-Management-Team international ergänzt, um den regional unterschiedlichen Anforderungen gerecht zu werden.
2. (End-) Kundengruppen: Wie gezeigt, stieg die Anzahl der unterschiedlich wahrgenommenen Kundengruppen im Jahresverlauf 2000 an (Werbekunden und später verschiedene Gruppen von Endkunden). Als Reaktion darauf passte die E-SERVICES AG auch ihre Produkte den unterschiedlichen Anforderungen an. So gab es bspw. kundengruppenspezifische Informations- und Unterhaltungsangebote.
3. Wettbewerbsintensität und 4. Umweltveränderungen: Die Wettbewerbsintensität und die Umweltveränderungen wurden zu Beginn als sehr stark wahrgenommen. Die hohe Wachstums- und Innovationsgeschwindigkeit kann als Reaktion darauf verstanden werden. Im Jahresverlauf 2000 wurde auch deutlich, dass die Endkunden (aufgrund des starken Wettbewerbs) permanent beworben werden müssen, um gleich bleibend hohe Nutzerzahlen zu erreichen. Dies wurde im Rahmen des Businessplans anders eingeschätzt und stellte letztlich einen der Gründe dar, warum das ursprüngliche Geschäftsmodell nicht wie geplant funktionierte.

Insgesamt stiegen die wahrgenommenen Komplexitätsanforderungen der Umwelt im Laufe des Jahres 2000 an, was sich wie gezeigt auch in der realisierten Unternehmenskomplexität

[585] So waren für die verschiedenen Kommunikationskanäle landesspezifisch unterschiedliche Partner in das Geschäftsmodell eingebunden: diese hatten unterschiedlich starkes Interesse an der Geschäftsidee und unterstützten die E-SERVICES AG daher unterschiedlich stark.

niederschlug.[586] Der Fit zwischen Umweltanforderungen und umgesetzter Unternehmenskomplexität wird unten (Element 9: Komplexitäts-Umwelt-Fit) beschrieben.

Element 6: Organisation und Prozesse

Am Anfang konnte die Entwicklung der Aufbau- und Ablauforganisation dem rasanten Wachstum nicht standhalten: bis Juni 2000 gab es kein Organigramm und damit keine formale Aufbauorganisation, obwohl zu diesem Zeitpunkt bereits über 100 Mitarbeiter bei der E-SERVICES AG angestellt waren. Im ersten Halbjahr 2000 basierte die Koordination der Aktivitäten insgesamt (in Ermangelung entsprechender aufbau- und ablauforganisatorischer Festlegungen) sehr auf der persönlichen Koordination durch die Mitglieder des Management-Teams. Auch der Aufbau der Prozesse hinkte dem sehr frühen Markteintritt und schnellem Wachstum hinterher, so dass sich am Anfang aufgrund der schnell steigenden Nutzerzahl manche Prozesse (mit dem damaligen Personalstand) als nicht mehr handhabbar herausstellten. Dies führte zu dem dargestellten rasanten Mitarbeiteraufbau im ersten Halbjahr 2000.

Im Zuge der ersten Analyse des Geschäftsmodells im Sommer 2000 wurden auch die Prozesse und die Organisation einer eingehenden Untersuchung unterzogen. Darauf aufbauend konnten in den Folgemonaten eine Reihe von Prozessen vereinfacht, formalisiert und standardisiert, wodurch insgesamt die Effizienz gesteigert werden konnte. Von der Aufbauorganisation her glich die E-SERVICES AG bis Juni 2001 im Wesentlichen einem Handelsunternehmen (mit den Funktionen: Auktionen/Verkaufsaktivitäten, Einkauf, Operations, Customer Care, Fulfillment und IT). Ab Juli 2001 wiederum gab sich das Unternehmen (entsprechend der neuen Ausrichtung) die Organisation einer Marketing-Agentur.

Element 7: Mitarbeiter und Personalentwicklung

Der extrem schnelle Mitarbeiteranstieg forderte natürlich auch seinen Tribut, indem im ersten Halbjahr 2000 die persönliche Koordination durch das Management-Team sehr aufwendig war. Dies lag zum einen natürlich am Fehlen der entsprechenden Prozesse und Aufbauorganisation. Ein zweiter wichtiger Grund war, dass die neuen Mitarbeiter eine gewisse Zeit brauchten, um das firmenspezifische Wissen aufzubauen und die ungeschriebenen Gesetze des Unternehmens zu verstehen. Außerdem gab es während dieser Phase viele und starke Veränderungen, die eine Selbstorganisation der Mitarbeiter zusätzlich erschwerte. Mit dieser unstruk-

[586] Siehe Abbildung 55 auf S. 249.

turierten Situation kamen insbesondere jene Mitarbeiter besser zurecht, die über einen hohen Autonomiegrad verfügten und wenig Anleitung brauchten.[587]

In der zweiten Jahreshälfte 2000 ist das firmenspezifische Wissen bei den meisten Mitarbeitern stark gestiegen, so dass auch ein starker Leistungsanstieg zu bemerken war. In Bezug auf die Strategieänderung im Sommer 2001 ist anzumerken, dass bereits in den Monaten zuvor das Werbegeschäft einen steigenden Anteil an den Aktivitäten des Unternehmens ausmachte, so dass für dieses Geschäft auch spezifisches Wissen aufgebaut werden konnte.

Element 8: Management-Fähigkeiten

Das Gründer- und Top-Management-Team bestand zunächst aus fünf Personen mit einem Durchschnittsalter von Anfang dreißig. Keines der Management-Teammitglieder war vor der Gründung der E-SERVICES AG an der Gründung oder dem Aufbau eines Wachstumsunternehmens beteiligt gewesen. Bezüglich der jeweils verantworteten Funktion besaßen die Personen ebenfalls keine mehrjährigen Erfahrungen. Die spezifische Markterfahrung ist ebenfalls als eher gering einzuschätzen, wobei die betreffenden Marktsegmente sich in dieser Zeit auch erst bildeten bzw. sich in großer Veränderung befanden. Bezüglich der Führungserfahrung waren nur geringe Vorerfahrungen vorhanden.

In diesem Fall muss das Management-Team also insgesamt als relativ unerfahren eingeschätzt werden. Auch hier konnten neben den erstklassigen Ausbildungen und Referenzen des jungen Teams sicherlich das große Entwicklungspotenzial und die Motivation der Teammitglieder die VC-Investoren davon überzeugen, dass dieses Team die Geschäftsidee umsetzen und zum Erfolg führen kann.

Bis zur Internationalisierung im Oktober 2000 bestand das Top-Management-Team aus den fünf Gründern. Dann ergänzten die beiden Verantwortlichen für Italien und Großbritannien das Führungsteam. Mit der Einstellung der Entwicklung der Technologie-Plattform im Juni 2001 schied dann auch der Technologie-Vorstand als erster der fünf Gründer aus dem Unternehmen aus. Ende 2002 bestand das Top-Management-Team immer noch aus drei der ursprünglich fünf Gründer.

[587] Siehe Abbildung 23 auf S. 134, in der der Zusammenhang zwischen den Fähigkeiten und Einstellungen der Mitarbeiter und der Management-Komplexität dargestellt ist.

Aus Sicht des Verfassers ist diese Konstanz des Top-Management-Teams im Nachhinein verwunderlich, weil

- alle Team-Mitglieder zunächst relativ unerfahren waren (auch in Bezug auf die jeweiligen Aufgaben),
- auf die Personen ganz unterschiedliche Aufgaben zugekommen sind (insbesondere aufgrund der unterschiedlichen strategischen Orientierungen) und
- die Anforderungen an Führungskräfte generell mit dem Wachstum ansteigen und (insbesondere von unerfahreneren Personen) eine extreme persönliche Entwicklung verlangen.

Da im Aufsichtsrat der E-SERVICES AG sehr erfahrene Personen vertreten sind, kann davon ausgegangen werden, dass es zu personellen Veränderungen gekommen wäre, wenn ein Mitglied des Top-Management-Teams seinen Aufgaben nicht gewachsen gewesen wäre. Daraus lässt sich schließen, dass zumindest alle verbliebenen Teammitglieder sich seit 1999 stark weiterentwickelt haben. Zu der Frage, ob ein erfahreneres Management-Team bei der Umsetzung der Geschäftsidee erfolgreicher gewesen wäre, kann auch hier keine Aussage getroffen werden.

Element 9: Komplexitäts-Umwelt-Fit

Der Phasenübergang im Juni/Juli 2001 wurde durch ein schwerwiegendes und langanhaltendes Komplexitäts-Umwelt-Missverhältnis ausgelöst. Wie im Abschnitt 4.3.4.1 gezeigt, war bereits im Sommer 2000 absehbar, dass das ursprüngliche Geschäftsmodell alleine nicht zu einer profitablen Situation führen konnte. Die Prozesskosten – die auch als Kosten für die Beherrschung der Komplexität interpretiert werden können – und die Marketingkosten zur Stimulation der Umsatzentwicklung waren in der Realität wesentlich höher, als in den Planungen angenommen worden war. Die Ergänzung des Geschäftsmodells in den Folgemonaten ab Oktober 2000 ist als anpassende Maßnahme zu verstehen, um den Komplexitäts-Umwelt-Fit zu verbessern. Aus Sicht des Bezugsrahmens wurde hier die Unternehmenskomplexität erhöht, um den anders wahrgenommenen Anforderungen der Umwelt besser zu entsprechen. Die Umsatzsteigerungen (bei in etwa gleich bleibenden Kostenstrukturen) zeigen, dass dies teilweise auch gelang. Allerdings waren die Umsatzsteigerungen wiederum geringer als geplant. Wie sich in der Analyse im Vorfeld des Phasenüberganges im Juni/Juli 2001 zeigte, war auch mit dem angepassten Geschäftsmodell im B2C-Geschäft mittelfristig realistischerweise keine profitable Situation zu erwarten.

Dies kann außerdem als Missverhältnis gedeutet werden, weil die Anforderungen der Kapitalgeber an die Umsatzentwicklung wesentlich größer waren als die – auf Basis der Unternehmenskomplexität – tatsächlich realisierte. D.h. die grundlegende Ursache für das Missverhältnis war die zu positive Einschätzung des Umsatzpotenzials bei gleichzeitiger Unterschätzung der Prozess- und Marketingkosten. Letztlich zeigte sich, dass das B2C-Geschäftsmodell zu der damaligen Zeit nicht profitabel betreibbar war.

Element 10: Komplexitäts-Fähigkeits-Fit

Beim Komplexitäts-Fähigkeits-Fit bestand insbesondere im ersten Halbjahr 2000 ein Missverhältnis. Wie beschrieben, konnten die Fähigkeiten der Organisation (d.h. sowohl Organisation und Prozesse aber auch das unternehmensspezifische Know-how der Mitarbeiter) nicht parallel mit dem realisierten Wachstum steigen. Das stark ausgeprägte Missverhältnis wurde in dieser Zeit durch das außergewöhnlich starke operative Engagement des Management-Teams kompensiert. Aus Sicht des Verfassers hätte ein weniger belastungsfähiges Management-Team in der gleichen Situation die Management-Komplexität und den überaus starken Druck möglicherweise nicht bewältigen können. Neben der überdurchschnittlich hohen Menge an Arbeit stieg in dieser Zeit der Druck auf das Management-Team aufgrund des Komplexitäts-Umwelt-Missverhältnisses stark an (verursacht durch die steigende Planabweichung).

Das Komplexitäts-*Umwelt*-Missverhältnis ist aus Sicht des Verfassers auch der Grund, weswegen das ausgeprägte Komplexitäts-*Fähigkeits*-Missverhältnis im Sommer 2000 nicht zu einem Phasenübergang führte: das Management-Team empfand die Probleme aufgrund der mangelnden Umweltanpassung als vordringlicher und konzentrierte sich hier auf die Verbesserungsmöglichkeiten.

Element 11: Management-Komplexität

Die Management-Komplexität stieg im ersten Halbjahr sehr stark an, überschritt aber nicht die kritische Grenze, was einen Phasenübergang ausgelöst hätte. So kam es nur zu anpassenden Maßnahmen, und die Situation wurde im Nachhinein nicht als kritisch angesehen.

Im zweiten Quartal 2001 war das anders: da auch die revidierten Umsatzplanungen (auf Basis der optimierten Strategie) im ersten Quartal 2001 nicht erreicht werden konnten, stieg die Management-Komplexität aufgrund des Komplexitäts-Umwelt-Missverhältnisses stark an. Im

Zeitraum von März bis Juni 2001 wurden daher verschiedene detaillierte Analysen durchgeführt und Entwicklungsszenarien durchgespielt. Letztendlich wurde in den Analysen das strukturelle Problem deutlich, dass in diesem B2C-Markt mit dem Geschäftsmodell der E-SERVICES AG mittelfristig kein profitabler Geschäftsbetrieb möglich ist. Damit war die Entscheidung klar, das B2C-Geschäft aufzugeben und sich auf das Werbegeschäft zu konzentrieren.

Abbildung 57 erklärt die wesentlichen Veränderungsprozesse in der Unternehmensentwicklung der E-SERVICES AG.

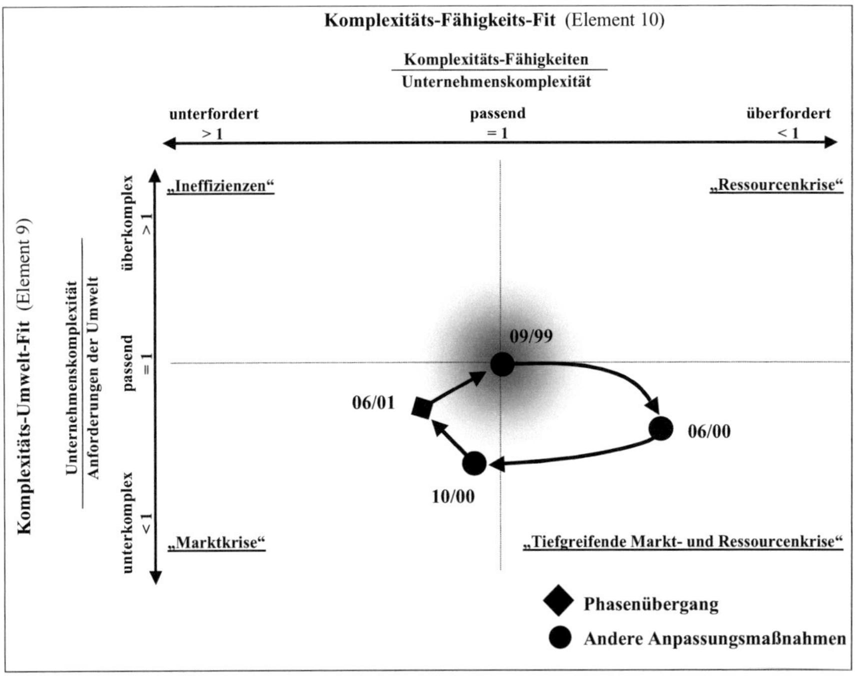

Abbildung 57: Erklärung wesentlicher Veränderungsprozesse in der Unternehmensentwicklung der E-SERVICES AG[588]

Es ist anzumerken, dass die als „optimierende Maßnahmen" dargestellten Anpassungen im Juni 2000 (Senkung der Komplexität durch Outsourcing; ausgelöst durch Komplexitäts-

[588] Eigene Darstellung. Siehe auch Abbildung 22 in Abschnitt 3.2.2.3.

Fähigkeits-Missverhältnis) und im Oktober 2000 (Erhöhung der Komplexität durch zusätzliche kundengruppenspezifische Angebote; ausgelöst durch Komplexitäts-Umwelt-Missverhältnis) möglicherweise auch als Phasenübergänge hätten gedeutet werden können. Die konkrete Einschätzung wird stark durch die subjektive Wahrnehmung durch die jeweiligen Personen beeinflusst.[589]

Element 12: Veränderungsbestreben

Nachdem im Juni 2001 die Entscheidung zur tiefgreifenden Veränderung des Unternehmens gefallen war, wurde sehr schnell ein umfassender Plan für die Umsetzung der Veränderungen im Phasenübergang erstellt, der dann auch umgesetzt worden ist.

Element 13: „transition“ / Phasenübergang

Der Phasenübergang lässt sich nicht eindeutig einer Kategorie zuordnen: hier wurde sowohl das zugrunde liegende Geschäftsmodell in Frage geändert („transition in the underlying business model“), als auch die Organisation verändert („transition in the organizational / management structure“) und viel Personal abgebaut („transition in personnel“).[590]

Der Phasenübergang war für das gesamte Unternehmen ein sehr einschneidendes Erlebnis, da in der Folge ca. die Hälfte der Mitarbeiter entlassen werden musste. Nach Aussagen des Interview-Partners war die Verkündung der Strategieänderung und die nachfolgende Aussprache der Kündigungen eine der schwersten Stunden seiner Karriere. Zurückblickend betrachtet, verlief die Umsetzung der Veränderungen sehr schnell. Ein wichtiger Punkt war dabei nach Aussage des Interview-Partners, die verbleibenden Mitarbeiter bei der Entwicklung der neuen Strukturen mit eingebunden zu haben.

4.3.4.3 Beurteilung des Wachstumsprozesses

Die Wachstumsgeschwindigkeit der E-SERVICES AG im Jahr 2000 war außergewöhnlich hoch und nach Aussage der Verantwortlichen im Nachhinein betrachtet zu hoch. Man hätte das Wachstum nach eigener Aussage besser planen sollen („z.B. würde ich heute vorher Organigramme malen und passende Mitarbeiter mit entsprechenden Qualifikationen suchen“[591]).

---

[589] In diesem Fall hängt die Einschätzung also von der Wahrnehmung des interviewten Management-Teammitgliedes und von der Deutung durch den Verfasser ab.

[590] Siehe Abbildung 25 in Abschnitt 3.2.2.4 und vgl. Arbaugh/Camp (2000a): Growth Transitions, S. 316ff..

[591] Originalzitat des Interviewpartners. Quelle: Interview E-SERVICES AG, Juni 2002.

Das Komplexitäts-Fähigkeits-Missverhältnis hätte also nach eigener Aussage durch ein langsameres Wachstum und eine bessere Planung verhindert werden können.

Weiterhin hätte man – nach eigener Aussage – behutsamer in den Markt vordringen und von Anfang an stärker auf die Profitabilität achten sollen: anstatt mit möglichst hoher Geschwindigkeit das Unternehmen aufzubauen und möglichst viele und große Marktsegmente abzudecken, würde der Interview-Partner heute mehr mit „Testballons" arbeiten, um zu schauen, was sich „rentiert". Ex post muss auch die frühzeitige Internationalisierung als Fehler angesehen werden, da ein Großteil des Aufwandes in Italien und Großbritannien (z.B. aufgrund der Werbemaßnahmen in Richtung Konsumenten) verloren war. Bevor das Geschäftsmodell nicht in einem Testmarkt bewiesen hat, dass es funktioniert, sollte man also i.d.R. nicht internationalisieren.

Letztlich muss festgestellt werden, dass das ursprüngliche Geschäftsmodell der E-SERVICES AG gescheitert ist. Die Frage, ob man das Scheitern früher hätte erkennen können, ist nicht zu beantworten. Aus Sicht des Verfassers erscheint das Vorgehen der E-SERVICES AG in der damaligen Situation und unter den gegebenen Rahmenbedingungen als nachvollziehbar und sinnvoll: bevor ein Geschäftsmodell gänzlich verworfen wird, sollte man durch Anpassung des bestehenden Modells ausprobieren, ob es nicht doch im Kern funktionsfähig ist. Als klar wurde, dass trotz der Anpassungen keine wesentliche Verbesserung erzielt werden konnte, kam es richtigerweise zur radikalen Änderung.

Am Beispiel der E-SERVICES AG wird deutlich, wie viele Veränderungen beim Aufbau eines jungen Wachstumsunternehmens notwendig werden können, bevor ein Geschäftsmodell und eine Positionierung im Markt gefunden sind, die „funktionieren", d.h. mit denen mittelfristig ein profitabler Geschäftsbetrieb möglich ist. Das Management der E-SERVICES AG hat gezeigt, dass es über die Fähigkeit verfügt, frühzeitig Veränderungen zu antizipieren und die Konsequenzen umzusetzen. Diese Flexibilität und Anpassungsfähigkeit scheint hier entscheidend für das Überleben der E-SERVICES AG gewesen zu sein. Bis Ende 2002 konnten in zwei der drei Länder in einzelnen Monaten Gewinne geschrieben werden. Für das Jahr 2003 ist das Erreichen der Profitabilität über die gesamte Firma angestrebt. Ob dies gelingt, wird nach Aussage des Interviewpartners sehr stark vom allgemeinen Wirtschaftsumfeld sowie von den konkreten Markt- und Wettbewerbsbedingungen abhängen.

4.3.4.4 Analyse der Fallstudienergebnisse

Die Entwicklung der E-SERVICES AG konnte mit Hilfe des Bezugsrahmens nachvollzogen werden. Die Veränderungen in allen betrachteten Elementen konnten erklärt werden. Der identifizierte Phasenübergang war die einzige Situation, die zu einem tiefgreifenden Wandel zwang. Es kann festgehalten werden, dass der aufgetretene Phasenübergang mit Hilfe des Bezugsrahmens identifiziert und erklärt werden konnte.

Hätte der Phasenübergang mit Hilfe des Bezugsrahmens früher erkannt werden können?
Die Vorhersage des Phasenübergangs wird bisher durch den Bezugsrahmen nur bedingt unterstützt. So konnte zwar ein Komplexitäts-Umwelt-Missverhältnis gezeigt werden. Allerdings fehlt in dem bisherigen Bezugsrahmen der konkrete Aspekt der Abweichung der geplanten von der realisierten Umsatz- und Kostenentwicklung. Bei Präzisierung des Bezugsrahmens ist zu prüfen, inwieweit dieser Aspekt integriert werden kann. Das starke Komplexitäts-Fähigkeits-Missverhältnis im Sommer 2000 hätte auf Basis des Bezugsrahmens vorhergesagt werden können.

4.3.5 Fallstudie 5: LOWTECH GmbH[592]

Die LOWTECH GmbH fällt im Vergleich zu den anderen Fallstudien aus mehreren Gründen aus der Reihe:

- das Unternehmen wurde bereits im Jahr 1960 gegründet,
- es wurde nicht mit Venture Capital finanziert, und
- das Unternehmen war seit Gründung profitabel und finanzierte das Wachstum aus eigenem positivem Cash-flow.

Das Unternehmen passt also nicht zu der in der Arbeit verwendeten Definition von jungen Wachstumsunternehmen. Die LOWTECH GmbH ist ein klassisches „Old-Economy"-Unternehmen: es entwickelt, produziert und vertreibt technische Systeme in der Baubranche und passt damit auch vom Geschäftsfeld her nicht zu den zuvor beschriebenen innovativen High-Tech-Unternehmen.

---

[592] Die LOWTECH GmbH ist ein real existierendes Unternehmen. Im Rahmen der Darstellung der Fallstudie sind alle Namen und Daten vollständig anonymisiert, um keinen Rückschluss auf das reale Unternehmen zuzulassen. Es werden jedoch alle für die Themenstellung relevanten Informationen und Zusammenhänge dargestellt, so dass die Aussagefähigkeit der Fallstudie und die Qualität der Ergebnisse nicht unter der Anonymisierung leiden. Es fanden im April und Mai 2002 zwei Interviews mit einem Mitglied des Top-Management-Teams statt. Soweit nicht anders ausgewiesen, entstammen alle Informationen diesen beiden Interviews.

Trotzdem bietet die Betrachtung der Entwicklung der LOWTECH GmbH, wie im Folgenden gezeigt wird, einige interessante Einblicke in Wachstums- und Veränderungsprozesse, da das Unternehmen im Zeitraum von 1989 bis 1996 (in Bezug auf Mitarbeiter und Umsatz) sehr stark gewachsen ist. Im Vergleich zu den vorherigen Fallstudien geht es hier also nicht um die Beobachtung von Veränderungen auf monatlicher, sondern eher auf jährlicher Basis. Wie sich jedoch zeigen wird, kann auch der Wachstums- und Veränderungsprozess der LOWTECH GmbH trotz der großen Unterschiede zu den jungen Wachstumsunternehmen in den vorigen Fallstudien mit dem Bezugsrahmen erklärt werden.

4.3.5.1 Überblick über die Unternehmensentwicklung

Abbildung 58 zeigt die Umsatz- und Mitarbeiterentwicklung[593] sowie die Entwicklungsphasen der LOWTECH GmbH seit ihrer Gründung.

[593] Alle genannten Mitarbeiterzahlen sind vollzeitäquivalente Mitarbeiter, d.h. dass die Arbeitszeiten von Teilzeitangestellten auf Vollzeitangestellte hochgerechnet werden, um die Zahlen im Zeitablauf und mit anderen Unternehmen vergleichen zu können.

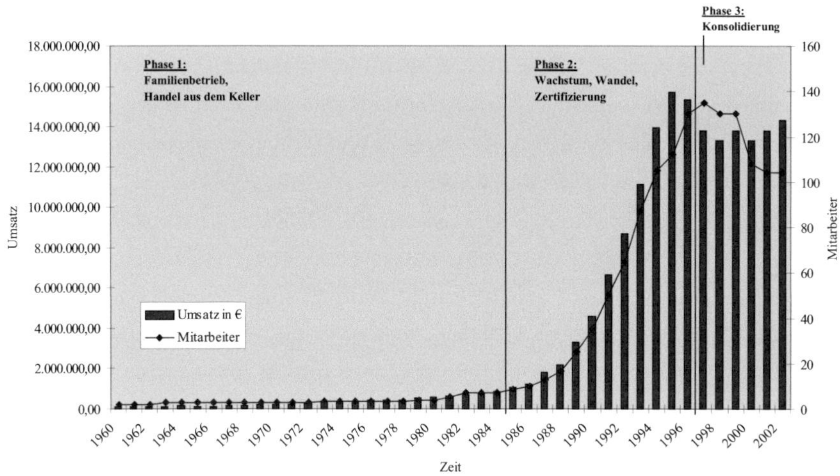

Abbildung 58: Mitarbeiter- und Umsatzentwicklung der LOWTECH GmbH (Stand: 01.05.2002)[594]

Phase 1: „Familienbetrieb, Handel aus dem Keller" (1960 – 1984)

Die LOWTECH GmbH wurde als Im- und Exporthandel im Jahr 1960 gegründet. Zunächst bestand das Unternehmen nur aus dem Gründer und seiner Ehefrau. Das Produktprogramm umfasste einerseits verschiedene Produkte, die nach Deutschland importiert und an Großhändler vertrieben worden sind. Andererseits wurde auch die Exportvertretung für verschiedene Produkte deutscher Unternehmen übernommen. Das Produktportfolio bestand aus sehr unterschiedlichen Produkten, denen jedoch gemein war, dass es sich eher um kleine und billige Konsumgüter handelte, die von den belieferten Großhändlern über Einzelhändler an Endverbraucher verkauft worden waren. 1963 wurden erstmals Bausysteme nach Deutschland importiert. Für diese Systeme wurde die LOWTECH GmbH die deutschlandweite Vertriebsniederlassung und die Umsätze mit diesem System stiegen in den Folgejahren (1963 – 1969) langsam. Die übrigen Produkte traten während dieser Zeit langsam in den Hintergrund. Der

[594] Eigene Darstellung. Quelle: Interview LOWTECH GmbH, Stand: April/Mai 2002. Die Werte für 2002 sind geschätzt.

Unternehmer beschäftigte sich zunehmend mit dem vertriebenen Bausystem (im Folgenden: „System X“) und entwickelte ein eigenes System (im Folgenden: „System Y“) für einen anderen Anwendungsbereich. Dieses erste selbst entwickelte Produkt wurde im Jahr 1969 in den Markt eingeführt. In den Folgejahren begann die LOWTECH GmbH, die beiden Produktsysteme aktiver zu bewerben und konnte dadurch den Umsatz kontinuierlich steigern. Der Unternehmer war ein sehr vorsichtiger Kaufmann und expandierte jeweils erst, nachdem entsprechende Umsätze getätigt werden konnten und ein offensichtlicher Erweiterungsbedarf (an Mitarbeitern oder Räumlichkeiten) vorhanden war. Bis 1984 wurde der komplette Geschäftsbetrieb im privaten Wohnhaus der Unternehmerfamilie abgewickelt: die Montage der beiden Bausysteme befand sich bspw. im Keller des Hauses. Anfang der 80er Jahre vollzog sich im Unternehmen zunehmend eine Veränderung, indem die Weiterentwicklung der Produkte und die eigene Montage im Vergleich zum reinen Handel immer wichtiger wurden. 1984 wurde ein „neues“ Firmengebäude (mit Verwaltungs- und Produktionsbereich) gebaut und bezogen. Dies stellte den Übergang zur zweiten Phase dar.

Phase 2: „Wachstum, Wandel, Zertifizierung“ (1985 – 1996)

Mit dem Bezug der neuen Räumlichkeiten setzte ein Wachstumsprozess ein, der das Unternehmen von sieben (1984) auf ca. 130 Mitarbeiter (1996) wachsen ließ. Gleichzeitig stieg der Umsatz im gleichen Zeitraum von ca. 870.000 € auf 15,3 Mio. €.

Das starke Wachstum in dieser Phase ist zurückzuführen auf:

- intensive Werbemaßnahmen (z.B. Messeauftritte), die zur Positionierung als Marktführer in dem speziellen Marktsegment führten (in Ausschreibungen häufig: „LOWTECH-System oder gleichwertig“),
- die Entwicklung vieler Varianten und kundenspezifischer Lösungen,
- die Aufnahme der Varianten in das Standard-Produktprogramm und
- die insgesamt positive Marktentwicklung im Baubereich, insbesondere auch durch den Bauboom im Osten Deutschlands nach dem Mauerfall 1989.

Während dieser 12-jährigen Wachstumsphase gab es zahlreiche Veränderungen im Unternehmen. Nach dem besonders starken Wachstum Ende der 80er und Anfang der 90er Jahre wurden die Organisation und die Prozesse ab 1992 stärker formalisiert: so wurde 1992 bei ca. 65 Mitarbeitern eine zweite Führungsebene eingeführt (Abteilungs- bzw. Gruppenleiter). In Vorbereitung auf die Zertifizierung des Qualitätsmanagement-Systems nach DIN EN ISO

9001 wurden die Prozesse analysiert und dokumentiert, d.h. auch hier stärker formalisiert. Aus heutiger Sicht der Geschäftsleitung beschäftigte sich das Unternehmen in diesen Jahren jedoch z.T. zu stark mit sich selbst: die Zertifizierung des Qualitätsmanagement-Systems und die Formalisierung waren zwar richtig und wichtig, führten aber letztendlich zu einer zu starken Formalisierung, die in der Konsolidierungsphase ab 1997 z.T. wieder abgebaut worden ist.

Das Wachstum machte auch einen Anbau des Verwaltungsgebäudes (1993) und einen Neubau eines Lager- und Produktionsgebäudes (1994) notwendig. 1995 wurde ein eigener Außendienst installiert, der Schlüsselkunden intensiver vor Ort betreut.

Der Umsatzrückgang im Jahr 1996 und das Ausscheiden des Unternehmensgründers aus der aktiven Geschäftsführung markierten den Übergang zu einer Konsolidierungsphase.

Phase 3: „Konsolidierung" (1997 – 2002)

In den Jahren 1997 bis 2001 musste ein empfindlicher Umsatzeinbruch von über 10 Prozent hingenommen werden, der im Jahr 2000 erstmals in der Firmengeschichte zu einem Personalabbau von insgesamt 26 Mitarbeitern führte. Im Zuge der konsolidierenden Maßnahmen wurden auch manche zuvor stark formalisierten Regelungen wieder etwas gelockert.

Insgesamt versuchte die Geschäftsführung in dieser Phase den Fokus des Unternehmens wieder mehr auf die Kunden und deren Bedürfnisse zu lenken. Daher wurde im Jahr 1997 eine Kundenzufriedenheitsanalyse durchgeführt, auf deren Basis anpassende Maßnahmen umgesetzt worden sind. So gab es bspw. für bestimmte Kundengruppen nun spezielle Kundenbetreuer (Key-Account-Manager).

Die Konsolidierungsphase scheint im Jahr 2002 abgeschlossen worden zu sein. Wenn die Umsatzentwicklung der Jahre 2001 und 2002 auch in den kommenden Jahren (bei in etwa gleich bleibender Kostenentwicklung) fortgesetzt werden kann, scheint die LOWTECH GmbH wieder auf einen gesunden, langsamen Wachstumspfad zurückgekehrt zu sein.

4.3.5.2 Beschreibung des Wachstumsprozesses anhand des Bezugsrahmens

In der Entwicklung der LOWTECH GmbH wurde ein Phasenübergang (im Sinne des Bezugsrahmens) identifiziert:

- Der Personalabbau von ca. 30 Mitarbeitern im Zuge der Konsolidierung im Jahr 2000 kann als Phasenübergang interpretiert werden, der durch ein gleichzeitiges Komplexitäts-Umwelt-Missverhältnis und Komplexitäts-Fähigkeits-Missverhältnis ausgelöst worden ist.

Im Folgenden soll die dargestellte Unternehmensentwicklung anhand des Bezugsrahmens analysiert und erklärt werden. Dabei wird in erster Linie auf die nummerierten Elemente des Bezugsrahmens eingegangen.[595]

Die Wachstumsvoraussetzungen (Wachstumsbestreben, Unternehmerische Fähigkeiten, (fehlende) Marktbeschränkungen und Unternehmensressourcen) wurden offensichtlich erfüllt, weil es zu starkem Wachstum kam. Bezüglich des Wachstumswunsches ist interessanterweise anzumerken, dass kein ausdrücklicher Wachstumswunsch bestand. Laut Gründer war man „immer zufrieden, mit dem was wir hatten“. Aus Sicht des Verfassers sorgte aber die große Kundenorientierung und kaufmännische Veranlagung des Gründers dafür, dass die Wünsche der bestehenden und neuen Kunden (aus Sicht des Unternehmers) immer im Mittelpunkt der Bemühungen standen. Damit ist zu erklären, dass die LOWTECH GmbH konsequent mit dem wachsenden Markt mit gewachsen ist, ohne ein explizit formuliertes Wachstumsbestreben verfolgt zu haben.

Element 1: Umsatz- und Mitarbeiterwachstum

Die realisierte Umsatz- und Mitarbeiterentwicklung wurde in der Abbildung 58 bereits visualisiert. Wie gezeigt, verliefen beide Entwicklungen stark parallel. Dies erscheint aufgrund des im Wesentlichen Cash-flow-finanzierten Wachstums auch logisch zu sein. Das stärkste relative Wachstum war Ende der 80er und Anfang der 90er Jahre zu verzeichnen (mit jeweils durchschnittlichen jährlichen Wachstumsraten von über 25 Prozent). Von 1995 bis 2001 war ein Umsatzrückgang zu verzeichnen. Mit einer kleinen Verzögerung sanken auch die Mitarbeiterzahlen von 1997 bis 2001 deutlich.

Element 2: Unternehmensinterne Komplexität

Tabelle 8 zeigt die Entwicklung der Unternehmensinternen Komplexität (zusammen mit der Unternehmensexternen Komplexität) über den gesamten Untersuchungszeitraum.

---

[595] Siehe Abbildung 14 in Abschnitt 3.2.1.

	Monate	1960	1961	1962	1963	1964	1965	1966	1967	1968	1969	1970	1971	1972	1973	1974
Interne Unternehmenskom	Anzahl und Verschiedenartigkeit der Produkte	2	2	2	2	2	2	2	2	2	2	2	2	2	2	2
	Komplexität der einzelnen	1	1	1	1	1	1	1	1	1	2	2	2	2	2	2
	Grad der Vorwärts-/Rückwärtsintegration	1	1	1	1	1	1	1	1	1	2	2	2	2	2	2
	Geschwindigkeit der Produktinnovationen	1	1	1	1	1	1	1	1	1	1	1	1	1	1	1
	Anzahl Distributionskanäle	1	1	1	1	1	1	1	1	1	1	1	1	1	1	1
	Anzahl Mitarbeiter	1	1	1	1	1	1	1	1	1	1	1	1	1	1	1
Ext. Kompl.	Geographische Ausdehnung	1	1	1	1	1	1	1	1	1	2	2	2	2	2	2
	(End-) Kundengruppen	1	1	1	1	1	1	1	1	1	1	1	1	1	1	1
	Wettbewerbsintensität	1	1	1	1	1	1	1	1	1	1	1	1	1	1	1
	Umweltveränderungen	1	1	1	1	1	1	1	1	1	1	1	1	1	1	1
	Komplexitätsgrad	**2**	**2**	**2**	**2**	**2**	**2**	**2**	**2**	**2**	**16**	**16**	**16**	**16**	**16**	**16**

	Monate	1975	1976	1977	1978	1979	1980	1981	1982	1983	1984	1985	1986	1987	1988
Interne Unternehmenskom	Anzahl und Verschiedenartigkeit der Produkte	2	2	2	2	2	2	2	2	2	2	3	3	3	4
	Komplexität der einzelnen	2	2	2	2	2	2	2	2	2	2	2	2	2	2
	Grad der Vorwärts-/Rückwärtsintegration	2	2	2	2	2	2	2	2	2	2	2	2	2	2
	Geschwindigkeit der Produktinnovationen	1	1	1	1	1	1	1	1	1	1	1	1	1	2
	Anzahl Distributionskanäle	1	1	1	2	2	2	2	2	2	2	2	2	2	2
	Anzahl Mitarbeiter	1	1	1	1	1	1	1	2	2	2	2	2	2	2
Ext. Kompl.	Geographische Ausdehnung	2	2	2	2	2	2	2	2	2	2	2	2	2	2
	(End-) Kundengruppen	1	1	1	1	1	2	2	2	2	2	2	2	2	2
	Wettbewerbsintensität	1	1	1	1	1	1	1	1	1	1	1	1	1	1
	Umweltveränderungen	1	1	1	1	1	1	1	1	1	1	1	1	1	1
	Komplexitätsgrad	**16**	**16**	**16**	**32**	**32**	**64**	**64**	**128**	**128**	**128**	**192**	**192**	**192**	**512**

	Monate	1989	1990	1991	1992	1993	1994	1995	1996	1997	1998	1999	2000	2001	2002
Interne Unternehmenskom	Anzahl und Verschiedenartigkeit der Produkte	4	4	4	4	4	4	4	4	4	4	4	4	4	4
	Komplexität der einzelnen	2	2	2	2	2	2	2	2	2	2	2	2	2	2
	Grad der Vorwärts-/Rückwärtsintegration	2	2	2	2	2	2	2	2	2	2	2	2	2	2
	Geschwindigkeit der Produktinnovationen	2	2	2	2	2	1	1	1	1	1	1	1	1	1
	Anzahl Distributionskanäle	2	2	2	2	2	2	2	2	2	2	2	2	2	2
	Anzahl Mitarbeiter	3	3	3	3	3	4	4	4	4	4	4	4	4	4
Ext. Kompl.	Geographische Ausdehnung	2	2	2	2	2	2	2	2	2	2	2	2	2	2
	(End-) Kundengruppen	2	2	2	2	2	2	3	3	3	3	3	3	3	3
	Wettbewerbsintensität	1	1	1	1	1	2	2	3	3	3	3	3	3	3
	Umweltveränderungen	2	2	2	2	2	2	2	2	2	2	2	2	2	2
	Komplexitätsgrad	**1536**	**1536**	**1536**	**1536**	**1536**	**2048**	**3072**	**4608**	**4608**	**4608**	**4608**	**4608**	**4608**	**4608**

Tabelle 8: Detailentwicklung der Komplexität der LOWTECH GmbH[596]

Im Folgenden wird die Entwicklung der sechs internen Komplexitätstreiber kurz skizziert:[597]

1. <u>Anzahl und Unterschiedlichkeit der Produkte:</u> Die LOWTECH GmbH startete von Beginn an mit mehreren Handelsprodukten (Stufe 2). Wie beschrieben, fokussierte sich das Unternehmen Ende der 60er Jahre zunehmend auf die Bausysteme, und es wurde auch das erste eigene Produkt in den Markt eingeführt. Von der Komplexitätsstufe her blieb das Unternehmen jedoch zunächst auf Stufe 2, da die anderen Handels-

596 Eigene Darstellung. Quelle: Interview LOWTECH GmbH, April/Mai 2002.

597 Für die Beschreibung der Komplexitätstreiber und die jeweilige Bedeutung der vier Komplexitätsgrade siehe Abbildung 18 in Abschnitt 3.2.2.2.

produkte eine zunehmend geringere Rolle spielten. Mitte der 80er wurde dann die Stufe 3 erreicht, weil die Anzahl der Produktvarianten zuvor stetig zunahm und sich auch verschiedene Produktgruppen herausbildeten. 1988 konnte ein erfahrener Ingenieur als Mitarbeiter gewonnen werden, der die entstandene Variantenvielfalt im Folgenden standardisierte. In dieser Zeit entstanden aus Varianten und Sonderanfertigungen auch eine Reihe neuer Standard-Produkttypen, so dass die Stufe 4 erreicht war (komplexes Produktportfolio mit über 20 verschiedenen Produkten in mehr als fünf Produktgruppen). Die hohe Anzahl an Varianten rührte daher, dass es aufgrund von unterschiedlichen Abmessungen standardmäßig bei einem Produkt ca. 15 Varianten gibt.

2. Komplexität der einzelnen Produkte: Solange lediglich der Handel betrieben wurde, war die LOWTECH GmbH in Stufe 1 einzuordnen. Mit der Entwicklung des ersten eigenen Systems musste man sich zunehmend mit den technischen Eigenschaften der Systeme auseinandersetzen. Die Systeme bestehen i.d.R. aus wenigen Komponenten, die insgesamt (auch über die Jahre hinweg) eine geringe technische Sensitivität aufweisen (Stufe 2).
3. Grad der Vorwärts-/Rückwärtsintegration: Zunächst wurde nur der Handel betrieben. Mit der eigenen Entwicklung und Produktion erfolgte eine Rückwärtsintegration (ab 1969: Stufe 2). Dies hatte bis Ende 2002 bestand.
4. Geschwindigkeit der Produktinnovationen: Die Geschwindigkeit der Produktinnovationen muss zunächst als niedrig bewertet werden: es gab bis Ende der 80er Jahre wenige Standardprodukte und viele kundenspezifische Lösungen, die jedoch (noch) nicht als Produkte bezeichnet werden konnten. Mit der Standardisierung der kundenspezifischen Lösungen zu Produkten in den Jahren 1988 bis 1993 erhöhte sich die Innovationsgeschwindigkeit auf Stufe 2. Danach kann die Innovationsgeschwindigkeit wieder als langsam eingeschätzt werden (Stufe 1).
5. Anzahl Distributionskanäle: Zunächst gab es nur den direkten Distributionskanal. Ab Ende der 70er Jahre kamen auch verstärkt Großhändler hinzu, die sich die Systeme auf Lager legten und vertrieben (Stufe 2). Im Jahr 1995 kam der eigene Außendienst als weitere Untergruppe der direkten Distribution hinzu. Bis Ende 2002 blieben diese drei Kanäle dominierend (Stufe 2).
6. Anzahl Mitarbeiter: Bis Anfang der 80er Jahre bestand die LOWTECH GmbH aus der Unternehmerfamilie und wenigen Aushilfen (Stufe 1). Von 1982 bis 1988 kann das Unternehmen als „kleines Team“ bezeichnet werden (Stufe 2). Als kleine funktionale Organisation (zwischen 20 und 100 Mitarbeitern) bestand die LOWTECH GmbH zwi-

schen 1989 und 1993. Dann war die Stufe 4 erreicht. Der starke Mitarbeiterrückgang von 1997 (135 Mitarbeiter) bis 2001 (104 Mitarbeiter) hatte keine Auswirkung auf das Komplexitätsmaß, da weiterhin über 100 Mitarbeiter beschäftigt waren.

Wie Abbildung 59 zeigt, verlief die Entwicklung der Internen Unternehmenskomplexität zunächst sehr kontinuierlich. Mit der Standardisierung der Varianten zu Produkten gab es dann einen Komplexitätsschub. Allerdings war die Komplexität vorher nur versteckt, da es viele der Varianten vorher bereits gab, diese jedoch als Sonderanfertigungen geführt wurden. Dieses „Sichtbarmachen" der Produktvielfalt durch Standardisieren der vorhandenen Sonderanfertigungen und die Beschreibung deren Einsatzgebiete können als wichtige vorbereitende Schritte für das nachfolgende Wachstum angesehen werden. Der Rückgang der internen Komplexität im Jahr 1994 kann auf die nachlassende Innovationsgeschwindigkeit zurückgeführt werden.

Die ebenfalls dargestellte Externe Unternehmenskomplexität verlief insgesamt ähnlich: zunächst gab es einen sehr kontinuierlichen Verlauf, und seit Ende der 80er Jahre war ein schnellerer Anstieg zu verzeichnen. Die Ursachen hierfür werden im Folgenden dargestellt.

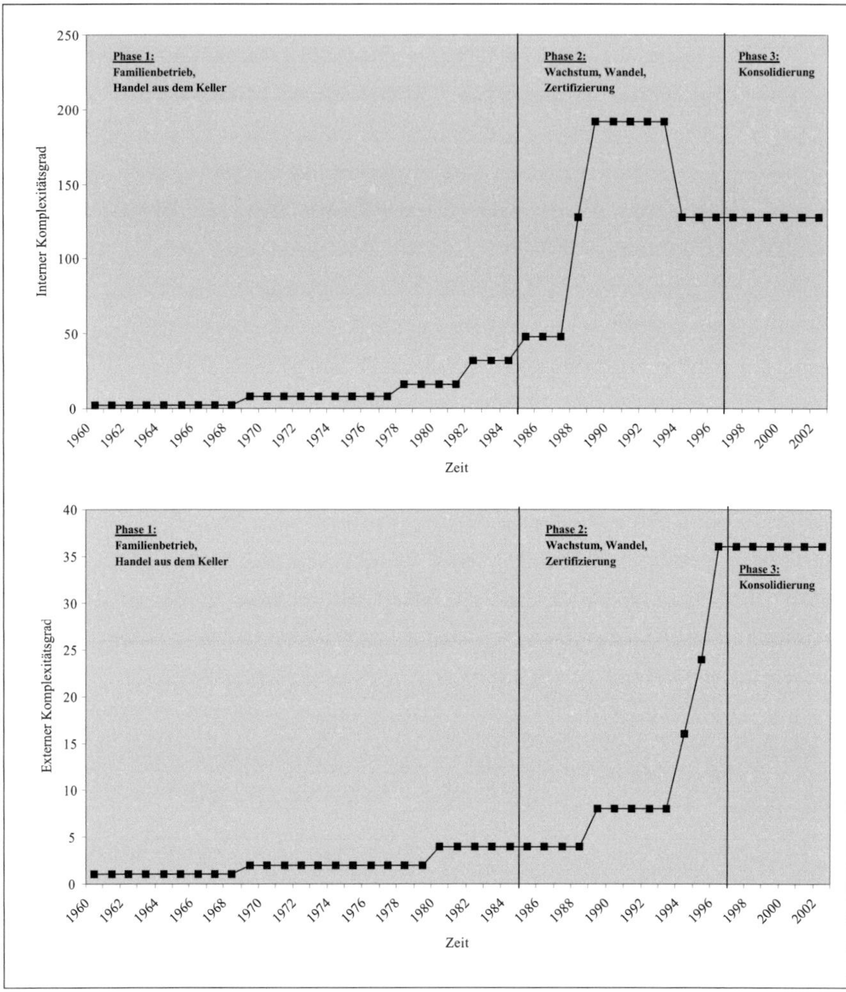

Abbildung 59: Entwicklung der Unternehmensinternen und -externen Komplexität der LOWTECH GmbH[598]

Element 3: Unternehmensexterne Komplexität

Tabelle 8 und Abbildung 59 zeigten bereits die Entwicklung der Unternehmensexternen Komplexität über den gesamten Untersuchungszeitraum. Im Folgenden wird die Entwicklung der vier Komplexitätstreiber kurz skizziert, die zu dieser Gesamtentwicklung beitrugen:[599]

1. Geographische Ausdehnung: Zunächst waren die Aktivitäten als lokal zu bezeichnen (Stufe 1). Ab Ende der 60er Jahre wurde mit einer verstärkten (bundesweiten) Vermarktung begonnen (Stufe 2). Bis Ende 2002 konzentrierte sich der wesentliche Teil des Umsatzes auf Deutschland.
2. (End-) Kundengruppen: Zunächst gab es nur eine Kundengruppe, die Interesse am „System X“ hatte. Auf diese Kunden war auch das „System Y“ ausgelegt. Mit zunehmender Anzahl an Sonderanfertigungen wurden auch andere Kunden angesprochen (Stufe 2). Mit der Einführung des Außendienstes und des Key-Account-Managements wurden die Bedürfnisse der unterschiedlichen Kundengruppen stärker berücksichtigt (ab 1995: Stufe 3).
3. Wettbewerbsintensität: Die Wettbewerbsintensität war lange Zeit nur sehr schwach ausgeprägt. Die LOWTECH GmbH gehörte in ihrem Markt zu den Pionieren und konnte sich in Bezug auf bestimmte Systeme als Marktführer etablieren. Ab Ende der 80er Jahre sorgte der Bauboom (vor allem in Ostdeutschland) für ein sprunghaft gestiegenen Bedarf, so dass auch in dieser Phase der Wettbewerb nicht besonders ausgeprägt war. Mitte der 90er begann sich das Marktwachstum jedoch zu verlangsamen und es gab eine Reihe neuer Wettbewerber mit ähnlichen Technologien, die die Position der LOWTECH GmbH teilweise über den Preis und teilweise über die Produktqualität angriffen (Stufe 2). Der wahrgenommene Wettbewerbsdruck nahm ab 1997 nochmals zu, als der Gesamtmarkt zu schrumpfen begann und erstmals seit sehr langer Zeit die Umsätze der LOWTECH GmbH rückläufig waren.
4. Umweltveränderungen: Die Umwelt kann bis 1988 als sehr stabil bezeichnet werden. Nach dem Mauerfall wuchs der Markt sehr stark, was die LOWTECH GmbH zum starken Wachstum genutzt hat. Durch die verschärfte Wettbewerbssituation setzten sich die stetigen Umweltveränderungen auch über die 90er Jahre hinweg fort (Stufe 2).

Element 4: Unternehmenskomplexität

Abbildung 60 zeigt die Gesamtentwicklung der Unternehmenskomplexität.

[598] Eigene Darstellung. Quelle: Interview LOWTECH GmbH, Stand: April/Mai 2002.
[599] Für die Beschreibung der Komplexitätstreiber und die jeweilige Bedeutung der vier Komplexitätsgrade siehe Abbildung 19 in Abschnitt 3.2.2.2.

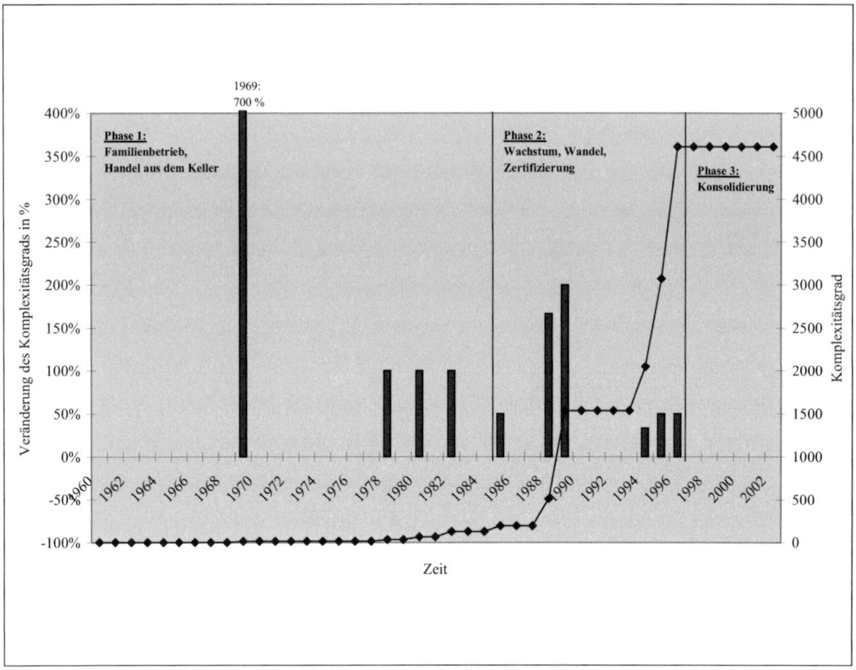

Abbildung 60: Entwicklung der Unternehmenskomplexität der LOWTECH GmbH[600]

Die Entwicklung der Unternehmenskomplexität kann im Zeitablauf folgendermaßen zusammengefasst werden:

- **1968 – 1969:** Die erste wesentliche Erhöhung vollzieht sich mit der Entwicklung der ersten eigenen Produkte und der Ausweitung der bundesweiten Vermarktung.
- **1987 – 1989:** Die nächste wesentliche Erhöhung ist durch die Einführung der neuen Standard-Produkte bedingt.
- **1994 – 1996:** Hier kann nochmals ein starker Anstieg verzeichnet werden (aufgrund der gestiegenen Mitarbeiterzahl, der wahrgenommenen Differenzierung der Kundengruppen und der zunehmenden Wettbewerbsintensität).

Abbildung 61 zeigt die wichtigsten Schritte der Komplexitätsentwicklung zwischen 1987 und 1996 und verdeutlicht nochmals den deutlichen Anstieg einzelner Komponenten.

---

600 Eigene Darstellung. Quelle: Interview LOWTECH GmbH, Stand: April/Mai 2002. Die Balken zeigen die relative Veränderung des Komplexitätsgrads (linke Skala) und die Linie die absolute Entwicklung des Komplexitätsgrads (rechte Skala).

Dimensionen der Entwicklung		Komplexitätsgrad: Niedrig (1)	Mäßig (2)	Hoch (3)	Sehr hoch (4)
Interne Unternehmenskomplexität	Anzahl + Verschiedenartigkeit Produkte	Ein Produkt	Mehrere verwandte	Mehrere verwandte, einige nicht verwandte	Verschiedene, komplexes Portfolio
	Komplexität der einzelnen Produkte	Einfaches Design	Viele Komponenten	Hoch integriert, technisch sensitiv	Technisch höchst komplexes System
	Grad der Vorwärts-/ Rückwärtsintegration	Keine	Teilweise, ein Schritt	Ausgedehnt, mehrere Schritte	Höchst integriert
	Geschwindigkeit der Produktinnovationen	Langsam	Langsam bis mäßig	Mäßig bis schnell	Schnell
	Anzahl Distributionskanäle	1	2 - 3	Einige	Viele, komplexe
	Anzahl Mitarbeiter	Wenige	Kleines Team	Kleine, funktonale Organisation	Große Organisation
Externe Unternehmenskomplexität	Geographische Ausdehnung	Regional	National	National, erheblicher Exportanteil	International
	(End-) Kundengruppen	Eine, eindeutig definiert	2 - 3	Einige, unterschiedlich	Viele, sehr unterschiedlich
	Wettbewerbsintensität (Preis, Produkt, Marketing)	Niedrig	Niedrig bis mäßig	Mäßig bis intensiv	Sehr intensiv
	Umweltveränderungen (ökonomisch, politisch, sozial, Arbeitsmarkt)	Stabil	Stabil bis mäßig	mäßig bis intensiv	Hoch veränderlich, sehr intensiv

→Maßzahl für den Komplexitätsgrad (Stand 01.01.1987): **128**

→Maßzahl für den Komplexitätsgrad (Stand 31.12.1989): **1.536**

1987 - 1989

Dimensionen der Entwicklung		Komplexitätsgrad: Niedrig (1)	Mäßig (2)	Hoch (3)	Sehr hoch (4)
Interne Unternehmenskomplexität	Anzahl + Verschiedenartigkeit Produkte	Ein Produkt	Mehrere verwandte	Mehrere verwandte, einige nicht verwandte	Verschiedene, komplexes Portfolio
	Komplexität der einzelnen Produkte	Einfaches Design	Viele Komponenten	Hoch integriert, technisch sensitiv	Technisch höchst komplexes System
	Grad der Vorwärts-/ Rückwärtsintegration	Keine	Teilweise, ein Schritt	Ausgedehnt, mehrere Schritte	Höchst integriert
	Geschwindigkeit der Produktinnovationen	Langsam	Langsam bis mäßig	Mäßig bis schnell	Schnell
	Anzahl Distributionskanäle	1	2 - 3	Einige	Viele, komplexe
	Anzahl Mitarbeiter	Wenige	Kleines Team	Kleine, funktonale Organisation	Große Organisation
Externe Unternehmenskomplexität	Geographische Ausdehnung	Regional	National	National, erheblicher Exportanteil	International
	(End-) Kundengruppen	Eine, eindeutig definiert	2 - 3	Einige, unterschiedlich	Viele, sehr unterschiedlich
	Wettbewerbsintensität (Preis, Produkt, Marketing)	Niedrig	Niedrig bis mäßig	Mäßig bis intensiv	Sehr intensiv
	Umweltveränderungen (ökonomisch, politisch, sozial, Arbeitsmarkt)	Stabil	Stabil bis mäßig	mäßig bis intensiv	Hoch veränderlich, sehr intensiv

→Maßzahl für den Komplexitätsgrad (Stand 01.01.1993): **1.536**

→Maßzahl für den Komplexitätsgrad (Stand 31.12.1996): **4.608**

1993 - 1996

Abbildung 61: Entwicklung des Komplexitätsgrads der LOWTECH GmbH zwischen 1987 und 1996[601]

[601] Eigene Darstellung. Quelle: Interview LOWTECH GmbH, Stand: April/Mai 2002. Zwischen 1989 und 1993 blieb die Komplexität unverändert.

Element 5: Komplexitätsanforderungen der Umwelt

Die Komplexitätsanforderungen können anhand der zuvor dargestellten vier Kriterien der „Unternehmensexternen Komplexität“ beschrieben werden:

1. Geographische Ausdehnung: Bei der LOWTECH GmbH spielten regional unterschiedliche Anforderungen bisher nur eine untergeordnete Rolle. Mit der Einführung eines eigenen Außendienstes im Jahr 1995 verbesserte man die lokale Betreuung der Kunden nachhaltig.
2. (End-) Kundengruppen: Wie gezeigt, stieg die (wahrgenommene) Unterschiedlichkeit der Kundengruppen über die Zeit hinweg an. Als Reaktion hierauf ist die zunehmende Ausrichtung des Bereiches Vertrieb auf unterschiedliche Kundengruppen zu verstehen (u.a. auch die Einführung von Key-Account-Managern).
3. Wettbewerbsintensität: Die Wettbewerbsintensität stieg ab Mitte der 90er Jahre stark an: auf der einen Seite gab es Wettbewerber, die ebenfalls qualitativ hochwertige Produkte zu gleichen oder sogar niedrigeren Preise anboten. Auf der anderen Seite gab es aber auch einige „Discounter“, die qualitativ schlechtere Produkte zu wesentlich günstigeren Preisen anboten. Dies führte zu der Schwierigkeit für die LOWTECH GmbH die richtige strategische Positionierung zwischen Preis und Qualität zu finden.
4. Umweltveränderungen: Die Maueröffnung brachte eine zuvor nicht gekannte Dynamik in den Markt, die sich auch in dem „plötzlichen“ Auftauchen neuer Wettbewerber ausdrückte. Die Veränderlichkeit der Umwelt machte Prognosen ab diesem Zeitpunkt schwieriger.

Insgesamt stiegen also die Komplexitätsanforderungen der Umwelt seit Ende der 80er Jahre leicht an. Der Fit zwischen Umweltanforderungen und umgesetzter Unternehmenskomplexität wird unten (Element 9: Komplexitäts-Umwelt-Fit) beschrieben.

Element 6: Organisation und Prozesse

Die zunächst kleine Organisation konnte sehr gut durch die direkte Koordination des Unternehmers gesteuert werden. In den starken Wachstumsjahren 1989 bis 1991 wurde dann die kritische Grenze von 20 Mitarbeitern überschritten. Der Fokus des gesamten Unternehmens lag in dieser Zeit jedoch darauf, die große Nachfrage überhaupt zu bewältigen. Im Jahr 1991 wurde das erste Organigramm erstellt. Aufgrund einer Betriebsklima-Analyse im Jahr 1992 wurde deutlich, dass die Anspannung im gesamten Unternehmen sehr groß war. In der Konsequenz wurde eine zweite Führungsebene installiert. Wie bereits erwähnt, wurden in den folgenden drei Jahren erstmalig die Prozesse analysiert und dokumentiert. Im Zeitraum von 1991 bis 1995 kann also eine starke Formalisierung der Organisation festgestellt werden. In den Jahren 1996 und 1997 gab es dann insgesamt fünf Hierarchiestufen, was für ein Unternehmen mit ca. 130 Mitarbeitern wiederum sehr viel ist. Im Zuge der Konsolidierung konnte die Formalisierung ab dem Jahr 2000 z.T. auf ein niedrigeres und effizienteres Maß zurückgeführt werden.

Element 7: Mitarbeiter und Personalentwicklung

Die Mitarbeiter waren (seit Beginn der eigenen Produktion) ungefähr zu 2/3 in der Verwaltung und zu 1/3 in der Produktion beschäftigt. In den Zeiten des langsamen Wachstums konnten die benötigten Mitarbeiter sorgfältig ausgewählt werden, und es gab insgesamt wenige Probleme in diesem Bereich.

Dies änderte sich mit dem Beginn des starken Wachstums. Bis zu diesem Zeitpunkt wurde die Koordination aller Unternehmensaktivitäten noch alleine durch den Unternehmer und seine Ehefrau geleistet. Mit der Einführung der zweiten Führungsebene rückten erstmals Mitarbeiter in Führungs- und Entscheidungspositionen. Im Nachhinein wird die Mitarbeiterauswahl für Führungspositionen als die größte Herausforderung im Wachstumsprozess angesehen. In den Jahren 1988 bis 1999 gab es bei der LOWTECH GmbH insgesamt neun Fälle, in denen sich Personen im Nachhinein aufgrund mangelnder Fach- oder Sozialkompetenz nicht qualifiziert für die Position (Geschäfts-, Bereichs- oder Abteilungsleitung) herausstellten. In der starken Wachstumsphase war das z.T. auf die mangelhafte Auswahl der Kandidaten zurückzuführen. So gab es bspw. Mitarbeiter, die ihre fachlichen Aufgaben sehr erfolgreich ausführten und daraufhin eine Führungsposition übertragen bekamen, jedoch mit diesem Rollenwandel nicht zurechtkamen. Bei extern rekrutierten Führungskräften wiederum konnte man mangelnde Fähigkeiten meist erst mit der Zeit feststellen.[602]

Es kann festgehalten werden, dass in der starken Wachstumsphase neben den Strukturen und Prozessen auch das Know-how und die Erfahrungen der Mitarbeiter erst mit einer gewissen Zeitverzögerung aufgebaut werden konnten. Aufgrund des anhaltend wachsenden Marktes (bis Mitte der 90er Jahre) wurden die fehlenden Fähigkeiten nicht „vom Markt bestraft“ und daher auch nicht als schwerwiegendes Problem wahrgenommen.

---

[602] Exakt dieselben Schwierigkeiten beim Aufbau einer zweiten Führungsebene (durch die Qualifizierung interner Mitarbeiter bzw. die Einstellung externer Mitarbeiter) wurden in einem Experten-Interview als das zentrale Wachstumsproblem benannt.

Element 8: Management-Fähigkeiten

Bis 1995 führte der Gründer als geschäftsführender Gesellschafter das Unternehmen alleine. Zum „Top-Management-Team“ kann von Beginn an seine Ehefrau gerechnet werden, die bis 1996 aktiv eine Führungsposition im Unternehmen ausfüllte. Bis zum Beginn der starken Wachstumsphase (1985) führten sie das Unternehmen weitestgehend alleine. Als erweiterter Führungskreis etablierten sich in der frühen Wachstumsphase die Mitglieder der „Dienstagsbesprechung“. Hierzu gehörten nach Einführung der zweiten Führungsebene die Abteilungsleiter.

Im Vergleich zu den zuvor betrachteten jungen Wachstumsunternehmen waren die Kräfteverhältnisse im „Top-Management-Team“ bei der LOWTECH GmbH auf dem Papier sehr unterschiedlich.[603] Der Unternehmer übte jedoch einen partizipativen Führungsstil aus und bezog seine Mitarbeiter stark in Entscheidungen ein.

Zur Erfahrung am Anfang der Wachstumsphase kann folgendes gesagt werden: bezüglich des Marktes verfügten der Unternehmer und seine Ehefrau über eine mehr als 20-jährige Branchenkenntnisse. Auch die Führungserfahrung und die unternehmerischen Erfahrungen konnten langsam über die Jahre aufgebaut werden. Bezüglich des Managements von starkem Wachstum fehlten jedoch zu Beginn der Wachstumsphase die Erfahrungen. Diese bauten sich jedoch schnell („vor allem durch die gemachten Fehler“) auf.

Der Übergang vom Unternehmer- zum Manager-geführten Unternehmen in den Jahren 1995 bis 2000 war eine sehr problembehaftete Zeit für das Unternehmen. Dies lag natürlich zum einen an den schrumpfenden Umsätzen. Zum anderen stellte sich heraus, dass die ersten beiden „fremden“ Geschäftsführer aufgrund mangelnder Sozialkompetenz Fehlbesetzungen waren. Seit dem Jahr 2000 befindet sich die LOWTECH GmbH mit dem dritten Geschäftsführer nach Ausscheiden des Gründers wieder in ruhigerem Fahrwasser.

Element 9: Komplexitäts-Umwelt-Fit

In den ersten Jahren des langsamen Wachstums war die LOWTECH GmbH am Aufbau des Marktes mit beteiligt und konnte sich in Ruhe an die Anforderungen des Marktes anpassen.

[603] So handelte es sich bei den anderen vier betrachteten Unternehmen um Teamgründungen, so dass die Mitglieder des Top-Management-Teams i.d.R. auch am Unternehmen beteiligt waren. Daher waren die Machtverhältnisse in diesen Teams relativ ausgeglichen.

Neben dem kleinen Standardprogramm wurden mit der Zeit immer mehr Varianten entwickelt, um den spezifischen Kundenanforderungen gerecht zu werden. Die Entwicklung und spätere Standardisierung der Varianten wird damit auf der einen Seite als Anpassung der Unternehmenskomplexität an die Anforderungen der Kunden verstanden. Speziell die Standardisierung kann aber auch als Erhöhung der Komplexitäts-Fähigkeiten gedeutet werden, wie im folgenden Abschnitt erklärt wird.

Der Umsatzrückgang ab 1996 kann als Komplexitäts-Umwelt-Missverhältnis gedeutet werden, da die Gesamtnachfrage des Marktes nachließ, wodurch auch der Umsatz der LOWTECH GmbH zurückging. Die realisierte Komplexität des Unternehmens war jedoch zu diesem Zeitpunkt noch auf einen höheren Umsatz ausgelegt und damit höher als die Anforderungen der Umwelt. Durch den Personalabbau im Jahr 2000 wurde in der Reaktion die nicht benötigte Unternehmenskomplexität (und nicht benötigten Komplexitäts-Fähigkeiten) abgebaut.

Element 10: Komplexitäts-Fähigkeits-Fit

Der Aufbau der Komplexität in den 80er Jahren wird anhand des Komplexitätsgrades zunächst nicht deutlich (genauso wenig, wie die angebotene Produktvielfalt für neue Kunden einzuschätzen war). Die Standardisierung der Varianten und damit der sichtbare Anstieg der Produktprogrammkomplexität ab 1988 kann also als Strukturierung und Formalisierung der zuvor bereits vorhandenen Vielfalt durch Varianten verstanden werden. Die Standardisierung wird damit im Sinne des Bezugsrahmens als Aufbau von Komplexitäts-Fähigkeiten verstanden. Aus Sicht des Verfassers war die Standardisierung (und die entsprechende Darstellung gegenüber Kunden) eine zentrale Voraussetzung für das spätere starke Wachstum des Unternehmens. Sicherlich hätte man in dem boomenden Markt auch ohne die konsequente Standardisierung als Nischenanbieter sehr gut leben und auch wachsen können. Aber die Wachstumsgeschwindigkeit wäre sicherlich langsamer gewesen und man wäre sehr viel schneller in ein Missverhältnis zwischen Komplexität und Fähigkeiten (Komplexitäts-Fähigkeits-Missverhältnis) geraten, da die Handhabung von nicht-standardisierten Varianten sehr viel aufwendiger und fehleranfälliger ist.[604]

[604] Vgl. die Probleme der E-SERVICES AG mit ihrem sehr komplexen und z.T. nicht standardisierten Leistungsangebot bzw. der für dessen Abwicklung benötigten Prozesse.

Wie bereits angedeutet, hinkten während der starken Wachstumsjahre (1985 – 1996) die Komplexitäts-Fähigkeiten der realisierten Komplexität permanent hinterher. Aufgrund des steigenden Markterfolges wurde dieses Komplexitäts-Fähigkeits-Missverhältnis jedoch nicht als besonders stark wahrgenommen. Als der Boom langsam nachließ, war das Missverhältnis nicht mehr vorhanden (durch die gestiegene Erfahrung der Mitarbeiter und die optimierten Prozesse sowie die effizientere Organisation). Abbildung 62 visualisiert diese Entwicklung.

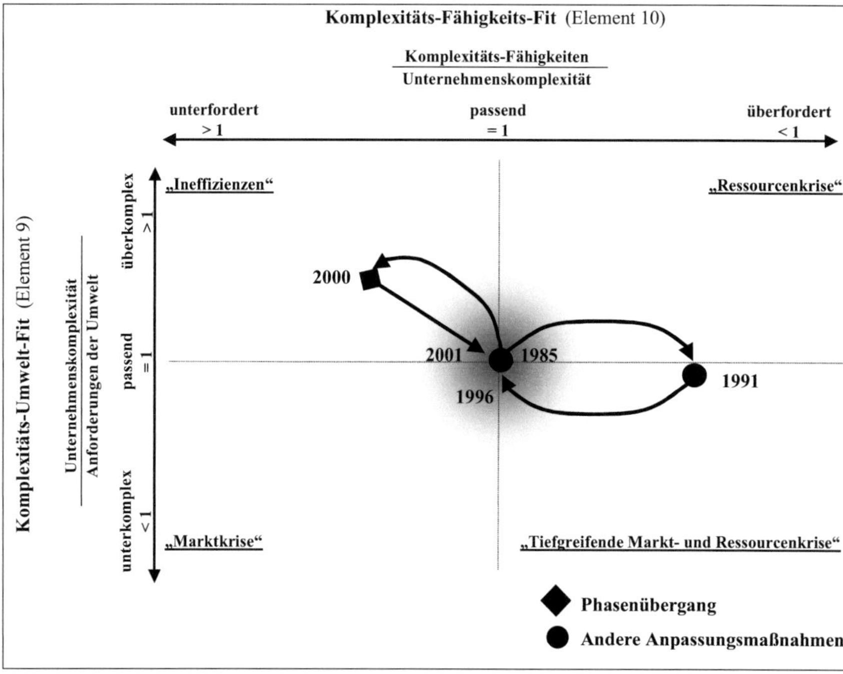

Abbildung 62: Erklärung wesentlicher Veränderungsprozesse in der Unternehmensentwicklung der LOWTECH GmbH[605]

Als die Umsätze ab 1996 zurückgingen, zeigte sich dann ein anderes Bild: die vorhandenen Komplexitäts-Fähigkeiten überstiegen die tatsächliche Komplexität (Komplexitäts-Fähigkeits-Missverhältnis). Durch den Mitarbeiterabbau im Jahr 2000 wurde wieder eine bessere Passung hergestellt. Dabei gelang es, Ressourcen und Komplexitäts-Fähigkeiten abzubauen, die zu diesem Zeitpunkt (nicht mehr) notwendig waren. Dies lässt sich am gestiegenen

[605] Eigene Darstellung. Siehe auch Abbildung 22 in Abschnitt 3.2.2.3.

Umsatz bei gleichzeitig stark reduziertem Personalstamm in den Jahren 2001 und 2002 festmachen.

Element 11: Management-Komplexität

In den ersten starken Wachstumsjahren (ab Mitte der 80er Jahre) war der Unternehmer stark gefordert: und zwar sowohl bei der Abwicklung des operativen Geschäfts als auch bei der Anpassung des Unternehmens auf Basis der gestiegenen Größe. Da der wirtschaftliche Erfolg des Unternehmens aber gegeben war, wurde das Komplexitäts-Fähigkeits-Missverhältnis als nicht schwerwiegend empfunden. Die Management-Komplexität bzw. der Druck wurde im Nachhinein nicht als besonders hoch eingeschätzt.

Der Umsatzrückgang ab 1996 kann wie dargestellt als gleichzeitiges Komplexitäts-Umwelt-Missverhältnis (Komplexität > Anforderungen) und Komplexitäts-Fähigkeits-Missverhältnis (Fähigkeiten > Komplexität) gedeutet werden: wie in der obigen Abbildung zu erkennen, befand sich die LOWTECH GmbH also in einer Situation, die durch „Ineffizienzen“ zu charakterisieren ist. Mit der anhaltenden Umsatzschwäche stieg der Druck auf das Management-Team. Der neue Geschäftsführer leitete im Jahr 2000 den tief greifenden Anpassungsprozess ein, in dessen Folge über 30 Mitarbeiter abgebaut werden mussten, um die Kosten- wieder der Erlösstruktur anzupassen.

Element 12: Veränderungsbestreben

Vor dem Phasenübergang im Jahr 2000 gab es bereits Veränderungsbestrebungen aufgrund des gestiegenen Anpassungsdrucks auf das Management-Team. Die Neubesetzung der Geschäftsführerposition lähmte jedoch die Veränderungsbemühungen. Nach der Rekrutierung des neuen Geschäftsführers wurde die überfällige Anpassung schnell angegangen.

Außerdem gab es – wie beschrieben – im Zeitablauf zahlreiche optimierende Anpassungsmaßnahmen, um einen Fit zwischen Umwelt und Komplexität bzw. Ressourcen und Komplexität zu verbessern.

Element 13: „transition“ / Phasenübergang

Der identifizierte Phasenübergang im Jahr 2000 kann am besten den Kategorien „transition in personnel“ und „transition in the organizational / management structure“ zugeordnet werden.[606] Auf Basis der umgesetzten Maßnahmen konnte sich die Organisation aus dem „ineffizienten Bereich“ wieder in Richtung des „Komplexitäts-Umwelt-Fähigkeits-Optimums“ bewegen.[607]

4.3.5.3 Beurteilung des Wachstumsprozesses

Im Vergleich zu den zuvor dargestellten Fallstudien verlief der Wachstumsprozess in einigen Punkten sehr unterschiedlich. Zunächst ist hier der sehr viel größere Betrachtungszeitraum zu nennen. Während die E-SERVICES AG bspw. den Aufbau auf 140 Mitarbeitern in 12 Monaten vollzog, verlief die gleiche Entwicklung bei der LOWTECH GmbH in 35 Jahren, wobei das größte Wachstum von 1989 bis 1996 zu verzeichnen war. Ein zweiter wichtiger Unterschied ist die Finanzierung des Wachstums: wie gezeigt, vollzog sich bei der LOWTECH GmbH ein nachhaltiges Wachstum, das im Wesentlichen aus dem eigenen Cash-flow finanziert worden ist. Wachstum wurde also nicht aufgrund der Anforderungen von Kapitalgebern stark forciert, sondern war eher das Ergebnis einer nachhaltigen kundenorientierten Marktbearbeitung. Bei der Umsatz- und Mitarbeiterentwicklung zeigt sich dies in der weitestgehend parallelen Entwicklung.[608]

Auf der anderen Seite lassen sich im Wachstumsprozess auch einige starke Parallelen zu den zuvor beschriebenen Fallstudien erkennen. So waren zwei Situationen erkennbar, wie sie bereits zuvor identifiziert worden waren: das wachstumsinduzierte Komplexitäts-Fähigkeits-Missverhältnis und ein konsolidierungsbedingter Phasenübergang.

Bei der LOWTECH GmbH führte das wachstumsinduzierte Komplexitäts-Fähigkeits-Missverhältnis jedoch nicht zu einem Phasenübergang. Dies hängt offensichtlich damit zusammen, dass der Geschäftsbetrieb trotz des Fähigkeits-Missverhältnisses profitabel war. Anscheinend steigt die Management-Komplexität bzw. der Druck auf das Management nicht so stark, wenn eine profitable Situation gegeben ist. Wie in Abbildung 62 zu sehen ist, befand man sich in dieser Phase zwischen „Ressourcenkrise“ und „tiefgreifender Markt- und Ressourcenkrise“.

---

[606] Siehe Abbildung 25 in Abschnitt 3.2.2.4 und vgl. Arbaugh/Camp (2000a): Growth Transitions, S. 316ff..

[607] Siehe Abbildung 22 in Abschnitt 3.2.2.3.

[608] Bei der Entwicklung der LOWTECH GmbH war der Zusammenhang also: zunächst Umsatzwachstum, dann Mitarbeiterwachstum. Bei den vier zuvor betrachteten Unternehmen sah der Zusammenhang folgendermaßen aus: VC-Finanzierung, Mitarbeiterwachstum, dann (hoffentlich) Umsatzwachstum. Um eine potenzialträchtige, innovative Geschäftsidee schnell in einem Markt mit hoher Wettbewerbsintensität zu positionieren, ist dieses Vorgehen sicherlich auch notwendig.

Ein weiterer interessanter Aspekt dieser Fallstudie ist, dass eine Voraussetzung für das schnelle Wachstum anscheinend die für Kunden sichtbare und beherrschte Produktprogrammkomplexität war, denn aus Sicht des Verfassers wäre das rasante Wachstum ohne die vorherige Standardisierung ab 1988 nicht möglich gewesen.

4.3.5.4 Analyse der Fallstudienergebnisse

Die Entwicklung der LOWTECH GmbH konnte mit Hilfe des Bezugsrahmens nachvollzogen werden. Die Veränderungen in allen betrachteten Elementen konnten erklärt werden. Der identifizierte Phasenübergang war die einzige Situation, die zu einem tiefgreifenden Wandel zwang. Es kann festgehalten werden, dass der aufgetretene Phasenübergang mit Hilfe des Bezugsrahmens identifiziert und erklärt werden konnte. Im Zusammenspiel der Elemente wurde auch deutlich, warum es bei der LOWTECH GmbH trotz des starken Komplexitäts-Fähigkeits-Missverhältnisses zu keinem Phasenübergang kam.

Hätte der Phasenübergang mit Hilfe des Bezugsrahmens früher erkannt werden können?
Die Vorhersage eines konsolidierungsbedingten Phasenübergangs wird bisher durch den Bezugsrahmen nur bedingt unterstützt. So konnte zwar ein Komplexitäts-Umwelt-Missverhältnis gezeigt werden. Allerdings fehlt im bisherigen Bezugsrahmen der Zusammenhang zwischen Umsatz- und Kostenentwicklung. Bei der Präzisierung des Bezugsrahmens ist zu prüfen, inwieweit dieser Aspekt integriert werden kann, indem z.B. das Maß des „Cash-flow" als kritische Größe in das Modell einbezogen wird.
Das starke Komplexitäts-Fähigkeits-Missverhältnis Anfang der 90er Jahre hätte auf Basis des Bezugsrahmens vorhergesagt werden können.

5 Präzisierter Bezugsrahmen

„Das Komplexitätsmanagement fungiert als Schnittstelle zwischen der durch die Marktanforderungen definierten exogenen Komplexität und der endogenen Komplexität, die das Unternehmen gestalten muss, wenn es den Kundenanforderungen nachkommen will.“[609]

Das Ziel dieses Kapitels ist die Analyse und Präzisierung des Ausgangs-Bezugsrahmens auf Basis der Erkenntnisse aus den Fallstudien. Dazu werden im Abschnitt 5.1 zunächst die Ergebnisse der Fallstudien verglichen und daraus Schlussfolgerungen für die Überarbeitung des Bezugsrahmens abgeleitet. Darauf aufbauend werden die Elemente und deren Zusammenhang im präzisierten Bezugsrahmen vorgestellt und erläutert (Abschnitt 5.2). In Abschnitt 5.3 wird der präzisierte Bezugsrahmen vor dem Hintergrund der Fallstudien sowie der vorgestellten Wachstumsmodelle und empirischen Untersuchungen bewertet.

5.1 Fallübergreifende Analyse und Diskussion der Ergebnisse

Die folgende fallübergreifende Bewertung der Ergebnisse dient der zusammenfassenden Überprüfung der Konstrukt- und Prozessvalidität:[610] es wird also analysiert, ob die Elemente des Bezugsrahmens eine Entsprechung in den Fallstudien finden und ob die beobachteten Veränderungsprozesse den im Bezugsrahmen vorgeschlagenen Zusammenhängen entsprechen. Gerade aus der Zusammenführung der betrachteten Fälle lassen sich weitere Erkenntnisse hinsichtlich der notwendigen Präzisierung des Bezugsrahmens ableiten.[611]

Zunächst wird die Wachstumsentwicklung im Allgemeinen verglichen. Darauf aufbauend werden die Elemente des Bezugsrahmens übergreifend validiert. Dabei wird vor allem auf die Phasenübergänge, den Komplexitäts-Umwelt-Fit und den Komplexitäts-Fähigkeits-Fit eingegangen. Abschließend werden die zentralen Erkenntnisse aus den Fallstudien nochmals zusammengefasst.

---

[609] Schwenk-Willi (2001): Integriertes Komplexitätsmanagement, S. 53.
[610] Vgl. Ross/Staw (1993); zitiert nach: Lichtenstein (2000a): Emergence, S. 14.
[611] Vgl. Eisenhardt (1989): Building theories from case study research, S. 539-541.

5.1.1 Vergleich der Wachstumsentwicklung

Tabelle 9 stellt einige ausgewählte Charakteristika der fünf Fallstudienunternehmen gegenüber.

Unternehmen	gegründet	Alter (31.12. 2002)	Branche	Anzahl identifizierte Phasen (bis 31.12.2002)	Durchschn. Anzahl Phasen pro Jahr	Mitarbeiter (31.12. 2002)	Durchschn. jährliches Mitarbeiter-wachstum	Umsatz 2002	Durchschn. jährliches Umsatz-wachstum
IT AG	Jan 1998	5	IT	6	1,2	21	126%	1.050.000 €	97%
BIOTECH AG	Jan 2000	3	Biotech	3	1,0	23	104%	50.000 €	
HIGHTECH AG	Sep 2000	2,25	Hightech	3	1,3	8	100%	250.000 €	337%
E-SERVICES AG	Sep 1999	3,25	E-Business	3	0,9	50	187%	7.500.000 €	237%
LOWTECH GmbH	1960	43	Bautechnik	3	0,07	104	10%	14.000.000 €	13%

Tabelle 9: Vergleich der Entwicklung der fünf Fallstudienunternehmen[612]

Insgesamt muss zunächst festgehalten werden, dass die Wachstumsverläufe aller fünf Unternehmen insgesamt sehr unterschiedlich waren. Dies hängt einerseits sicherlich mit den verschiedenen Branchen zusammen, in denen die Firmen aktiv sind. Andererseits haben auch die spezifische Ausgangsposition[613] und die gewählte Strategie bzw. das Geschäftsmodell einen starken Einfluss auf den Wachstumsverlauf eines Unternehmens. Aufgrund der Unterschiedlichkeit der Branchenherkunft, Ausgangsposition und Strategien/Geschäftsmodelle waren die unterschiedlichen Entwicklungspfade also zu erwarten gewesen.

In Tabelle 9 zeigt sich, dass alle vier jungen Wachstumsunternehmen bereits mindestens drei unterscheidbare Phasen durchlaufen haben, d.h. dass eine Phase im Durchschnitt ca. ein Jahr dauerte. Die Mitarbeiteranzahl variiert bei den fünf Unternehmen zwischen acht und 104 (Stand: Ende 2002). Bezüglich des Mitarbeiterwachstums weisen die vier jungen Wachstumsunternehmen sehr große Wachstumsraten auf: dies liegt daran, dass alle Unternehmen bei Gründung mit zwei bis maximal fünf Mitarbeitern begonnen hatten, so dass in den ersten Jahren auch kleine absolute Steigerungen zu hohen prozentualen Steigerungen führten. Dies

[612] Eigene Darstellung.

[613] Die fünf Fallstudienunternehmen starteten bspw. mit sehr unterschiedlichen Voraussetzungen: während die HIGHTECH AG und die LOWTECH GmbH vom Gründungszeitpunkt an vermarktungsfähige Produkte besaßen, mussten die IT AG, die BIOTECH AG und die E-SERVICES AG zunächst die Produktentwicklung abschließen.

gilt ebenso für die prozentualen Umsatzsteigerungen. Wie zu sehen, waren die in 2002 erzielten absoluten Umsätze ebenfalls sehr unterschiedlich.

Tabelle 10 vergleicht die inhaltlichen Schwerpunkte der verschiedenen Entwicklungsphasen der Fallstudienunternehmen miteinander.

Unternehmen	Phase 1	Phase 2	Phase 3	Phase 4	Phase 5	Phase 6
IT AG	F&E + Dienstleistung	F&E, Businessplan, Team, Finanzierung	F&E, Unternehmensaufbau + Vorbereitung Markteintritt	Fokussierung auf Sales + Vorbereitung 2. Finanzierungsrunde	Konsolidierungsphase	Markteintritt; Sales, Sales, Sales
BIOTECH AG	F&E, Businessplan, 1. Finanzierung	F&E, Unternehmensaufbau + Vorbereitung Markteintritt	Fokussierung auf Vertrieb + Vorbereitung Markteinführung			
HIGH-TECH AG	Finanzierung + Vorbereitung Unternehmensaufbau	Unternehmensaufbau + Vorbereitung Markteintritt	Markteintritt weitere Produkte + Diversifizierung			
E-SERVICES AG	Unternehmensaufbau + Optimierung der Operations	Ausweitung der B2C-Services + Internationalisierung	Konzentration auf B2B-Services			
LOWTECH GmbH	Familienbetrieb, Handel aus dem Keller	Wachstum, Wandel, Zertifizierung	Konsolidierung			

Tabelle 10: Vergleich der Phaseninhalte der fünf Fallstudienunternehmen

Es zeigt sich, dass es bei den vier jungen Wachstumsunternehmen in den ersten Unternehmensphasen prinzipiell um die gleichen Schwerpunkte geht, nämlich Produktentwicklung, Akquisition einer VC-Finanzierung, Unternehmensaufbau und (Vorbereitung des) Markteintritt(s). Wenn man sich die Phasen und deren inhaltlichen Schwerpunkte jedoch genauer ansieht, stellt man fest, dass die spezifische Zusammensetzung der wichtigsten Aufgaben der Phasen z.T. sehr unterschiedlich ist. Beispielsweise waren bei der IT AG und der BIOTECH AG die ersten beiden Unternehmensphasen sehr stark durch die Produktentwicklung dominiert, weil die Produkte zunächst marktreif entwickelt werden mussten. Bei den anderen drei Unternehmen gab es bereits seit Gründung marktfähige Produkte, wodurch dort der Aufbau der „Produktion" im Vordergrund stand. Weitere Aspekte, die die unterschiedlichen Schwerpunkte der Phasen prägten, waren z.B. die Anzahl der unterschiedlichen Produkte, die entwickelt und in den Markt eingeführt wurden, sowie die Anzahl an unterschiedlichen Kundengruppen und Distributionskanälen.

Als Zwischenfazit lässt sich festhalten, dass beim Aufbau eines jungen Wachstumsunternehmens bestimmte Aufgaben erledigt werden müssen, die prinzipiell bei allen Unternehmen ähnlich sind. Unterschiedlich ist dagegen, wie und in welcher Kombination die Aufgaben anstehen, sowie der jeweilige Schwierigkeitsgrad, der mit den Aufgaben verbunden ist.[614]

5.1.2 Validierung des Bezugsrahmens

Insgesamt kann konstatiert werden, dass der Bezugsrahmen in allen fünf Fallstudien alle wesentlichen Veränderungsprozesse beschreiben und erklären konnte. Insbesondere sind hierbei die tiefgreifenden Veränderungsprozesse im Rahmen eines Phasenübergangs zu nennen: es konnten alle Phasenübergänge identifiziert und auch deren Ursachen und Entstehungsprozesse erklärt werden. Damit konnte eine wesentliche Zielsetzung dieser Arbeit erreicht werden.

Im Folgenden sollen kurz alle wesentlichen Elemente und Zusammenhänge vor dem Hintergrund der Fallstudien evaluiert werden. Dabei wird auf den Kern des Bezugsrahmens fokussiert, so dass der Vergleich der identifizierten Komplexitäts-Umwelt-Fits und Komplexitäts-Fähigkeits-Fit sowie deren Auswirkungen auf Veränderungsprozesse und insbesondere die identifizierten Phasenübergänge im Mittelpunkt der Betrachtung stehen.

Modul A: Voraussetzungen für das Wachstum

Alle jungen Wachstumsunternehmen erfüllten das Kriterium der VC-Finanzierung und damit auch die daraus ableitbaren Kriterien „Wachstumsbestreben", „Unternehmerische Fähigkeiten", fehlende „Marktbeschränkungen" und „Unternehmensressourcen".

Modul B: Wachstum führt zu steigender Komplexität

Zwischen den Wachstumsvoraussetzungen und dem realisierten Umsatz- bzw. Mitarbeiterwachstum fehlen in dem Ausgangs-Bezugsrahmen die Schritte „Wachstumsplanung" und „Umsetzung der geplanten Maßnahmen". Wie in den longitudinalen Echtzeit-Fallstudien deutlich wurde, gab es große Abweichungen zwischen Planungen (und den zugrunde liegen-

[614] So hatte die E-SERVICES AG im Herbst 2000 wenige Probleme eine zweite Finanzierungsrunde zu akquirieren, obwohl der Proof-of-concept noch nicht erbracht war. Für die IT AG erwies es sich neun Monate später als unmöglich, eine weitere Finanzierungsrunde zu bekommen, da sie bis dato den Markterfolg der Produkte nicht zeigen konnte.

den Annahmen der Planungen) und der realisierten Entwicklung. Auch in den anderen beiden Fallstudienunternehmen wurde von maßgeblichen Planabweichungen berichtet. Wie gezeigt, hatten die Planabweichungen einen großen Einfluss auf die Veränderungsprozesse. Die festgestellten Planabweichungen können als sichtbare Symptome eines Missverhältnisses gedeutet werden. Darauf wird in diesem Abschnitt im Zusammenhang mit dem Vergleich der identifizierten Missverhältnisse noch näher eingegangen.

Wie in den Fallstudien weiterhin zu beobachten war, wurden nach der Finanzierung zahlreiche Maßnahmen initiiert, die unter Einbeziehung der wahrgenommenen Umweltanforderungen zum Aufbau bzw. zur Konfiguration der Ressourcen und zum Aufbau der Unternehmenskomplexität führten. Als Konsequenz dieser Maßnahmen war dann ein Mitarbeiter- und Umsatzwachstum zu beobachten. Bei den VC-finanzierten Wachstumsunternehmen war der Zusammenhang dann: Umsetzung der geplanten Maßnahmen ➔ Mitarbeiterwachstum ➔ (hoffentlich) Umsatzwachstum.[615]

Die umgesetzten Maßnahmen führten zu einer Erhöhung der Unternehmenskomplexität. Abbildung 63 vergleicht die Entwicklung der Unternehmenskomplexität der fünf Unternehmen. Bevor auf die unterschiedliche Entwicklung eingegangen wird, muss nochmals festgestellt werden, dass ein absoluter Wert des Komplexitätsgrads keine inhaltliche Interpretation zulässt: man kann also <u>nicht</u> sagen, dass ein niedriger Komplexitätsgrad besser als ein hoher ist oder umgekehrt. <u>Der Komplexitätsgrad erhält erst dann eine Aussagekraft, wenn dessen Entwicklung im Zeitablauf verglichen werden kann. Im Zusammenspiel mit der Entwicklung der Umweltanforderungen und Komplexitäts-Fähigkeiten erhält der Komplexitätsgrad dann eine Bedeutung.</u> Möglicherweise kann der Komplexitätsgrad auch zum Vergleich zweier Unternehmen dienen, die im direkten Wettbewerb stehen. Ob daraus dann auch Aussagen über die Leistungsfähigkeit der Unternehmen abgeleitet werden können, hängt davon ab, ob auch genügend Informationen über die Ressourcen und Komplexitäts-Fähigkeiten vorliegen.

---

[615] Wie gezeigt, war dieser Zusammenhang beim Cash-flow-finanzierten Wachstum der LOWTECH GmbH anders: Umsetzung der geplanten Maßnahmen ➔ Umsatzwachstum ➔ Mitarbeiterwachstum.

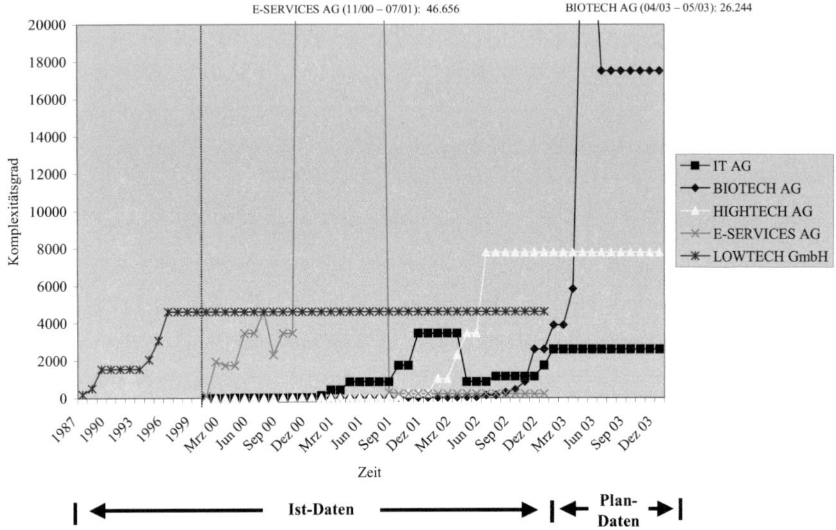

Abbildung 63: Vergleich der Komplexitätsentwicklung der fünf Fallstudienunternehmen[616]

Abbildung 63 zeigt, dass sich die Komplexitätsgrade sehr unterschiedlich entwickelten. Im Rahmen des Unternehmensaufbaus und des Markteintritts konnte bei den vier jungen Wachstumsunternehmen ein starkes Ansteigen der Unternehmenskomplexität beobachtet werden. Sinkende Komplexitätsgrade konnten bei der IT AG (April 2002) und der E-SERVICES AG (Juli 2000 und Juli 2001) festgestellt werden. Bei der BIOTECH AG ist – laut der Einschätzung des Verfassers – ein Phasenübergang mit einem starken Rückgang der Unternehmenskomplexität in etwa für das zweite Quartal 2003 vorherzusehen.[617] Bei drei der vier Rückgänge handelt es sich um Phasenübergänge. Ausnahme ist der erste Rückgang bei der E-

[616] Eigene Darstellung. Es ist zu beachten, dass die Zeitskala von 1987 bis 1999 auf Jahresbasis ist, um die Entwicklung des Komplexitätsgrads der LOWTECH GmbH darstellen zu können. Für die E-SERVICES AG und die LOWTECH GmbH liegen die Daten nur bis Ende 2002 vor. Die Daten der Monate Juli bis Dezember 2002 basieren auf den Einschätzungen der Interviewpartner.

[617] Der Rückgang der Unternehmenskomplexität auf Basis eines möglichen Phasenübergangs ist in Abbildung 63 nicht dargestellt. Der dargestellte Rückgang im Juni 2003 resultiert aus der geplanten sinkenden Produktinnovationsgeschwindigkeit.

SERVICES AG.[618] Es kann die Annahme getroffen werden, dass die Unternehmenskomplexität i.d.R. nicht ohne bewusste, komplexitätsreduzierende Veränderungsmaßnahmen des Management-Teams sinkt. Weiterhin handelt es sich bei solchen komplexitätsreduzierenden Maßnahmen anscheinend häufig um einschneidende Veränderungsmaßnahmen, d.h. Phasenübergänge.[619] Eine sinkende Unternehmenskomplexität kann also als ein Indiz für einen zuvor stattgefundenen konsolidierungsbedingten Phasenübergang gedeutet werden.

Weitere konkrete Schlüsse lässt dieser Vergleich der Komplexitätsgrade jedoch nicht zu. Es könnte z.B. angenommen werden, dass der Bereich des Komplexitätsgrads von 2.000 bis 8.000 bei kleinen und mittleren Unternehmen häufig anzutreffen ist, weil sich die IT AG, die HIGHTECH AG und die LOWTECH GmbH in dieser Bandbreite befinden. Mit der E-SERVICES AG findet sich mit einem Komplexitätsgrad von 216 aber gleich ein Gegenbeispiel. Und die BIOTECH AG plant, sich auf einem sehr viel höheren Niveau (17.500) einzupendeln. Um Aussagen über Häufigkeiten oder Wahrscheinlichkeiten bestimmter Komplexitätsgrade treffen zu können, wäre eine großzahlige empirische Erhebung von Nöten, bei der die genaue Branchenzugehörigkeit als möglicher moderierender Faktor berücksichtigt werden müsste.

Bezüglich des Moduls B bleibt festzuhalten, dass die Elemente „Wachstumsplanung“ und „Umsetzung der geplanten Maßnahmen“ fehlen und im präzisierten Bezugsrahmen mit aufgenommen werden sollten.

Modul C: Komplexitäts-Missverhältnisse führen zu erhöhter Management-Komplexität

Sehr viel interessanter als der absolute Vergleich der Komplexitätsgrade ist dagegen der Vergleich der in den Fallstudien identifizierten Missverhältnisse und deren Auswirkungen auf das Unternehmen. Abbildung 64 zeigt die Komplexitäts-Umwelt-Fähigkeits-Positionen der fünf Fallstudienunternehmen im Vergleich.

---

618 Der Rückgang der Unternehmenskomplexität bei der E-SERVICES AG im Juli 2000 war auf das Auslagern von operativen Prozessschritten an externe Dienstleister zurückzuführen und wurde vom Interviewpartner eher als anpassende Maßnahme gedeutet.

619 Beim Phasenübergang der IT AG wurde bspw. die Entwicklungstätigkeit drastisch reduziert (Reduzierung der Geschwindigkeit der Produktinnovationen) und der Standort in Großbritannien fast vollständig aufgegeben (Reduzierung der geographischen Ausdehnung). Bei der E-SERVICES AG wurde ein komplettes Geschäftsfeld aufgegeben. Und in dem vermutlich der BIOTECH AG bevorstehenden Phasenübergang

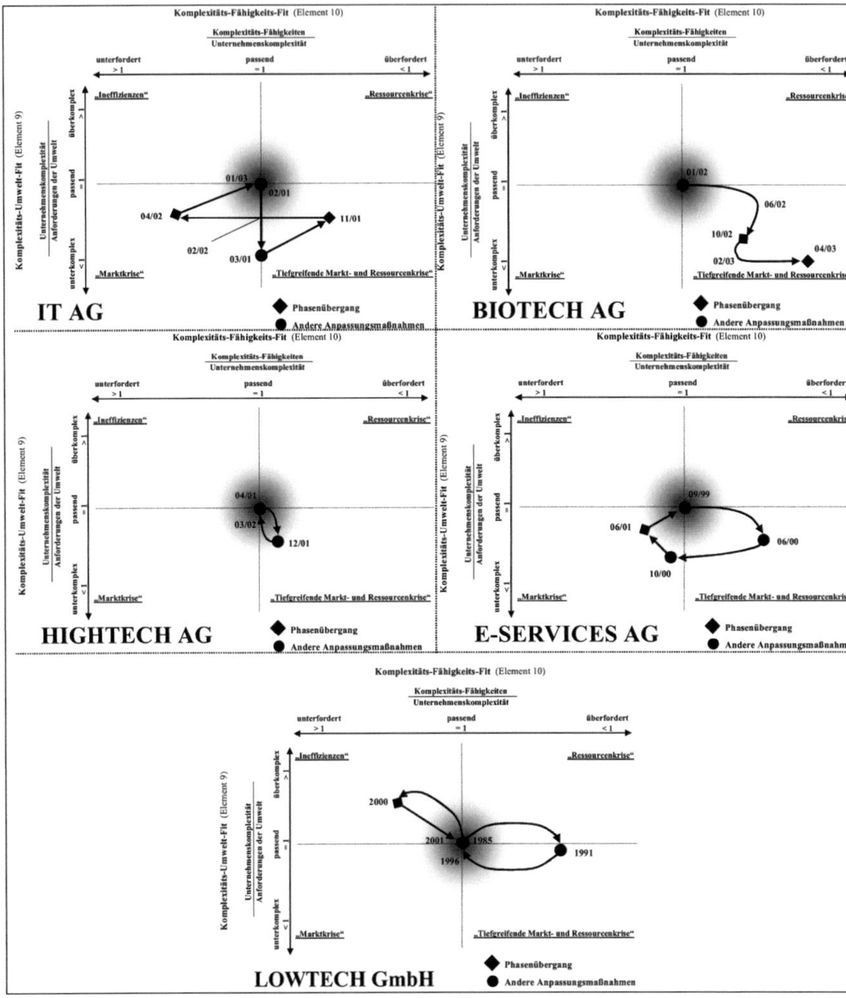

Abbildung 64: Vergleich der Veränderungsprozesse der fünf Fallstudienunternehmen[620]

Es wird nochmals deutlich, dass die Entwicklungen sehr unterschiedlich verliefen: zunächst waren die Verläufe der Komplexitäts-Missverhältnisse zu Beginn sehr unterschiedlich. Dann gab es ganz verschiedene Maßnahmen zur Verbesserung der Situation. Und drittens war die Konsequenz der Phasenübergänge und anderen Anpassungsmaßnahmen nicht immer eine

[620] Eigene Darstellung. In dieser Abbildung wird jeweils für das Unternehmen die Entwicklung der Komplexitäts-Umwelt-Fähigkeits-Position im Zeitablauf dargestellt. Zur weiteren Erklärung der einzelnen Abbildungen siehe auch in den jeweiligen Fallstudien in Abschnitt „Management-Komplexität" (Abschnitt 4.3).

Verbesserung der Situation und eine Annäherung an das Komplexitäts-Umwelt-Fähigkeits-Optimum.

Die in den fünf Fallstudien identifizierten Missverhältnisse und die dadurch ausgelösten Veränderungen werden in der folgenden Tabelle 11 verglichen.

Nr	Unternehmen	Zeitraum (von - bis)	Missverhältnis		Indikator / Symptom	Ursache	Maßnahmen	Erklärbar durch Bezugsrahmen	Erklärungslücken
1	IT AG	03/01 - 02/02	Komplexitäts-Fähigkeits-Missverhältnis	Fähigkeiten < Komplexität	Anspannung beim Top-Management-Team	(zu) schnelles Wachstum	11/01: Phasenübergang 1: Formalisierung der Organisation	vollständig	
2	IT AG	03/01 - 04/02	Komplexitäts-Umwelt-Missverhältnis	Anforderungen > Komplexität	Ist-Umsätze < Plan-Umsätze; negativer Cash-flow größer als geplant ==> Anspannung beim Top-Management-Team	Wahrnehmung zu vieler unterschiedlicher Anforderungen	03/01 - 11/01: anpassende Maßnahme: Aufbau der Komplexität; 04/02: Phasenübergang 2: Fokussierung	teilweise	(A): Planabweichung; Symptom "zu hoher negativer Cash-flow"
3	IT AG	02/02 - 04/02	Komplexitäts-Fähigkeits-Missverhältnis	Fähigkeiten > Komplexität	in Teilbereichen: fehlende Effektivität hinsichtlich Vertriebserfolg; negativer Cash-flow größer als geplant ==> Anspannung beim Top-Management-Team	Fähigkeits-Aufbau; fehlendes Geschäft	04/02: Phasenübergang 2: Abbau von nicht benötigten Ressourcen	vollständig	
4	BIO-TECH AG	01/02 - 10/02	Komplexitäts-Fähigkeits-Missverhältnis	Fähigkeiten < Komplexität	Verzögerung Produktentwicklung und Abschluss Vertriebskooperationen	fehlendes Projektmanagement-Know-how; fehlendes Vertriebs-Know-how	10/02: Phasenübergang 3: Abschluss Produktentwicklung und Aufbau von Vertriebs-Know-how	vollständig	
5	BIO-TECH AG	06/02 - 10/02	Komplexitäts-Umwelt-Missverhältnis	Anforderungen > Komplexität	Verzögerung Vertriebskooperationen; Ist-Umsätze < Plan-Umsätze; negativer Cash-flow größer als geplant ==> Anspannung beim Top-Management-Team	Verzögerung Produktentwicklung und Markteintritt	10/02: Phasenübergang 3: Diversifizierungsstrategie und Fokussierung auf Vertrieb	teilweise	(A) + (B): Zusammenhang verzögerter Markteintritt (zeitliche Planabweichung und "zu hoher negativer Cash-flow" (monetäre Planabweichung)
6	HIGH-TECH AG	12/01 - 03/02	Komplexitäts-Umwelt-Missverhältnis	Anforderungen > Komplexität	Ist-Umsätze < Plan-Umsätze; negativer Cash-flow jedoch konstant ==> nur leichte Anspannung beim Top-Management-Team	Kunden wollen Systeme + Lösungen und keine Materialien; allg. Investionszurückhaltung	03/02: anpassende Maßnahmen: Erhöhung der Komplexität und Komplexitäts-Fähigkeiten, jedoch ohne zusätzliche Ressourcen (und Kosten)	teilweise	(C) + (D): kein Phasenübergang, weil keine Planabweichung beim Cash-flow und präventive Anpassungsmaßnahmen

Nr	Unternehmen	Zeitraum (von - bis)	Missverhältnis		Indikator / Symptom	Ursache	Maßnahmen	Erklärbar durch Bezugsrahmen	Erklärungslücken
7	E-SERVICES AG	01/00 - 09/00	Komplexitäts-Fähigkeits-Missverhältnis	Fähigkeiten < Komplexität	Anspannung beim Top-Management-Team	(zu) schnelles Wachstum	01/00 - 09/00: Aufbau der Fähigkeiten durch Learning by doing 06/00: anpassende Maßnahmen: Senkung der Komplexität durch Outsourcing + Standardisierung	teilweise	(E): kein Phasenübergang, da hohe Belastbarkeit des Management-Teams und paralleler Komplexitäts-Umwel Missverhältnis die Aufmerksamkeit auf sich zog
8	E-SERVICES AG	06/00 - 10/00	Komplexitäts-Umwelt-Missverhältnis	Anforderungen > Komplexität	Ist-Umsätze < Plan-Umsätze; negativer Cash-flow größer als geplant ==> Anspannung beim Top-Management-Team	Geschäftsmodell wa nicht profitabel betreibbar: Marketing- und Prozesskosten konnten nicht durch Erträge gedeckt werden	10/00: anpassende Maßnahmen: Aufbau Komplexität durch Erweiterung des Leistungsangebotes um kundengruppenspezifische Dienste	teilweise	(A) + (F): Planabweichung; Symptom "zu hoher negativer Cash-flow" jedoch kein Phasenübergang wegen hoher Liquidität
9	E-SERVICES AG	10/00 - 06/01	Komplexitäts-Umwelt-Missverhältnis	Anforderungen > Komplexität	Ist-Umsätze < Plan-Umsätze; negativer Cash-flow größer als geplant ==> Anspannung beim Top-Management-Team	Geschäftsmodell wa nicht profitabel betreibbar: Marketing- und Prozesskosten konnten nicht durch Erträge gedeckt werden	06/01: Phasenübergang 4: Reduzierung Umweltanforderungen und Komplexität durch Aufgabe eines Geschäftsfeldes	teilweise	(A) Planabweichung; Symptom "zu hoher negativer Cash-flow"
10	LOW-TECH GmbH	1985 - 1996	Komplexitäts-Fähigkeits-Missverhältnis	Fähigkeiten < Komplexität	Ineffiziente Leistungserstellungs-prozesse und organisatorische Abläufe	(zu) schnelles Wachstum	seit 1985: Fähigkeitsaufbau bei den Mitarbeitern seit 1991: anpassende Maßnahmen: Formalisierun der Organisation + Prozesse	teilweise	(C): kein Phasenübergang, weil trotz Missverhältnis keine Planabweichung beim Cash-flow
11	LOW-TECH GmbH	1996 - 2000	Komplexitäts-Umwelt-Missverhältnis	Anforderungen < Komplexität	Ist-Umsätze < Plan-Umsätze; zuvor positiver Cash-flow sank gegen Null ==> Anspannung beim Top-Management-Team	schrumpfender Markt; dadurch sinkende Nachfrage	2000: Phasenübergang 5: Senkung der Komplexität durch Mitarbeiterabbau	teilweise	(A): Planabweichung; Symptom "sinkender positiver Cash-flow"
12	LOW-TECH GmbH	1996 - 2000	Komplexitäts-Fähigkeits-Missverhältnis	Fähigkeiten > Komplexität	in Teilbereichen: fehlend Effizienz und Effektivität hinsichtlich Kundenzufriedenheit; zuvor positiver Cash-flow sank gegen Null ==> Anspannung beim Top-Management-Team	geringeres Auftragsvolumen; zunächst konstanter Mitarbeiterstamm	2000: Phasenübergang 5: Abbau von nicht benötigten Ressourcen (Komplexitäts-Fähigkeiten) durch Personalabbau	vollständig	

Tabelle 11: Vergleich der identifizierten Missverhältnisse und dadurch ausgelöster Veränderungen[621]

[621] Eigene Darstellung. Zur detaillierteren Beschreibung der Missverhältnisse siehe Abschnitt 4.3.

Die Tabelle ist nach Unternehmen und chronologisch gegliedert. Der Indikator oder das Symptom eines Missverhältnisses stellt das sichtbare oder fühlbare Ergebnis eines Missverhältnisses dar. Die „Ursache“ kann auch als Auslöser für ein Missverhältnis bezeichnet werden. Die Maßnahmen sind entweder anpassende Maßnahmen oder tiefgreifendere Phasenübergänge. Alle Missverhältnisse wurden bewertet, inwieweit diese durch den Ausgangs-Bezugsrahmen erklärt werden konnten. Bei den nur „teilweise“ erklärbaren Missverhältnissen sind die erkannten „Erklärungslücken“ ((A) bis (F)) benannt, die im Folgenden erklärt und bewertet werden.

Vier der 12 Missverhältnisse konnten ohne Abstriche vollständig auf Basis des Ausgangs-Bezugsrahmens erklärt werden. Hierbei handelt es sich ausschließlich um „Komplexitäts-Fähigkeits-Missverhältnisse“.

Erklärungslücke (A): Planabweichung; Symptom „zu hoher negativer Cash-flow“ bzw. „sinkender positiver Cash-flow“

Die Erklärungslücke (A) konnte bei sechs „Komplexitäts-Umwelt-Missverhältnissen“ beobachtet werden: eine negative Abweichung des tatsächlichen vom geplanten Cash-flow scheint ein entscheidendes Symptom beim Auftreten einer mangelnden Anpassung des Unternehmens an die Umwelt zu sein. Bei einem jungen (noch nicht profitablen) Wachstumsunternehmen stellt der negative Cash-flow eine entscheidende Kennzahl dar, da anhand des negativen Cash-flows und der noch verfügbaren Liquidität die noch verbleibende Dauer bestimmt werden kann, bis der Break-even erreicht oder Insolvenz angemeldet werden muss. Wenn der negative Cash-flow also höher als geplant ist, verkürzt dies den Zeitraum bis zum Break-even oder macht eine Veränderung der (Finanzierungs-)Strategie nötig. Damit erhöht die negative Abweichung des Cash-flows maßgeblich den (Veränderungs-)Druck auf das Top-Management-Team.

Der Indikator „Planabweichung des Cash-flows“ sollte in den präzisierten Bezugsrahmen aufgenommen werden, da diese negative Planabweichung offensichtlich maßgeblich den Veränderungsdruck auf das Management erhöht.

Erklärungslücke (B): Zusammenhang verzögerter Markteintritt (zeitliche Planabweichung) und "zu hoher negativer Cash-flow" (monetäre Planabweichung)

Die Erklärungslücke (B) konnte beim „Komplexitäts-Umwelt-Missverhältnis“ bei der BIOTECH AG beobachtet werden. Der bereits zuvor beschriebenen monetären Planabweichung ging eine zeitliche Planabweichung, nämlich eine Verzögerung der Produktentwicklungsprojekte voraus. Dieses Symptom der zeitlichen Planabweichung ist im Ausgangs-Bezugsrahmen nicht abgebildet. Allerdings sollte bei einem Unternehmen, das sich schwerpunktmäßig mit der Produktentwicklung beschäftigt, ein adäquates Projektmanagement-System zum Handwerkszeug gehören. Dann sollten zeitliche Planabweichungen in der Produktentwicklung frühzeitiger erkannt und deren Auswirkungen auf den Markteintrittszeitpunkt eingeschätzt werden können. Letztendlich drückt sich die zeitliche Planabweichung dann also in einer veränderten Umsatz- und Cash-flow-Entwicklung, also einer monetären Planabweichung aus.

Die zeitliche Planabweichung muss nicht gesondert in den präzisierten Bezugsrahmen integriert werden, da eine zeitliche Planabweichung dann relevant wird, wenn sie zu einer monetären Planabweichung führt. Durch die Aufnahme des Indikators „Planabweichung des Cash-flows“ ist die zeitliche Komponente also implizit enthalten.

Erklärungslücke (C): kein Phasenübergang, weil keine Planabweichung beim Cash-flow

Die Erklärungslücke (C) konnte zwei Mal festgestellt werden: einmal bei einem „Komplexitäts-Umwelt-Missverhältnis“ und einmal bei einem „Komplexitäts-Fähigkeits-Missverhältnis“. Beide Male kam es trotz eines bestehenden starken Missverhältnisses nicht zu einem Phasenübergang. Offensichtlich lag das in beiden Fälle zum großen Teil daran, dass es im Vergleich zu den Planungen zu keiner negativen Abweichung beim Cash-flow kam. Bei der HIGHTECH AG blieb der monatlich negative Cash-flow konstant, und bei der LOWTECH GmbH konnten trotz starken „Komplexitäts-Fähigkeits-Missverhältnisses“ wie geplant positive Cash-flows erwirtschaftet werden. Solange sich der Cash-flow wie geplant entwickelt, steigt offensichtlich die Anspannung beim Management-Team nicht an. Je nachdem wie sensibel das Management-Team für Missverhältnisse ist, werden diese möglicherweise auch gar nicht wahrgenommen, solange der Cash-flow sich im geplanten Bereich bewegt.

Diese Beobachtung unterstützt die Aufnahme des Indikators „Planabweichung des Cash-flows“ in den Bezugsrahmen. Der Indikator stellt das sichtbare Symptom eines „im Hintergrund“ aufgetretenen Missverhältnisses dar, was zu einer Erhöhung der Anspannung des Management-Teams führt. Wenn es zu keiner Planabweichung kommt, wird das Missverhältnis womöglich nicht wahrgenommen, oder zumindest als nicht so stark angenommen, dass einschneidende Veränderungsmaßnahmen im Sinne eines Phasenübergangs notwendig erscheinen.

Erklärungslücke (D): kein Phasenübergang, weil präventive Anpassungsmaßnahmen

Die Erklärungslücke (D) konnte im Rahmen eines „Komplexitäts-Umwelt-Missverhältnisses" bei der HIGHTECH AG beobachtet werden. Hier kam es trotz des Missverhältnisses zu keinem Phasenübergang. Dabei spielte – wie eben beschrieben – zum einen die Planeinhaltung beim Cash-flow eine Rolle. Der andere Grund scheint jedoch zu sein, dass die HIGHTECH AG sehr früh Anpassungsmaßnahmen einleitete. Hier ist zunächst die Wachstumsstrategie zu nennen, die nach dem Aufbau der Produktionsanlagen und eines Basis-Personalbestands von vornherein einen maximalen negativen monatlichen Cash-flow als obere Wachstumsgrenze vorgab. Außerdem wurden schon nach den ersten Anzeichen einer Umsatz-Planabweichung Maßnahmen zur Erweiterung des Produktportfolios und des Aufbaus von System-Know-how eingeleitet (bei konstantem negativem Cash-flow). Diese präventive Anpassung führte schnell zu einer Verbesserung des „Komplexitäts-Umwelt-Missverhältnisses".

Im Bezugsrahmen sind präventive und anpassende Maßnahmen bisher nicht explizit abgebildet, obwohl dieses „normale Management" natürlich auch sehr wichtig für die Entwicklung des Unternehmens ist. Bei der Präzisierung des Bezugsrahmens ist zu überprüfen, inwieweit präventive und optimierende Anpassungsmaßnahmen explizit berücksichtigt werden können.

Erklärungslücke (E): kein Phasenübergang, da hohe Belastbarkeit des Management-Teams und paralleles Komplexitäts-Umwelt-Missverhältnis die Aufmerksamkeit auf sich zog

Die Erklärungslücke (E) konnte im Rahmen eines „Komplexitäts-Fähigkeits-Missverhältnisses" bei der E-SERVICES AG beobachtet werden. Hier kam es trotz des Missverhältnisses zu keinem Phasenübergang. Dabei spielte einerseits anscheinend die sehr hohe Belastbarkeit des Management-Teams eine Rolle, das durch den hohen persönlichen Einsatz die unzureichenden Prozesse und Organisation kompensierte. Andererseits zog das parallel vorhandene „Komplexitäts-Umwelt-Missverhältnis" zu Recht stärker die Aufmerksamkeit auf sich, da zunächst verstärkt an der Optimierung der Anpassung zur Umwelt gearbeitet wurde. Der Aufbau der Komplexitäts-Fähigkeiten stand dagegen zurück. Dieses Vorgehen steht im Einklang mit Chandlers „Structure-follows-strategy"-These und der darauf aufbauenden Empfehlung von Slevin/Covin, dass zunächst der externe Fit und erst dann der interne Fit optimiert werden soll.[622] Besteht gleichzeitig ein schwerwiegendes Missverhältnis sowohl beim Komplexitäts-Umwelt-Fit als auch beim Komplexitäts-Fähigkeits-Fit, scheint es demnach sinnvoll zu sein, zuerst den Komplexitäts-Umwelt-Fit zu verbessern und darauf aufbauend den Komplexitäts-Fähigkeits-Fit zu optimieren. Im spezifischen Fall bei der E-SERVICES AG wurden das Geschäftsmodell und die Komplexitäts-Fähigkeiten mit einer gewissen Zeitverzögerung „nur" optimiert und kein Phasenübergang eingeleitet, weil der Druck auf das Management-Team die kritische Schwelle nicht überschritt, so dass ein tiefgreifender Veränderungsprozess initiiert worden wäre.[623]

Die konkrete Einschätzung, wann Missverhältnisse zu einer tiefgreifenden Veränderungen führen, hängt von vielen Faktoren ab. In diesem konkreten Fall waren die Belastbarkeit des Management-Teams, die externen Anpassungsprobleme und die großen Liquiditätsreserven die Gründe, weswegen die kritische Management-Komplexität nicht überschritten worden war.[624] Der Druck auf das Management-Team war also nicht so groß, dass ein Phasenübergang eingeleitet wurde. Prinzipiell wird diese Beobachtung durch den Bezugsrahmen voll unterstützt. Die Gründe, die zu einer höheren ertragbaren Management-Komplexität führen, sind jedoch nicht explizit benannt. Um den Bezugsrahmen übersichtlich zu halten, wird auf die Integration der möglichen moderierenden Einflussfaktoren auf die Management-Komplexität jedoch verzichtet.

Erklärungslücke (F): kein Phasenübergang wegen hoher Liquidität

Die Erklärungslücke (F) konnte im Rahmen eines „Komplexitäts-Umwelt-Missverhältnisses" bei der E-SERVICES AG beobachtet werden. Hier kam es trotz des Missverhältnisses zu keinem Phasenübergang, sondern nur zu anpassenden Maßnahmen. Wie zuvor beschrieben, fehlte anscheinend der Veränderungsdruck, weil die E-SERVICES AG trotz schwacher Umsatzentwicklung eine zweite Finanzierungsrunde akquirieren konnte und somit über eine hohe Liquidität verfügte.

[622] Vgl. Slevin/Covin (1997): Time, growth, complexity, and transitions, S. 66; Kieser (1993): Organisationsstruktur, S. 60 und Schewe (1998): Strategie und Struktur, S. 55ff.. Siehe auch Abschnitt 2.6 dieser Arbeit.

[623] Man hatte in dieser Zeit gerade eine zweite VC-Finanzierungsrunde akquirieren können und von daher genug Liquidität, um das ursprüngliche Geschäftsmodell (mit Anpassungen) weiter austesten zu können. Siehe Erklärungslücke (F).

[624] Bei der kritischen Grenze der Management-Komplexität spielt vermutlich auch die Ambiguitätstoleranz der Management-Team-Mitglieder eine Rolle. In diesem Zusammenhang bedeutet dies, wie lange bzw. wie gut man damit leben kann, dass die eigenen Grundannahmen und die erlebte Realität nicht übereinstimmen, wenn man ein Missverhältnis erkennt.

Eine hohe Liquidität scheint (gemeinsam mit der „Planabweichung des Cash-flows") einen wichtigen Einfluss auf das Ansteigen des Veränderungsdrucks zu haben, denn so lange ein Unternehmen über genügend Liquidität verfügt, spielt die negative Abweichung vom geplanten Cash-flow nur eine untergeordnete Rolle. In den präzisierten Bezugsrahmen sollte also zusammen mit der „Planabweichung des Cash-flows" ein Indikator für die „Liquiditätsausstattung" eines Unternehmens eingefügt werden.

Insgesamt kann festgehalten werden, dass die Ursachen und Symptome der 12 identifizierten Missverhältnisse weitestgehend mit dem Bezugsrahmen erklärt werden können. Die Erklärungslücken betreffen Teilaspekte der Veränderungsprozesse, die der Ausgangs-Bezugsrahmen nicht erklären konnte. Die Auswirkungen der Missverhältnisse wurden im Ausgangs-Bezugsrahmen als Erhöhung der „Management-Komplexität" beschrieben. Wie sich in den Fallstudien gezeigt hat, umschreiben die Begrifflichkeiten „Anspannung des Management-Teams" oder „Veränderungsdruck auf das Management-Team" den Sachverhalt treffender.

Modul D: Management-Komplexität löst Veränderungsprozess aus

Der Zusammenhang zwischen dem Überschreiten eines kritischen „Veränderungsdrucks auf das Management-Team", den „Veränderungsbestrebungen" und dem Auslösen der „Phasenübergänge" konnte anhand des Bezugsrahmens sehr gut gezeigt werden. Tabelle 12 vergleicht die fünf identifizierten Phasenübergänge.

Nr	Unter-nehmen	Zeit-punkt	Phasenübergang	Komplexitäts-Umwelt-Fähigkeits-Position	Kategorien von Phasenübergängen (nach Arbaugh/ Camp)	Ursachen	Indikator / Symptom	Erfolgreich / nicht erfolgreich: Situation nach Phasenübergang
1	IT AG	11/01	Formalisierung der Organisation	Tiefgreifende Markt- und Ressourcen-krise	Organisation / Prozesse	(zu) schnelles Wachstum	Anspannung beim Top-Management-Team	Erfolgreich: Kom-plexitäts-Fähig-keiten wurden auf-gebaut
2	IT AG	04/02	Fokussierung; Ab-bau von nicht benötigten Ressourcen	Marktkrise	Strategie / Geschäfts-modell, Organisation / Prozesse, Personal und Finanzierung	Wahrnehmung zu vieler unterschied-licher Anforderun-gen; Fähigkeits-Aufbau; fehlendes Geschäft	Ist-Umsätze < Plan-Umsätze; in Teilbereichen: fehlende Effektivität hinsichtlich Vertriebserfolg; negativer Cash-flow größer als geplant ==> Anspannung beim Top-Management-Team	Erfolgreich: Fokus-sierung auf be-stimmte Anfor-derungen, nicht benötigte Kom-plexitäts-Fähigkeiten und nicht benötigte Ressourcen konnten abgebaut werden
3	BIO-TECH AG	10/02	Abschluss Produktentwicklung; Diversifizierungs-strategie; Fokus-sierung auf Vertrieb; Aufbau von Ver-triebs-Know-how	Tiefgreifende Markt- und Ressourcenkri se	Strategie / Geschäfts-modell, Organisation / Prozesse und Finanzierung	Verzögerung Produktentwicklung und Markteintritt; fehlendes Projektmanagement-Know-how; fehlendes Vertriebs-Know-how	Verzögerung Produktentwicklung und Abschluss Vertriebskooperationen; Ist-Umsätze < Plan-Umsätze; negativer Cash-flow größer als geplant ==> Anspannung beim Top-Management-Team	Nicht erfolgreich: keine nachhaltige Verbes-serung der Missverhält-nisse; im Gegenteil: diese werden durch Differenzierungs-strategie vermutlich weiter steigen
4	E-SER-VICES AG	06/01	Reduzierung Umweltanfor-derungen und Komplexität durch Aufgabe eines Geschäfts-feldes	Marktkrise	Strategie / Geschäfts-modell, Organisation / Prozesse und Personal	Geschäftsmodell war nicht profitabel betreibbar: Marketing- und Prozesskosten konnten nicht durch Erträge gedeckt werden	Ist-Umsätze < Plan-Umsätze; negativer Cash-flow größer als geplant ==> Anspannung beim Top-Management-Team	Erfolgreich: nach Fokussierung auf B2C-Bereich konnten Um-sätze trotz stark redu-zierter Personaldecke stark gesteigert werden; der Nachweis, dass das Geschäftsmodell pro-fitabel betrieben werden kann, steht allerdings noch aus
5	LOW-TECH GmbH	2000	Senkung der Komplexität; Abbau von nicht benötigten Ressourcen (Komplexitäts-Fähigkeiten) durch Personalabbau	Ineffizienzen	Personal	schrumpfender Markt; dadurch sinkende Nachfrage; geringeres Auftragsvolumen; zunächst konstanter Mitarbeiterstamm	In Teilbereichen: fehlende Effizienz und Effektivität hinsichtlich Kundenzufriedenheit; Ist-Umsätze < Plan-Umsätze; zuvor positiver Cash-flow sank gegen Null ==> Anspannung beim Top-Management-Team	Erfolgreich: Umsätze konnten trotz geringerer Personaldecke wieder gesteigert werden; Cash-flow wieder im positiven Bereich

Tabelle 12: Vergleich der identifizierten Phasenübergänge[625]

Die Übersicht zeigt die große Bandbreite der Ursachen und Symptome, die zu einem Phasenübergang führten. Alle Komplexitäts-Umwelt-Fähigkeits-Positionen (siehe Abbildung 22 auf S. 132) bis auf die „Ressourcenkrise“ waren Ausgangspunkt für Phasenübergänge. Dass es keine schwerwiegende „Ressourcenkrise“ zu beobachten gab, lässt sich durch die allgemein

[625] Eigene Darstellung.

schwache Wirtschaftsentwicklung und die Konsum- und Investitionszurückhaltung im Untersuchungszeitraum erklären. Dadurch kam es bei keinem der Unternehmen zu einer Situation, in der die Kapazitäten nicht entsprechend der steigenden Nachfrage gesteigert werden konnten und dadurch ein schweres Missverhältnis entstanden wäre. Die LOWTECH GmbH bewegte sich zwischen 1985 und 1991 aufgrund der rasant steigenden Nachfrage am Rande einer „Ressourcenkrise", es kam aber – wie gezeigt – nicht zu einem Phasenübergang.[626]

Direkt durch schnelles Wachstum hervorgerufen, wurde nur der erste Phasenübergang. Der Phasenübergang Nr. 3 (BIOTECH AG) wurde nicht durch Wachstum hervorgerufen. Das Ziel der tiefgreifenden Veränderung im Phasenübergang war jedoch Wachstum zu forcieren (durch Diversifizierung und Fokus auf den Vertrieb). Die anderen drei Phasenübergänge hatten eher das Ziel durch Fokussierung oder Konsolidierung die Komplexität und die Kosten zu senken, um sich der schwachen Nachfrage anzupassen. Trotzdem sind diese fünf tiefgreifenden Veränderungsprozesse alle Phasenübergänge im Sinne des Bezugsrahmens, da das realisierte und geplante Wachstum der Auslöser für die Missverhältnisse und damit auch für die Veränderungsprozesse war.

Das Ergebnis der Phasenübergänge (also die Situation nach den Phasenübergängen) hat nicht immer und zwangsweise einen Einfluss auf die Profitabilität des Unternehmens. Wie beim ersten Phasenübergang der IT AG gesehen, kann ein erfolgreicher Phasenübergang auch durch die wesentlich verbesserte Struktur positiv zur zukünftigen Entwicklung des Unternehmens beitragen, ohne direkt die Profitabilität zu beeinflussen. Dies sollte im präzisierten Bezugsrahmen also allgemeiner dargestellt werden.

5.1.3 Bewertung der fallübergreifenden Ergebnisse

Abschließend sollen die wesentlichen Ergebnisse nochmals zusammengefasst werden:

- Die Wachstums- und Veränderungsprozesse der fünf Fallstudienunternehmen waren inhaltlich sehr unterschiedlich, z.B. in Bezug auf die Phasen, die Aufgaben und die Wachstumsgeschwindigkeit (Umsatz und Mitarbeiter).

[626] Ein Paradebeispiel für Phasenübergänge aufgrund einer schwerwiegenden „Ressourcenkrise" bietet die Consors Discount-Broker AG, nachdem das Unternehmen von 1994 bis 2000 von 5 auf ca. 1.600 Mitarbeiter angewachsen war. Aufgrund des großen Marktwachstums und des sehr schnellen Unternehmenswachstums befand sich das Unternehmen eigentlich permanent im Quadranten „Ressourcenkrise" und durchlief mehrere Phasenübergänge, in denen jeweils versucht worden ist, die Komplexitäts-Fähigkeiten der Unternehmenskomplexität anzupassen. Quelle: Experten-Interview mit einem ehemaligen Top-Management-Teammitglieds der Consors Discount-Broker AG.

- Der Zusammenhang zwischen „Wachstumsvoraussetzungen" und „Wachstum" sollte um das Element „Wachstumsplanung" ergänzt werden. Die Wachstumsplanung ist wichtig, um die Soll-Ist-Abweichung im Bezugsrahmen berücksichtigen zu können, die – wie festgestellt – einen starken Einfluss auf den vom Management-Team wahrgenommenen Veränderungsdruck hat.
- Der Zusammenhang zwischen „Wachstumsvoraussetzungen" und „Wachstum" sollte außerdem um das Element „Umsetzung der Wachstumsplanung" ergänzt werden, da die Unternehmenskomplexität und die Ressourcen aufgrund der umgesetzten Maßnahmen ansteigen (und nicht wie im Ausgangs-Bezugsrahmen angenommen durch das Umsatz- und/oder Mitarbeiterwachstum).
- Die Ursachen und Symptome aller wichtigen Veränderungsprozesse in den betrachteten Unternehmen konnten mit Hilfe des Bezugsrahmens analysiert und erklärt werden.
- Die konkrete Vorhersage, wann Missverhältnisse zu Phasenübergängen führen, hängt von vielen Faktoren ab, wie zuvor bei den Erklärungslücken gezeigt wurde. Die sichtbaren Symptome „Planabweichung des Umsatzes", „Planabweichung des Cash-flows" und „geringe Liquiditätsausstattung" haben offensichtlich einen starken Einfluss darauf, inwieweit ein Missverhältnis zu einem wahrgenommenen Veränderungsdruck beim Management führt und sollten daher in den präzisierten Bezugsrahmen aufgenommen werden.
- Alle Ursachen der Veränderungsprozesse konnten als Missverhältnisse zwischen Umweltanforderungen und Komplexität und/oder zwischen Fähigkeiten und Komplexität gedeutet werden. Aus der jeweiligen Analyse ergeben sich direkt konkrete Ansatzpunkte für Veränderungsmaßnahmen, die zu einer verbesserten Anpassung führen.

An den fünf Fallstudien wird deutlich, wie viele Veränderungen beim Aufbau eines jungen Wachstumsunternehmens notwendig werden können, bevor ein Geschäftsmodell oder eine Positionierung im Markt gefunden ist, die funktioniert.[627] Wenn man davon ausgeht, dass derartige Anpassungsprozesse in nahezu jedem jungen Wachstumsunternehmen auftauchen, kann geschlossen werden, dass der <u>wichtigste erfolgskritische Faktor eines jungen Wachstumsunternehmens die Anpassungsfähigkeit</u> ist.[628] Das Management-Team muss eine Veränderungsnotwendigkeit möglichst frühzeitig erkennen und richtig einschätzen. Darauf aufbau-

[627] Das häufige Auftreten z.T. tiefgreifender Veränderungen in den ersten Unternehmensjahren wurde in den Experten-Interviews anhand zahlreicher Beispiele anderer junger Wachstumsunternehmen bestätigt.

[628] Dies wurde von verschiedenen Interviewpartnern in den Fallstudien und in den Experten-Interviews bestätigt.

end sollte das Management-Team Ansatzpunkte für eine Veränderung identifizieren und eine „Zielstruktur" (Geschäftsmodell, Strategie, veränderte Organisation, Prozesse, ...) definieren. Dann muss es den Weg dahin mittels präventiver anpassender Maßnahmen oder eines Phasenübergangs planen. Und schließlich sollte die Umsetzung der Veränderungsmaßnahmen möglichst schnell durchgeführt und dabei klar und eindeutig kommuniziert werden. Durch die fünf Fallstudien konnte gezeigt werden, dass der Bezugsrahmen mit den drei Kernkomponenten „Umwelt", „Komplexität" und „Fähigkeiten" bei der Analyse der Wachstumsprobleme und Definition von Veränderungsmöglichkeiten einen wertvollen Beitrag leistet. Im Folgenden fließen die Erkenntnisse aus den Fallstudien in die Präzisierung des Bezugsrahmens ein.

5.2 Darstellung des präzisierten Bezugsrahmens

Abbildung 65 zeigt den präzisierten Bezugsrahmen. Abbildung 66 zeigt nochmals im direkten Vergleich den Ausgangs-Bezugsrahmen. Die in Abbildung 66 schattiert hinterlegten Elemente sind unverändert in den präzisierten Bezugsrahmen übernommen worden.

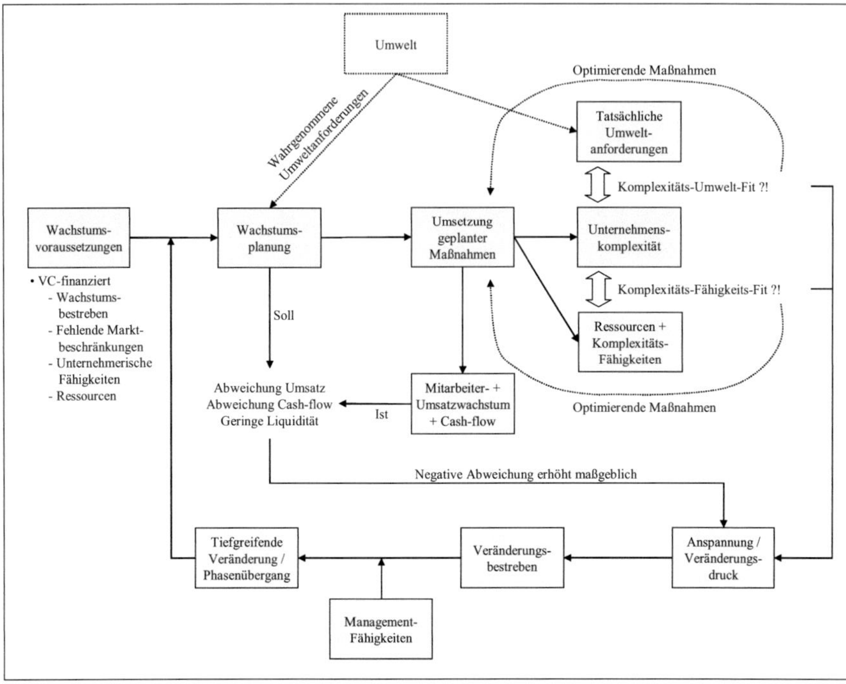

Abbildung 65: Präzisierter Bezugsrahmen „Wachstum und Komplexitätsmanagement"[629]

[629] Eigene Darstellung. Siehe dazu auch den Ausgangs-Bezugsrahmen „Wachstum und Komplexitätsmanagement" und die dazugehörige Erklärung (Abbildung 14 auf S. 102).

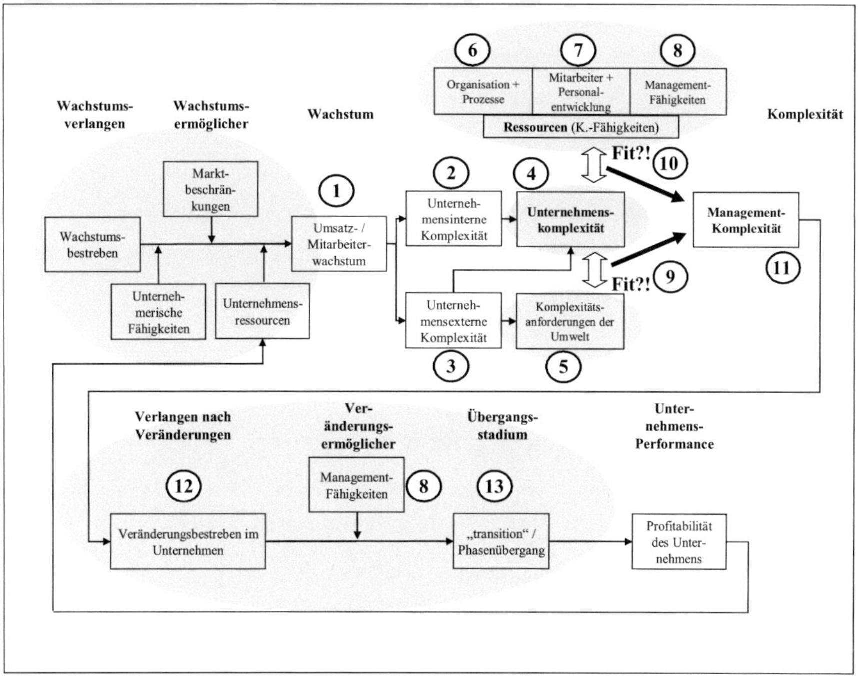

Abbildung 66: Ausgangs-Bezugsrahmen „Wachstum und Komplexitätsmanagement"[630]

Im Folgenden werden die Elemente und Zusammenhänge des präzisierten Bezugsrahmens vorgestellt. Dabei wird auf den Ausgangs-Bezugsrahmen Bezug genommen und die Abweichungen erläutert.[631]

Wachstumsvoraussetzungen

Die Wachstumsvoraussetzungen bleiben im Vergleich zum Ausgangs-Bezugsrahmen unverändert, sind im präzisierten Bezugsrahmen allerdings aus Gründen der Übersichtlichkeit komprimiert dargestellt. Bei jungen Wachstumsunternehmen ist eine erfolgreiche VC-Finanzierung das messbare Kriterium für die Erfüllung aller Wachstumsvoraussetzungen. Wenn die Finanzierung anders sichergestellt wird, sind die einzelnen Kriterien („Wachstumsbestreben", „Unternehmerische Fähigkeiten", (fehlende) „Marktbeschränkungen" und „Ressourcen") gesondert zu bewerten. Es müssen alle Einzelkriterien erfüllt sein, damit ein Unter-

[630] Eigene Darstellung. Die schattiert unterlegten Elemente sind unverändert in den präzisierten Bezugsrahmen übernommen worden.
[631] Siehe dazu auch die Beschreibung des Ausgangs-Bezugsrahmens im Kapitel 3.

nehmen als junges Wachstumsunternehmen definiert werden kann und die Wachstumsvoraussetzungen erfüllt sind. Der Anwendungsbereich des präzisierten Bezugsrahmens bezieht sich ausschließlich auf junge Wachstumsunternehmen.[632]

Wachstumsplanung

Sind die Wachstumsvoraussetzungen erfüllt, erfolgt die konkrete „Wachstumsplanung". Die Planung basiert auf den wahrgenommenen Umweltanforderungen und weiteren grundlegenden Annahmen. Diese umfassen z.B. folgende Punkte:

- Identifizierte Kundengruppen,
- Anforderungen der Kundengruppen (bezüglich Produkten/Dienstleistungen und ergänzenden Services),
- Markt- und Wettbewerbsstrukturen,
- Marktpotenziale und
- Positionierung.

Die wahrgenommenen Umweltanforderungen beeinflussen damit maßgeblich die Tiefenstruktur (grundlegende Werte und Annahmen) und die gesamte Wachstumsplanung (Strategien, Geschäftsmodell, Umsatz- und Kostenplanungen, ...).

Die Wachstumsplanung wird im Kern zunächst aus einem Businessplan bestehen, der i.d.R. die Basis für die VC-Finanzierung und damit Bestandteil des Beteiligungsvertrags ist.[633] Der Businessplan ist normalerweise eher auf der Ebene der strategischen Planung angesiedelt und sollte daher in Vorbereitung der Umsetzung von Maßnahmen in operative Pläne heruntergebrochen werden.[634] Die Wachstumsplanung sollte neben den strategischen Zielen konkrete, messbare Zielvorgaben definieren, z.B. bezüglich der Mitarbeiter- und Umsatzentwicklung sowie der Unternehmensleistung bzw. Profitabilität (Betriebsergebnis, Investitionen und (negativem) Cash-flow). In der Realität ist häufig anzutreffen, dass viele Planungen nicht explizit vorgenommen werden: dies betrifft zum einen die grundlegenden Annahmen, die bspw. dem Businessplan zugrunde liegen. Zum anderen werden sehr häufig die strategischen Planungen

---

[632] In Abschnitt 7.1 wird diskutiert, inwieweit der Bezugsrahmen und die hier dargestellten Ergebnisse auch für andere Unternehmen anwendbar sind.

[633] Für die Bestandteile und den Aufbau eines professionellen Businessplans vgl. Dowling (2002): Businesspläne, S. 219ff.; Businessplan Wettbewerb Nordbayern (Hrsg.) (2002): Handbuch Businessplan-Erstellung und Ripsas (1998): Der Businessplan – Eine Einführung, S. 141ff..

[634] Zur Unterscheidung der unterschiedlichen Planungs- bzw. Managementebenen (Normatives, strategisches und operatives Management) vgl. z.B. Schwenk-Willi (2001): Integriertes Komplexitätsmanagement, S. 135ff..

aus dem Businessplan nicht in operative Pläne heruntergebrochen.[635] Die Umsetzung der Maßnahmen erfolgt dann auf Basis der Pläne in den Köpfen des Top-Management-Teams.

Im Bezugsrahmen werden die Größen „monatlicher Umsatz" und „monatlicher Cash-flow" als Sollvorgaben (auf Basis der Wachstumsplanung) mit den realisierten Werten verglichen. Verfügt das Unternehmen nur noch über geringe liquide Mittel, erhöht dies bei einer Abweichung der beiden vorgenannten Werte zusätzlich den Druck auf das Management-Team. In den Fallstudien zeigte sich, dass diese drei Werte die wesentlichen Kontrollparameter für das Management-Team waren.[636] Auf Basis der Wachstumsplanung werden im nächsten Schritt die geplanten Maßnahmen umgesetzt.

Umsetzung geplanter Maßnahmen

Mit diesem Element sind alle Aktivitäten gemeint, die beim Auf- bzw. Ausbau des Unternehmens planmäßig von allen Mitarbeitern des Unternehmens durchgeführt werden. Diese Maßnahmen umfassen also bspw. die Entwicklung neuer Produkte, die Vorbereitung des Markteintritts, den Vertrieb der (neuen) Produkte, Produktion bzw. Erbringung von Dienstleistungen, die Akquisition und Betreuung von Partnern sowie Betreuungsdienstleistungen für bestehende Kunden. Weiterhin sind damit auch Querschnittsaufgaben gemeint, wie Personal einstellen und betreuen, Prozesse und Organisation weiterentwickeln, Produktionskapazitäten erweitern, Erweiterung der Geschäftstätigkeit durch Vorwärts- oder Rückwärtsintegration, Beobachtung des Marktumfeldes und Etablierung einer förderlichen Unternehmenskultur.

Die Maßnahmen haben drei wesentliche Konsequenzen:

1. die Unternehmenskomplexität steigt,
2. Ressourcen werden generiert bzw. konfiguriert und
3. messbares Mitarbeiter- und/oder Umsatzwachstum.

Hier wird also ein wesentlicher Unterschied zum Ausgangs-Bezugsrahmen deutlich, in dem ein direkter Zusammenhang zwischen Wachstum und Unternehmenskomplexität sowie zwischen Wachstum und Komplexitätsanforderungen angenommen worden ist. Wie in den Fallstudien gezeigt worden ist, war diese Annahme jedoch nicht korrekt, sondern es konnte der hier formulierte Zusammenhang beobachtet werden.

---

[635] Beide Beobachtungen konnten im Rahmen der Datenerhebung bei den fünf Fallstudien gemacht werden und wurden in den Experten-Interviews anhand anderer junger Wachstumsunternehmen bestätigt.

[636] Dies wurde wiederum in den Experten-Interviews bestätigt.

Mitarbeiter- + Umsatzwachstum + Cash-flow

Im präzisierten Bezugsrahmen ist das Wachstum also die Konsequenz vorhergehender Aktivitäten. Es kann als ein messbarer Indikator für die erweiterten Aktivitäten eines Unternehmens gewertet werden. Das Wachstum schließt hier auch negatives Wachstum (also eigentlich: Schrumpfung) und Nullwachstum mit ein. Da junge Wachstumsunternehmen per Definition auf Wachstum abzielen, wird i.d.R. davon ausgegangen, dass in den ersten Unternehmensphasen positives Wachstum zu beobachten ist. Wie in den Fallstudienunternehmen gesehen, kann es möglicherweise in späteren Phasen auch zu negativem Wachstum im Rahmen eines Konsolidierungsprozesses kommen. Der tatsächliche monatliche Cash-flow kommt im präzisierten Bezugsrahmen neu dazu.

Der realisierte monatliche Umsatz und der realisierte Cash-flow werden den geplanten Werten gegenübergestellt. Gibt es eine negative Abweichung, erhöht sich der Veränderungsdruck auf das Management-Team maßgeblich. Insbesondere war dies zu beobachten, wenn der Cash-flow insgesamt negativ war und dem Unternehmen nur noch geringe liquide Mittel zur Verfügung standen.[637]

Umwelt

Die Unterscheidung der wahrgenommenen und tatsächlichen Umweltanforderungen kommt ebenfalls als neues Element hinzu. Zum einen basiert die Unternehmensplanung auf den vom Management-Team wahrgenommenen Umweltanforderungen. Zum anderen sind die tatsächlichen Umweltanforderungen ein wichtiger Faktor, an dem sich ein Unternehmen ausrichten sollte. Hier wird ein wichtiger neuer Gedanke des präzisierten Bezugsrahmens deutlich: die Wachstumsplanung und die daraufhin umgesetzten Maßnahmen basieren auf den zu einem früheren Zeitpunkt wahrgenommenen Umweltanforderungen. Die im Zuge der Planung wahrgenommenen und die zu einem späteren Zeitpunkt tatsächlich vorhandenen Umweltanforderungen können folglich unterschiedlich sein, weil (1) die Umweltanforderungen falsch wahrgenommen worden sind oder (2) weil sich die Umweltanforderungen mit der Zeit verändert haben. Aus der Unterschiedlichkeit zwischen wahrgenommenen und tatsächlichen Umweltanforderungen erwächst wahrscheinlich ein Komplexitäts-Umwelt-Missverhältnis, weil

[637] Lichtenstein beobachtete im Übrigen genau denselben Zusammenhang: „Fiscal tension is a quantitative measure for the financial strain a company may experience as it reaches the edge of its organizing capacity. In the companies I studied, fiscal tension was a performance gap between business plan forecasts and actual income.", Lichtenstein (2000a): Emergence, S. 12.

sich die umgesetzten Maßnahmen an den zuvor wahrgenommenen Umweltanforderungen orientieren, die nicht (mehr) mit den tatsächlichen Umweltanforderungen übereinstimmen.

Abbildung 67 zeigt den Zusammenhang zwischen Umweltanforderungen, Unternehmenskomplexität und Komplexitäts-Fähigkeiten sowie die jeweils wesentlichen Einflussfaktoren auf diese Elemente.

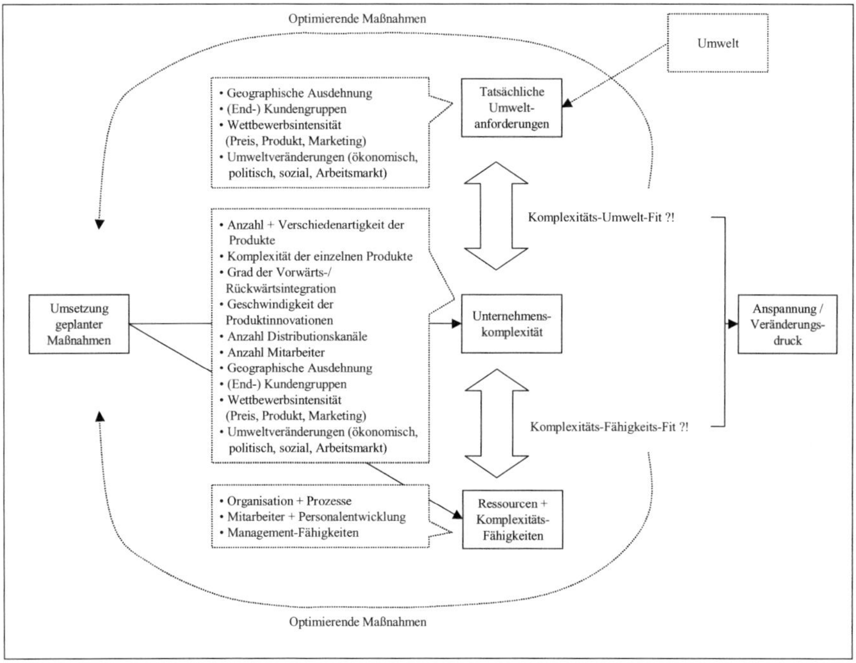

Abbildung 67: Einflussfaktoren auf Umweltanforderungen, Unternehmenskomplexität und Komplexitäts-Fähigkeiten[638]

Tatsächliche Umweltanforderungen

Bei der Vorstellung des Ausgangs-Bezugsrahmens im Rahmen der Experten-Interviews und den Fallstudien-Abschlusspräsentationen wurde deutlich, dass der bisher gewählte Begriff „Komplexitätsanforderungen der Umwelt“ nicht selbsterklärend war. Weiterhin zeigte sich im Rahmen der Fallstudien, dass sich die Anforderungen der Umwelt nicht nur auf die Komplexität des Unternehmens beziehen, sondern auch Aspekte wie die subjektive Wahrnehmung

[638] Eigene Darstellung.

der Produkte durch die potenziellen Kunden oder auch das Vertrauen der potenziellen Kunden in das junge Wachstumsunternehmen umfasst.

Die Umweltanforderungen können nicht direkt durch Maßnahmen des Unternehmens beeinflusst werden. Die wesentlichen bestimmenden Faktoren der Umweltanforderungen sind gemäß des Ausgangs-Bezugsrahmens: (1) Geographische Ausdehnung, (2) (End-) Kundengruppen, (3) Wettbewerbsintensität und (4) Umweltveränderungen.

Unternehmenskomplexität

Die Unternehmenskomplexität wird – wie zuvor beschrieben – im präzisierten Bezugsrahmen nicht durch das Wachstum, sondern durch die umgesetzten Maßnahmen bzw. Aktivitäten beeinflusst. Die Darstellung der Unternehmenskomplexität wurde im Vergleich zum Ausgangs-Bezugsrahmen wesentlich vereinfacht, da die Unternehmensexterne und die Unternehmensinterne Komplexität nicht mehr als separate Faktoren dargestellt werden.

Die sechs unternehmensinternen und vier -externen Kriterien haben sich in den Fallstudien bestätigt und werden daher beibehalten.[639] Diese zehn Kriterien können auch als Entwicklungsdimensionen des Unternehmens bezeichnet werden. Die Übereinstimmung mit den Umweltanforderungen und den Ressourcen bzw. Komplexitäts-Fähigkeiten bleibt wie im Ausgangs-Bezugsrahmen der Kern des Bezugsrahmens und wird weiter unten bei den Missverhältnissen näher beschrieben.

Ressourcen und Komplexitäts-Fähigkeiten

Die Generierung und Konfiguration der Ressourcen und der Aufbau der Komplexitäts-Fähigkeiten werden durch die Umsetzung der Maßnahmen bzw. Aktivitäten beeinflusst. Die drei wichtigsten Ressourcengruppen bleiben im Vergleich zum Ausgangs-Bezugsrahmen identisch: (1) Organisation + Prozesse, (2) Mitarbeiter + Personalentwicklung und (3) Management-Fähigkeiten. Die Wichtigkeit dieser drei Ressourcengruppen konnte in den Fallstudien bestätigt werden. Es wurden keine anderen Ressourcen identifiziert, die für die Komplexitätshandhabung in jungen Wachstumsunternehmen wichtig gewesen wären.

[639] Siehe Abschnitt 3.2.2.2 auf S. 109ff..

Komplexitäts-Umwelt-Missverhältnis

Die zentrale Frage des Komplexitäts-Umwelt-Missverhältnisses lautet weiterhin: „Entspricht die realisierte Komplexität des Unternehmens den externen Anforderungen der Umwelt, so dass die Kunden zufrieden gestellt werden und mit anderen Externen gewinnbringende bzw. nützliche Partnerschaften etabliert und fortgeführt werden können?“

Ein Komplexitäts-Umwelt-Missverhältnis entsteht, wenn die realisierte Unternehmenskomplexität nicht mit den tatsächlichen Umweltanforderungen übereinstimmt: entweder die Umweltanforderungen übersteigen die realisierte Unternehmenskomplexität oder umgekehrt.

Ein Komplexitäts-Umwelt-Missverhältnis kann aus verschiedenen Gründen entstehen:

1. Die wahrgenommenen Umweltanforderungen entsprechen nicht (mehr) den tatsächlichen Umweltanforderungen. Dadurch ist die auf Basis der wahrgenommenen Umweltanforderungen umgesetzte Unternehmenskomplexität auf „falsche“ Anforderungen ausgerichtet.
2. Die wahrgenommenen Anforderungen entsprechen zwar den tatsächlichen, es gelingt dem Unternehmen jedoch nicht, diese im Rahmen der Unternehmenskomplexität adäquat umzusetzen. Dies kann z.B. passieren, wenn das Unternehmen zu viele verschiedene Anforderungen gleichzeitig umsetzen möchte.[640]

Existiert ein Komplexitäts-Umwelt-Missverhältnis, führt das zu einer Erhöhung der Anspannung im Unternehmen, insbesondere beim Management-Team. Diese Anspannung kann auch als Veränderungsdruck bezeichnet werden. Je größer das Missverhältnis wird, desto stärker wird auch der Veränderungsdruck.

Komplexitäts-Fähigkeits-Missverhätnis

Das Element des Komplexitäts-Fähigkeits-Missverhältnisses bleibt im präzisierten Bezugsrahmen unverändert. Ein Komplexitäts-Fähigkeits-Missverhältnis entsteht, wenn die realisierte Unternehmenskomplexität nicht mit den vorhandenen Komplexitäts-Fähigkeiten der Ressourcen übereinstimmt: entweder die Fähigkeiten übersteigen die realisierte Unternehmenskomplexität oder umgekehrt.

[640] Siehe dazu die identifizierten Komplexitäts-Umwelt-Missverhältnisse in den Fallstudien IT AG und der BIOTECH AG.

Ein Komplexitäts-Fähigkeits-Missverhältnis kann aus verschiedenen Gründen entstehen:

1. Bei einem schnellen Wachstum können die Komplexitäts-Fähigkeiten häufig nicht parallel mit aufgebaut werden.[641]
2. Es werden – z.B. in Erwartung einer zu positiven Geschäftsentwicklung – zu viele Ressourcen bzw. die „falschen“ Fähigkeiten aufgebaut.[642]
3. Die Auftragslage verschlechtert sich, so dass nicht mehr alle zuvor aufgebauten Ressourcen benötigt werden.[643]
4. Für die Umsetzung bestimmter Aufgaben fehlt das benötigte Know-how im Unternehmen.[644]
5. Die eigenen Komplexitäts-Fähigkeiten werden falsch eingeschätzt: das Management-Team glaubt irrtümlich, dass die Unternehmenskomplexität mit den bestehenden Ressourcen und Komplexitäts-Fähigkeiten gehandhabt werden kann.

Existiert ein Komplexitäts-Fähigkeits-Missverhältnis, führt das zu einer Erhöhung der Anspannung im Unternehmen, insbesondere beim Management-Team. Diese Anspannung kann auch als Veränderungsdruck bezeichnet werden. Je größer das Missverhältnis wird, desto stärker wird auch der Veränderungsdruck.

Komplexitäts-Umwelt-Fähigkeits-Position

Nimmt man die beiden Missverhältnisse zusammen, lässt sich – wie in den Fallstudien gezeigt werden konnte – die Komplexitäts-Umwelt-Fähigkeits-Position bestimmen (siehe Abbildung 22 auf S. 132). Die Bestimmung der Komplexitäts-Umwelt-Fähigkeits-Position hilft im Zeitablauf dabei, Ursachen für die empfundene Anspannung zu finden und Handlungsoptionen zur Verbesserung der Situation zu erkennen.

Optimierende Maßnahmen

Bereits bei der Beschreibung des Ausgangs-Bezugsrahmens wurde darauf hingewiesen, dass in einem Unternehmen permanent optimierende Maßnahmen eingeleitet und umgesetzt werden. In den präzisierten Bezugsrahmen ist dieser Zusammenhang nun integriert, indem auf Basis der empfundenen Missverhältnisse oder als Reaktion auf Schwierigkeiten bei der Um-

---

[641] Siehe dazu die Komplexitäts-Fähigkeits-Missverhältnisse in den Fallstudien IT AG, E-SERVICES AG und LOWTECH GmbH.

[642] Siehe dazu das Komplexitäts-Fähigkeits-Missverhältnis in der Fallstudie IT AG.

[643] Siehe dazu das Komplexitäts-Fähigkeits-Missverhältnis in der Fallstudie LOWTECH GmbH.

[644] Siehe dazu die Komplexitäts-Fähigkeits-Missverhältnisse in der Fallstudie BIOTECH AG, in der zunächst das Projektmanagement- und später auch das spezifische Vertriebs-Know-how fehlte.

setzung der ursprünglichen Planungen Optimierungen vorgenommen werden. Diese basieren jedoch auf den zuvor getroffenen grundlegenden Annahmen und Planungen. Wenn die Optimierungen keine wesentlichen Verbesserungen hervorbringen und die Missverhältnisse größer werden, steigt die Anspannung im Unternehmen und der Druck, tiefgreifende Veränderungen durchzuführen, weiter an.

Anspannung / Veränderungsdruck

Die Anspannung im Unternehmen und der Druck tiefgreifende Veränderungen einzuleiten, wird im Wesentlichen durch die wahrgenommenen Missverhältnisse erhöht. Die Missverhältnisse sind jedoch nicht immer eindeutig erkennbar. Ein sichtbares Symptom für ein existierendes Missverhältnis ist jedoch eine negative Planabweichung beim Umsatz oder beim Cash-flow. Daher erhöht eine negative Planabweichung bei Umsatz oder Cash-flow – wie in den Fallstudien festgestellt werden konnte – die Anspannung bzw. den Veränderungsdruck maßgeblich.

Im Ausgangs-Bezugsrahmen war dieses Element in Anlehnung an das Modell Covin/Slevin[645] noch „Management-Komplexität" genannt worden. Auch diese Begrifflichkeit erwies in der Diskussion mit den Interviewpartnern als nicht selbst erklärend und verwirrend. Daher wird im präzisierten Bezugsrahmen das Begriffspaar „Anspannung" / „Veränderungsdruck" benutzt, das die Situation – wie in den Fallstudien gesehen – besser beschreibt.[646]

Veränderungsbestreben

Dieses Element bleibt im Vergleich zum Ausgangs-Bezugsrahmen identisch. Steigt die Anspannung und überschreitet der Veränderungsdruck einen kritischen Wert, führen bereits existierende Veränderungsinitiativen oder -überlegungen zu einem Phasenübergang.

Management-Fähigkeiten

Der entscheidende Einfluss der Management-Fähigkeiten auf den Erfolg der Phasenübergänge konnte zwar in den Fallstudien nicht direkt gezeigt werden, erscheint aber immer noch sehr plausibel. Hier wird weiterhin der These von Covin/Slevin gefolgt, dass insbesondere die Erfahrung mit dem Management von Phasenübergängen einen positiven Einfluss auf die erfolg-

---

[645] Vgl. Covin/Slevin (1997): High growth transitions, S. 104 und siehe auch Abschnitt 2.6.

[646] Dieser Zusammenhang entspricht im Übrigen der zweiten Stufe („Resource Tension and a Critical Threshold") im von Lichtenstein entwickelten „Complex Adaptive Systems Change"-Modell. Vgl. Lichtenstein (2000a): Emergence, S.9. Siehe auch Abschnitt 2.6.

reiche Gestaltung der Phasenübergänge hat.[647] Wie gezeigt, verfügte in den Fallstudienunternehmen keines der Management-Teams über eine solche Erfahrung.

Tiefgreifende Veränderung / Phasenübergang

Das Element „Phasenübergang" bleibt im Vergleich zum Ausgangs-Bezugsrahmen inhaltlich identisch. Auch hier wurde die Bezeichnung leicht angepasst, weil der Begriff „tiefgreifende Veränderung" aussagekräftiger als „transition" ist.

Im Ausgangs-Bezugsrahmen sollte ein erfolgreicher Phasenübergang die Profitabilität des Unternehmens positiv beeinflussen. Im zweiten Schritt sollte die veränderte Profitabilität dann die Unternehmensressourcen verändern. Dieser Zusammenhang konnte in den Fallstudien nicht bei allen Phasenübergängen beobachtet werden. Daher wird im präzisierten Bezugsrahmen auf diesen speziellen Zusammenhang verzichtet: nach dem Phasenübergang schließt sich die Überarbeitung der Wachstumsplanung an, die dann z.B. auf einer veränderten Wahrnehmung der (relevanten) Umweltanforderungen basiert. Dieser Zusammenhang konnte in den Fallstudienunternehmen beobachtet werden.

5.3 Bewertung des präzisierten Bezugsrahmens

Der vorgestellte präzisierte Bezugsrahmen ist eine Weiterentwicklung des Ausgangs-Bezugsrahmens auf Basis der Erkenntnisse der Fallstudien. Die Wachstums- und Veränderungsprozesse in den Fallstudien werden vollständig durch den präzisierten Bezugsrahmen abgebildet.

Weiterhin ist der Bezugsrahmen im Speziellen auf junge Wachstumsunternehmen zugeschnitten, deren Finanzierungsstrategie und Geschäftsmodell nur mit Wachstum funktionieren.

Ein weiterer wesentlicher Aspekt des Bezugsrahmens ist, dass dieser auch als Regelkreismodell verstanden werden kann. Die Komplexitäts-Umwelt-Fähigkeits-Position ist die Regel-

[647] Vgl. Covin/Slevin (1997): High growth transitions, S. 104 und siehe auch Abschnitt 2.6.

strecke, die optimierenden Maßnahmen sind die steuernden Anpassungen, und die tiefgreifenden Veränderungen im Phasenübergang könnten als Regelung bezeichnet werden.[648]

Insgesamt reflektiert der präzisierte Bezugsrahmen viele Erkenntnisse aus den Modellen und empirischen Untersuchungen zu Wachstumsprozessen, -problemen und Erfolgsfaktoren des Wachstums. Insbesondere kann mit dem präzisierten Bezugsrahmen das Alternieren zwischen ruhigen evolutionären Phasen (mit stetig ablaufenden Veränderungsprozessen) und revolutionären Phasen (mit diskontinuierlichen Veränderungen) erklärt werden. Dieser Verlauf wurde bereits von Miller/Friesen und später von den „Punctuated Equilibrium"-Modellen beschrieben.[649] Allerdings basiert der hier vorgestellte Bezugsrahmen nicht auf dem Gleichgewichts-Paradigma, sondern zeigt, dass sich die einzelnen Elemente „Umweltanforderungen", „Unternehmenskomplexität" und „Ressourcen + Komplexitäts-Fähigkeiten" permanent verändern. Es liegt also ein realitätsnäheres Ungleichgewichts-Paradigma zugrunde, in dem Wandel der Regelfall und Gleichgewicht und Stabilität Ausnahmezustände sind.

In Bezug auf die in den empirischen Studien identifizierten Wachstumsprobleme ist zu konstatieren, dass viele der genannten Probleme auch in den Fallstudien (mit verschiedener Stärke) beobachtet und mit Hilfe des Bezugsrahmens erklärt werden konnten. Mit Hilfe der beiden Komplexitäts-Missverhältnisse lassen sich also die Ursachen und Zusammenhänge der zentralen Wachstumsprobleme analysieren und passende Maßnahmen entwickeln, um die Passung zwischen den Elementen zu verbessern.

Im folgenden Kapitel 6 werden zunächst die zentralen Ergebnisse dieser Arbeit zusammengefasst. Darauf aufbauend werden Thesen entwickelt, die in weiteren Forschungsarbeiten Ansatzpunkte zur Überprüfung der hier erarbeiteten Ergebnisse bieten können. Zudem werden auf Basis der Ergebnisse praktische Handlungsoptionen für das Management junger Wachstumsunternehmen abgeleitet.

---

[648] Puhl hebt den Einsatz von (Komplexitäts-) Regelkreisen beim Komplexitätsmanagement als besonders sinnvoll hervor. Vgl. Puhl (1999): Komplexitätsmanagement, S. 24ff.. Stein betont ebenfalls die Notwendigkeit der Anwendung von Regelkreisen und allgemein der kybernetischen Systemtheorie zur Analyse des Aufbaus und der Verhaltensweise komplexer Systeme. Vgl. Stein (2000): Organisationswachstum, S. 28ff.. Allgemein zu den Systemtheoretischen Ansätzen und insbesondere der Kybernetik vgl. Schreyögg (1998): Organisation, S. 91ff..

[649] Vgl. Miller/Friesen (1984): Corporate Life Cycle und zu den „Punctuated Equilibrium"-Modellen: Tushman/Romanelli (1985): Organizational Evolution, Tushman/Anderson (1986): Technological Discontinuities und Tushman/O'Reilly (1996): Ambidextrous Organizations. Siehe auch Abschnitt 2.2.1 dieser Arbeit.

6 Ergebnisse und Thesen

„Therefore, researchers must attempt to better understand the construct of complexity and provide relevant information to practitioners concerning the key variables that drive complexity as well as the ways in which complexity should be managed.“[650]

Ziel dieses Kapitels ist es, die zentralen Ergebnisse zusammenzufassen. Dazu werden im Folgenden die in Abschnitt 1.2 formulierten Forschungsfragen auf Basis der Ergebnisse der Arbeit beantwortet.[651] Weiterhin werden für die wesentlichen Ergebnisse zentrale, abstrahierende Thesen entwickelt. Thesen sollen nach Yin als Ergebnis explorativer Fallstudien die Argumentation in Bezug auf nachfolgende Untersuchungen kanalisieren.[652] Hypothesen sind dagegen im Hinblick auf konkrete Messkriterien zu formulieren, um sie dann durch umfangreiche Datensammlung und -analyse zu verifizieren bzw. zu falsifizieren.[653]

Die hier formulierten Thesen können einerseits als generalisierende Ergebnisse dieser Arbeit verstanden werden. Andererseits können die Thesen in weiteren empirischen Forschungsarbeiten als Ausgangspunkt für vertiefende Untersuchungen dienen. Um die Thesen in einer großzahligen empirischen Untersuchung überprüfen zu können, ist eine weitere Fokussierung und Operationalisierung in Form von konkreten Hypothesen notwendig.[654]

Der Aufbau dieses Kapitels folgt den Forschungsfragen. Abschnitt 6.1 beantwortet die erste Forschungsfrage, in der es um den gesamten Wachstums- und Veränderungsprozess geht. Der zweite Abschnitt und die zweite Forschungsfrage fokussieren auf den Kern des Bezugsrahmens: den Zusammenhang zwischen Wachstum, Komplexität, Ressourcen und Umweltanforderungen. In Abschnitt 6.3 werden die zentralen praktischen Implikationen des Bezugsrahmens zusammengefasst.

Abbildung 68 gibt einen Überblick über die entwickelten acht Thesen (T1 – T8) sowie deren Position im Bezugsrahmen. Die Thesen sind im Folgenden den beiden Forschungsfragen bzw. den dazugehörenden erkenntnisleitenden Fragen zugeordnet.

---

[650] Covin/Slevin (1997): High growth transitions, S. 122.

[651] Weiterführende Aspekte, die im Rahmen dieser Arbeit nicht bearbeitet werden konnten, werden in Abschnitt 7.2 (Weiterführende Forschungsfragen) vorgestellt.

[652] Vgl. Yin (1996): Case Study Research, S. 140.

[653] Vgl. Eisenhardt (1989): Building theories from case study research, S. 541-543.

[654] In Abschnitt 7.2 wird näher darauf eingegangen, welche möglichen Folgeuntersuchungen aus Sicht des Verfassers besonders interessante Ergebnisse liefern könnten.

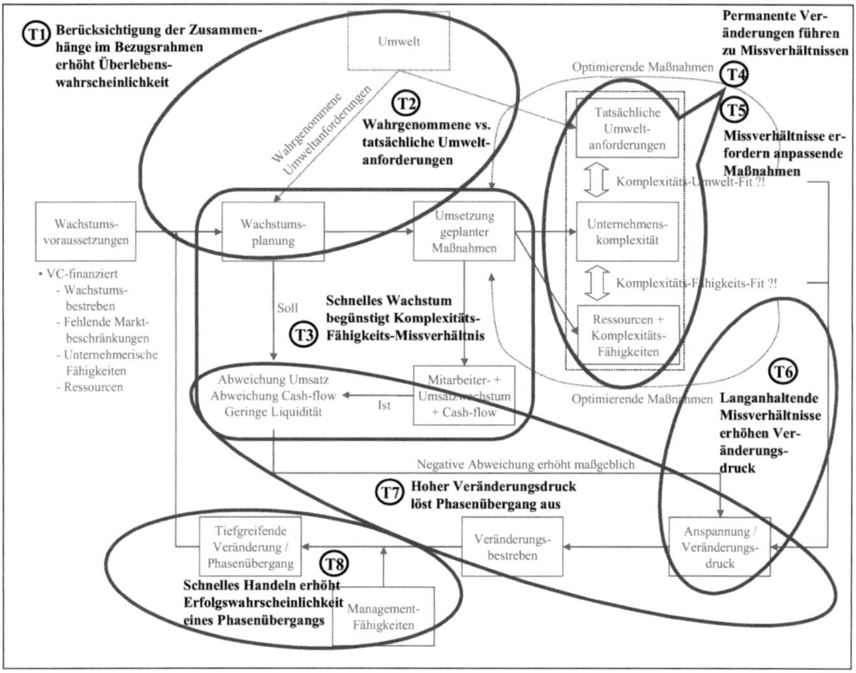

Abbildung 68: Zentrale Thesen zu Wachstum und Komplexitätsmanagement[655]

6.1 Forschungsfrage 1: Erklärung des Wachstums- und Veränderungsprozesses

Der präzisierte Bezugsrahmen spiegelt die Ergebnisse der Literaturanalyse und der empirischen Evaluation mittels der Fallstudien wider: der Wachstums- und Veränderungsprozess verläuft in einer Art Regelkreismodell. In den Fallstudien hat sich gezeigt, dass der Zusammenhang zwischen Umweltanforderungen und Unternehmenskomplexität auf der einen Seite (Komplexitäts-Umwelt-Missverhältnis) und Unternehmenskomplexität und Ressourcen/Komplexitäts-Fähigkeiten auf der anderen Seite (Komplexitäts-Fähigkeits-Missverhältnis) einen wichtigen Beitrag zur Beschreibung und Erklärung des Auftretens von optimierenden und tiefgreifenden Anpassungen leisten konnte.

[655] Eigene Darstellung.

Der im Bezugsrahmen formulierte Zusammenhang zwischen den Umweltanforderungen, der Unternehmenskomplexität und den Ressourcen/Komplexitäts-Fähigkeiten stellt eine wichtige Nebenbedingung beim Wachstumsmanagement dar. Die erste These deckt daher diesen Aspekt ab:

> These 1: Wenn das Management-Team den im Bezugsrahmen dargestellten Zusammenhang zwischen den Umweltanforderungen, der Unternehmenskomplexität und den Ressourcen/Komplexitäts-Fähigkeiten im Rahmen des Wachstumsmanagements berücksichtigt, erhöht dies die Überlebenswahrscheinlichkeit des Unternehmens.[656]

Dabei könnte im Rahmen vertiefender Untersuchungen evaluiert werden, inwieweit eine Berücksichtigung der Zusammenhänge bereits im Rahmen der Wachstumsplanung Auswirkungen auf die Überlebenswahrscheinlichkeit hat.[657] Separat könnte eine Hypothese formuliert und überprüft werden, die einen Zusammenhang zwischen der regelmäßigen Überprüfung der Komponenten „Umweltanforderungen", „Unternehmenskomplexität" und „Ressourcen/Komplexitäts-Fähigkeiten" im Rahmen des Wachstumsmanagements und einer erhöhten Überlebenswahrscheinlichkeit herstellt.[658]

Erkenntnisleitende Frage 1.1: Welche Rahmenbedingungen beeinflussen das Wachstum und die Veränderungsprozesse?

Wie im Bezugsrahmen zu erkennen, beeinflussen die folgenden Rahmenbedingungen wesentlich das Wachstum und die Notwendigkeit von Veränderungsprozessen:

- Wachstumsvoraussetzungen,
- Umwelt, insbesondere der Unterschied zwischen tatsächlichen und wahrgenommenen Umweltanforderungen,
- Wachstumsplanung und

[656] Die Überlebenswahrscheinlichkeit stellt in den ersten Jahren eines jungen Wachstumsunternehmen das entscheidende Erfolgskriterium dar und wird im Rahmen der hier entwickelten Thesen als wesentlicher Erfolgsmaßstab gewählt. Vgl. z.B. Flamholtz (1995): Managing organizational transitions, S. 45 und Lichtenstein (2000c): Self-organized transitions, S. 136.

[657] Es könnte z.B. überprüft werden, ob sich die Überlebenswahrscheinlichkeit eines Unternehmens erhöht, wenn das Management-Team den im Bezugsrahmen formulierten Zusammenhang im Rahmen der Wachstumsplanung berücksichtigt.

[658] Eine solche Hypothese könnte z.B. lauten: „Wenn das Management-Team den im Bezugsrahmen formulierten Zusammenhang in regelmäßigen Abständen überprüft, können Missverhältnisse frühzeitiger erkannt und darauf aufbauende Veränderungsmaßnahmen initiiert werden. Dadurch erhöht sich die Überlebenswahrscheinlichkeit des Unternehmens."

- Abweichungen zwischen geplantem und realisiertem Wachstum.

Die Unternehmensplanung und deren Umsetzung basiert auf den wahrgenommenen Umweltanforderungen. Werden die Umweltanforderungen falsch wahrgenommen oder verändern sich die tatsächlichen Umweltanforderungen mit der Zeit, passt die etablierte Unternehmenskomplexität nicht mehr zu den tatsächlichen Umweltanforderungen.[659] Idealerweise nimmt das Management-Team die tatsächlichen Umweltanforderungen richtig wahr. Wenn sich also die Unternehmensaktivitäten (und damit die Unternehmenskomplexität) an den tatsächlichen Umweltanforderungen orientieren, trägt dies vermutlich positiv zur Überlebenswahrscheinlichkeit bei. Insbesondere in dynamischen Märkten ist jedoch zu erwarten, dass sich die relevanten tatsächlichen Umweltanforderungen häufig und schnell ändern, so dass das Unternehmen stärker gefordert ist, sich an die veränderten Rahmenbedingungen anzupassen.

Als zweite These lässt sich also ableiten:

<u>These 2:</u> Existiert ein Unterschied zwischen den vom Management-Team wahrgenommenen und den tatsächlichen Umweltanforderungen, führt dies zu einem Komplexitäts-Umwelt-Missverhältnis.

<u>Erkenntnisleitende Frage 1.2:</u> Welches sind in diesem Zusammenhang die adäquaten Parameter zur Messung des Wachstums?

Mitarbeiter- und Umsatzwachstum haben sich für diese Untersuchung als passende Parameter zur Messung des Wachstums herauskristallisiert.[660] Bei der Umsetzung der geplanten Maßnahmen wird die Unternehmenskomplexität aufgebaut. Der Aufbau der Ressourcen und Komplexitäts-Fähigkeiten erfolgt i.d.R. erst mit einer gewissen Zeitverzögerung. Die Länge der Zeitverzögerung scheint abhängig von der Erfahrung des Management-Teams, der Güte der vorausschauenden Planung und der Wachstumsgeschwindigkeit zu sein. Daraus leitet sich die Thesen 3 ab:

---

[659] Siehe auch Erkenntnisleitende Frage 2.3.

[660] Siehe Abschnitt 2.1.1.2.

These 3: Je schneller das Mitarbeiter- und/oder Umsatzwachstum ist, desto wahrscheinlicher ist das Entstehen eines Komplexitäts-Fähigkeits-Missverhältnisses, weil die benötigten Ressourcen und Komplexitäts-Fähigkeiten nicht so schnell wie die Unternehmenskomplexität aufgebaut werden können.

Eine zugrundeliegende Prämisse dieser These ist, dass bei starkem Mitarbeiter- und/oder Umsatzwachstum die Unternehmenskomplexität ebenfalls stark angestiegen ist.[661] Wenn diese These zutreffend wäre, ließe sich schließen, dass die Wahrscheinlichkeit der Einhaltung einer Wachstumsplanung steigt, wenn die geplante maximale Wachstumsgeschwindigkeit unterhalb der maximal möglichen Geschwindigkeit des Aufbaus der benötigten Ressourcen und Komplexitäts-Fähigkeiten liegt.

6.2 Forschungsfrage 2: Einfluss von Wachstum auf Komplexität und Ressourcen

Wie in den Fallstudien gesehen, ist bei starkem Mitarbeiter- oder Umsatzwachstum die Unternehmenskomplexität zuvor stark angestiegen. In Bezug auf die Ressourcen war hingegen kein direkter Zusammenhang zu beobachten, da die Ressourcen z.T. mit einer großen zeitlichen Verzögerung der gestiegenen Komplexität angepasst wurden. Hier bestand also ein Komplexitäts-Fähigkeits-Missverhältnis. Im präzisierten Bezugsrahmen wurde der Zusammenhang zwischen Wachstum und dessen Auswirkungen auf Komplexität und Ressourcen modifiziert und der Schritt „Umsetzung geplanter Maßnahmen" eingefügt. Wachstum ist also ein messbares Indiz dafür, dass die Unternehmenskomplexität gestiegen ist. Zwischen Wachstum und Umweltanforderungen oder Wachstum und Ressourcen gibt es jedoch keinen solchen Zusammenhang. Auf die drei Kernkomponenten „Umweltanforderungen", „Unternehmenskomplexität" und „Ressourcen/Komplexitäts-Fähigkeiten" wirken also unterschiedliche Einflusskräfte, die zu einer Veränderung führen können. Daraus leitet sich als vierte These ab:

[661] Siehe auch Abschnitt 6.2.

These 4: Umweltanforderungen, Unternehmenskomplexität und Ressourcen/Komplexitäts-Fähigkeiten befinden sich in einer permanenten Veränderung, so dass mit der Zeit automatisch Komplexitäts-Umwelt- und/oder Komplexitäts-Fähigkeits-Missverhältnisse entstehen, wenn das Management-Team keine anpassenden Maßnahmen umsetzt.

Erkenntnisleitende Frage 2.1: Wie könnte ein Komplexitätsmaß definiert werden, das für das Management junger Wachstumsunternehmen die wichtigsten Faktoren zur Beobachtung der Komplexität enthält?

Im Rahmen der Entwicklung des Ausgangs-Bezugsrahmens wurde das Komplexitätsmaß vorgestellt, das zehn komplexitätsbeeinflussende Faktoren enthält.[662] Das verwendete Maß hat den Vorteil, dass es die entscheidenden Komplexitätstreiber enthält, aber trotzdem noch überschaubar ist. Weiterhin sind die benötigten Daten und Informationen zur Beschreibung der Ausprägung bei den einzelnen Kriterien leicht zu erheben bzw. liegen dem Management-Team vor. Die Multiplikation der zehn Kriterienausprägungen verdeutlicht die Interdependenz der Kriterien und die nicht-linearen Auswirkungen der Veränderung eines Komplexitätstreibers.

Die wichtigsten Nachteile des Maßes sind (1) seine Inhaltsleere, (2) seine Ungenauigkeit und (3) der Interpretationsspielraum durch den Betrachter. Eine einzelne Messung des Komplexitätsgrades ist ohne inhaltliche Bedeutung. Erst die Entwicklung des Komplexitätsgrades über den Zeitablauf und dessen Zusammenspiel mit den Umweltanforderungen und den Ressourcen lassen Interpretationen und Rückschlüsse zu. Ungenau ist das Maß, weil die zehn Kriterien jeweils nur in einer groben vierstufigen Skala gemessen werden, so dass sich kleine oder mittlere Veränderungen in den einzelnen Kriterien manchmal nicht in einer Veränderung des Komplexitätsmaßes zeigen. Der dritte Nachteil ist, dass bei manchen qualitativen Kriterien durchaus Interpretationsspielraum bei der Einordnung eines Kriteriums auf die eine oder andere Komplexitätsstufe gegeben ist. Dieser Punkt ist allerdings (in Bezug auf eine einzelne Studie oder aus Sicht eines einzelnen Unternehmens) nicht so kritisch, da nicht der einzelne Komplexitätswert relevant ist, sondern dessen Veränderung über die Zeit bzw. dessen Vergleich zu anderen Unternehmen. Wenn also dokumentiert wird, weshalb ein Unternehmen auf

[662] Das Komplexitätsmaß basiert z.T. auf einem Maß nach Clifford (1973): Growth pains und Clifford (1975): Floundering Founder. Es wurden im Rahmen der Auswahl und dessen Modifikation des Maßes zahlreiche andere Komplexitätsmaße begutachtet. Siehe Abschnitt 3.2.2.2.

einem bestimmten Komplexitätsniveau eingeschätzt worden ist, und wenn für alle Unternehmen und Zeitpunkte die gleichen Interpretationskriterien vorherrschen, sind die Ergebnisse bzw. deren Interpretation trotzdem aussagekräftig, auch wenn der absolute Komplexitätsgrad von jemand anderem möglicherweise anders eingeschätzt worden wäre.

Es bleibt festzuhalten, dass das verwendete Komplexitätsmaß ein realitätsnahes Bild der tatsächlich empfundenen Entwicklung der Komplexität zeichnet. Man könnte die zehn Faktoren im Übrigen auch als relevante Entwicklungsdimensionen eines Unternehmens begreifen.

Erkenntnisleitende Frage 2.2: In welchem Verhältnis stehen Ressourcen und Komplexität? Lässt sich ein aussagekräftiges Vergleichsmaß zwischen der Komplexität und den Ressourcen eines Unternehmens entwickeln?

Wie im Bezugsrahmen und den Fallstudien gesehen, sollten die Ressourcen und Komplexitäts-Fähigkeiten der realisierten Unternehmenskomplexität angepasst werden. Ein direkter Zusammenhang zwischen beiden Elementen konnte jedoch nicht identifiziert werden. Genauso wenig konnte ein definiertes allgemeingültiges Vergleichsmaß entwickelt werden. Dies liegt an mehreren Ursachen: zum einen kann – wie gezeigt – die Unternehmenskomplexität ganz unterschiedliche Formen annehmen und Entwicklungen durchlaufen. Damit werden im Zeitablauf auch ganz unterschiedliche Komplexitäts-Fähigkeiten benötigt. Hier konnten in den fünf Fallstudien keine generalisierbaren idealtypischen Ressourcenkonfigurationen oder Bündel von Komplexitäts-Fähigkeiten identifiziert werden. Zum anderen können sich die Komplexitäts-Fähigkeiten „Organisation und Prozesse“, „Mitarbeiter und Personalentwicklung“ und „Management-Fähigkeiten“ teilweise auch gegenseitig kompensieren. Dies wurde bereits bei den Einflussfaktoren der Management-Komplexität diskutiert und konnte in der Fallstudie der E-SERVICES AG bestätigt werden.[663] Weiterhin macht die qualitative Natur der Komplexitäts-Fähigkeiten eine Quantifizierung und Messung sehr schwer. Aus all diesen Gründen ist es – aus Sicht des Verfassers – sehr schwierig ein sinnvolles Vergleichsmaß zwischen Unternehmenskomplexität und Fähigkeiten zu definieren. Dies ist jedoch auch nicht unbedingt nötig. Mit Blick auf ein einzelnes Unternehmen kann man sich immer fragen: welche Fähigkeiten benötigt das Unternehmen, um die aktuellen Aufgaben und zukünftigen Herausforderungen handhaben zu können? Ein erfahrenes Management-Team wird mittels dieser

---

[663] Dort kompensierte ein sehr leistungsfähiges und belastbares Management-Team über einen längeren Zeitraum die unzulängliche Organisation, fehlende Prozesse und unerfahrene Mitarbeiter.

Frage ein mögliches Komplexitäts-Fähigkeits-Missverhältnis und etwaige Lücken schnell identifizieren können.

Erkenntnisleitende Frage 2.3: In welchem Verhältnis stehen die Anforderungen der Umwelt an die Komplexität eines Unternehmens und dessen tatsächlich realisierte Komplexität? Lässt sich aus diesem Zusammenhang auf das Auftreten von Problemen schließen?
Die Umweltanforderungen spielen eine zentrale Rolle bei der Entstehung von empfundenen Missverhältnissen und daran ansetzenden Veränderungsprozessen. Im präzisierten Bezugsrahmen wurde der identifizierte Zusammenhang bereits erläutert: die durch die Unternehmensaktivitäten generierte Unternehmenskomplexität basiert auf den vom Management-Team wahrgenommenen Umweltanforderungen. Daraus ergeben sich zwei Ursachen, weshalb die wahrgenommenen Umweltanforderungen zu einem gegebenen Zeitpunkt t_1 nicht mit den tatsächlichen Umweltanforderungen übereinstimmen:

1. das Management-Team hatte die tatsächlichen Umweltanforderungen falsch wahrgenommen[664] und/oder
2. die Umweltanforderungen haben sich mit der Zeit (zwischen ursprünglicher Planung zum Zeitpunkt t_0 und dem Zeitpunkt t_1) verändert.[665]

Eine weitere Schwierigkeit besteht darin, die wahrgenommenen Anforderungen auch adäquat in den zehn Kriterien der Unternehmenskomplexität umzusetzen. Hier scheint besonders wichtig zu sein, die Anforderungen nur selektiv wahrzunehmen bzw. die wahrgenommenen Anforderungen klar zu priorisieren, so dass nicht alle Anforderungen umgesetzt werden, sondern nur die wichtigsten und den Kundennutzen beeinflussenden Faktoren.[666]

Aus einer fehlenden Anpassung der Unternehmenskomplexität an die tatsächlichen Umweltanforderungen kann sich ein Komplexitäts-Umwelt-Missverhältnis ergeben, das zunächst zu

---

664 Dies ist insbesondere bei innovativen Produkten nicht ungewöhnlich, da vor der tatsächlichen Markteinführung niemand genau sagen kann, wie die potenziellen Kunden und die übrige Unternehmensumwelt reagieren. Insbesondere die Kundenbedürfnisse sind bei innovativen Produkten nur sehr schwer abschätzbar. Selbst wenn Pilotkunden in die Produktentwicklung einbezogen werden, garantiert dies nicht, dass die später tatsächlich entscheidenden Kundenanforderungen bereits in der Entwicklungsphase richtig erkannt und entsprechend priorisiert werden. Diese Erfahrungen konnten in den Fallstudien IT AG, HIGHTECH AG und E-SERVICES AG beobachtet werden.

665 Dies ist insbesondere in sehr dynamischen Märkten zu erwarten, in denen eine hohe Innovationsgeschwindigkeit und eine hohe Wettbewerbsintensität herrschen.

666 Bei der IT AG und der E-SERVICES AG zeigte sich, dass zunächst versucht wurde, (zu) viele unterschiedliche Anforderungen im Unternehmen abzubilden, wodurch die Unternehmenskomplexität stark anstieg, ohne dass die Kunden die gebotene Vielfalt durch steigende Aufträge und Umsätze honoriert hätten. Später wurde die nicht erforderliche Unternehmenskomplexität wieder abgebaut.

optimierenden Anpassungsmaßnahmen und im weiteren Verlauf möglicherweise zu einem Phasenübergang führen kann. Die Thesen 5 und 6 beschäftigen sich mit den Auswirkungen eines Komplexitäts-Umwelt-Missverhältnisses und finden sich am Ende der folgenden erkenntnisleitenden Frage 2.4.

Erkenntnisleitende Frage 2.4: In welchem Zusammenhang stehen die Veränderung der Komplexität, die Entwicklung der Ressourcen und das Auftreten von Problemen?
Der präzisierte Bezugsrahmen macht den Zusammenhang deutlich: die umgesetzten Maßnahmen wirken direkt auf die Veränderung der Unternehmenskomplexität. Bei messbarem Wachstum ist auch die Unternehmenskomplexität gestiegen. Die Entwicklung der Ressourcen hängt ebenfalls von den umgesetzten Maßnahmen ab. Allerdings war in den Fallstudien deutlich zu sehen, dass zunächst die Ausweitung der Geschäftstätigkeit (mit einer Erhöhung der Unternehmenskomplexität) im Fokus stand. Die Komplexitäts-Fähigkeiten wurden erst zeitverzögert an die gestiegene Komplexität angepasst.

Der Bezugsrahmen konnte – wie in den Fallstudien gezeigt – das Auftreten von Problemen durch Missverhältnisse zwischen Umweltanforderungen und Unternehmenskomplexität und/oder Unternehmenskomplexität und Komplexitäts-Fähigkeiten erklären. Zunächst wurde in den Fallstudienunternehmen durch optimierende Maßnahmen versucht, ein wahrgenommenes Missverhältnis zu verbessern. Gelang dies nicht, stiegen die Anspannung und der Veränderungsdruck beim Management-Team.

Ein Komplexitäts-Umwelt-Missverhältnis oder ein Komplexitäts-Fähigkeits-Missverhältnis wird zunächst als unbestimmtes Gefühl, dass „irgendetwas nicht stimmt" wahrgenommen. Die Ursache des empfundenen Missverhältnisses wird i.d.R. mit der Zeit klarer. Als Thesen lassen sich formulieren:

These 5:	Sobald ein Komplexitäts-Umwelt-Missverhältnis und/oder ein Komplexitäts-Fähigkeits-Missverhältnis wahrgenommen werden, werden zunächst optimierende Maßnahmen eingeleitet, die die Passung der Elemente verbessern sollen.

These 6: Führen die optimierenden Maßnahmen zu keiner wesentlichen Verbesserung des Komplexitäts-Umwelt-Missverhältnisses und/oder Komplexitäts-Fähigkeits-Missverhältnisses, erhöhen sich die empfundene Anspannung im Unternehmen und der Veränderungsdruck auf das Management-Team.[667]

Erkenntnisleitende Frage 2.5: Wann führen die identifizierten Probleme zu Phasenübergängen und wie lassen sich diese beschreiben?

Bestanden Missverhältnisse über einen längeren Zeitraum und führten anpassende Maßnahmen zu keiner wesentlichen Verbesserung der Situation, stieg die Anspannung im Unternehmen und der Veränderungsdruck beim Management-Team weiter an. Bei Überschreiten einer kritischen Grenze wurde dann ein tiefgreifender Veränderungsprozess (Phasenübergang) ausgelöst. Eine negative Abweichung des geplanten vom realisierten Cash-flow steigerte offenbar den Veränderungsdruck maßgeblich. Auf Basis der Fallstudien lässt sich vermuten, dass eine länger anhaltende, negative Abweichung des realisierten vom geplanten Cash-flow ein Indikator für ein Komplexitäts-Umwelt- und/oder ein Komplexitäts-Fähigkeits-Missverhältnis ist. Dabei scheint der Veränderungsdruck auf das Management-Team und damit die Wahrscheinlichkeit des Auftretens eines Phasenübergangs umso stärker zu steigen, je höher die Abweichung von der Planung ist und je geringer die verfügbaren liquiden Mittel sind.

Einige andere Kriterien hatten anscheinend eine eher dämpfende Wirkung auf den Veränderungsdruck oder erhöhten die kritische Schwelle des Management-Teams, ab der ein Phasenübergang ausgelöst wurde:

- Wenn präventive oder sehr frühe anpassende Maßnahmen zu einer schnellen Verbesserung der Situation führten.
- Wenn das Unternehmen über große Liquiditätsreserven verfügte.
- Wenn trotz negativer Abweichung des Cash-flows noch eine profitable Situation gegeben war.
- Ein Komplexitäts-Umwelt-Missverhältnis schien gegenüber einem Komplexitäts-Fähigkeits-Missverhältnis dominant. Daher löste ein Komplexitäts-Fähigkeits-Missverhältnis offensichtlich dann keinen Phasenübergang aus, wenn gleichzeitig auch ein Komplexitäts-Umwelt-Missverhältnis bestand.

[667] Lichtenstein hat diesen Aspekt in seinen Fallstudien sehr gut operationalisiert. Vgl. Vgl. Lichtenstein (2000a): Emergence; Lichtenstein (2000b): Self-organization; und Lichtenstein (2000c): Self-organized transitions.

- Wenn das Management-Team sehr belastbar war (gilt anscheinend insbesondere bei Vorliegen eines Komplexitäts-Fähigkeits-Missverhältnisses).

Wurde die kritische Schwelle des Veränderungsdrucks überschritten, wurden die bereits zuvor existenten Veränderungsbestrebungen konkret in einen Phasenübergang umgesetzt. Die Management-Fähigkeiten hatten einen maßgeblichen Einfluss auf die Durchführung und den Erfolg der Phasenübergänge. Im Rahmen der tiefgreifenden Veränderungsmaßnahmen wurden bereits grundlegende Entscheidungen (z.B. zu Strategien, Geschäftsmodell und dem weiteren Vorgehen) getroffen, die in einer darauf folgenden (Wachstums-)Planung vertieft wurden. Daraus ergibt sich als siebte These:

These 7: Je höher der Veränderungsdruck steigt, desto größer ist die Wahrscheinlichkeit, dass konkrete Veränderungsbestrebungen eingeleitet werden, die zu einem Phasenübergang führen.

Je eher das Management-Team ein Missverhältnis erkennt, desto besser kann es sich auf die notwendigen Veränderungsmaßnahmen einstellen, indem entweder präventive Anpassungsmaßnahmen umgesetzt werden, oder ein unvermeidbarer Phasenübergang gut vorbereitet wird. Daraus ergeben sich die These 8:

These 8: Wenn die Notwendigkeit einer tiefgreifenden Veränderung frühzeitig erkannt und die Veränderungsmaßnahmen möglichst schnell und eindeutig umgesetzt werden, ist das Management eines Phasenübergangs am erfolgreichsten.

Missverhältnisse und notwendige Veränderungen können von einem erfahrenen Management-Team vermutlich frühzeitig erkannt werden. Und auch das Management von Phasenübergängen wird vermutlich erfolgreicher, je erfahrener das bezüglich des Managements von tiefgreifenden Veränderungsprozessen ist.

Als weiterer Erfolgsfaktor für das Management eines Phasenübergangs wird vermutet, dass sich das Unternehmen am „Rande des Chaos" befinden und einen hohen Grad an Selbstorganisation etabliert haben sollte. Dieser Gedanke basiert auch auf einem Ergebnis Lichtensteins: „The contrasts between these two cases suggest a pattern – the greater the degree of self-organization in a transition, the greater the likelihood the transition will lead to success. Success is measured primarily in terms of survival."[668] Laut Brown/Eisenhardt zeichnet sich ein Unternehmen, dessen Organisation sich „am Rande des Chaos" befindet, dadurch aus, dass es über folgende Eigenschaften verfügt: (1) eine anpassungsfähige Kultur, (2) wenige zentrale Strukturen und Regeln, die nie gebrochen werden und Selbstorganisation sowie (3) Echtzeit-Kommunikation (d.h. kurze Entscheidungswege und schnelle Entscheidungen). Die Position „am Rande des Chaos" liegt zwischen den zwei Attraktoren „Chaosfalle" und „Bürokratiefalle".[669] In den Fallstudien der IT AG und der LOWTECH GmbH war jeweils zu erkennen, dass die Unternehmen sich zunächst in der „Chaos-Falle" befanden. Durch eine (zu) starke Formalisierung gerieten beide dann in die „Bürokratie-Falle". Nach dem Abbau eines Teils der formalen Regeln konnte dann wieder eine effektive und effiziente Position „am Rande des Chaos" zwischen den beiden erstgenannten Extremen etabliert werden. Aus Sicht des Verfassers wäre es höchst interessant, diesen zuvor beschriebenen Zusammenhang in weiteren vertiefenden Studien zu evaluieren.[670]

Nach der Vorstellung der Thesen beschäftigt sich der folgende Abschnitt mit den praktischen Handlungsoptionen, die sich aus den soeben vorgestellten Ergebnissen ableiten lassen.

6.3 Praktische Implikationen

„Die Wahl des optimalen Komplexitätsgrades ist damit ein mehrdimensionales Entscheidungsproblem. Es kommt darauf an, zu erkennen, welche Komplexitätsdimensionen für ein Unternehmen besondere Erfolgswirkungen zeigen, um den erreichten Komplexitätsgrad bei diesen Dimensionen kritisch zu hinterfragen."[671]

Es konnte gezeigt werden, dass mit Hilfe des Bezugsrahmens die Ursachen von Veränderungsprozessen frühzeitig erkannt und sogleich Ansatzpunkte für notwendige Veränderungsprozesse identifiziert werden können. Daher ergibt sich als wesentliche praktische Implikation, dass die im Bezugsrahmen dargestellten Zusammenhänge dem Management-Team bewusst sein sollten, weil dadurch möglicherweise die Überlebenswahrscheinlichkeit des jungen Wachstumsunternehmens erhöht werden könnte.

[668] Lichtenstein (2000c): Self-organized transitions, S. 136.
[669] Vgl. Brown/Eisenhardt (1998): Competing on the Edge, S. 29-45.
[670] Siehe auch Abschnitt 7.2 (Weiterführende Forschungsfragen).
[671] Adam/Johannwille (1998): Komplexitätsfalle, S. 7. Der von Adam/Johannwille verwendete Begriff „Komplexitätsgrad" bezeichnet dabei die Ausprägung der Komplexität in den zehn Komplexitätstreibern, die die Unternehmenskomplexität bestimmen.

Abbildung 69 zeigt die Kernelemente des Bezugsrahmens (Umwaltanforderungen, Unternehmenskomplexität und Ressourcen/Komplexitäts-Fähigkeiten) und deren Zusammenspiel im Rahmen der Geschäftsplanung und -analyse.

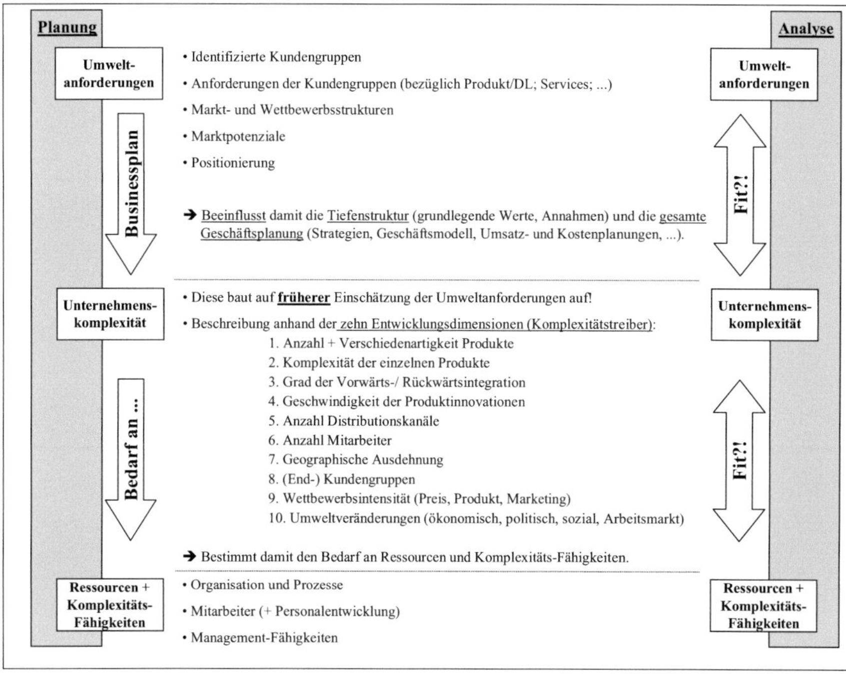

Abbildung 69: Kernelemente des Bezugsrahmens und deren Zusammenhang bei Geschäftsplanung und Unternehmensanalyse[672]

Wie sich in den Experten-Interviews und den Abschlusspräsentationen in den Fallstudienunternehmen zeigte, haben die Interview-Partner bisher nicht in den Dimensionen „Umweltanforderungen", „Unternehmenskomplexität" und „Ressourcen/Komplexitäts-Fähigkeiten" gedacht. Es kann vermutet werden, dass dies auch für andere junge Wachstumsunternehmen zutrifft und deren Überlebenswahrscheinlichkeit steigen würde, wenn die im Bezugsrahmen dargestellten Zusammenhänge bei der Geschäfts- bzw. Wachstumsplanung berücksichtigt würden.

[672] Eigene Darstellung.

Im Folgenden werden daher praktische Handlungsoptionen auf Basis der gewonnen Erkenntnisse skizziert: als Basis der Planungen könnten die relevanten Umweltanforderungen identifiziert und dokumentiert werden. Am besten gelingt dies durch engen Kontakt zu Kunden, wichtigen Geschäftspartnern und externen Marktexperten. Die Einschätzung der aktuellen Anforderungen und vor allem deren zukünftigen Entwicklung könnten dann den Grundstein der Ausrichtung des Unternehmens bilden, auf dem die grundlegenden Annahmen und die gesamte Geschäftsplanung basieren. Es erscheint sinnvoll darauf aufbauend die Entwicklung der Unternehmenskomplexität zu planen: wie verändern sich die zehn Komplexitätstreiber bzw. Entwicklungsdimensionen über die Zeit hinweg? Als dritter Schritt könnte sich die Planung der benötigten Ressourcen und Komplexitäts-Fähigkeiten anschließen: welche Fähigkeiten werden über die Zeit hinweg benötigt, um die geplante Unternehmenskomplexität effizient handhaben zu können? Bei der Planung erscheint ein iteratives Vorgehen empfehlenswert zu sein, falls z.B. die zunächst geplante Unternehmenskomplexität nicht effizient beherrschbar ist, oder die Fähigkeiten nicht mit der erforderlichen Geschwindigkeit aufgebaut werden können. In diesen Fällen könnte geprüft werden, inwieweit die wahrgenommenen Umweltanforderungen weiter fokussiert werden können, um die benötigte Unternehmenskomplexität zu verringern oder langsamer steigen zu lassen. Auf Basis der Erkenntnisse aus den Fallstudien könnten zwei Erfolgsfaktoren entscheidend sein: bei der Wahrnehmung und Umsetzung der Umweltanforderungen in die Unternehmenskomplexität erscheint es i.d.R. sinnvoll zu sein, eine Priorisierungs- und Fokussierungsstrategie zu verfolgen (Ziel: verbesserte Effektivität). Bei der Implementierung der Unternehmenskomplexität und der Konfiguration der Ressourcen könnten dann alle Regelungen, Prozesse und Organisation soweit wie möglich standardisiert werden (Ziel: verbesserte Effizienz).

Bei der Umsetzung der Geschäftsplanung erleichtert eine regelmäßige Analyse und Überprüfung der drei Komponenten und deren Zusammenspiel möglicherweise die Früherkennung von Problemen. Wie im Rahmen der Fallstudien gezeigt werden konnte, befinden sich in jungen Wachstumsunternehmen alle drei Kernkomponenten des Bezugsrahmen in permanenten Veränderungsprozessen, die zu Missverhältnissen zwischen diesen führen können. Bei der regelmäßigen Analyse könnte ebenfalls mit den Umweltanforderungen begonnen werden. Relevante Fragen wären dabei z.B.:

- Haben sich die Anforderungen seit der letzten Planung oder Analyse verändert?
- Werden sich die Anforderungen kurz-, mittel- oder langfristig verändern?

- Welche Implikationen haben die wahrgenommenen Veränderungen auf die grundlegenden Annahmen der Unternehmensstrategie oder des Geschäftsmodells?

Auf dieser Basis könnte im nächsten Schritt der Komplexitäts-Umwelt-Fit überprüft werden:

- Passt die realisierte Unternehmenskomplexität noch zu den verändert wahrgenommenen Umweltanforderungen?
- Welche Veränderungen sind notwendig, um das Komplexitäts-Umwelt-Missverhältnis zu verringern?
- Können die Veränderungen mittels anpassender Maßnahmen umgesetzt werden, oder sind tiefgreifende Veränderungen notwendig?

Auch hier könnte der dritte Schritt die Überprüfung des Komplexitäts-Fähigkeits-Fits sein:

- Sind alle notwendigen Ressourcen und Komplexitäts-Fähigkeiten vorhanden, um die (geplante) veränderte Unternehmenskomplexität handhaben zu können?
- Welche Ressourcen oder Fähigkeiten müssen ab- oder aufgebaut werden?
- Wie kann die Veränderung am besten umgesetzt werden (anpassende Maßnahmen versus Phasenübergang)?

Möglicherweise wären hier ebenfalls mehrere Iterationsschleifen zu durchlaufen, bevor eine stimmige Gesamtplanung vorliegt.

Wie im Rahmen der Fallstudien gezeigt werden konnte, bietet der entwickelte Bezugsrahmen Anhaltspunkte für das Management, auf welche Veränderungen der Komplexität wie reagiert werden kann. Veränderungen der Unternehmenskomplexität basieren größtenteils auf den Entscheidungen und Aktivitäten eines Unternehmens. Lediglich die Wettbewerbsintensität und die Umweltveränderungen lassen sich nicht direkt beeinflussen. Verändert sich die Unternehmenskomplexität, kann das Management-Team – idealerweise bereits in der Planungsphase – prüfen, welchen Einfluss eine Veränderung der Komplexität auf den Komplexitäts-Umwelt-Fit und den Komplexitäts-Fähigkeits-Fit haben könnte. Gegebenenfalls könnten dann bspw. die Umweltanforderungen neu hinterfragt oder die Komplexitäts-Fähigkeiten an die veränderte Komplexität angepasst werden.

Durch die Beobachtung der Komplexität lassen sich Probleme möglicherweise frühzeitiger erkennen. Wahrgenommene Wachstumsprobleme, wie sie z.B. im Rahmen der in Abschnitt 2.2.2 vorgestellten empirischen Studien dargestellt sind, lassen sich als Komplexitäts-

Missverhältnisse interpretieren und erklären. Durch Antizipieren und Beobachten möglicher Veränderungen der Umweltanforderungen, der Unternehmenskomplexität und der Komplexitäts-Fähigkeiten lassen sich möglicherweise bereits frühzeitig – evtl. bereits in der Planungsphase – entstehende Komplexitäts-Missverhältnisse erkennen. Gleichzeitig könnten sich aus der Beobachtung der drei Elemente und deren Passung konkrete Ansatzpunkte zur Verbesserung der Situation ergeben. Wie im präzisierten Bezugsrahmen zu sehen, stellt sich dann die Frage, ob optimierende Maßnahmen ausreichend oder tiefgreifende Veränderungen notwendig wären. Auch diese Frage lässt sich möglicherweise bereits frühzeitig einschätzen.

<u>Auch Phasenübergänge lassen sich möglicherweise frühzeitiger erkennen.</u> Durch eine Beobachtung der drei komplementären Elemente „Umweltanforderungen“, „Unternehmenskomplexität“ und „Ressourcen/Komplexitäts-Fähigkeiten“ können evtl. frühzeitig Missverhältnisse vorausgesehen werden. Diese Missverhältnisse machen i.d.R. Veränderungsmaßnahmen notwendig. Wenn die Veränderungsnotwendigkeit rechtzeitig erkannt wird, können die Veränderungen möglicherweise mittels optimierender Maßnahmen umgesetzt werden. Es gibt aber auch Situationen, in denen man von Vornherein davon ausgehen kann, dass tiefgreifende Veränderungen notwendig sein werden.[673]

Die zuvor beschriebenen Handlungsoptionen können in jungen Wachstumsunternehmen möglicherweise zu einer Erhöhung der Überlebenswahrscheinlichkeit führen. Allerdings bedürfen die beschriebenen Zusammenhänge einer vertiefenden Untersuchung in weiterführenden empirischen Studien, um daraus konkretere Handlungsempfehlungen für die Praxis ableiten zu können.

---

[673] Bspw. war der Übergang vom Entwicklungs- zum Vertriebs-fokussierten Unternehmen bei der IT AG eine derartige tiefgreifende Veränderung, die zusätzlich durch das starke Wachstum (und das dadurch ausgelöste Komplexitäts-Fähigkeits-Missverhältnis) nötig wurde. Bei der BIOTECH AG zeichnete sich Ende 2002 ein ähnlicher Fokuswechsel ab, der in diesem Fall durch die geplante sprunghafte Steigerung der Komplexität zusätzliche Anforderungen an die Komplexitäts-Fähigkeiten stellte. Vermutlich war hier ein Phasenübergang nötig, in dem auf die erfolgversprechendsten Produkt-/ Markt-/Distributionskanal-Kombinationen fokussiert werden sollte, wodurch die Unternehmenskomplexität wesentlich gesenkt werden würde. Weiterhin mussten vermutlich parallel die Komplexitäts-Fähigkeiten (insbesondere in Bezug auf die Vertriebsprozesse) maßgeblich gesteigert werden.

7 Zusammenfassung und Ausblick

"Ist das Unternehmen nicht in der Lage, unternehmensexterne Ansprüche und unternehmensinterne Leistungserstellungsfähigkeiten (...) zu harmonisieren, so tritt es in einen sich selbst verstärkenden Teufelskreis, der mit dem Verlust der Wettbewerbsfähigkeit des Unternehmens endet."[674]

In diesem abschließenden Kapitel sollen die Ergebnisse dieser Arbeit reflektiert und offene bzw. weiterführende Forschungsfragen skizziert werden. Abschnitt 7.1 diskutiert das Forschungsdesign und die Ergebnisse der Arbeit sowie deren praktische Anwendbarkeit. Im zweiten Abschnitt werden aus Sicht des Verfassers interessante Forschungsthemen und -fragen aufgeworfen. Abschnitt 7.3 zieht ein abschließendes Fazit bezüglich der Erkenntnisse dieser Arbeit.

7.1 Reflexion der Arbeit

Die **Generelle Forschungsfrage** der Arbeit lautet: „Wie lässt sich der Wachstums- und Veränderungsprozess eines jungen Wachstumsunternehmens im Zusammenhang mit der Entwicklung der Komplexität, dem Aufbau von Ressourcen und dem Eintreten von Phasenübergängen erklären?".

Im präzisierten Bezugsrahmen sind die zentralen Elemente und deren Zusammenhänge zur Beschreibung des Wachstums- und Veränderungsprozesses junger Wachstumsunternehmen abgebildet. Im Rahmen der fünf Fallstudien konnte gezeigt werden, dass die sehr individuellen Wachstums- und Veränderungsprozesse durch den Bezugsrahmen beschrieben und deren Ursachen erklärt werden konnten. Damit konnte die generelle Forschungsfrage mit Hilfe des Bezugsrahmens beantwortet werden.

Das Ziel dieser Arbeit war nicht, Wachstums- und Veränderungsprozesse junger Wachstumsunternehmen in all ihren Facetten zu beschreiben und zu erklären, sondern eine Vorgehensweise zu entwickeln, die es erlaubt Wachstums- und Veränderungsprozesse und deren Ursachen in einem gegebenen Kontext zu erkennen und daraus Ansatzpunkte für eine Gestaltung von Anpassungsmaßnahmen zu entwickeln. In Bezug auf das in Abschnitt 1.2 formulierte

---

[674] Spies (1999): Variantenoptimale Gestaltung des Leistungsangebotes, S. 10.

Ziel dieser Arbeit kann festgehalten werden, dass ein wissenschaftlich fundierter Bezugsrahmen entwickelt wurde, der einen Beitrag zur besseren Erklärung der Wachstums- und Veränderungsprozesse in jungen Wachstumsunternehmen leistet und dem Management-Team zugleich Handlungsoptionen für die Gestaltung dieser wachstumsinduzierten Veränderungen bietet.

Reflexion des Forschungsdesigns

Um die Forschungsfragen beantworten und das Ziel der Arbeit erreichen zu können, wurde auf Basis bestehender Forschungsansätze ein neuartiges Rahmenkonzept entwickelt (Ausgangs-Bezugsrahmen). Anhand der fünf deskriptiv-explorativen Fallstudien konnten wesentliche Annahmen des Ausgangs-Bezugsrahmens bestätigt werden. Im Rahmen der Durchführung und Auswertung der Fallstudien konnte der Verfasser wertvolle Einblicke in die Wachstums- und Veränderungsprozesse der untersuchten Unternehmen gewinnen. Daraus ließen sich neue Erkenntnisse zu den im Ausgangs-Bezugsrahmen formulierten Zusammenhängen gewinnen. Diese sind in den präzisierten Bezugsrahmen eingeflossen. Dieses Forschungsdesign war sehr gut geeignet, beschreibende und erklärende Aussagen zu den untersuchten Phänomenen zu entwickeln, über die zuvor noch keine ausreichenden Erkenntnisse vorlagen. Die im Bezugsrahmen beschriebenen Zusammenhänge und entwickelten Thesen bedürfen einer weiteren empirischen Überprüfung (siehe „Weiterführende Forschungsfragen“ in Abschnitt 7.2).

Am gewählten Vorgehen ist zunächst zu kritisieren, dass im Rahmen der Fallstudien jeweils nur ein Top-Management-Teammitglied befragt worden ist. Die dargestellte Unternehmensentwicklung basiert damit auf der Einschätzung eines einzelnen Mitglieds des Top-Management-Teams. Allerdings lässt sich ein Großteil der Entwicklung durch harte Fakten belegen. Außerdem wurden die Wahrnehmungen und Einschätzungen durch flankierende Experten-Interviews validiert. In den Abschlusspräsentationen bei den Fallstudienunternehmen wurden die wesentlichen Ergebnisse auch durch die anderen anwesenden Mitglieder des jeweiligen Top-Management-Teams bestätigt.

Eine zweite Kritiklinie bezüglich des Forschungsdesigns bietet der auf 12 Monate begrenzte Beobachtungszeitraum bei den longitudinalen Echtzeit-Fallstudien. Da die untersuchten vier jungen Wachstumsunternehmen zusätzlich relativ jung sind, konnten lediglich die Wachstums- und Veränderungsprozesse in den ersten Jahren nach der Gründung bzw. Finanzierung analysiert werden. Das Verständnis dieser sehr frühen Veränderungsprozesse war jedoch das erklärte Ziel dieser Arbeit. Aus der Analyse können allerdings keine Schlüsse auf den mittel- oder langfristigen Erfolg der Unternehmen gezogen werden. Es wäre interessant, die Unternehmen in einer weiteren Studie über einen längeren Zeitraum zu begleiten. Weiterhin könnte eine empirische Untersuchung über einen längeren Zeitraum interessante, ergänzende Ergebnisse zu Wachstums- und Veränderungsprozesse in jungen Wachstumsunternehmen liefern (siehe „Weiterführende Forschungsfragen" in Abschnitt 7.2).

Reflexion der Ergebnisse der Arbeit

Im Folgenden sollen einige kritische und einschränkende Hinweise zu den Ergebnissen der Arbeit diskutiert werden.

Zunächst einmal besteht bei einem explorativen Vorgehen, wie es hier gewählt worden ist, immer die Gefahr, dass die empirischen Ergebnisse im Sinne einer „selbsterfüllenden Prophezeiung" denjenigen entsprechen, die der Forscher zuvor theoretisch erarbeitet hat. Dieser Kritik ist zu entgegnen, dass mit Hilfe der Fallstudien wesentliche empirische Erkenntnisse erarbeitet werden konnten, die zu einer maßgeblichen Weiterentwicklung des Bezugsrahmens führten. Außerdem wurden sowohl die theoretischen Überlegungen als auch die empirischen Ergebnisse mittels verschiedener Experten-Interviews und den Abschlusspräsentationen bei den Fallstudienunternehmen bezüglich ihrer Objektivität und Reliabilität hinreichend überprüft.

Im Rahmen dieser Arbeit wurden junge Wachstumsunternehmen untersucht, deren Charakteristika von Definitionen wie „schnell wachsende Unternehmen" oder „junge Technologieunternehmen" leicht abweichen.[675] Aufgrund der sehr großen Überschneidungen der Definitionen weisen beide Untersuchungsgruppen – nach Einschätzung des Verfassers – jedoch eine sehr große Schnittmenge auf. Daher ist davon auszugehen, dass die dargestellten Ergebnisse auch für den größten Teil der „schnell wachsenden Unternehmen" und „jungen Technologieunternehmen" gilt. Obwohl im Rahmen der Fallstudie der LOWTECH GmbH die Anwendbarkeit und Erklärungskraft des Bezugsrahmens gezeigt wurde, kann hier nicht geschlossen werden, inwieweit die Erkenntnisse z.B. generell in Bezug auf ältere oder langsam wachsende Unternehmen anwendbar sind. Es ist jedoch zu vermuten, dass die im Bezugsrahmen dargestellten Zusammenhänge für alle Unternehmen relevant sind, die die definierten Wachstums-

[675] Siehe Abschnitt 2.1.1.3.

voraussetzungen (Wachstumsbestreben, fehlende Marktbeschränkungen, unternehmerische Fähigkeiten und initiale Ressourcenverfügbarkeit) erfüllen. Bei großen Unternehmen wäre es wahrscheinlich sinnvoll, verschiedene Geschäftsbereiche getrennt voneinander zu untersuchen.

7.2 Weiterführende Forschungsfragen

"Researchers generally agree that studying how entrepreneurs manage growth transitions is critical because the ability to manage growth is vital to a firm's continued success."[676]

Im Rahmen der vorliegenden Untersuchung sind auch Probleme und Fragen aufgeworfen worden, deren Lösung bzw. Beantwortung nachfolgenden Studien vorbehalten bleibt. Die nun vorgestellten, weiterführenden Forschungsfragen sind zusammen mit den in den Abschnitten 6.1 und 6.2 formulierten Thesen als Ausgangspunkt für weitere Forschungsarbeiten gedacht.

Ein erster offenkundiger Forschungsbedarf, der sich aus dieser Arbeit ergibt, ist die Überprüfung der Validität des Bezugsrahmens in weiteren empirischen Untersuchungen. Um die übergeordneten Zusammenhänge des Bezugsrahmens zu überprüfen, bedarf es aus Sicht des Verfassers weiterer Fallstudienuntersuchungen. Idealerweise ist eine Zusammenarbeit mit einer VC-Gesellschaft vorstellbar, dessen frühere und aktuelle Portfolio-Unternehmen in Ex-post-Fallstudien anhand des Bezugsrahmens analysiert werden. Anhand eines solchen Samples junger Wachstumsunternehmen könnten im Vergleich zur vorliegenden Untersuchung Wachstums- und Veränderungsprozesse über einen längeren Zeitraum analysiert werden. Weiterhin bestünde die Möglichkeit, auch nicht erfolgreiche Unternehmen in die Untersuchung einzuschließen, sowie die Ursachen für deren Scheitern mit Hilfe des Bezugsrahmens zu analysieren und zu erklären.

Im Rahmen einer multiplen Fallstudienuntersuchung in Zusammenarbeit mit einer VC-Gesellschaft könnte die Rolle des Beobachters und Bewerters durch einen oder mehrere Investment-Manager ausgefüllt werden. Der Forscher würde in diesem Fall den wesentlichen Teil der Erhebung nicht mit dem Management-Team, sondern mit dem für das Unternehmen verantwortlichen Investment-Manager durchführen. Dabei könnte bei den existierenden Unternehmen noch zusätzlich untersucht werden, inwieweit die Einschätzungen des Manage-

[676] Arbaugh/Camp (2000a): Growth Transitions, S. 310.

ment-Teams von denen des Investment-Managers abweichen. Daraus ließe sich ein neues Thema entwickeln, das sich mit der unterschiedlichen Wahrnehmung und Beurteilung des Unternehmens durch das Management-Team im Vergleich zu anderen Beteiligten beschäftigt.

Im Rahmen einer weiteren multiplen Fallstudienuntersuchung wäre eine branchenspezifische Untersuchung der Entwicklung der Unternehmenskomplexität interessant: dabei könnte der Zusammenhang zwischen Unternehmenskomplexität, verfolgten Strategien und Geschäftsmodellen untersucht werden. Es wäre zu vermuten, dass sich die Höhe der Unternehmenskomplexität auch bei Unternehmen im gleichen Marktsegment stark unterscheiden kann. Die verfolgten Strategien und Geschäftsmodelle könnten als moderierende Faktoren untersucht werden. Falls für die untersuchten Unternehmen die gleichen tatsächlichen Umweltanforderungen angenommen werden können, könnte der Einfluss der Unternehmenskomplexität, der Ressourcen und Komplexitäts-Fähigkeiten sowie deren Fit mit den Umweltanforderungen auf den Erfolg der Unternehmen untersucht werden.

Ein weiterer interessanter Aspekt, der am besten mit Hilfe weiterer Fallstudien untersucht werden kann, ist der Zusammenhang zwischen Unternehmenskomplexität und Komplexitäts-Fähigkeiten. Hier wäre interessant zu untersuchen, ob bei einem Anstieg der Unternehmenskomplexität in bestimmten Bereichen des Unternehmens (d.h. in einem der zehn Komplexitätstreiber) ganz bestimmte Ressourcen besonders gut geeignet sind, die zusätzliche Komplexität zu handhaben. Für die Praxis wäre hier von besonderem Interesse, ob man in Bezug auf bestimmte Komplexitätstreiber einen eindeutigen Zusammenhang zwischen Komplexitätsanstieg und benötigten zusätzlichen/verbesserten Komplexitäts-Fähigkeiten herstellen kann. So könnte in diesem Rahmen z.B. die häufig formulierte These überprüft werden, dass ab einer gewissen Mitarbeiterzahl die Organisation und Prozesse deutlich verbessert werden müssen, um einen gleichbleibenden Leistungserstellungsprozess zu gewährleisten. Auf Basis dieser Erkenntnisse könnten dann möglicherweise für bestimmte Situationen idealtypische Ressourcenkonfigurationen vorgeschlagen werden.

Außerdem könnten z.B. im Rahmen von Diplomarbeiten weitere longitudinale Echtzeit-Fallstudien junger Wachstumsunternehmen erarbeitet werden, in denen die praktische Anwendbarkeit des Bezugsrahmens evaluiert wird. Der Diplomand könnte das Management-Team mit Hilfe des Bezugsrahmens im Rahmen der Planungs- und Analyseprozesse unterstützen und gleichzeitig die in dieser Arbeit formulierten praktischen Handlungsoptionen überprüfen und weiterentwickeln.

Eine zweite weiterführende Forschungsrichtung ist die großzahlige empirische Validierung einzelner Zusammenhänge des Bezugsrahmens. Hier kann auf die entwickelten Thesen aufgebaut werden. Diese bedürfen zunächst einer weiteren Fokussierung in konkretere Hypothesen, da die in dieser Arbeit formulierten Zusammenhänge größtenteils qualitativer Natur sind und daher nicht direkt in Form einer großzahligen Befragung untersucht werden können.

Der interessanteste Untersuchungsgegenstand ist dabei aus Sicht des Verfassers der Kern des Bezugsrahmens selbst. Bezüglich der Umweltanforderungen wäre bspw. interessant zu untersuchen, welche Variablen aus Sicht von Managern relevant sind und wie sich ein Unternehmen daran ausrichten sollte. Möglicherweise könnte eine derartige Untersuchung auch Ansatzpunkte für eine verbesserte Operationalisierung der Umweltanforderungen leisten. Bei der Unternehmenskomplexität wäre ebenfalls eine empirische Überprüfung der Relevanz der zehn Komplexitätstreiber und möglicherweise weiterer Faktoren aus Sicht von Managern interessant. Eine Verfeinerung des Komplexitätsmaßes wäre wünschenswert, so dass damit auch kleine und mittlere Veränderungen messbar sind. Ein interessantes Spezialproblem stellen die offensichtlich vorhandenen Interdependenzen der zehn Kriterien dar, da hier eine noch detailliertere Analyse der verschiedenen Beziehungen und Abhängigkeiten von Nöten ist. Ein Ergebnis einer solchen Untersuchung könnte ein verbessertes Verständnis der im Komplexitätsmaß implizit unterstellten Äquivalenzbeziehungen der zehn Kriterien sein. Auch in Bezug auf die Ressourcen und Komplexitäts-Fähigkeiten wäre aus Sicht des Verfassers eine empirische Überprüfung der Relevanz von großem Interesse. Insbesondere könnte in diesem Zusammenhang möglicherweise die häufig formulierte Hypothese untersucht werden, dass die Erfahrung des Management-Teams einen großen Einfluss auf

1. die Entstehung von Missverhältnissen,
2. das Erkennen von Missverhältnissen,
3. die Höhe des ertragbaren Veränderungsdrucks und
4. das Management des Phasenübergangs hat.

Auch hier wäre eine verbesserte Operationalisierung das Ziel. Bezüglich der Missverhältnisse wäre weiterhin sehr interessant, die in empirischen Arbeiten identifizierten Wachstumsprobleme als Komplexitäts-Umwelt- und/oder als Komplexitäts-Fähigkeits-Missverhältnis zu deuten. Nach Einschätzung des Verfassers kann ein Großteil der Probleme eindeutig zugeordnet werden. Probleme, die nicht direkt zuzuordnen sind, können möglicherweise zu einer weiteren Präzisierung bzw. Modifizierung des Bezugsrahmens führen. Eine ähnliche Untersuchung wäre auch für die umfangreiche Literatur zu „Erfolgsfaktoren für junge Wachstumsunternehmen" interessant. Ein großer Teil der Erfolgsfaktoren lässt sich aus Sicht des Verfassers im Bezugsrahmen wiederfinden. Aspekte, die im Bezugsrahmen nicht abgebildet sind, können ebenfalls zu einer Weiterentwicklung führen. Diese Analysen könnten lohnende Themen für Diplomarbeiten darstellen.

Neben dem genannten Forschungsbedarf bietet der entwickelte Bezugsrahmen aus Sicht des Verfassers einen Ausgangspunkt für die Untersuchung zahlreicher weiterer Zusammenhänge im Rahmen von Wachstums- und Veränderungsprozessen in jungen Wachstumsunternehmen.

Darüber hinaus kann vermutet werden, dass der Bezugsrahmen in adaptierter Form auch Veränderungsprozesse von Unternehmen in anderen dynamischen Situationen erklären kann. Hier ist z.B. an Unternehmen in Schrumpfungssituationen oder in sehr dynamischen Märkten zu denken. Der Gedanke erscheint nicht abwegig, dass die Kernelemente Umweltanforderungen, Unternehmenskomplexität und Komplexitäts-Fähigkeiten mit dem Konzept der Missverhältnisse und daraus resultierender tiefgreifender Veränderungsprozesse auch für andere dynamische Situationen anwendbar sein könnten. Auf Basis eines Forschungsdesigns ähnlich dieser Arbeit könnte der „Bezugsrahmen für Wachstums- und Komplexitätsmanagement" für andere dynamische Veränderungsprozesse abgewandelt bzw. weiterentwickelt werden.

7.3 Fazit

Es konnte gezeigt werden, dass es sich bei Unternehmen um komplexe, adaptive Systeme handelt, die neben der Beschreibung aus kontingenztheoretischer und ressourcen-basierender Sicht auch mit Hilfe des Konstruktes „Komplexität" charakterisiert werden können. Wie gezeigt, bieten die Beobachtung der Komplexität, der Umweltanforderungen und der Ressourcen sowie deren Integration im Bezugsrahmen neue Ansatzpunkte zur Früherkennung von wachstumsinduzierten Veränderungen. Auf Basis dieser verbesserten Früherkennung lassen sich bevorstehende Phasenübergänge früher erkennen und Handlungsoptionen für deren Management entwickeln.

Den ersten Erkenntnisfortschritt der vorliegenden Arbeit liefert der entwickelte Bezugsrahmen, in dem für den Untersuchungsgegenstand relevante Theorien und Ansätze neuartig kombiniert werden. Die integrierte Betrachtung traditionell isoliert behandelter Ansätze bietet eine innovative Perspektive der Veränderungs- und Wachstumsprozesse, die neue Impulse zur Beantwortung der o.g. Forschungsfragen liefert. Die Beantwortung der Forschungsfragen auf Basis der Erkenntnisse aus den Fallstudien stellt den zweiten wesentlichen Erkenntnisfortschritt in Bezug auf Wachstums- und Veränderungsprozesse dar. Die abgeleiteten praktischen Handlungsoptionen können als Erweiterung des vorhandenen praktischen Management-Wissens interpretiert werden.

Der Bezugsrahmen kann also sowohl explikativ zur Erklärung der Zusammenhänge und Ursachen von Wachstums- und Veränderungsprozessen als auch präskriptiv zur Antizipation der zukünftigen Unternehmensentwicklung und zum Erkennen von Ansatzpunkten für Veränderungsmaßnahmen eingesetzt werden. Die Ergebnisse dieser Arbeit deuten darauf hin, dass eine Berücksichtigung der dargestellten Zusammenhänge im Rahmen des Wachstumsmanagements den Erfolg – gemessen an der Überlebenswahrscheinlichkeit – junger Wachstumsunternehmen maßgeblich erhöht.

Literaturverzeichnis

Adam (Hrsg.) (1998): Komplexitätsmanagement

Adam, Dietrich (Hrsg.) (1998): Komplexitätsmanagement

Adam/Johannwille (1998): Komplexitätsfalle

Adam, Dietrich; Johannwille, Ulrich (1998): Die Komplexitätsfalle, in: Adam, Dietrich (Hrsg.) (1998): Komplexitätsmanagement, S. 5-28

Adizes (1988): Corporate lifecycles

Adizes, Ichak (1988): Corporate lifecycles: how and why corporations grow and die and what to do about it

Adizes (1996): The Pursuit of Prime

Adizes, Ichak (1996): The Pursuit of Prime

Albach/Bock/Warnke (1985): Wachstumsschwellen

Albach, Horst; Bock, Kurt; Warnke, Thomas (1985): Kritische Wachstumsschwellen in der Unternehmensentwicklung, in: Schriften zur Mittelstandsforschung, Nr. 7 NF

Aldrich (1979): Environments

Aldrich, Howard (1979): Organizations and Environments

Amit/Schoemaker (1993): Strategic Assets

Amit, R.; Schoemaker, P.J.H. (1993): Strategic Assets and Organizational Rent, in: Strategic Management Journal 14, S. 33-46

Anderson (1999): Complexity Theory

Anderson, Phil (1999): Complexity Theory and Organization Science, in: Organization Science, 10 (3), S. 216-232

Arbaugh/Camp (2000a): Growth Transitions

Arbaugh, J.B.; Camp, S. Michael (2000a): Managing Growth Transitions: Theoretical Perspectives and Research Directions, in: Sexton, Donald L.; Landström, Hans (Hrsg.) (2000): The Blackwell Handbook of Entrepreneurship, S. 308-328

Arbaugh/Camp (2000b): Organizational Complexity

Arbaugh, J.B.; Camp, S. Michael (2000b): Sources of And Responses to Organizational Complexity: A Comparison of Growth-oriented and Lifestyle Firms, Präsentation bei der Babson Conference 2000

Ashby (1956): An Introduction to Cybernetics

Ashby, W.R. (1956): An Introduction to Cybernetics

Åstebro/Chen (2000): Founder's human capital

Åstebro, Thomas; Chen, Gongyue (Gary) (2000): The long-run effect of founder's human capital on the survival of new small firms, unveröffentlichte Studie, Präsentation beim Academy of Management Meeting 2000

Autio (2000): Growth

Autio, Erkko (2000): Growth of Technology-based New Firms, in: Sexton, Donald L.; Landström, Hans (Hrsg.) (2000): The Blackwell Handbook of Entrepreneurship, S. 329-347

Baghai/Coley/White/Conn/McLean (1996): Staircases to growth

Baghai, Mehrdad; Coley, Stephen C.; White, David; Conn, Charles; McLean, Robert J. (1996): Staircases to growth, in: The McKinsey Quarterly 1996 Number 4, S. 39-61

Baier/Pleschak (1996): Marketing

Baier, W.; Pleschak, F. (1996): Marketing und Finanzierung junger Technologieunternehmen

Barber/Metcalf/Porteus (Hrsg.) (1989): Barriers to growth

Barber, John; Metcalf, J. Stanley; Porteus, Mike (Hrsg.) (1989): Barriers to growth in firms

Barney (1986): Strategic Factor Markets

Barney, Jay B. (1986): Strategic Factor Markets: Expectations, Luck, and Business Strategy, in: Management Science 32(10), S. 1231-1241

Barney (1991): Firm Resources

Barney, Jay B. (1991): Firm Resources and Sustained Competitive Advantage, in: Journal of Management 17(1), S. 99-120

Bartsch-Beuerlein/Klee (2001): Virtuelle Teams

Bartsch-Beuerlein, Sandra; Klee, Oliver (2001): Projektmanagement mit dem Internet – Konzepte und Lösungen für virtuelle Teams

Beer (1972): Kybernetische Führungslehre

Beer, Stafford (1972): Kybernetische Führungslehre

Beinhocker (1997): Strategy

Beinhocker, Eric D. (1997): Strategy at the Edge of Chaos, in: McKinsey Quarterly, 1997, Nr. 1, S. 109-117, Quelle: www.mckinseyquarterly.com/strategy/sted97.asp, Stand: 04.03.2002

Benett (1999): Komplexitätsmanagement

Benett, Stefan (1999): Komplexitätsmanagement in der Investitionsgüterindustrie, Dissertation Nr. 2214, Universität St. Gallen

Berens/Schmitting (1998): Controllinginstrumente

Berens, Wolfgang; Schmitting, Walter (1998): Controllinginstrumente für das Komplexitätsmanagement: Potentiale des internen Rechnungswesens, in: Adam, Dietrich (Hrsg.) (1998): Komplexitätsmanagement, S. 97-110

Bhidé (1995): Self-sustaining firm

Bhidé, Amar (1995): Building the self-sustaining firm, in: Sahlmann, William A. et al. (Hrsg.) (1999): The Entrepreneurial Venture, S. 392-403

Birley/Westhead (1990): Growth

Birley, Sue; Westhead, Paul (1990): Growth and performance contrasts between 'types' of small firms, in: Strategic Management Journal Vol. 11, No. 7, S. 535-557

Black (1999): Editor's Introduction

Black, Janice A. (1999): Editor's Introduction: Entrepreneurial Implications Arising from Complexity Theories' Fundamental Assumptions, in: Journal of Business and Entrepreneurship, 11 (Special Issue), S. iii-ix

Bleicher (1970): Entwicklung

Bleicher, Knut (1970): Die Entwicklung eines systemorientierten Organisations- und Führungsmodells der Unternehmung, in: Zeitschrift für Organisation, 39. Jg., S. 3-8, S. 59-63, S. 111-120

Bleicher (1991): Integriertes Management

Bleicher, Knut (1991): Das Konzept Integriertes Management

Blettner (2001): Bauchschmerzen

Blettner, Klaus (2001): Bauchschmerzen: Strategieloser Expansionsdrang kommt NM-Unternehmen teuer zu stehen, in: Frankfurter Allgemeine Zeitung, Nr. 205, vom 04.09.2001, S. B4

Bliss (1998): Komplexitätsreduktion

Bliss, Christoph A. (1998): Komplexitätsreduktion und Komplexitätsbeherrschung bei der Schmitz-Anhänger Fahrzeugbau-Gesellschaft mbH, in: Adam, Dietrich (Hrsg.) (1998): Komplexitätsmanagement, S. 145-168

Bliss (2000): Management von Komplexität

Bliss, Christoph A. (2000): Management von Komplexität – Ein integrierter, systemtheoretischer Ansatz zur Komplexitätsreduktion

Block/MacMillan (1985): Milestones

Block, Zenas; MacMillan, Ian C. (1985): Milestones for successful venture planning, in: Harvard Business Review, Vol. 63, No. 5, S. 184-196

Brown/Eisenhardt (1997): Continuous change

Brown, Shona L.; Eisenhardt, Kathleen M. (1997): The art of continuous change: linking complexity theory and time-based evolution in relentlessly shifting organizations, in: Administrative Science Quarterly, Vol. 42, Issue 1, S. 1-34, Quelle: Proquest-Datenbank, Stand: 07.03.2001

Brown/Eisenhardt (1998): Competing on the Edge

Brown, Shona L.; Eisenhardt, Kathleen M. (1998): Competing on the Edge: strategy as structured chaos

Brown/Eisenhardt (1998): Time pacing

Brown, Shona L.; Eisenhardt, Kathleen M. (1998): Time pacing: Den Rhythmus der Veränderung vorgeben, in: Harvard-Business-Manager, 20 (5), S. 65-76

Brown/Eisenhardt (2000): Patching: Restitching business portfolios

Brown, Shona L.; Eisenhardt, Kathleen M. (2000): Patching: Restitching business portfolios in dynamic markets, in: McKinsey Quarterly, 2000, Nr. 3, Quelle: www.mckinseyquarterly.com, Stand 04.03.2002

Brown (1996): Resource orientation

Brown, Terence Edison (1996): Resource orientation, entrepreneurial orientation, and growth: how the perception of resource availability affects small firm growth

Brüderl/Preisendörfer/Baumann (1991): Überlebenschancen neugegründeter Kleinbetriebe

Brüderl, Josef; Preisendörfer, Peter; Baumann, Axel (1991): Determinanten der Überlebenschancen neugegründeter Kleinbetriebe, in: Mitteilungen aus der Arbeitsmarkt- und Berufsforschung, Heft 1, S. 91-100

Bruno/Leidecker/Harder (1987): Why Firms Fail

Bruno, A. V.; Leidecker, J. K.; Harder, J. W. (1987): Why Firms Fail, in: Business Horizons (30), S. 50-58

Bullinger (Hrsg.) (2002): Robust durch dynamische Zeiten

Bullinger, Hans-Jörg (Hrsg.) (2002) : Robust durch dynamische Zeiten: Personal- und Organisationsentwicklung erfolgreich gestalten, Veranstaltungsunterlagen zum Forum am 28.02.2002 in Stuttgart

Bundesverband Deutscher Kapitalbeteiligungsgesellschaften e.V. (2002): STATISTIK 2001

Bundesverband Deutscher Kapitalbeteiligungsgesellschaften e.V. (BVK e.V.) (2002): ANHANG ZUR STATISTIK 2001: Jahresstatistik 2001, Quelle: http://www.bvk-ev.de/2001.php/aid/49, Stand: 25.07.02

Burns/Stalker (1961): The Management of Innovation

Burns, T.; Stalker, G. M. (1961): The Management of Innovation

Businessplan Wettbewerb Nordbayern (Hrsg.) (2002): Handbuch Businessplan-Erstellung

Businessplan Wettbewerb Nordbayern (Hrsg.) (2002): Handbuch Businessplan-Erstellung, Quelle: www.netzwerk-nordbayern.de ==> Bereich: Download; Stand: 28.01.2003

Chandler/Hanks (1994): Market attractiveness

Chandler, Gaylen N.; Hanks, Steven H. (1994): Market attractiveness, resource-based capabilities, venture strategies, and venture performance, in: Journal of Business Venturing 9 (4), S. 331-349

Chandler/Hanks (1998): New venture teams

Chandler, Gaylen N.; Hanks, Steven H. (1998): An investigation of new venture teams in emerging business, in: Babson College – Kauffman Foundation Entrepreneurship Research Conference (BKERC) – Frontiers of Entrepreneurship Research, Quelle: http://www.babson.edu/entrep/fer/papers98/X/X_B/X_B_text.htm, Stand: 14.03.2002

Child et al. (1991): The Management of Complexity

Child, Peter; Diederichs, Raimund; Sanders, Falk-Hayo; Wisniowski, Stefan (1991): The Management of Complexity, in: Sloan Management Review, Vol. 33, Fall 1991, S. 73-80

Churchill/Lewis (1983): Five Stages

Churchill, Neil C.; Lewis, Virginia L. (1983): The Five Stages of Small Business Growth, in: Harvard Business Review 61 (3), S. 30-50

Churchill/Mullins (2001): Wachsen aus eigener Kraft

Churchill, Neil C.; Mullins, John W. (2001): Wachsen aus eigener Kraft – wie schnell geht das?, in: Harvard Businessmanager 6/2001, S. 96-107

Clifford (1973): Growth pains

Clifford, Donald K. Jr. (1973): Growth pains of the threshold company, in: Harvard Business Review September-October 1973, S. 143-154

Clifford (1975): Floundering Founder

Clifford, Donald K. Jr. (1975): The Case of Floundering Founder, in: Organizational Dynamics 4 (2), S. 21-54

Cooper (1979): Strategic Management

Cooper, Arnold C. (1979): Strategic Management: New ventures and small businesses, in: Schendel, D.E.; Hofer, C.W. (Hrsg.) (1979), S. 316-327

Covin/Slevin (1991): Conceptual model

Covin, Jeffrey G.; Slevin, Dennis P. (1991): A conceptual model of entrepreneurship as firm behavior, in: Entrepreneurship: Theory and Practice, 16(1) , S. 7-24

Covin/Slevin (1997): High growth transitions

Covin, Jeffrey G.; Slevin, Dennis P. (1997): High growth transitions: theoretical perspectives and suggested directions, in: Sexton, Donald L.; Smilor, Raymond W. (Hrsg.) (1997): Entrepreneurship 2000, S. 99-126

Cramer (1988): Chaos und Ordnung

Cramer, Friedrich (1988): Chaos und Ordnung: Die komplexe Struktur des Lebendigen

Dal Zotto (2000): Die Simultaneität und Permanenz von Personal- und Organisationsentwicklung

Dal Zotto, Cinzia (2000): Die Simultaneität und Permanenz von Personal- und Organisationsentwicklung, zugl. Dissertation Universität Regensburg 1999

Daniels (1998): Gründungshemmnisse

Daniels, Dirk (1998): Gründungshemmnisse für innovative Unternehmen, Präsentation beim G-Forum 1998, Quelle: http://www.g-forum.de, Stand: 20.06.2001

Davidsson (1989): Continued Entrepreneurship

Davidsson, Per (1989): Continued Entrepreneurship and Small Firm Growth, zugl. Dissertation an der Stockholm School of Economics

Davidsson/Wiklund (2000a): Firm Growth

Davidsson, Per; Wiklund, Johan (2000a): Conceptual and Empirical Challenges in the Study of Firm Growth, in: Sexton, Donald L.; Landström, Hans (Hrsg.) (2000): The Blackwell Handbook of Entrepreneurship, S. 26-44

Debusmann/Dworatschek (1989): Arbeitstexte zur Organisation und Personalwirtschaft

Debusmann, Ernst; Dworatschek, Sebastian (1989): Arbeitstexte zur Organisation und Personalwirtschaft, Arbeitsbericht Nr. 7, Institut für Projektmanagement und Wirtschaftsinformatik, Universität Bremen, ISSN 0176-2222

Delmar/Davidsson (1998): Taxonomy

Delmar, F.; Davidsson, Per (1998): A taxonomy of high-growth firms, in: Babson College – Kauffman Foundation Entrepreneurship Research Conference (BKERC) – Frontiers of Entrepreneurship Research, Quelle: http://www.babson.edu/entrep/fer/papers98/XIV/XIV_A/XIV_A_text.htm, Stand: 24.10.2001

Deloitte & Touche (2002): Private-Equity-Studie

Deloitte & Touche (2002): 2. Deloitte & Touche Venture-Capital-und Private-Equity-Studie: Die Zukunft des Deutschen Beteiligungsmarktes nach dem Crash. Allgemeine Marktverfassung und Bedeutung der Syndizierung von Beteiligungsinvestments, Quelle: http://www.deloitte.com (Deloitte Touche Tohmatsu), Stand: 25.07.2002

Dodge/Fullerton/Robbins (1994): Organizational Life Cycle

Dodge, H. Robert; Fullerton, F.; Robbins, John E. (1994): Stage of the Organizational Life Cycle and Competition as Mediators of Problem Perception for Small Business, in: Strategic Management Journal 15, S. 121-134

Dodge/Robbins (1992): Organizational life cycle model

Dodge, H. Robert; Robbins, John E. (1992): An empirical investigation of the organizational life cycle model for small business development and survival, in: Journal of small business management, Vol. 30, S. 27-36

Dooley (1997): A complex adaptive systems model

Dooley, Kevin J. (1997): A complex adaptive systems model of organization change, in: Nonlinear Dynamics, Psychology, and the Life Sciences 1, S. 69-97

Doorley (2002): How Growth Wins

Doorley, Thomas L. (2002): How Growth Wins – How Growers Do It, Präsentation bei der Verleihung des Preises "European Fast 500" am 09.04.2002 in Paris, Quelle: http://www.deloitte.com (Deloitte Touche Tohmatsu), Stand: 06.06.2002

Dowling (2002): Businesspläne

Dowling, Michael (2002): Businesspläne, in: Dowling, Michael; Drumm, Hans Jürgen (Hrsg.) (2002): Gründungsmanagement: Vom erfolgreichen Unternehmensstart zu dauerhaftem Wachstum, S. 219-226

Dowling (2002): Erfolgs- und Risikofaktoren bei Neugründungen

Dowling, Michael (2002): Erfolgs- und Risikofaktoren bei Neugründungen, in: Dowling, Michael; Drumm, Hans Jürgen (Hrsg.) (2002): Gründungsmanagement: Vom erfolgreichen Unternehmensstart zu dauerhaftem Wachstum, S. 17-28

Dowling (2002): Grundlagen und Prozess der Gründung

Dowling, Michael (2002): Grundlagen und Prozess der Gründung, in: Dowling, Michael; Drumm, Hans Jürgen (Hrsg.) (2002): Gründungsmanagement: Vom erfolgreichen Unternehmensstart zu dauerhaftem Wachstum, S. 9-16

Dowling/Drumm (2002): Grundprobleme

Dowling, Michael; Drumm, Hans Jürgen (2002): Grundprobleme, Ziele und Aufbau des Buchs, in: Dowling, Michael; Drumm, Hans Jürgen (Hrsg.) (2002): Gründungsmanagement: Vom erfolgreichen Unternehmensstart zu dauerhaftem Wachstum, S. 1-8

Dowling/Drumm (2002): Wachstumsstrategien für Neugründungen

Dowling, Michael; Drumm, Hans Jürgen (2002): Wachstumsstrategien für Neugründungen und Wachstumsfehler, in: Dowling, Michael; Drumm, Hans Jürgen (Hrsg.) (2002): Gründungsmanagement: Vom erfolgreichen Unternehmensstart zu dauerhaftem Wachstum, S. 315-330

Dowling/Drumm (Hrsg.) (2002): Gründungsmanagement

Dowling, Michael; Drumm, Hans Jürgen (Hrsg.) (2002): Gründungsmanagement: Vom erfolgreichen Unternehmensstart zu dauerhaftem Wachstum

Drumm (2002): Organisation für Gründer

Drumm, Hans Jürgen (2002): Organisation für Gründer, in: Dowling, Michael; Drumm, Hans Jürgen (Hrsg.) (2002): Gründungsmanagement: Vom erfolgreichen Unternehmensstart zu dauerhaftem Wachstum, S. 185-201

Duden (Hrsg.) (1997): Das Fremdwörterbuch

Duden (Hrsg.) (1997): Das Fremdwörterbuch

Dworatschek (1998): Management

Dworatschek, Sebastian (1998): Management; Kap. 1.1 in: RKW/GPM (Hrsg.) (1998): Projektmanagement Fachmann, S. 5-24

Dworatschek/Meyer (1999): Competence of Project Personnel

Dworatschek, Sebastian; Meyer, Helga (1999): Competence and Qualification Requirements of Project Personnel, in: Proceedings of 4th dmmi `99, Fac. of Mech, Eng., University of Maribor, Slovenia 9/1999, S. 297-309

Dworatschek/Möller (1997): Technology Transfer to East Europe

Dworatschek, Sebastian; Möller, Thor (1997): Innovations by Technology Transfer to Central and East Europe, in: Jezernik/Dolsak (Hrsg.) (1997): Proceedings of 3rd Int. Conference dmmi Design to Manufacture in Modern Industry 8-9 Sept. 1997, Portoroz, Slovenia, S.20-27

Dworatschek/Wiebusch (2003): Discontinuities in Projects

Dworatschek, Sebastian; Wiebusch, Jenny (2003): Discontinuities in Projects, Companies and Societies, in: Proceedings of Project Management Conference, IPMA LNPMA Latvia, Riga, 21.02.2003

Eisenhardt (1989): Building theories from case study research

Eisenhardt, Kathleen M. (1989): Building theories from case study research, in: Academy of Management Review 14 (4), S. 532-550

Eisenhardt (1999): Strategy as strategic decision making

Eisenhardt, Kathleen M. (1999): Strategy as strategic decision making, in: Sloan Management Review 40(3), Spring 1999, S. 65-72

Eisenhardt/Brown (1999): Geschäftsportfolio flexibel gestalten

Eisenhardt, Kathleen M.; Brown, Shona L. (1999): Wie sie ihr Geschäftsportfolio flexibel gestalten, in: Harvard Business Manager 6/1999, S. 72-85

Eisenhardt/Schoonhoven (1990): Organizational Growth

Eisenhardt, Kathleen M.; Schoonhoven, Claudia Bird (1990): Organizational Growth: Linking Founding Team, Strategy, Environment, and Growth among US Semiconductor Ventures, 1978 – 1988, in: Administrative Science Quarterly 35, S. 504-529

Faltin/Ripsas/Zimmer (1998): Entrepreneurship

Faltin, Günter; Ripsas, Sven; Zimmer, Jürgen (Hrsg.) (1998): Entrepreneurship – Wie aus Ideen Unternehmen werden

Farias/Black (2000): Requisite Variety

Farias, Gerard; Black, Janice A. (2000): Requisite Variety & Complexity Theory: Simple Organizations, Complex Individuals, Präsentation bei Academy of Management Meeting 2000

Feeser/Willard (1990): Founding strategy and performance

Feeser, Henry R.; Willard, Gary E. (1990): Founding strategy and performance: a comparison of high and low growth high tech firms, in: Strategic Management Journal, Vol. 11, No. 2, S. 87-98

Fenton/Pettigrew (2000): Theoretical Perspectives

Fenton, Evelyn M.; Pettigrew, Andrew M. (2000): Theoretical Perspectives on New Forms of Organizing, in: Fenton, Evelyn M.; Pettigrew, Andrew M. (Hrsg.) (2000): The Innovating Organization, S. 1-46

Filley/House (1969): Managerial Process

Filley, A.C.; House, R.J. (1969): Managerial Process and Organizational Behaviour

Fischer-Kablitz (2001): Ein Halleluja

Fischer-Kablitz, Andreas (2001): Ein Halleluja auf das Morgen, in: Mainpost vom 01.09.01, S. A5

Flamholtz (1994): Von der Gründer-Firma zum Profi-Unternehmen

Flamholtz, Eric G. (1994): Von der Gründer-Firma zum Profi-Unternehmen – Wie man Entwicklungshemmnisse problemlos meistert

Flamholtz (1995): Managing organizational transitions

Flamholtz, Eric G. (1995): Managing organizational transitions: implications for corporate and human resource management, in: European Management Journal Vol. 13, No. 1, S. 39-51

Flamholtz/Randle (2000): Growing pains

Flamholtz, Eric G.; Randle, Yvonne (2000): Growing pains transitioning from an entrepreneurship to a professionally managed firm

Fombrun/Wally (1989): Structuring Small Firms for Rapid Growth

Fombrun, C.J.; Wally, S. (1989): Structuring Small Firms for Rapid Growth, in: Journal of Business Venturing 4, S. 107-122

Freier (1998): Etablierungsmanagement

Freier, Peter (1998): Etablierungsmanagement innovativer Unternehmensgründungen: Eine empirische Analyse der Biotechnologie

Fuge (2001): Financing the growth

Fuge, Hans-Friedrich (2001): Financing the growth of start-up companies, unveröffentlichtes Seminar-Paper, Universität St. Gallen, Quelle: www.unisg.ch, Stand: 17.03.2002

Gabler Wirtschafts-Lexikon (2000)

Gabler Wirtschafts-Lexikon (2000): Die ganze Welt der Wirtschaft: Betriebswirtschaft – Volkswirtschaft – Recht – Steuern, 15. Auflage

Galbraith (1982): Stages of Growth

Galbraith, Jay R. (1982): The Stages of Growth, in: Journal of Business Strategy 3(1), S. 70-79

Galbraith/Kazanjian (1986): Strategy implementation

Galbraith, Jay R.; Kazanjian, Robert K. (1986): Strategy implementation: structure, systems and process, 2nd edition

Gälweiler (1990): Strategische Unternehmensführung

Gälweiler, Aloys (1990): Strategische Unternehmensführung, 2. Auflage

Ganz (Hrsg.) (2001): Das Management von Wachstum und Erfolg

Ganz, Walter (Hrsg.) (2001): Das Management von Wachstum und Erfolg: Ergebnisse einer Kurzstudie zur Organisations- und Personalentwicklung in schnell wachsenden Unternehmen, Forschungsbericht des IAO, Fraunhofer-Institut Arbeitswirtschaft und Organisation, Quelle: http://www.wachsende-unternehmen.de/nav.php?script=yes&zeile=0, Stand: 03.04.2002

Ganz (2002): Personal- und Organisationsentwicklung

Ganz, Walter (Hrsg.) (2002): Personal- und Organisationsentwicklung heute: Ergebnisse einer Befragung deutscher Unternehmen

Ganz/Tombeil (2001): Führung

Ganz, Walter; Tombeil, Anne-Sophie (2001): Führung heute – Ergebnisse aus Forschung und Praxis, Präsentationsunterlagen zum Workshop im Rahmen des Verbundvorhabens "Arbeit und Beschäftigung in schnell wachsenden Unternehmen" am 22.05.2001, Fraunhofer-Institut Arbeitswirtschaft und Organisation, Quelle: http://www.wachsende-unternehmen.de, Stand: 03.04.2002

Ganz/Tombeil (2001): Organisation gestalten

Ganz, Walter; Tombeil, Anne-Sophie (2001): Organisation gestalten – Konzepte im Überblick, Präsentationsunterlagen zur Workshopreihe "Organisations- und Personalentwicklung in schnell wachsenden Unternehmen" im Rahmen des Verbundvorhabens "Arbeit und Beschäftigung in schnell wachsenden Unternehmen", Fraunhofer-Institut

Arbeitswirtschaft und Organisation, Quelle: http://www.wachsende-unternehmen.de, Stand: 03.04.2002

Garnsey (1998): Early growth of the firm

Garnsey, Elizabeth (1998): A theory of the early growth of the firm, in: Industrial and Corporate Change, Volume 7, Nr. 3, S. 523-557

Gell-Mann (1994): Das Quark und der Jaguar

Gell-Mann, Murray (1994): Das Quark und der Jaguar

Gomez/Probst (1987): Vernetztes Denken

Gomez, Peter; Probst, Gilbert J.B. (1987): Vernetztes Denken im Management – eine Methodik des ganzheitlichen Problemlösens, in: Schweizerische Volksbank (Hrsg.) (1987): Die Orientierung, Nr.89

Grant (1991): Resource-Based Theory

Grant, Robert M. (1991): The Resource-Based Theory of Competitive Advantage: Implications for Strategy Formulation, in: California Management Review (Spring), S. 114-135

Grant (1995): Contemporary Strategy Analysis

Grant, Robert M. (1995): Contemporary Strategy Analysis

Grant (1996): Knowledge-based theory

Grant, Robert M. (1996): Toward a knowledge-based theory of the firm, in: Strategic Management Review, Vol. 17, No. 3, S. 109-122

Greiner (1972): Evolution and revolution

Greiner, Larry E. (1972): Evolution and revolution as organizations grow, in: Harvard Business Review, July-August 1972, S. 37-46

Grossmann (1992): Komplexitätsbewältigung

Grossmann, Christoph (1992): Komplexitätsbewältigung im Management – Anleitungen, integrierte Methodik und Anwendungsbeispiele

Gruber (2002): Transformation as a challenge

Gruber, Marc (2002): Transformation as a challenge: New Ventures on their way to viable entities, in: Füglistaller/Pleitner/Volery/Weber (Hrsg.) (2002): Radical change in the world – will SMEs soar or crash?, S. 193-201; Quelle: www.kmu.unisg.ch/rencontres/band2002/C_03_Gruber.pdf, Stand: 21.11.2002

Gugau (2002): Ende der Pleitewelle nicht in Sicht

Gugau, Patricia (2002): Ende der Pleitewelle nicht in Sicht, in: MainPost, 06.07.02, S. A6

Hall (1993): Intangible Resources and Capabilities

Hall, R. (1993): A Framework Linking Intangible Resources and Capabilities to Sustainable Competitive Advantage, in: Strategic Management Journal 14(8), S. 607-618

Hambrick/Crozier (1985): Stumblers and stars

Hambrick, Donald C.; Crozier, Lynn M. (1985): Stumblers and stars in the management of rapid growth, in: Journal of Business Venturing 1 (1), S. 31-45

Hanks (1990): Organization Life Cycle

Hanks, Steven H. (1990): The Organization Life Cycle: Integrating Content and Process, in: Journal of Small Business Strategy 1 (1), S. 1-12

Hanks et al. (1993): Life-cycle construct

Hanks, Steven H.; Watson, Collin J.; Jansen, Erik; Chandler, Gaylen N. (1993): Tightening the life-cycle construct: a taxonomic study of growth stage configurations in high-technology organizations, in: Entrepreneurship Theory and Practice, Vol. 18, No. 2, S. 5-24

Hannan/Burton/Baron (1996): Inertia and Change

Hannan, M.T.; Burton, M.D.; Baron, J.N. (1996): Inertia and Change in Early Years: Employment Relations in Young, High Technology Firms, in: Industrial and Corporate Change, 5, No. 2 (1996)

Hannan/Freeman (1984): Structural Inertia

Hannan, Michael T.; Freeman, John Henry (1984): Structural Inertia and Organizational Change, in: American Sociological Review, 49, 2 (April), S. 149-164

Heylighen (1996): The Growth of Structural and Functional Complexity

Heylighen, Francis (1996): The Growth of Structural and Functional Complexity during Evolution, in: Heylighen, Francis; Aerts, E. (Hrsg.) (1996): The evolution of complexity, Quelle: http://pespmc1.vub.ac.be/papers/complexitygrowth.html, Stand: 11.01.2001

Hock (1999): The Birth of chaordic organization

Hock, Dee W. (1999): The Birth of chaordic organization: Human resources or resourceful humans?, Quelle: http://www.chaordic.org/res_kpmg.html, Stand: 05.07.2002

Horgan (1995): Komplexität in der Krise

Horgan, J. (1995): Komplexität in der Krise, in: Spektrum der Wissenschaft, Heft 9, 1995, S. 58-64

Hungenberg (2000): Strategisches Management

Hungenberg, Harald (2000): Strategisches Management in Unternehmen: Ziele – Prozesse – Verfahren

Hutzschenreuter (2001): Managementkapazitäten

Hutzschenreuter, Thomas (2001): Managementkapazitäten und Unternehmensentwicklung, HHL-Arbeitspapier Nr. 45

Hutzschenreuter/Wulf (2001): Ansatzpunkte

Hutzschenreuter, Thomas; Wulf, Torsten (2001): Ansatzpunkte einer situativen Theorie der Unternehmensentwicklung, HHL-Arbeitspapier Nr. 43

Jäger (1997): Erhebungskonzepte

Jäger, Uwe (1997): Erhebungskonzepte für ausgewählte Unternehmensentwicklungsmodelle, zugl.: Dissertation Universität Bayreuth, 1997

Jensen/Meckling (1976): Can the Corporation survive?

Jensen, M.C.; Meckling, W.H. (1976): Can the Corporation survive?, in: Economics Working Papers, 1976, S. 1342

Kahmann (2000): Schöpferische Zerstörung

Kahmann, M. (2000): Schöpferische Zerstörung und Gründungsdynamik im marktwirtschaftlichen Entwicklungsprozess: ein internationaler empirischer Vergleich

Kaiser/Gläser (1999): Entwicklungsphasen

Kaiser, Lars; Gläser, Joachim (1999): Entwicklungsphasen neugegründeter Unternehmen, aus der Reihe: Schmidt, Axel G.: Arbeitspapiere zur Mittelstandsökonomie, Nr. 6, Trier

Kauffman Center for Entrepreneurial Research (Hrsg.) (1998): Tapping in

Kauffman Center for Entrepreneurial Research (Hrsg.) (1998): Tapping in: Insights form the Kauffman gatherings of entrepreneurs 1998: Transitions: Defining moments in high-growth companies, Quelle: http://www.entreworld.org (Kauffman Center for Entrepreneurial Research), Stand: 05.01.2001

Kazanjian (1988): Relation of Dominant Problems

Kazanjian, Robert K. (1988): Relation of Dominant Problems to Stages of Growth in Technology-based New Ventures, in: Academy of Management Journal 31 (2), S. 257-279

Kazanjian/Drazin (1990): A Stage-Contingent Model

Kazanjian, Robert K.; Drazin, Robert (1990): A Stage-Contingent Model of Design and Growth for Technology-based New Ventures, in: Journal of Business Venturing 5, S. 137-150

Kieser (1993): Organisationsstruktur

Kieser, Alfred (1993): Organisationsstruktur, in: Hausschild, Jürgen; Gün, Oskar (Hrsg.) (1993): Ergebnisse empirischer betriebswirtschaftlicher Forschung: zu einer Realtheorie der Unternehmung, S. 55-82

Kieser (Hrsg.) (1995): Organisationstheorien

Kieser, Alfred (Hrsg.) (1995): Organisationstheorien

Kimberly (1980): Organizational Life-cycle

Kimberly, J.R. et al. (Hrsg.) (1980): The Organizational Life-cycle: Issues in the Creation, Transformation, and Decline of Organizations

Kirsch (1997): Beiträge zu einer Evolutionären Führungslehre

Kirsch, Werner (1997): Beiträge zu einer Evolutionären Führungslehre

Kirschnick (2000): Wachstumsschmerzen

Kirschnick, A. (2000): Wachstumsschmerzen, in: Brand Eins, 2, Quelle: www.brandeins.com/magazin/archiv/2000/ausgabe_04/wissen/artikel1_2.html, Stand: 03.04.2002

Klemm (1985): Wachstum

Klemm, Uwe (1985): Wachstum und Unternehmenspolitik, Dissertation an der Hochschule St. Gallen

Kock (2002): Wachstumsmanagement

Kock, Carl Joachim (2002): Wachstumsmanagement, in: Hommel, Ulrich; Knecht, Thomas C. (Hrsg.) (2002): Wertorientiertes Start-Up-Management: Grundlagen – Konzepte – Strategien, S. 659-683

Kröger/Träm/Rockenhäuser/McGrath (2000): Wachstumscode

Kröger, Fritz; Träm, Michael; Rockenhäuser, Jörg; McGrath, James (2000): Der entschlüsselte Wachstumscode: Strategien zur Wertsteigerung von Unternehmen

Kühl (2001a): Doppelte Wirklichkeit

Kühl, Stefan (2001a): Die doppelte Wirklichkeit in Internetfirmen Oder Die Paradoxie der Business-Pläne, Quelle: www.dotcom-research.de, Stand: 17.10.2001

Kühl (2001b): Dot.com-Erfahrungen

Kühl, Stefan (2001b): Was sich aus den Dot.com-Erfahrungen lernen läßt, in: Brandeins, Quelle: www.brandeins.de/magazin/archiv/2001/ausgabe_06/was_unternehmen_nurtzt/artikel3.html, Stand: 20.09.2001

Kühl (2001c): Konturen des Exit-Kapitalismus

Kühl, Stefan (2001c): Konturen des Exit-Kapitalismus Oder Back to Profit? – Die Mythenproduktion in der New Economy geht weiter, Quelle: www.dotcom-research.de, Stand: 17.10.2001

Kühl (2001d): Ungebremstes Wachstum

Kühl, Stefan (2001d): Ungebremstes Wachstum führt zu Problemen, Quelle: www.ftd.de, Stand: 12.8.2001 (siehe auch www.dotcom-research.de)

Kulicke (1993): Chancen und Risiken junger Technologieunternehmen

Kulicke, M. (1993): Chancen und Risiken junger Technologieunternehmen – Ergebnisse des Modellversuchs "Förderung technologieorientierter Unternehmensgründungen"

Küpers (1999): Management in kulturell komplexen Unternehmen

Küpers, Hannelore (1999): Das ‚Glokale Management': Anforderungsprofile – Praxis – Ausbildung für das Management in kulturell komplexen Unternehmen, zugl. Dissertation IPMI Universität Bremen

Kurfess (1999): Profitable Wachstumsstrategien

Kurfess, Volker (1999): Profitable Wachstumsstrategien für Unternehmen

Lawrence/Lorsch (1967a): Differentiation and Integration

Lawrence, Paul R.; Lorsch, Jay W. (1967a): Differentiation and Integration in Complex Organizations, in: Administrative Science Quarterly 12, S. 1-47

Lawrence/Lorsch (1967b): Organization and Environment

Lawrence, Paul R.; Lorsch, Jay W. (1967b): Organization and Environment – Managing Differentiation and Integration

Lewin (1993): Komplexitätstheorie

Lewin, Roger (1993): Die Komplexitätstheorie: Wissenschaft nach der Chaosforschung

Lichtenstein (2000a): Emergence

Lichtenstein, Benyamin M. Bergmann (2000a): Emergence, Transformation, and Evolution in Entrepreneurial Ventures: A Theory of Complex Adaptive Systems Change, Version 7.73, Juli 2000, Unveröffentlichtes Paper, eingereicht für Veröffentlichung im Administrative Science Quarterly

Lichtenstein (2000b): Self-organization

Lichtenstein, Benyamin M. Bergmann (2000b): Self-organization and complex adaptive change: toward a complexity theory of organizational emergence, draft 6e2, Mai 2000, Unveröffentlichtes Paper, eingereicht zum "Academy of Management Review" Theory Building Symposium

Lichtenstein (2000c): Self-organized transitions

Lichtenstein, Benyamin M. Bergmann (2000c): Self-organized transitions: A pattern amid the chaos of transformative change, in: The Academy of Management Executive, Vol. 14 (4), S. 128-141

Lindenberg (2002): Albtraum Neuer Markt

Lindenberg, Andreas (2002): Albtraum Neuer Markt – Eine brisante Internetstory vom Aufstieg und Fall eines "Zukunftsunternehmens"

Lowendahl/Revang (1998): Challenges

Lowendahl, B.; Revang, O. (1998): Challenges to existing strategy theory in a postindustrial society, in: Strategic Management Journal 19, S. 755-773

Lumpkin/Dess (1995): Simplicity

Lumpkin, G.T; Dess, Gregory G. (1995): Simplicity as a strategy-making process: the effects of stage of organizational development and environment on performance, in: Academy of Management Journal, Vol. 38, Issue 5, Oct. 1995

Lussier (1995): Reasons

Lussier, Robert N. (1995): Reasons why small businesses fail: And how to avoid failure, in: Allied Academics, www.alliedacademics.org/archive/aej/ee1-2/paper2.html, Stand: 12.01.2001

Mackewiecz & Partner (2002): Zukunfts-Technologien

Mackewiecz & Partner (2002): Zukunfts-Technologien für Venture Capitalisten in Deutschland – ein Technology Scout für die VC-Branche; unveröffentlichte Präsentation (München, im Oktober 2002)

Maguire/McKelvey (1999): Complexity and Management

Maguire, Steve; McKelvey, Bill (1999): Complexity and Management: Moving from fad to firm foundations, in: Emergence, Volume 1, Issue 2, S. 5-49, Quelle: http://emergence.org/Emergence/Contents1_2.html, Stand: 29.03.2001

Mainzer (Hrsg.) (1999): Komplexe Systeme

Mainzer, Klaus (Hrsg.) (1999): Komplexe Systeme und Nichtlineare Dynamik in Natur und Gesellschaft – Komplexitätsforschung in Deutschland auf dem Weg ins nächste Jahrhundert

Malik (1989): Management komplexer Systeme

Malik, Fredmund (1989): Strategie des Managements komplexer Systeme: ein Beitrag zur Management-Kybernetik evolutionärer Systeme

Malik (2000): Systemisches Management, Evolution, Selbstorganisation

Malik, Fredmund (2000): Systemisches Management, Evolution, Selbstorganisation: Grundprobleme, Funktionsmechanismen und Lösungsansätze für komplexe Systeme

Malik (2001a): Unternehmer oder Investor?

Malik, Fredmund (2001a): Unternehmer oder Investor?, in: www.manager-magazin.de, Stand: 27.11.2001

Malik (2001b): Wofür Wertsteigerung?

Malik, Fredmund (2001b): Wofür Wertsteigerung?, in: www.manager-magazin.de, Stand: 27.11.2001

Manstedten (1996): Organisationsstrukturen

Manstedten, Björn (1996): Entwicklung von Organisationsstrukturen in der Gründungs- und Frühentwicklungsphase von Unternehmungen

McCarthy/Spital/Lauenstein (1987): Managing growth

McCarthy, Daniel J.; Spital, Francis C.; Lauenstein, Milton C. (1987): Managing growth at high-technology companies: a view from the top, in: Academy of Management Executive, Vol. 1, No. 3, S. 313-322

Merz/Weber/Laetz (1994): Linking small business management

Merz, G. Russell; Weber, Patricia B.; Laetz, Virginia B. (1994): Linking small business management with entrepreneurial growth, in: Journal of Small Business Management, Vol. 32, No. 4, S. 48ff.

Meyer/Beer (1999): Hochschul-Spin-offs

Meyer, Margit; Beer, H. (1999): Hochschul-Spin-offs, technologischer Fortschritt, Unternehmertum und Entrepreneurship, Würzburg, Lehrstuhl für Marketing, Arbeitspapier Nr. 4

Miles/Snow (1978): Organizational Strategy

Miles, R. E.; Snow, C. C. (1978): Organizational Strategy, Structure, and Process

Miles/Snow/Meyer/Coleman (1978): Organizational Strategy

Miles, Raymond E.; Snow, Charles C.; Meyer, Alan D.; Coleman, Henry J. Jr. (1978): Organizational Strategy, Structure, and Process, in: Academy of Management Review 3(3), S. 546-562

Miller (1992): Environmental fit

Miller, Danny (1992): Environmental fit versus internal fit, in: Organizational Science 3 (2), S. 159-178

Miller (1993): The architecture of simplicity

Miller, Danny (1993): The architecture of simplicity, in: Academy of Management Review, Vol. 18, No. 1, S. 116-138

Miller/Friesen (1980a): Archetypes

Miller, Danny; Friesen, Peter H. (1980a): Archetypes of Organizational Transition, in: Administrative Science Quarterly, Vol. 25, Issue 2, S. 268-299

Miller/Friesen (1980b): Momentum and revolution

Miller, Danny; Friesen, Peter H. (1980b): Momentum and revolution in organizational adaptation, in: Academy of Management Journal, Vol. 23, No. 4, S. 591-614

Miller/Friesen (1982): Structural change

Miller, Danny; Friesen, Peter H. (1982): Structural Change and Performance: Quantum Versus Piecemeal-Incremental Approaches, in: Academy of Management Journal 4/1982, S. 867-892

Miller/Friesen (1984): Corporate Life Cycle

Miller, Danny; Friesen, Peter H. (1984): A Longitudinal Study of the Corporate Life Cycle, in: Management Science 30 (10), S. 1161-1183

Mintzberg (1979): The Structuring of Organizations

Mintzberg, Henry (1979): The Structuring of Organizations

Mintzberg (1994): Das wahre Geschäft der strategischen Planer

Mintzberg, Henry (1994): Das wahre Geschäft der strategischen Planer: Unternehmensplaner sollten Managern helfen strategisch zu denken, in: Harvard Business Manager, 3. Quartal, S. 9-15

Mohr (1992): Präsituatives Management

Mohr, D.L. (1992): Präsituatives Management der Unternehmungsentwicklung, zugl.: Dissertation der Universität St. Gallen, Dissertation Nr. 1349

Mount/Zinger/Forsyth (1993): Organizing for development

Mount, Joan; Zinger, Terence J.; Forsyth, George R. (1993): Organizing for development in the small business, in: Long Range Planning 26 (5), S. 111-120

Müller-Stewens/Lechner (2001): Strategisches Management

Müller-Stewens, Günter; Lechner, Christoph (2001): Strategisches Management: wie strategische Initiativen zum Wandel führen

Mulzer (1999): Critical Success Factors

Mulzer, Dirk (1999): Critical Success Factors of High-Growth New Ventures

Naman/Slevin (1993): Concept of fit

Naman, John L.; Slevin, Dennis P. (1993): Entrepreneurship and the concept of fit: a model and empirical tests, in: Strategic Management Journal, Vol.14, S. 137-153

Nelson/Winter (1982): Evolutionary Theory

Nelson, R.R.; Winter, S.G. (1982): An Evolutionary Theory of Economic Change

Neumair (1998): Corporate failure and survival

Neumair, Urs (1998): A general model of corporate failure and survival: a complexity theory approach, zugl. Dissertation an der Universität St. Gallen

Neumann Jr. (1997): Organizational structures

Neumann Jr., Francis X. (1997): Organizational structures to match the new information-rich environments: lessons from the study of chaos, in: Public Productivity and Management Review, Vol. 21, No. 1, S. 86-100, Quelle: Proquest-Datenbank, Stand: 28.02.2001

Nicholls-Nixon/Billou (2000): Applying Complexity to The Study of Rapid Growth

Nicholls-Nixon, Charlene; Billou, Niels (2000): Applying Complexity to The Study of Rapid Growth: An Agenda for Future Research; Unveröffentlichte Poster-Präsentation beim AoM-Meeting 2000 in Toronto

Niederöcker (2000): Business Angels

Niederöcker, Bettina (2000): Die Bedeutung von Business Angels für die Innovationsfinanzierung deutscher Unternehmen, Arbeitspapier Nr. 1, Schriften zur Finanzwirtschaft, Technische Universität Ilmenau

Nonaka (1994): Organizational Knowledge Creation

Nonaka, I. (1994): A Dynamic Theory of Organizational Knowledge Creation, in: Organization Science 5 (1), S. 14-37

o.V. (2001): Optimizing Your Balance Sheet for Sustainable Growth

o.V. (2001): Optimizing Your Balance Sheet for Sustainable Growth, Written for GE Capital by knowledge@Wharton, Quelle: http://knowledge.wharton.upenn.edu, Stand: 13.11.2001

o.V. (2002): DIW: Wirtschaft wächst 2003 nur um 0,6 Prozent

o.V. (2002): DIW: Wirtschaft wächst 2003 nur um 0,6 Prozent, in: MainPost vom 08.03.2003, S. A4

o.V. (2002): Neuer Markt: Die Chronik einer Kapitalvernichtung

o.V. (2002): Neuer Markt: Die Chronik einer Kapitalvernichtung, in: www.manager-magazin.de, 18.12.2002; Quelle: http://www.manager-magazin.de/geld/artikel/0,2828,186368,00.html; Stand: 06.01.2003

Penrose (1959): Growth of the Firm

Penrose, Edith (1959): The Theory of the Growth of the Firm

Picot/Freudenberg (1998): Umgang mit Komplexität

Picot, Arnold; Freudenberg, Heino (1998): Neue organisatorische Ansätze zum Umgang mit Komplexität, in: Adam, Dietrich (Hrsg.) (1998): Komplexitätsmanagement, S. 69-86

Pleschak/Wupperfeld (1995): Entwicklungsprobleme junger technologieorientierter Unternehmen

Pleschak, F.; Wupperfeld, U. (1995): Entwicklungsprobleme junger technologieorientierter Unternehmen: eine Tagung der Friedrich-Ebert-Stiftung, 23. März 1995 in Berlin

Pörner (1989): Strategisches Management

Pörner, Ronald (1989): Strategisches Management für innovative technologieorientierte Gründerunternehmen

Porter (1999): Wettbewerbsvorteile

Porter, Michael E. (1999): Wettbewerbsvorteile: Spitzenleistungen erreichen und behaupten

Prigogine (1995): Gesetze des Chaos

Prigogine, Ilya (1995): Die Gesetze des Chaos

Puhl (1999): Komplexitätsmanagement

Puhl, Henry (1999): Komplexitätsmanagement: ein Konzept zur ganzheitlichen Erfassung, Planung und Regelung der Komplexität in Unternehmensprozessen

Pümpin/Prange (1991): Management der Unternehmensentwicklung

Pümpin, Cuno; Prange, Jürgen (1991): Management der Unternehmensentwicklung: phasengerechte Führung und der Umgang mit Krisen

Quinn/Cameron (1983): Organizational Life Cycles

Quinn, Robert E.; Cameron, Kim (1983): Organizational Life Cycles and Shifting Criteria of Effectiveness: Some Preliminary Evidence, in: Management Science 29, S. 33-51

Recklies (2000a): Wachstumsmanagement

Recklies, Oliver (2000a): Wachstumsmanagement und die 5 Phasen des Wachstums, Quelle: www.themanagement.de, Stand: 19.03.2002

Recklies (2000b): Wachstumsmanagement II

Recklies, Oliver (2000b): Wachstumsmanagement II, Quelle: www.themanagement.de, Stand: 19.03.2002

Reiß (1993a): Komplexitätsmanagement (I)

Reiß, Michael (1993a): Komplexitätsmanagement (I), in: WISU, 22. Jg., Heft 1, S. 54-60

Reiß (1993b): Komplexitätsmanagement (II)

Reiß, Michael (1993b): Komplexitätsmanagement (II), in: WISU, 22. Jg., Heft 2, S. 132-137

Reither (1997): Komplexitätsmanagement

Reither, Franz (1997): Komplexitätsmanagement: Denken und Handeln in komplexen Situationen

Ripsas (1997): Entrepreneurship als ökonomischer Prozeß

Ripsas, Sven (1997): Entrepreneurship als ökonomischer Prozeß: Perspektiven zur Förderung unternehmerischen Handelns

Ripsas (1998): Der Businessplan – Eine Einführung

Ripsas, Sven (1998): Der Businessplan – Eine Einführung, in: Faltin, G.; Ripsas, S.; Zimmer, J. (Hrsg.) (1998): Entrepreneurship: wie aus Ideen Unternehmen werden, S. 141-152

Roberts (1987): Making the transition from entrepreneurial to professional management

Roberts, Michael J. (1987): Making the transition from entrepreneurial to professional management, in: Frontiers of Entrepreneurship Research, S. 74-86

Roberts (1993a): Challenge of Growth

Roberts, Michael J. (1993a): The Challenge of Growth, in: Sahlmann, William A. et al. (Hrsg.) (1999): The Entrepreneurial Venture, S. 361-376

Roberts (1993b): Managing transitions

Roberts, Michael J. (1993b): Managing transitions in the growing enterprise, in: Sahlmann, William A. et al. (Hrsg.) (1999): The Entrepreneurial Venture, S. 377-391

Roever (1991/1992): Überkomplexität

Roever, M. (1991/1992): Überkomplexität I – IV, in: Manager Magazin, Heft 10, S. 218-233, Heft 11, S. 253-264, Heft 12, S. 243-249, Heft 1, S. 126-135

Roh (2002): Fast Growth

Roh, Lucas (2002): Fast Growth in the sensible lane, in: http://www.entreworld.org/content/entrebyline.cfm, Entrepreneur's Byline May 2002, Stand: 07.05.2002

Romanelli/Tushman (1994): Organizational transformation

Romanelli, Elaine; Tushman, Michael L. (1994): Organizational transformation as punctuated equilibrium: an empirical test, in: Academy of Management Journal 37, No. 5, S. 1141-1166

Roters (1989): Komplexität und Dynamik

Roters, Monica (1989): Komplexität und Dynamik als Einflußgrößen der Effizienz von Organisationen

Sabisch (Hrsg.) (1999): Management technologieorientierter Unternehmensgründungen

Sabisch, Helmut (Hrsg.) (1999): Management technologieorientierter Unternehmensgründungen

Sahlmann (Hrsg.) (1999): The Entrepreneurial Venture

Sahlmann, William A. et al. (Hrsg.) (1999): The Entrepreneurial Venture, Second Edition

Schein (1995): Unternehmenskultur

Schein, Edgar H. (1995): Unternehmenskultur: Ein Handbuch für Führungskräfte

Schendel/Hofer (Hrsg.) (1979): Strategic Management

Schendel, D.E.; Hofer, C.W. (Hrsg.) (1979): Strategic Management: A new View of Businesses Policy and Planning

Schewe (1998): Strategie und Struktur

Schewe, Gerhard (1998): Strategie und Struktur – eine Re-Analyse empirischer Befunde und Nicht-Befunde

Schlick (1998): Unternehmensentwicklung

Schlick, Gerhard H. (1998): Unternehmensentwicklung: Gestaltungspotential, Veränderungschancen, Praxisbeispiele

Schreyögg (1998): Organisation

Schreyögg, Georg (1998): Organisation: Grundlagen moderner Organisationsgestaltung

Schwenk-Willi (2001): Integriertes Komplexitätsmanagement

Schwenk-Willi, Urs (2001): Integriertes Komplexitätsmanagement – Anleitungen und Methodiken für die produzierende Industrie auf Basis einer typologischen Untersuchung, Dissertation Universität St. Gallen

Schwertfeger (2001): Schnell am Ball

Schwertfeger, Bärbel (2001): Schnell am Ball, in: Wirtschaftwoche, 14/2001, 29.03.01, S. 148-151

Scott/Bruce (1987): Five Stages of Growth

Scott, Mel; Bruce, Richard (1987): Five Stages of Growth in Small Business, in: Long Range Planning 20 (3), S. 45-52

Sexton/Bowman-Upton (1991): Entrepreneurship

Sexton, Donald L.; Bowman-Upton, N.B. (1991): Entrepreneurship: Creativity and Growth

Sexton/Kasarda (Hrsg.) (1992): The State of the Art of Entrepreneurship

Sexton, Donald L.; Kasarda, John D. (Hrsg.) (1992): The State of the Art of Entrepreneurship

Sexton/Landström (Hrsg.) (2000): Blackwell Handbook of Entrepreneurship

Sexton, Donald L.; Landström, Hans (Hrsg.) (2000): The Blackwell Handbook of Entrepreneurship

Sexton/Seale (1997): Leading practices

Sexton, Donald L.; Seale, Forrest I. (1997): Leading practices of fast growth entrepreneurs: pathways for high performance

Sexton/Smilor (Hrsg.) (1986): The Art and Science of Entrepreneurship

Sexton, Donald L.; Smilor, Raymond W. (Hrsg.) (1986): The Art and Science of Entrepreneurship

Sexton/Smilor (Hrsg.) (1997): Entrepreneurship 2000

Sexton, Donald L.; Smilor, Raymond W. (Hrsg.) (1997): Entrepreneurship 2000

Siegel/Siegel/MacMillan (1993): Characteristics

Siegel, Robin; Siegel, Eric; MacMillan, Ian C. (1993): Characteristics distinguishing high-growth ventures, in: Journal of Business Venturing 8 (2), S. 169-180

Slevin/Covin (1997): Time, growth, complexity, and transitions

Slevin, Dennis P.; Covin, Jeffrey G. (1997): Time, growth, complexity, and transitions: entrepreneurial challenges for the future, in: Entrepreneurship Theory and Practice 22(2), S. 53-68

Smith/Mitchell/Summer (1985): Top level management priorities

Smith, Ken G.; Mitchell, Terence R.; Summer, Charles E. (1985): Top level management priorities in different stages of the organizational life cycle, in: Academy of Management Journal, Vol. 28, No. 4, S. 799-820

Sommer (2001): Wachsam wachsen

Sommer, Christiane (2001): Wachsam wachsen – Boston-Consulting-Berater Bolko von Oetinger weiß: Wachstum zu organisieren ist nicht einfach. Aber es geht, in: Brand Eins, Nr. 3, Quelle: www.brandeins.de/magazin/archiv/2001/ausgabe_03/was_unternehmen_nuetzt/artikel7.html; Stand: 14.04.2002

Sommers/Koc (1987): Why most new ventures fail

Sommers, William P.; Koc, Aydin (1987): Why most new ventures fail (and how others don't), in: Management Review, September 1987, S. 35-39

Spender (1996): Making knowledge

Spender, J.-C. (1996): Making knowledge the basis of a dynamic theory of the firm, in: Strategic Management Journal, 17 (Summer Special), S. 45-62

Spies (1999): Variantenoptimale Gestaltung des Leistungsangebotes

Spies, S. (1999): Variantenoptimale Gestaltung des Leistungsangebotes, Differenziertes Leistungsmanagement am Beispiel der Automobilindustrie, Habilitationsschrift der Universität St. Gallen

Stacey (1997): Unternehmen am Rande des Chaos

Stacey, Ralph D. (1997): Unternehmen am Rande des Chaos: Komplexität und Kreativität in Organisationen

Starbuck (1965): Organizational Growth

Starbuck, William H. (1965): Organizational Growth and Development, in: March, James G. (Hrsg.) (1965): Handbook of Organizations

Stein (2000): Organisationswachstum

Stein, Volker (2000): Emergentes Organisationswachstum: eine systemtheoretische "Rationalisierung"

Steinmetz (1969): Critical stages

Steinmetz, Lawrence L. (1969): Critical stages of small business growth, in: Business Horizons, Vol.12, S. 29-36

Storey (1985): Problems

Storey, D.J. (1985): The problems facing new firms [1], in: Journal of Management Studies, 22, S. 327-345

Teece/Pisano/Shuen (1997): Dynamic capabilities

Teece, David J.; Pisano, Gary; Shuen, Amy (1997): Dynamic capabilities and strategic management, in: Strategic Management Journal, Vol. 18, No. 7, S. 509-533

Tichy (1980): Problem Cycles

Tichy, Noel M. (1980): Problem Cycles in Organizations and the Management of Change, in: Kimberly, J.R. et al. (Hrsg.) (1980): The Organizational Life-cycle: Issues in the Creation, Transformation, and Decline of Organizations, S. 164-183

Timmons (1994): New Venture Creation

Timmons, Jeffry A. (1994): New Venture Creation – Entrepreneurship for the 21st Century

Timmons (1996a): Managing Your Business Growth

Timmons, Jeffry A. (1996a): Managing Your Business Growth, Quelle: http://www.entreworld.org (Kauffman Center for Entrepreneurial Research), Stand: 05.01.2001

Tushman/Anderson (1986): Technological Discontinuities

Tushman, Michael L.; Anderson, Philip (1986): Technological Discontinuities and Organizational Environments, in: Administrative Science Quarterly 31 (1986), S. 439-465

Tushman/O'Reilly (1996): Ambidextrous Organizations

Tushman, Michael L.; O'Reilly, Charles A. III. (1996): Ambidextrous Organizations: Managing Evolutionary and Revolutionary Change, in: California Management Review 38(4), S. 8-26

Tushman/Romanelli (1985): Organizational Evolution

Tushman, Michael L.; Romanelli, Elaine (1985): Organizational Evolution: A Metamorphosis Model of Convergence and Reorientation, in: Cummings, L.L.; Shaw, B.M. (Hrsg.) (1985): Research in Organizational Behavior, S. 171-222

Unterkofler (1989): Erfolgsfaktoren innovativer Unternehmensgründungen

Unterkofler, G. (1989): Erfolgsfaktoren innovativer Unternehmensgründungen

Venkataraman/MacMillan (1997): Choice of Organizational Mode

Venkataraman, Sankaran; MacMillan, Ian C. (1997): Choice of Organizational Mode in New Business Development: Theory and Propositions, in: Sexton, Donald L.; Smilor, Raymond W. (Hrsg.) (1997): Entrepreneurship 2000, S. 151-166

Von Krogh/Cusumano (2001a): Das Unternehmen soll wachsen

Von Krogh, Georg; Cusumano, Michael A. (2001a): Das Unternehmen soll wachsen – aber nach welchem Plan?, in: Harvard Businessmanager, 4/2001, S. 88-101

Weinzimmer/Nystrom/Freeman (1998): Organizational growth

Weinzimmer, Laurence G.; Nystrom, Paul C.; Freeman, Sarah J. (1998): Measuring organizational growth: issues, consequences, and guidelines, in: Journal of Management, Vol. 24, No. 2, S. 235-262

Wernerfelt (1984): A Resource-Based View

Wernerfelt, Birger (1984): A Resource-Based View of the Firm, in: Strategic Management Journal 5, S. 171-180

Wieselhuber (1989): Wachstumsschwellen

Wieselhuber, Norbert (1989): Kritische Wachstumsschwellen in der Unternehmensentwicklung – rechtzeitig erkennen, richtig beurteilen, erfolgreich meistern

Wiklund (1998): Growth

Wiklund, Johan (1998): Small firm growth and performance: entrepreneurship and beyond, Jönköping International Business School Dissertation Series 003

Wildemann (1998): Komplexitätsmanagement

Wildemann, Horst (1998): Komplexitätsmanagement durch Prozeß- und Produktgestaltung, in: Adam, Dietrich (Hrsg.) (1998): Komplexitätsmanagement, S. 47-68

Wildemann (1999): Komplexität

Wildemann, Horst (1999): Komplexität: vermeiden oder beherrschen lernen: für ein überlegtes Komplexitätsmanagement gibt es genug wirksame Mittel und Wege, in: Harvard Business Manager 21/1999, H.6, S. 31-42

Witt (2002): Wachstumsschmerzen

Witt, Christian (2002): Wachstumsschmerzen beim Übergang vom Startup zum professionell geführten Unternehmen – Ursachen und Lösungsansätze, zugl. Diplomarbeit Universität Erlangen-Nürnberg

Wöhe (2002): Allgemeine Betriebswirtschaftslehre

Wöhe, Günter (2002): Einführung in die Allgemeine Betriebswirtschaftslehre

Wolff (1993): Liquiditätsorientierte Steuerung

Wolff, Jörg (1993): Die liquiditätsorientierte Steuerung schnell wachsender Unternehmen, zugl. Dissertation Universität Dortmund 1992

Woywode (Hrsg.) (2000): Management

Woywode, Michael (Hrsg.) (2000): Erfolgreiches Management schnell wachsender Unternehmen, Ergebnis eines Seminarprojektes des Institutes für Angewandte Betriebswirtschaftslehre und Unternehmensforschung der Universität Karlsruhe (TH)

Yin (1993): Application

Yin, Robert K. (1993): Application of Case Study Research

Yin (1996): Case Study Research

Yin, Robert K. (1996): Case Study Research – Design and Methods

Zahra/Kirchhoff (2001): Impact of maturity

Zahra, Shaker A.; Kirchhoff, Bruce A. (2001): The impact of maturity upon firm growth among technology-based new ventures, Unveröffentlichte Studie, Präsentations-Abstract der Babson-Conference 2001

Zook (2001): Profitable growth

Zook, Chris (2001): Looking for profitable growth? You may need a map, in: Bain Results Brief 2/15/01, Quelle: www.bain.com, Stand: 29.03.2002

Zook/Allen/Smith (2000): Strategies

Zook, Chris; Allen, James; Smith, John (2000): Strategies for corporate growth, in: European Business Journal 2000, S. 3-10

zu Knyphausen-Aufseß (1995): Theorie der strategischen Unternehmensführung

zu Knyphausen-Aufseß, Dodo (1995): Theorie der strategischen Unternehmensführung – State of the art und neue Perspektiven

zu Knyphausen-Aufseß (2001): Strategien

zu Knyphausen-Aufseß, Dodo (2001): Strategien, unveröffentlichter Artikel

zu Knyphausen-Aufseß (2001): Strukturen und Grenzen der Organisation

zu Knyphausen-Aufseß, Dodo (2001): K-Seminar 1: Strukturen und Grenzen der Organisation, Vorlesungsskript Lehrstuhl für Bertriebswirtschaftslehre, insbesondere Personalwirtschaft und Organisation, Universität Bamberg

zu Knyphausen-Aufseß (2002): Organisationsentwicklung und Organizational Transformation

zu Knyphausen-Aufseß, Dodo (2002): Ansätze der Organisationsentwicklung und Organizational Transformation, Vorlesungsskript K-Seminar 3: Personalwirtschaft und Organisation: Wissensbasierte Organisation und organisatorischer Wandel, Lehrstuhl für Betriebswirtschaftslehre, insbesondere Personalwirtschaft und Organisation, Universität Bamberg

zu Knyphausen-Aufseß/Meinhardt (2001): Business models

zu Knyphausen-Aufseß, Dodo; Meinhardt, Yves (2001): An approach to systemising and categorising business models, unveröffentlichter Artikel

AUSGEWÄHLTE VERÖFFENTLICHUNGEN

EUL VERLAG

FGF ENTREPRENEURSHIP-RESEARCH MONOGRAPHIEN

Herausgegeben von Prof. Dr. Heinz Klandt, Oestrich-Winkel, Prof. Dr. Dr. h. c. Norbert Szyperski, Köln, Prof. Dr. Michael Frese, Gießen, Prof. Dr. Josef Brüderl, Mannheim, Prof. Dr. Rolf Sternberg, Köln, Prof. Dr. Ulrich Braukmann, Wuppertal, und Prof. Dr. Lambert T. Koch, Wuppertal

Band 6
Heinz Klandt/Josef Mugler/Detlef Müller-Böling (Eds.)
IntEnt93 – Internationalizing Entrepreneurship Education and Training
2nd edition
Köln – Dortmund 1996 • 502 S. • € 36,- (D)

Band 10
Ronald Wimmer
Regionale Hemmnisse in der Gründungs- und Frühentwicklungsphase – Ein empirischer Vergleich von Erfolgsfaktoren bei Industrieunternehmen
Köln – Dortmund 1996 • 640 S. • € 49,- (D)

Band 11
Bjørn Manstedten
Entwicklung von Organisationsstrukturen in der Gründungs- und Frühentwicklungsphase von Unternehmungen
Köln – Dortmund 1997 • 512 S. • € 41,- (D)

Band 12
Martina Althaus
Marktforschung in kleinen und mittleren Unternehmen – Analyse, Bewertung und Entwicklungsmöglichkeiten – Ein ganzheitlicher Ansatz auf Basis qualitativer Sozialforschungstechniken
Köln – Dortmund 1997 • 295 S. • € 36,- (D)

Band 13
Jochen Struck
Gründungsstatistik als Informationsquelle der Wirtschaftspolitik – Eine empirische Analyse statistischer Quellen mit internationalem Vergleich
Köln – Dortmund 1998 • 336 S. • € 41,- (D)

Band 14
Thomas C. Knecht
Universitäten als Inkubatororganisationen für innovative Spin-off Unternehmen – Ein theoretischer Bezugsrahmen und die Ergebnisse einer empirischen Bestandsaufnahme in Bayern
Köln – Dortmund – Oestrich-Winkel 1998 • 232 S. • € 34,- (D)

Band 15
Heinz Klandt/Susanne Kirchhoff-Kestel/Jochen Struck
Zur Wirkung der Existenzgründungsförderung auf junge Unternehmen – Eine vergleichende Analyse geförderter und nicht-geförderter Unternehmen
Köln – Dortmund – Oestrich-Winkel 1998 • 285 S. • € 38,- (D)

Band 16
Heinz Friedrich Driescher
Erfolgsfaktoren im Produktions- und Absatzbereich junger Unternehmen – Eine empirische Analyse der Gründungs- und Frühentwicklungsphase
Köln – Dortmund – Oestrich-Winkel 1999 • 472 S. • € 41,- (D)

Band 18
Heinz Klandt/Diane Wingham (Eds.)
IntEnt95 – Internationalizing Entrepreneurship Education and Training – Proceedings of the IntEnt-Conference Edith Cowan University, Perth/Bunbury, Australia, June 25-28, 1995
Lohmar – Köln 2001 • 348 S. • € 48,- (D) • ISBN 3-89012-834-3

Band 19
Heinz Klandt (Ed.)
IntEnt96 – Internationalizing Entrepreneurship Education and Training – Proceedings of the IntEnt-Conference Stichting Gelderse Hogescholen, Arnhem/University of Nijmegen, Netherlands, June 23-26, 1996
Lohmar – Köln 2001 • 392 S. • € 49,- (D) • ISBN 3-89012-835-1

Band 20
Heinz Klandt/Klaus Nathusius/Norbert Szyperski/A. Heinrike Heil (Hrsg.)
G-Forum 1999 – Dokumentation des 3. Forums Gründungsforschung – Köln, 8. Oktober 1999
Lohmar – Köln 2000 • 492 S. • € 51,- (D) • ISBN 3-89012-764-9

Band 21
Thomas Tonger
Unternehmungsgründer und Business Angel – Eine Analyse ihrer Agency-Beziehung
Lohmar – Köln 2000 • 124 S. • € 24,- (D) • ISBN 3-89012-769-X

Band 22
Michael Grulms
Marketing in neugegründeten Unternehmen – Eine empirische Analyse des Existenzgründer-Trainings „ExTra!®"
Lohmar – Köln 2000 • 296 S. • € 43,- (D) • ISBN 3-89012-791-6

Band 23
Peter Güllmann
Die Rolle des Staates bei der Mobilisierung von (privatem) Risikokapital im Seed- und Start-up-Segment – Am Beispiel von Deutschland, Großbritannien und den Niederlanden
Lohmar – Köln 2000 • 428 S. • € 49,- (D) • ISBN 3-89012-812-2

Band 24
Heinz Klandt (Ed.)
IntEnt98 – Internationalizing Entrepreneurship Education and Training – Proceedings of the IntEnt-Conference European Business School, Schloß Reichartshausen, Germany, July 27-29, 1998
Lohmar – Köln 2001 • 478 S. • € 51,- (D) • ISBN 3-89012-836-X

Band 25
Asko Miettinen and Heinz Klandt (Eds.)
IntEnt2000 – Internationalizing Entrepreneurship Education and Training – Proceedings of the IntEnt-Conference Tampere University of Technology, Finland, July 10-12, 2000
Lohmar – Köln 2001 • 368 S. • € 49,- (D) • ISBN 3-89012-837-8

Band 26
Heinz Klandt/Klaus Nathusius/Josef Mugler/A. Heinrike Heil (Hrsg.)
Gründungsforschungs-Forum 2000 – Dokumentation des 4. G-Forums – Wien, 5./6. Oktober 2000
Lohmar – Köln 2001 • 584 S. • € 56,- (D) • ISBN 3-89012-850-5

Band 27
Stefan Lilischkis
Förderung von Unternehmensgründungen aus Hochschulen – Eine Fallstudie der University of Washington (Seattle) und der Ruhr-Universität Bochum
Lohmar – Köln 2001 • 364 S. • € 49,- (D) • ISBN 3-89012-860-2

Band 28
Jörg Roling
Venture Capital und Innovation – Theoretische Zusammenhänge, empirische Befunde und wirtschaftspolitische Implikationen
Lohmar – Köln 2001 • 284 S. • € 44,- (D) • ISBN 3-89012-902-1

Band 29
Alexandra Schmidt-Buchholz
Born globals – Die schnelle Internationalisierung von High-tech Start-ups
Lohmar – Köln 2001 • 330 S. • € 46,- (D) • ISBN 3-89012-903-X

Band 30
Cecile Nieuwenhuizen and Heinz Klandt (Eds.)
IntEnt2001 – Internationalizing Entrepreneurship Education and Training – Proceedings of the IntEnt-Conference Technikon SA, Kruger National Park, South Africa, July 2-4, 2001
Lohmar – Köln 2002 • 502 S. • € 62,- (D) • ISBN 3-89012-972-2

Band 31
Heiko Karcher
Multimediaunternehmen – Standortvoraussetzungen und Standortwahl in Deutschland
Lohmar – Köln 2002 • 148 S. • € 37,- (D) • ISBN 3-89012-997-8

Band 32
Heinz Klandt und Hermann Weihe (Hrsg.)
Gründungsforschungs-Forum 2001 – Dokumentation des 5. G-Forums –
Lüneburg, 4./5. Oktober 2001
Lohmar – Köln 2002 • 444 S. • € 57,- (D) • ISBN 3-89936-024-9

Band 33
Ulrich Faisst
Performance Measurement in Corporate Venturing
Lohmar – Köln 2002 • 246 S. • € 45,- (D) • ISBN 3-89936-045-1

Band 34
Alexander Keßler
Unternehmensgründungen in europäischen Transformationsländern –
Dargestellt am Beispiel der Tschechischen Republik
Lohmar – Köln 2003 • 330 S. • € 49,- (D) • ISBN 3-89936-080-X

Band 35
Friedrich Kugler
Unter Mitarbeit von Nina Rosenbusch und Jörg Möller
Erfolgsfaktoren und Erfolgsmuster von Unternehmensgründungen –
Eine empirische Analyse aus Südthüringen
Lohmar – Köln 2003 • 258 S. • € 47,- (D) • ISBN 3-89936-021-4

Band 36
Heinz Klandt and Ahmad Zaki Abu Bakar (Eds.)
IntEnt2002 – Internationalizing Entrepreneurship Education and Training – Proceedings of the IntEnt-Conference Johore Bahru, Malaysia, July 8-10, 2002
Lohmar – Köln 2003 • 384 S. • € 54,- (D) • ISBN 3-89936-133-4

Band 37
Gideon Joffe
Entstehung und Entwicklung des Unternehmertums in der VR China –
und sein Einfluß auf Transformation und Demokratisierung
Lohmar – Köln 2003 • 230 S. • € 45,- (D) • ISBN 3-89936-175-X

Band 38
Christian Ege
Unterstützungsnetzwerke für forschungsnahe Unternehmensgründungen
Lohmar – Köln 2004 • 288 S. • € 48,- (D) • ISBN 3-89936-187-3

Band 39
Christian E. Schmitz
Zur Entwicklung des Unternehmerbegriffs
Lohmar – Köln 2004 • 106 S. • € 33,- (D) • ISBN 3-89936-195-4

Band 40
Enrico Purle
Management von Komplexität in jungen Wachstumsunternehmen –
Eine fallstudiengestützte Analyse
Lohmar – Köln 2004 • 388 S. • € 55,- (D) • ISBN 3-89936-196-2

TECHNOLOGIEMANAGEMENT, INNOVATION UND BERATUNG

Herausgegeben von Prof. Dr. Dr. h. c. Norbert Szyperski, Köln, vBP StB Prof. Dr. Johannes Georg Bischoff, Wuppertal, und Prof. Dr. Heinz Klandt, Oestrich-Winkel

Band 24
Andreas Stephan Beyer
Wertorientiertes Innovationsmanagement
Lohmar – Köln 2002 • 312 S. • € 48,- (D) • ISBN 3-89936-019-2

Band 25
Bettina Hoffmann-Ripken
Innovationsstrategien – Kognitionstheoretische Perspektive mit Fallbeispielen aus der Medienindustrie
Lohmar – Köln 2003 • 366 S. • € 53,- (D) • ISBN 3-89936-130-X

PLANUNG, ORGANISATION UND UNTERNEHMUNGSFÜHRUNG

Herausgegeben von Prof. Dr. Dr. h. c. Norbert Szyperski, Köln, Prof. Dr. Winfried Matthes, Wuppertal, Prof. Dr. Udo Winand, Kassel, Prof. (em.) Dr. Joachim Griese, Bern, PD Dr. Harald F. O. von Kortzfleisch, Kassel, Prof. Dr. Ludwig Theuvsen, Göttingen, und Prof. Dr. Andreas Al-Laham, Stuttgart

Band 91
Jochen Großpietsch
Supply Chain Management in der Konsumgüterindustrie
Lohmar – Köln 2003 • 254 S. • € 46,- (D) • ISBN 3-89936-145-8

Band 92
Stefan Sekul
Ökologisches Konfliktmanagement
Lohmar – Köln 2003 • 286 S. • € 48,- (D) • ISBN 3-89936-163-6

Band 93
Bernd Bräuer
Wissensmanagementstrategietypen in temporär intendierten Unternehmensnetzwerken
Lohmar – Köln 2003 • 410 S. • € 56,- (D) • ISBN 3-89936-179-2

Band 94
Frank Czymmek
Ökoeffizienz und unternehmerische Stakeholder
Lohmar – Köln 2003 • 266 S. • € 47,- (D) • ISBN 3-89936-180-6

Weitere Schriftenreihen:

UNIVERSITÄTS-SCHRIFTENREIHEN

- Reihe: Steuer, Wirtschaft und Recht
Herausgegeben von vBP StB Prof. Dr. Johannes Georg Bischoff, Wuppertal, Dr. Alfred Kellermann, Vorsitzender Richter (a. D.) am BGH, Karlsruhe, Prof. (em.) Dr. Günter Sieben, Köln, und WP StB Prof. Dr. Norbert Herzig, Köln

- Reihe: Wirtschaftsinformatik
Herausgegeben von Prof. (em.) Dr. Dietrich Seibt, Köln, Prof. Dr. Hans-Georg Kemper, Stuttgart, Prof. Dr. Georg Herzwurm, Dresden, und Prof. Dr. Dirk Stelzer, Ilmenau

- Reihe: Schriften zu Kooperations- und Mediensystemen
Herausgegeben von Prof. Dr. Volker Wulf, Siegen, Prof. Dr. Jörg Haake, Hagen, Prof. Dr. Thomas Herrmann, Dortmund, Prof. Dr. Helmut Krcmar, München, Prof. Dr. Johann Schlichter, München, Prof. Dr. Gerhard Schwabe, Zürich, und Dr.-Ing. Jürgen Ziegler, Stuttgart

- Reihe: Telekommunikation @ Medienwirtschaft
Herausgegeben von Prof. Dr. Dr. h. c. Norbert Szyperski, Köln, Prof. Dr. Udo Winand, Kassel, Prof. (em.) Dr. Dietrich Seibt, Köln, Prof. Dr. Rainer Kuhlen, Konstanz, Dr. Rudolf Pospischil, Bonn, Prof. Dr. Claudia Löbbecke, Köln, und Prof. Dr. Christoph Zacharias, Köln

- Reihe: Electronic Commerce
Herausgegeben von Prof. Dr. Dr. h. c. Norbert Szyperski, Köln, Prof. Dr. Beat F. Schmid, St. Gallen, Prof. Dr. Dr. h. c. August-Wilhelm Scheer, Saarbrücken, Prof. Dr. Günther Pernul, Regensburg, und Prof. Dr. Stefan Klein, Münster

- Reihe: E-Learning
Herausgegeben von Prof. (em.) Dr. Dietrich Seibt, Köln, Prof. Dr. Freimut Bodendorf, Nürnberg, Prof. Dr. Dieter Euler, St. Gallen, und Prof. Dr. Udo Winand, Kassel

- Reihe: InterScience Reports
Herausgegeben von Prof. Dr. Dr. h. c. Norbert Szyperski, Köln, und PD Dr. Harald F. O. von Kortzfleisch, Kassel

- Reihe: Kleine und mittlere Unternehmen
Herausgegeben von Prof. Dr. Jörn-Axel Meyer, Flensburg

- Reihe: Wissenschafts- und Hochschulmanagement
Herausgegeben von Prof. Dr. Detlef Müller-Böling, Gütersloh, und Dr. Reinhard Schulte, Dortmund

- Reihe: Personal und Organisation
Herausgegeben von Prof. Dr. Fred G. Becker, Bielefeld, und Prof. Dr. Jürgen Berthel, Siegen

- Reihe: Finanzierung, Kapitalmarkt und Banken
Herausgegeben von Prof. Dr. Hermann Locarek-Junge, Dresden, Prof. Dr. Klaus Röder, Münster, und Prof. Dr. Mark Wahrenburg, Frankfurt

- Reihe: Marketing
Herausgegeben von Prof. Dr. Heribert Gierl, Augsburg, und Prof. Dr. Roland Helm, Jena

- Reihe: Marketing, Handel und Management
Herausgegeben von Prof. Dr. Rainer Olbrich, Hagen

- Reihe: Produktionswirtschaft und Industriebetriebslehre
Herausgegeben von Prof. Dr. Jörg Schlüchtermann, Bayreuth

- Reihe: Europäische Wirtschaft
Herausgegeben von Prof. Dr. Winfried Matthes, Wuppertal

- Reihe: Katallaktik – Quantitative Modellierung menschlicher Interaktionen auf Märkten
Herausgegeben von Prof. Dr. Otto Loistl, Wien, und Prof. Dr. Markus Rudolf, Koblenz

- **Reihe: Quantitative Ökonomie**
  Herausgegeben von Prof. Dr. Eckart Bomsdorf, Köln, Prof. Dr. Wim Kösters, Bochum, und Prof. Dr. Winfried Matthes, Wuppertal

- **Reihe: Internationale Wirtschaft**
  Herausgegeben von Prof. Dr. Manfred Borchert, Münster, Prof. Dr. Gustav Dieckheuer, Münster, und Prof. Dr. Paul J. J. Welfens, Wuppertal

- **Reihe: Studien zur Dynamik der Wirtschaftsstruktur**
  Herausgegeben von Prof. Dr. Heinz Grossekettler, Münster

- **Reihe: Versicherungswirtschaft**
  Herausgegeben von Prof. (em.) Dr. Dieter Farny, Köln, und Prof. Dr. Heinrich R. Schradin, Köln

- **Reihe: Wirtschaftsgeographie und Wirtschaftsgeschichte**
  Herausgegeben von Prof. Dr. Ewald Gläßer, Köln, Prof. Dr. Josef Nipper, Köln, Dr. Martin W. Schmied, Köln, und Prof. Dr. Günther Schulz, Bonn

- **Reihe: Wirtschafts- und Sozialordnung: FRANZ-BÖHM-KOLLEG – Vorträge und Essays**
  Herausgegeben von Prof. Dr. Bodo B. Gemper, Siegen

- **Reihe: WISO-Studientexte**
  Herausgegeben von Prof. Dr. Eckart Bomsdorf, Köln, und Prof. (em.) Dr. Dr. h. c. Dr. h. c. Josef Kloock, Köln

- **Reihe: Kunstgeschichte**
  Herausgegeben von Prof. Dr. Norbert Werner, Gießen

FACHHOCHSCHUL-SCHRIFTENREIHEN

- **Reihe: Institut für betriebliche Datenverarbeitung (IBD) e. V. im Forschungsschwerpunkt Informationsmanagement für KMU**
  Herausgegeben von Prof. Dr. Felicitas Albers, Düsseldorf

- **Reihe: FH-Schriften zu Marketing und IT**
  Herausgegeben von Prof. Dr. Doris Kortus-Schultes, Mönchengladbach, und Prof. Dr. Frank Victor, Gummersbach

- **Reihe: Medienmanagement**
  Herausgegeben von Prof. Dr. Thomas Breyer-Mayländer, Offenburg

- **Reihe: FuturE-Business**
  Herausgegeben von Prof. Dr. Michael Müßig, Würzburg-Schweinfurt

- **Reihe: Controlling-Forum – Wege zum Erfolg**
  Herausgegeben von Prof. Dr. Jochem Müller, Ansbach

- **Reihe: Unternehmensführung und Controlling in der Praxis**
  Herausgegeben von Prof. Dr. Thomas Rautenstrauch, Bielefeld

- **Reihe: Economy and Labour**
  Herausgegeben von EUR ING Prof. Dr.-Ing. Hans-Georg Nollau MBCS, Regensburg

- **Reihe: Institut für Regionale Innovationsforschung (IRI)**
  Herausgegeben von Prof. Dr. Rainer Voß, Wildau

- **Reihe: Interkulturelles Medienmanagement**
  Herausgegeben von Prof. Dr. Edda Pulst, Gelsenkirchen

PRAKTIKER-SCHRIFTENREIHEN

- Reihe: Transparenz im Versicherungsmarkt

Herausgegeben von *ASSEKURATA* GmbH, Köln

- Reihe: Betriebliche Praxis

Herausgegeben von vBP StB Prof. Dr. Johannes Georg Bischoff, Wuppertal

- Reihe: Regulierungsrecht und Regulierungsökonomie

Herausgegeben von Piepenbrock ♦ Schuster, Düsseldorf

EINZELSCHRIFTEN